一流规划教材

中国科学技术大学研究生教育创新计划项目经费支持

研究生系列教材

数学

概率论教程

A COURSE IN PROBABILITY THEORY

第3版

缪柏其　胡太忠　编著

中国科学技术大学出版社

内 容 简 介

本书以测度论为背景介绍了集合代数的构造、概率扩张、随机变量的期望、收敛性、Lebesgue分解、条件期望和鞅列、分布函数和特征函数、极限理论等概率论中的基本知识. 其特点是抽象与直观相结合,经典方法与现代方法相结合. 全书论证严谨,内容丰富,每章后均附有一定量的习题以加深理解和拓展各章的知识点.

读者对象是学过实变函数和初等概率论的统计系和数学系的高年级本科生、研究生以及其他如金融工程、管理科学等方向的教师和研究工作者.

图书在版编目(CIP)数据

概率论教程/缪柏其,胡太忠编著. —3版. —合肥:中国科学技术大学出版社,2023.10
中国科学技术大学一流规划教材
ISBN 978-7-312-05713-7

Ⅰ. 概… Ⅱ. ① 缪… ② 胡… Ⅲ. 概率论—教材 Ⅳ. O211

中国国家版本馆CIP数据核字(2023)第116332号

概率论教程
GAILÜLUN JIAOCHENG

出版 中国科学技术大学出版社
安徽省合肥市金寨路96号,230026
http://press.ustc.edu.cn
https://zgkxjsdxcbs.tmall.com
印刷 安徽国文彩印有限公司
发行 中国科学技术大学出版社
开本 787 mm×1092 mm 1/16
印张 18.25
字数 372千
版次 1998年9月第1版 2023年10月第3版
印次 2023年10月第5次印刷
定价 58.00元

第 3 版前言

《概率论教程》第 2 版出版至今已有十几年了, 根据作者和同事在教学过程中的体会和读者的反馈信息, 有必要对第 2 版进行修订. 在本次修订中, 我们对第 2 版中的某些陈述和打印错误做了修改, 使之更加确切. 除此以外, 与第 2 版相比, 第 3 版主要有如下的变化:

首先, 对部分章节习题的先后次序做了调整, 删除了一些较为简单或比较偏僻的且对正文内容的学习益处不大的习题. 我们一直坚信, 为切实掌握概率论的基本理论并在一定程度上能灵活运用, 学生在学习这门课程时应尽可能多地独立做一些习题. 为此, 在本次修订中, 除第 3 章外, 我们为其他章均增补了相当数量不同难易程度的习题.

其次, 对内容做了适当的增补. 第 2 章 2.3 节增加了两部分内容: 一是随机变量的同单调性及其等价刻画; 二是无原子概率空间基于其上的随机变量的等价刻画. 第 2 章 2.4 节增加了一小节来进一步探讨随机变量之和的数学期望性质, 该性质是有趣的, 但不为人们所熟悉. 第 6 章 6.5 节增加了 Marcinkiewicz 强大数律及其证明.

本书得到了中国科学技术大学研究生教育创新计划教材出版项目 (编号: 2021ycjc17) 专项经费支持以及国家自然科学基金项目 (批准号: 71871208) 经费的支撑, 在此一并表示感谢.

书中难免会有一些缺点和疏漏, 恳请同行专家和广大读者批评指正.

作　者

2023 年 3 月于合肥

第 2 版前言

《概率论教程》第 1 版出版至今已有 10 年了, 作为中国科学技术大学“概率论基础”课程的教科书自出版以来经历了学生和读者的评价过程. 总的说来, 大家认为本书还是有特色的, 但是其中也存在不少错误, 学生和读者当面或来信给我们提出了许多宝贵的意见. 这次再版我们接受了广大读者的有益批评意见, 对第 1 版的内容和习题做了必要的修正、删减或增补. 特别是胡太忠教授多年来从事本课程的教学, 给本书提出了大量中肯和宝贵的意见. 本书是研究生“概率论基础”课程所用的教科书. 随着概率统计知识在我国的普及, 越来越多的学生把“概率论基础”作为应该掌握的基础知识之一, 所以金融工程和其他非概率论与数理统计专业的学生也纷纷选修了这门课程, 这无形中也给我们增加了不少压力, 因为教科书中任何地方的错误都将给学生造成误导. 由于水平有限, 错误还是存在的, 敬请广大读者给予指正.

借本书再版之际, 我们再次感谢已故的陈希孺院士. 本书是在他的鼓励下完成的, 第 1 版的前言他倾注了大量的心血, 在我们草稿的基础上做了大量的修改. 另外, 本书作者之一胡太忠的写作得到国家科技部 “973” 项目子课题 “动态风险度量与控制” (编号: 2007CB814901) 的资助, 特此感谢.

作　者

2007 年 12 月于合肥

前　言

本书是在中国科学技术大学概率统计教研室诸同事多年给研究生教学的基础上编写的. 以往诸同事从讲授这门课程中感受到应加强以测度论为基础的概率论以及极限理论方面的基础知识, 以后的实践证明了这一意见是正确的. 因此在我校概率统计专业, 概率论课程分为概率论基础和极限理论两部分, 不论是主修概率论方向还是主修数理统计方向的学生, 都必须学习这两门课程.

本书是概率论的基础部分. 前三章以适合概率论需要的形式讲述了测度论的知识. 有限与无限, 可数与不可数, 其间的关系在数学思想上有重要意义. 第 1 章集合族的构造问题便是从这一思路来介绍集合代数和集合 σ 代数的. 概率论及测度论难点之一就是人们如何来认识无限, 如何来处理无限. 函数形式 (集合形式) 单调类定理生动地体现了人们如何从有限到无限的认识过程. 同时该思想也贯穿于全书. 只要理解了这一思路, 概率论的学习就有了正确的指引. 第 2 章介绍了随机变量积分、Lebesgue 分解和 Radon-Nikodym 定理, 并由此得到了分布函数的 Lebesgue 分解. 本章还论述了一个重要事实, 即若随机变量 Y 关于由随机变量 X 生成的 σ 代数可测, 则 Y 必是 X 的 Borel 可测函数. 本章最后介绍了本质上、下确界, L_p 收敛定理和一些常用的概率不等式. 第 3 章论述了乘积空间, 其中包含了测度论的基础性定理, 即 Fubini 定理以及乘积概率存在性定理. 在这个基础上, 从第 4 章开始转向概率论各方面的内容. 关于概率论基本特征的问题, 我们同意 M. Loève 的观点, 即测度论是研究定义于一个可测空间而取值于另一个可测空间的可测函数族, 而概率论的重点在于研究函数族在这种变换下的不变量, 即其联合分布. 因此可以说, 概率论的对象就是对分布的研究. 第 4 章主要介绍条件期望和条件分布. 由此导出测度论的另一个基础性定理, 即 Kolmogorov 相容性定理. 由于条件期望的一般定义高度抽象, 对它的理解和运用有一定的难度. 本书在所给定的 σ 代数是由随机变量 (向量) 生成的情况下, 介绍了如何来求条件期望, 以及条件独立性的概念及其判别准则. 这一讲述方式更接近于条件概率的直观概念. 本章最后介绍了鞅列和停时, 这是进一步学习随机过程和极限理论的基本工具. 为了不与极限理论课程发生过多的重叠, 本书仅介绍一些基本概念和基本的不等式, 并力图使读者对鞅差与零均值独立随机变量和不相关随机变量之间的区别，获得一种直观的理解. 为加深对鞅差和停时等概念的重要意义的理解，我们在第 6 章的证明中将多次使用这些工具，以显示其威力. 第 5 章着重讨论随机变量分布函数和特征函数的相互关系. 特征函数是研究经典极限理论和现代随机过程 (如半鞅) 的基本工具，故此处较仔细地介绍了特征函数的性质及其判别方法. 第 6 章的内容是大数定律和中心极限定理. 我们努力使所用的方法适合处理较此处所论更为一般的情况，以便为进一步学习这个重要论题而打下基础，同时在这儿也介绍了用经典 Lebesgue-Stieltjes 变换和最近发展起来的 Stein-Chen 方法来处理正态逼近的速度问题. 本章最后介绍了独立同分布情况下的重对数律.

本课程的后续课程是极限理论. 在那里，第 6 章的内容可以用更一般的形式给出. 但为了在学习上获得由浅入深的效果，考虑到那些只对极限理论的基本内容感兴趣的读者，我们在题材的选择上采取了这种既不过于专门化，但又比一般初等教科书较进一步的做法. 希望这种方式能对读者有所裨益.

阅读本书所需要的预备知识是初等概率论和一定的实变函数论知识. 为了便于进一步掌握所学内容，每章后面有一定数量的习题. 在这些习题中，有些是对各章内容的加深，有些则是正文内容的扩充. 独立完成相当一部分习题，对切实掌握本课程的内容有着重要的意义.

本书的写作在 1988 年开始筹备. 在写作过程中，参考了国内外一些同类性质的教材和专著，再结合我们多年的教学实践. 最后写成现在的样子. 在写作中，陈希孺院士，赵林城、方兆本、苏淳和韦来生等教授给作者提出了许多宝贵的建议，胡太忠副教授、刘东海、谭智平和魏国省等仔细审阅了书稿，胡海燕小姐打出了书稿，在此表示深切的谢意. 虽然作者和教研室同仁讲授概率论基础的课程有了十余年的经历，但形成一本教材，不妥以至谬误之处仍在所难免. 请同行和广大读者不吝赐教.

缪柏其

1997 年 10 月于合肥

常用符号

$\mathbb{R}$	所有实数的集合
$\mathbb{Q}$	所有有理数的集合
$\mathbb{N}$	所有自然数的集合
$\mathbb{Z}$	所有整数的集合
$(\Omega, \mathscr{A}, \mathsf{P})$	概率空间
$\sigma(\mathscr{C})$	由集合族 $\mathscr{C}$ 生成的 σ 代数
$\sigma(X_i, i \in I)$	由随机变量族 $\{X_i, i \in I\}$ 生成的 σ 代数
$m(\mathscr{C})$	由集合族 $\mathscr{C}$ 生成的单调类
$\lambda(\mathscr{C})$	由集合族 $\mathscr{C}$ 生成的 λ 系
$X \in \mathscr{A}_1/\mathscr{A}_2$	指 $X^{-1}(\mathscr{A}_2) \subseteq \mathscr{A}_1$
I_A	集合 A 的示性函数
$f \circ X$	f 与 X 的复合映射
ess.sup	本质上确界
ess.inf	本质下确界
$X \vee Y$	$\max\{X, Y\}$
$X \wedge Y$	$\min\{X, Y\}$
$\xrightarrow{\text{a.s.}}$	几乎处处收敛
$\xrightarrow{\text{P}}$	依概率收敛
$\xrightarrow{\text{d}}$	依分布收敛
$\xrightarrow{L_p}$	L_p 收敛
$\xrightarrow{\text{w}}$	弱收敛
$\xrightarrow{\text{c}}$	完全收敛
$C(F)$	分布函数 F 的连续点全体
$\text{Var}\ F$	分布函数 F 的全变差

$\varOmega_T$	$\prod_{t\in T} \varOmega_t$
$\mathscr{A}_T$	$\prod_{t\in T} \mathscr{A}_t$
P_T	$\prod_{t\in T} \mathsf{P}_t$
w_S	$\{w_t, t\in S\}$
π_t	投影映射
$\mathsf{E}[X\|\mathscr{L}]$	条件期望
$\mathsf{P}(A\|\mathscr{L})$	条件概率
$\mathsf{P}^{\mathscr{L}}$	概率 P 限制在子 σ 代数 $\mathscr{L}$ 上的概率
$F_1 * F_2$	分布函数 F_1 与 F_2 的卷积
$F^{*(n)}$	分布函数 F 的 n 重卷积
$\mathrm{Im}\,(z)$	复数 z 的虚部
$\mathrm{Re}\,(z)$	复数 z 的实部
iid	独立同分布的 (independent and identically distributed)
X^{s}	随机变量 X 的对称化
$\log x$	$\ln x$
X^{c}	随机变量 X 在 c 处截尾所得到的随机变量
c.f.	特征函数
d.f.	分布函数
i.o.	无穷多次发生
$\triangleq$	定义为
$\stackrel{\mathrm{d}}{=}$	同分布
$\varphi \ll \mu$	φ 关于 μ 绝对连续
$\|A\|$	集合 A 的基数

目　　录

第 1 章　概率空间

概率论的基本概念源于测度论. 但和其他数学分支一样, 概率论也有它自己的一套术语和工具. 在本章中, 我们将引入概率论的一些术语和一些基本概念. 这里我们假定读者已经具备了测度论和实变函数的基本知识, 并对概率论有了初步的了解. 众所周知, 事件、试验和概率是概率论中最基本的概念. 公理化地看, 事件是一些能够用逻辑运算"非""和""或"组合起来的数学化了的实体, 而概率则是在事件类上的一种赋值. 我们这里所说的试验是指一次随机试验的一个结果. 考虑到我们所研究的事件和试验的自然条件, 每次试验的结果是确定的, 即我们所考虑的事件不是实现就是尚未实现, 这使我们引入试验空间 Ω 的概念. 它由所考虑的全部可能的试验结果组成, 并可在每个事件和实现该事件的所有试验点集所组成的子集之间建立一一对应关系. 于是概率就可以看作一个集合函数, 它类似于定义在欧氏空间某一个子集上的体积, 这就是测度论的观点.

关于概率, 我们首先在集合代数上定义, 然后开拓到 σ 代数上, 由此提出概率空间的概念. 这样的处理有如下两个优点: 其一是阐述了测度论中十分重要的延拓定理; 其二是在构造欧氏空间或乘积空间上的概率时, 可以很自然地先在集合代数或集合半代数上定义, 然后延拓. 这在应用中是比较容易做到的.

1.1　事件与概率

1.1.1　事件及其运算

人类在对自然界的认识过程中最基本的概念是事件. 下面我们只从它们是否发生这一角度来考察事件, 而不涉及事件本身的具体内容. 习惯上常用 A, B, C 等英文大写字母来表示事件, 而不可能事件和必然事件分别用 $\emptyset$ 和 Ω 来表示. 以 A^c 表示 A 不发生这一事件; 以 $A\cup B$ 表示两个事件 A 和 B 中至少发生一个的事件; 以 $A\cap B$ 表示事件 A 和 B 同时发生的事件. 运算"$\cup$"和"$\cap$"分别称为事件的并和交. 为方便起见, 事件 $A\cap B$ 也可记为 AB. 上述并、交运算可以推广到非空事件族上去. 对每个有限或无限的非空事件族 $\{A_i, i\in I\}$,

我们以

$$\bigcup_{i\in I} A_i \triangleq \sup_{i\in I} A_i$$

表示 $\{A_i, i\in I\}$ 中至少有一个发生的事件; 以

$$\bigcap_{i\in I} A_i \triangleq \inf_{i\in I} A_i$$

表示 $\{A_i, i\in I\}$ 中每一个都发生的事件. 为了今后运算的方便, 当指标集 I 为空集时, 我们约定

$$\bigcup_{i\in I} A_i = \emptyset, \qquad \bigcap_{i\in I} A_i = \Omega.$$

事件的并和交运算满足如下的交换律、分配律和结合律:

$$\begin{aligned} A\cup B &= B\cup A, & A\cap B &= B\cap A;\\ (A\cup B)\cap C &= (A\cap C)\cup(B\cap C), & (A\cap B)\cup C &= (A\cup C)\cap(B\cup C);\\ (A\cup B)\cup C &= A\cup(B\cup C), & (A\cap B)\cap C &= A\cap(B\cap C). \end{aligned}$$

此外, 事件的余运算具有如下的 De Morgan 法则:

$$\left(\bigcup_{i\in I} A_i\right)^{\mathrm{c}} = \bigcap_{i\in I} A_i^{\mathrm{c}}, \qquad \left(\bigcap_{i\in I} A_i\right)^{\mathrm{c}} = \bigcup_{i\in I} A_i^{\mathrm{c}}, \qquad (A^{\mathrm{c}})^{\mathrm{c}} = A.$$

上述的性质用事件发生和不发生的概念可以很容易验证.

下面几个概念也是经常用到的.

不相容 使 $AB=\emptyset$ 的两个事件 A 和 B 称为不相容或不相交的, 此时, $A\cup B$ 可以写为 $A+B$. 若 $\{A_i, i\in I\}$ 为一族两两不相交的有限或可列非空事件族, 则 $\bigcup\limits_{i\in I} A_i$ 也可以记为 $\sum\limits_{i\in I} A_i$. 本书中记号 $\sum\limits_{i\in I} A_i$ 蕴涵事件族 $\{A_i, i\in I\}$ 是两两不相容的.

事件差 事件 A 发生而 B 不发生称为事件 A 和 B 的差, 记为 $A-B$ 或 $A\backslash B$. 由定义, $A-B=AB^{\mathrm{c}}$.

对称差 事件 A 与 B 的对称差是指事件 A 与 B 中有且仅有一个发生, 记为 $A\Delta B$. 由定义, $A\Delta B=(A-B)+(B-A)$.

包含 若事件 A 的发生蕴涵事件 B 的发生, 则称 A 包含于 B, 记为 $A\subseteq B$ 或 $B\supseteq A$. 这时, 称事件 A 是事件 B 的子事件. 若 $A_1\supseteq A_2\supseteq\cdots$, 则我们称事件列 $\{A_n, n\geqslant 1\}$ 是单调下降的, 记为 $A_n\downarrow$. 若 $A_1\subseteq A_2\subseteq\cdots$, 则称事件列 $\{A_n, n\geqslant 1\}$ 是单调上升的, 记为 $A_n\uparrow$.

相等 事件 A 与 B 称为相等, 若 $A\subseteq B$ 且 $B\subseteq A$. 今后对相等的事件不加区别.

包含关系是事件集合上的一种偏序关系, 即

$$A\subseteq A;$$

$$A \subseteq B,\ B \subseteq A \quad \Rightarrow \quad A = B;$$

$$A \subseteq B,\ B \subseteq C \quad \Rightarrow \quad A \subseteq C.$$

显然, 在包含关系下, 我们有

$$\begin{aligned} A \subseteq C,\ B \subseteq C \quad &\Rightarrow \quad A \cup B \subseteq C; \\ A \supseteq C,\ B \supseteq C \quad &\Rightarrow \quad A \cap B \supseteq C; \\ A \subseteq B \quad &\Rightarrow \quad A^{\mathrm{c}} \supseteq B^{\mathrm{c}}. \end{aligned}$$

用归纳法可以证明如下引理, 该引理在后面的章节中会用到.

引理 1.1.1 设 $\{A_i, 1 \leqslant i \leqslant n\}$ 为一有限事件族, 则

$$\bigcup_{i=1}^{n} A_i = \sum_{i=1}^{n} \left(A_i - \bigcup_{j=1}^{i-1} A_j \right).$$

1.1.2 试验

本书中我们把一次试验理解为一次有偶然性介入的试验, 更确切地说, 看成这种随机试验的一个结果. 因此, 在所考虑的模型中每个试验必然意味着事先给定的每个事件是否实现. 下面我们将建立试验和事件的对应关系.

首先考虑给定模型下的试验结果. 试验结果的全体称为试验空间. 一般地, 试验空间 Ω 是一个任意的非空集合, 通常把它作为进一步讨论和研究的出发点. 它的元素 (即试验结果) 看作该空间中的一个点, 用 ω 来表示. 故

$$\Omega = \{\omega : \omega \text{ 为试验结果}\}.$$

例 1.1.1 从 n 件产品中随机抽取 m 件进行检验. 由排列组合知识得到不同的抽取方法有 C_n^m 种, 这 C_n^m 个试验结果的全体就是试验空间 Ω. 给定的模型即为“从 n 件产品中随机抽取 m 件”. 若以 ω 表示一个具体的抽取结果, 则 $\Omega = \{\omega : \omega \text{ 为任一抽取结果 }\}$. ◁

例 1.1.2 若例 1.1.1 中的抽取考虑到先后次序, 则有

$$\mathrm{A}_n^m = n(n-1)\cdots(n-m+1)$$

种不同的抽取方法. 这 A_n^m 个试验结果的全体即为试验空间, 这时给定的模型与例 1.1.1有区别. ◁

例 1.1.3 观察日光灯管的寿命, 则每一时刻都是试验的一个可能结果. 若以 w 表示每一具体试验的寿命, 则试验空间 $\Omega = \{\omega : \omega > 0\}$. ◁

下面我们进一步讨论试验与事件之间的关系. 我们可以把每个事件 A 与试验空间 Ω' 中实现事件 A 的试验所组成的试验空间的那个子集 A' 联系起来, 而且很自然地试图把 A 与 A' 等同起来. 例如, 在例 1.1.1 的"从 n 件产品中随机抽取 m 件"这一试验中, 设事件 A 是被抽到的 m 件产品中恰有 k 件次品这一事件, 而 A' 表示在试验空间 Ω' (它由 C_n^m 个试验结果组成) 中这样的一个子集:

$$A'=\{\omega:\ \text{取出的 } m \text{ 件产品中有 } k \text{ 件次品, 其余 } m-k \text{ 件是正品}\},$$

则自然把 A 和 A' 等同起来. 先假定对应 $A\to A'$ 是一一的, 即试验空间 Ω' 足够大, 使对给定的两个不同事件, 至少存在一个试验, 它实现其中之一而排除另一个, 但如果试验空间不够大, 则 A 与 A' 不一定能一一对应.

例 1.1.4 某工厂的产品分为一等品、二等品、三等品及次品, 前三个等级为合格品. 以 A_i $(i=1,2,3)$ 分别记产品为一等品、二等品、三等品的事件. 如果试验仅仅检验其是否为合格品, 则在此试验空间 (由合格品和次品组成) 中, A_1,A_2 和 A_3 是不加区别的. ◁

在试验空间 Ω 足够大的假定下, 事件 A 和实现 A 的全部试验结果 A' 可以一一对应. 把由所有试验结果组成的集合 Ω' 和必然事件 Ω 对应, 不含试验结果的集合 $\emptyset'$ 和不可能事件 $\emptyset$ 对应 (注意这里 Ω' 是试验空间, 而 $\emptyset'$ 是 Ω' 中的空集). 显然, 若 A' 对应于 A, B' 对应于 B, 则 $(A')^{\mathrm{c}}$ 对应于 A^{c}; $A'\cup B'$ 对应于 $A\cup B$; $A'\cap B'$ 对应于 $A\cap B$. 简言之, 若用"^{c}""$\cup$"和"$\cap$"分别表示在 Ω' 上按照集合论意义下所定义的余、并和交运算, 则上述结果可以记为

$$(A^{\mathrm{c}})'=(A')^{\mathrm{c}},\quad (A\cup B)'=A'\cup B',\quad (A\cap B)'=A'\cap B'.$$

于是, 在对应 $A\to A'$ 下, 本节中的事件运算就转化成了集合论中集合的运算, 因此, 我们可以把事件 A 和实现它的所有试验结果的集合 A' 等同起来. 以后我们将去掉记号"$'$". 这样对 1.1 节中关于事件的各种概念都可有集合论中的经典概念与之对应.

1.2 集合代数

由事件 A 和试验空间中子集 A' 的一一对应, 我们理应进一步讨论如何给定试验空间 Ω 以及如何给定 Ω 中子集类的结构. 关于试验空间 Ω, 由定义它应该充分大, 使得能够找到一个试验把两个不同的事件区分开来. 至于究竟多大合适, 要根据实际情况或理论上的需要而定, 这里不准备进一步深入讨论. 下面我们讨论如何给定 Ω 中子集类的结构. 我们知道, Ω 的任一子集类都是 Ω 中所有子集所构成的集合 $\mathscr{P}(\Omega)$ 的一个子集. 其中一个重要的子集类是在一种或几种集合运算下封闭的类. 所谓类 $\mathscr{C}$ 在一种指定运算下封闭, 是

指对 $\mathscr{C}$ 中元素经过这种指定运算后所得到的元素仍在 $\mathscr{C}$ 中. 集合代数 (又称布尔代数) 是在余、有限并及有限交下封闭的子集类. 确切地, 我们有如下的定义.

定义 1.2.1　Ω 的子集类 $\mathscr{C}$ 称为 Ω 中的集合代数或集合域, 若它满足:

(1) $\Omega \in \mathscr{C}$;

(2) 若 $A, B \in \mathscr{C}$, 则 $A \cup B \in \mathscr{C}$;

(3) 若 $A \in \mathscr{C}$, 则 $A^{\mathrm{c}} \in \mathscr{C}$.

以下为简明起见, 我们简称集合代数为代数 (或域).

很容易证明上述定义中 (1), (2), (3) 三条与下列的 (i), (ii), (iii) 三条是等价的:

(i) $\emptyset \in \mathscr{C}$;

(ii) 若 $A, B \in \mathscr{C}$, 则 $A \cap B \in \mathscr{C}$;

(iii) 若 $A \in \mathscr{C}$, 则 $A^{\mathrm{c}} \in \mathscr{C}$.

其实, 在定义中条件 (1) 和 (i) 都可以去掉, 这是因为条件 (2) 和 (3) 以及条件 (ii) 和 (iii) 分别蕴涵了条件 (1) 和 (i).

不难由归纳法推知, 代数对有限交和有限并运算封闭.

给定 Ω 的一个子集类 $\mathscr{C}$, 必然存在包含 $\mathscr{C}$ 且由 Ω 的子集构成的最小代数 $\mathscr{A}$. 为证明这一点, 只要把 $\mathscr{A}$ 定义为属于所有包含 $\mathscr{C}$ 的代数的集合所组成的类. 容易验证, 若 $\{\mathscr{A}_i, i \in I\}$ 为包含 $\mathscr{C}$ 的代数族, 则 $\bigcap\limits_{i\in I} \mathscr{A}_i$ 也是包含 $\mathscr{C}$ 的代数, 而包含 $\mathscr{C}$ 的代数总是存在的, 例如 $\mathscr{P}(\Omega)$ 就是. 这样规定的代数 $\mathscr{A}$ 称为由 $\mathscr{C}$ 生成的. 需要这种代数的理由是, 在我们考虑到集合类 $\mathscr{C}$ 的有限交、有限并和余的运算中, 需要一个包含且在所考虑的运算下封闭的最小子集类.

例 1.2.1　设 $\Omega = [0,1)$, 令

$$\mathscr{A} = \left\{ \bigcup_{i=1}^{n} [a_i, b_i):\ 0 \leqslant a_i \leqslant b_i \leqslant 1,\ 1 \leqslant i \leqslant n,\ n \in \mathbb{N} \right\},$$

其中 $\mathbb{N}$ 是自然数集合, 则 $\mathscr{A}$ 是 $[0,1)$ 上的一个代数. ◁

例 1.2.2　设 $\Omega = [0,1]$, 令

$$\mathscr{A} = \Big\{\emptyset, \Omega, \{x_1, \cdots, x_n\}, \{x_1, \cdots, x_n\}^{\mathrm{c}}:\ \ 0 \leqslant x_i \leqslant 1,\ 1 \leqslant i \leqslant n,\ n \in \mathbb{N}\Big\},$$

则 $\mathscr{A}$ 是 $[0,1]$ 上的一个代数. ◁

接下来的问题是, 如何给出 Ω 中子集类 $\mathscr{C}$ 所生成的代数, 我们通过下述的构造法一步步得出. 先研究有限代数, 即在子集族中集合个数有限的代数.

定义 1.2.2　设 $\{A_i, i \in I\}$ 是 Ω 中的子集类, 其中 I 有限. 若 $\{A_i, i \in I\}$ 两两不相交, 且和为 Ω, 则称 $\mathscr{P} = \{A_i, i \in I\}$ 是 Ω 的一个有限分割.

设 $\mathscr{P}$ 和 $\mathscr{P}'$ 是 Ω 中的两个有限分割, 若 $\mathscr{P}$ 中每个集合都是 $\mathscr{P}'$ 中某些集合之并, 则称 $\mathscr{P}'$ 比 $\mathscr{P}$ 更精细, 记作 $\mathscr{P} \prec \mathscr{P}'$.

类似地, 可以定义 Ω 的一个可列分割. 由定义易证, 若 $\mathscr{P}_1$ 和 $\mathscr{P}_2$ 是 Ω 的两个有限分割, 则必存在 Ω 的一个有限分割 $\mathscr{P}$, 使得 $\mathscr{P}_1 \prec \mathscr{P}$, $\mathscr{P}_2 \prec \mathscr{P}$. 事实上, 设 $\mathscr{P}_1 = \{A_i, i \in I\}$, $\mathscr{P}_2 = \{B_j, j \in J\}$, 其中 I 和 J 都是有限集合. 令

$$\mathscr{P} = \{A_i \cap B_j:\ i \in I,\ j \in J\},$$

则 $\mathscr{P}$ 满足上述要求.

为给出以下定理, 我们先介绍“原子”这一概念. 子集类 $\mathscr{A}$ 中的元素 A 称为 Ω 中 $\mathscr{A}$ 的原子, 若 $\emptyset \neq B \subseteq A$ 以及 $B \in \mathscr{A}$, 则 $B = A$.

命题 1.2.1 Ω 的有限分割 $\mathscr{P}$ 所生成的代数 $\mathscr{A}$ 由 $\mathscr{P}$ 的所有子集之并所成的集合构成 (若 $\mathscr{P}$ 有 n 个集合, 则 $\mathscr{A}$ 中有 2^n 个集合). 反之, 若 $\mathscr{A}$ 是 Ω 的一个有限子集代数, 则它的原子全体 $\mathscr{C}$ 构成生成 $\mathscr{A}$ 的 Ω 的一个有限分割.

证 设 $\mathscr{P} = \{A_i, 1 \leqslant i \leqslant n\}$ 为 Ω 的一个有限分割,

$$\mathscr{A} = \left\{\sum_{i=1}^{j} A_{k_i}:\ 0 \leqslant k_1 < k_2 < \cdots < k_j \leqslant n,\ 0 \leqslant j \leqslant n\right\},$$

其中 $A_0 = \emptyset$. 由定义容易验证 $\mathscr{A}$ 是包含 $\mathscr{P}$ 的一个代数. 设 $\mathscr{A}_1$ 是任一包含 $\mathscr{P}$ 的代数. 对 $\mathscr{A}$ 的任一元素 A, 设 $A = \sum\limits_{i=1}^{j} A_{k_i}$, $0 \leqslant k_1 < k_2 < \cdots < k_j \leqslant n$. 由于 $\mathscr{P} \subseteq \mathscr{A}_1$, 故 $A_{k_i} \in \mathscr{A}_1\,(i = 1, \cdots, j)$. 又因 $\mathscr{A}_1$ 是代数, 故 $A \in \mathscr{A}_1$, 从而 $\mathscr{A} \subseteq \mathscr{A}_1$, 即 $\mathscr{A}$ 是由 $\mathscr{P}$ 生成的代数.

反之, 设 $\mathscr{A} = \{A_i, i \in I\}$ 是 Ω 的一个有限子集代数. 令 C_i 等于 A_i 或 A_i^{c}, 则 $B = \bigcap\limits_{i \in I} C_i$ 或是空集或是 $\mathscr{A}$ 的原子. 由于 $\mathscr{A}$ 有限, 故形如 B 的集合个数有限. 记非空的 B 集合为 $B_j\,(j \in J)$. 令 $\mathscr{C} = \{B_j, j \in J\}$. 由集合 B 的构造法知: 若 $j \neq k$, 则 $B_j B_k = \emptyset$, 且每个 $A \in \mathscr{A}$ 可以表为有限个 B_j 的和. 特别取 $A = \Omega$, 则 $\Omega = \bigcup\limits_{j \in J} B_j$. 因此, 由非空的 B 构成的集合 $\mathscr{C}$ 是生成 $\mathscr{A}$ 的一个有限分割. 最后, 显然当 $A \in \mathscr{A}$ 为原子时, 一定存在 $B_j \in \mathscr{C}$, 使得 $A = B_j$. ∎

定理 1.2.1 设 $\mathscr{C}$ 是集合 Ω 的任意一个子集类. 令

$$\mathscr{C}_1 = \{\emptyset, \Omega, A : A \text{ 或 } A^{\mathrm{c}} \text{ 属于 } \mathscr{C}\},$$

$$\mathscr{C}_2 = \{B : B \text{ 为 } \mathscr{C}_1 \text{ 中元素的有限交}\},$$

$$\mathscr{C}_3 = \{B : B \text{ 为 } \mathscr{C}_2 \text{ 中两两不交元素的有限并}\},$$

则 $\mathscr{C}_3$ 就是由 $\mathscr{C}$ 生成的代数.

证　由 $\mathscr{C}_i$ 的构造法, 我们有:

(a) $\mathscr{C} \subseteq \mathscr{C}_1 \subseteq \mathscr{C}_2 \subseteq \mathscr{C}_3$, 且 $\emptyset \in \mathscr{C}_1$, $\Omega \in \mathscr{C}_1$;

(b) $\mathscr{C}_1$ 在余运算下封闭;

(c) $\mathscr{C}_2$ 在有限交运算下封闭.

为证明 $\mathscr{C}_3$ 是 $\mathscr{C}$ 的生成代数, 我们仅需证明 $\mathscr{C}_3$ 是包含 $\mathscr{C}$ 的代数, 这是因为每个包含 $\mathscr{C}$ 的代数一定包含 $\mathscr{C}_1$, $\mathscr{C}_2$ 和 $\mathscr{C}_3$ (即 $\mathscr{C}_3$ 的最小性). 显然, $\emptyset \in \mathscr{C}_3$, $\Omega \in \mathscr{C}_3$, 故只要证明 $\mathscr{C}_3$ 在交和余运算下封闭.

先证 $\mathscr{C}_3$ 在交运算下封闭. 设 $A_1 \in \mathscr{C}_3$, $A_2 \in \mathscr{C}_3$. 由 $\mathscr{C}_3$ 的构造, 每个 A_i 可表示为

$$A_i = \sum_{j \in J_i} B_{ij}, \quad B_{ij} \in \mathscr{C}_2, \quad j \in J_i, \quad i = 1, 2,$$

其中角标集 J_1, J_2 是有限的. 又因 $\mathscr{C}_2$ 在交运算下封闭, 所以

$$A_1 \cap A_2 = \sum_{j_1 \in J_1} \sum_{j_2 \in J_2} B_{1j_1} \cap B_{2j_2} \in \mathscr{C}_3,$$

即 $\mathscr{C}_3$ 在交运算下封闭.

再证 $\mathscr{C}_3$ 在余运算下封闭. 对任意 $A \in \mathscr{C}_3$, A 可表示为 $A = \sum\limits_{i=1}^{n} B_i$, 其中 $B_i \in \mathscr{C}_2\,(1 \leqslant i \leqslant n)$. 于是 $A^{\mathrm{c}} = \bigcap\limits_{i=1}^{n} B_i^{\mathrm{c}}$. 若能证明

$$B \in \mathscr{C}_2 \quad \Rightarrow \quad B^{\mathrm{c}} \in \mathscr{C}_3, \tag{1.1}$$

则利用已证的 $\mathscr{C}_3$ 对交运算的封闭性, 得 $A^{\mathrm{c}} \in \mathscr{C}_3$. 现往证式 (1.1) 成立. 设 $B = \bigcap\limits_{i=1}^{m} C_i \in \mathscr{C}_2$, 其中 $C_i \in \mathscr{C}_1\,(1 \leqslant i \leqslant m)$. 注意到

$$\Omega = \sum C_1' \cap C_2' \cap \cdots \cap C_m',$$

其中 C_i' 等于 C_i 或 $C_i^{\mathrm{c}}\,(1 \leqslant i \leqslant m)$, 且 $\sum$ 是对所有可能组合求和, 于是

$$B^{\mathrm{c}} = \sum_{*} C_1' \cap C_2' \cap \cdots \cap C_m',$$

其中 $\sum\limits_{*}$ 是对除 "$C_1' = C_1, \cdots, C_m' = C_m$" 以外的所有情形求和 (共 $2^m - 1$ 种). 由于 $C_i \in \mathscr{C}_1\,(1 \leqslant i \leqslant m)$, 故 $C_1' \cap C_2' \cap \cdots \cap C_m' \in \mathscr{C}_2$, 从而 $B^{\mathrm{c}} \in \mathscr{C}_3$. ∎

1.3 概率和概率空间

20 世纪 30 年代所建立的 Kolmogorov 公理化体系为概率论奠定了严密的数学理论基础, 使得概率论成为了一门公认的数学学科. 只有在这个公理体系下学习概率论, 才能弄清楚它的概念和理论. Kolmogorov 公理化体系是建立在集合论和测度论的基础之上的.

从事件与实现这一事件的试验所构成的集合一一对应出发, 我们可以定义事件的概率, 它是一个集函. 具体地, 我们有:

定义 1.3.1 集合 Ω 的某个子集代数 $\mathscr{A}$ 上的一个概率 P 是 $\mathscr{A}$ 到 $[0,1]$ 上的一个映射, 满足如下的三条公理:

(a) (规范性) $\mathsf{P}(\Omega)=1$;

(b) (有限加性) 对任意两两不交的有限子集族 $\{A_i, 1\leqslant i\leqslant n\}$,

$$\mathsf{P}\left(\sum_{i=1}^{n} A_i\right)=\sum_{i=1}^{n}\mathsf{P}(A_i);$$

(c) (在 $\emptyset$ 处的连续性) 设 $A_n\in\mathscr{A}$ $(n\in\mathbb{N})$, 满足 $A_n\downarrow\emptyset$, 则

$$\lim_{n\to\infty}\mathsf{P}(A_n)=0.$$

由公理 (a) 和 (b) (这时不必要求公理 (c) 成立), 可得如下概率的性质:

① $\mathsf{P}(\emptyset)=0$.

② (单调性) 若 $A_1,A_2\in\mathscr{A}$ 且 $A_1\subseteq A_2$, 则 $\mathsf{P}(A_1)\leqslant\mathsf{P}(A_2)$.

③ (强可加性) 设 $A_1,A_2\in\mathscr{A}$, 则

$$\mathsf{P}(A_1)+\mathsf{P}(A_2)=\mathsf{P}(A_1\cap A_2)+\mathsf{P}(A_1\cup A_2).$$

④ (半可加性) 对每个有限子集族 $\{A_i, 1\leqslant i\leqslant n\}$, 有

$$\mathsf{P}\left(\bigcup_{i=1}^{n} A_i\right)\leqslant\sum_{i=1}^{n}\mathsf{P}(A_i).$$

更一般地, 若 $A_i,B_i\in\mathscr{A}$, $B_i\subseteq A_i$ $(1\leqslant i\leqslant n)$, 则

$$\mathsf{P}\left(\bigcup_{i=1}^{n} A_i\right)-\mathsf{P}\left(\bigcup_{i=1}^{n} B_i\right)\leqslant\sum_{i=1}^{n}[\mathsf{P}(A_i)-\mathsf{P}(B_i)],$$

$$\mathsf{P}\left(\bigcap_{i=1}^{n} A_i\right)-\mathsf{P}\left(\bigcap_{i=1}^{n} B_i\right)\leqslant\sum_{i=1}^{n}[\mathsf{P}(A_i)-\mathsf{P}(B_i)].$$

性质①～③是显然的. 对于半可加性④, 只要注意到如下集合的包含关系即可:

$$\bigcup_{i=1}^{n} A_i - \bigcup_{i=1}^{n} B_i \subseteq \bigcup_{i=1}^{n}(A_i - B_i),$$

$$\bigcap_{i=1}^{n} A_i - \bigcap_{i=1}^{n} B_i \subseteq \bigcup_{i=1}^{n}(A_i - B_i),$$

其中 $B_i \subseteq A_i$ $(1 \leqslant i \leqslant n)$.

由公理 (c) 可以推出以下三条重要性质:

⑤ (单调序列的连续性) 设 $\mathscr{A}$ 是 Ω 的一个子集代数, 则

$$A_n, A \in \mathscr{A},\ A_n \downarrow A \quad \Rightarrow \quad \lim_{n\to\infty} \mathsf{P}(A_n) = \mathsf{P}(A), \qquad \text{(上连续性)}$$

$$A_n, A \in \mathscr{A},\ A_n \uparrow A \quad \Rightarrow \quad \lim_{n\to\infty} \mathsf{P}(A_n) = \mathsf{P}(A). \qquad \text{(下连续性)}$$

⑥ (σ 可加性) 设 $\mathscr{A}$ 是 Ω 的一个子集代数, 则从 $\mathscr{A}$ 到 $[0,1]$ 的映射 P 为一个概率的充要条件是 $\mathsf{P}(\Omega) = 1$, 且若 $\{A_i \in \mathscr{A}, i \in I\}$ 为两两不相容的可数子集族, 满足 $\sum\limits_{i\in I} A_i \in \mathscr{A}$, 则

$$\mathsf{P}\left(\sum_{i\in I} A_i\right) = \sum_{i\in I} \mathsf{P}(A_i).$$

⑦ (半 σ 可加性) 设 $\{A_i, i \in I\}$ 和 $\{B_i, i \in I\}$ 是 $\mathscr{A}$ 中两个可数子集族, 且 $B_i \subseteq A_i$ $(i \in I)$, $\bigcup\limits_{i\in I} A_i \in \mathscr{A}$, $\bigcup\limits_{i\in I} B_i \in \mathscr{A}$, 则

$$\mathsf{P}\left(\bigcup_{i\in I} A_i\right) - \mathsf{P}\left(\bigcup_{i\in I} B_i\right) \leqslant \sum_{i\in I} [\mathsf{P}(A_i) - \mathsf{P}(B_i)]. \tag{1.2}$$

该结论可由性质④和公理 (c) 推出. 若 $B_i = \emptyset$ $(i \in I)$, 则式 (1.2) 可简化为

$$\mathsf{P}\left(\bigcup_{i\in I} A_i\right) \leqslant \sum_{i\in I} \mathsf{P}(A_i). \tag{1.3}$$

为了把在 Ω 的子集代数 $\mathscr{A}$ 上定义的每个概率唯一延拓到更广的子集类上去, 我们需要进一步研究对极限运算封闭的类 (代数 $\mathscr{A}$ 仅对有限交、有限并运算封闭).

定义 1.3.2 若集合 Ω 的子集类 $\mathscr{A}$ 包含 $\emptyset$, Ω, 且在余运算、可列交和可列并运算下封闭, 则称 $\mathscr{A}$ 是 Ω 的一个子集 σ 代数, 称二重偶 $(\Omega, \mathscr{A})$ 为可测空间.

根据定义, 为验证 $\mathscr{A}$ 是一个子集 σ 代数, 只要验证 $\mathscr{A}$ 是一个代数以及在可列交或可列并运算下封闭即可.

例 1.3.1 令 $\Omega = (-\infty, \infty) \triangleq \mathbb{R}$,

$$\mathscr{A} = \{A : A \text{ 为有限个两两不交形如 } (a,b] \text{ 或 } (b,\infty) \text{ 的集合之和}, -\infty \leqslant a \leqslant b < \infty\},$$

则 $\mathscr{A}$ 为 $\mathbb{R}$ 上的一个代数, 但不是 σ 代数. 这是因为 $A_n = (0, 1-1/n] \in \mathscr{A}$, 但 $\bigcup\limits_{n=1}^{\infty} A_n = (0,1) \notin \mathscr{A}$. 如果定义

$$\mathscr{A}_1 = \{A : A \text{ 为可数个两两不交形如 } (a,b] \text{ 或 } (b,\infty) \text{ 的集合之和}, -\infty \leqslant a \leqslant b < \infty\},$$

则 $\mathscr{A}_1$ 也不是 $\mathbb{R}$ 上的一个 σ 代数, 这是因为 $A_n = (1-1/n, 1] \in \mathscr{A}_1$, 但 $\bigcap\limits_{n=1}^{\infty} A_n = \{1\} \notin \mathscr{A}_1$, 即 $\mathscr{A}_1$ 对可列交运算不封闭.

我们把由上面 $\mathscr{A}$ 或 $\mathscr{A}_1$ 生成的 σ 代数 (见定义 1.3.4) 称为直线 $\mathbb{R}$ 上的 Borel 域, 记为 $\mathscr{B}(\mathbb{R})$. $\mathscr{B}(\mathbb{R})$ 也可由 $\mathbb{R}$ 上所有左开右闭区间族生成. $\mathscr{B}(\mathbb{R})$ 中的集合称为 Borel集.

有时我们还要处理扩张直线

$$\overline{\mathbb{R}} = \mathbb{R} \cup \{-\infty, \infty\} = [-\infty, \infty]$$

上的 σ 代数. 由所有形如 $(a,b]$ $(-\infty \leqslant a \leqslant b \leqslant \infty)$ 的左开右闭区间族所生成的 σ 代数称为 $\overline{\mathbb{R}}$ 上的 Borel 域, 记为 $\mathscr{B}(\overline{\mathbb{R}})$. ◁

注 1 在一些教科书和文献中, 也常常把我们这里定义的集合代数或集合 σ 代数称为集合域或集合 σ 域, 简称域或 σ 域.

例 1.3.2 设 Ω 为任一集合, Ω 的一个子集类 $\mathscr{F}$ 由 Ω 中有限多个元素及它们的余集所构成. 如果 Ω 中的元素只有有限多个, 则 $\mathscr{F}$ 包含 Ω 的所有子集, 因此 $\mathscr{F}$ 是 Ω 上的一个 σ 代数. 但是, 若 Ω 中的元素有无穷多个, 上述子集类 $\mathscr{F}$ 仅仅是一个代数, 而不是 σ 代数 (参见例 1.2.2).

由于 Ω 中有无穷多个元素, 故可从中选取子集 A, A 由 Ω 中一列两两不同的元素组成, 不妨设 $A = \{w_1, w_2, \cdots\}$. 令 $B = \{w_2, w_4, \cdots\}$, 则由 $\mathscr{F}$ 的定义, B 不属于 $\mathscr{F}$. 如果 $\mathscr{F}$ 是 σ 代数, 则 $B_i = \{w_{2i}\} \in \mathscr{F}$ $(i \geqslant 1)$, 从而 $B = \sum\limits_{i=1}^{\infty} B_i \in \mathscr{F}$, 矛盾. ◁

关于 σ 代数, 我们可以定义如下运算. 设 $\{\mathscr{A}_i, i \in I\}$ 为 Ω 上的一族子集 σ 代数. 令

$$\bigcap_{i \in I} \mathscr{A}_i = \{A:\ A \in \mathscr{A}_i,\ \text{对一切 } i \in I\},$$

$$\bigcup_{i \in I} \mathscr{A}_i = \{A:\ A \in \mathscr{A}_i,\ \text{对某个 } i \in I\}.$$

可以证明 $\bigcap\limits_{i \in I} \mathscr{A}_i$ 是一个 σ 代数, 但 $\bigcup\limits_{i \in I} \mathscr{A}_i$ 不必再是 σ 代数, 即使 I 为可数的也不必是 σ 代数.

一般地, 由定义直接验证 Ω 的一个子集类是否为 σ 代数是一件很不容易的事. 下面介绍一些判别一个子集类是否为 σ 代数的方法.

若 $A_n \uparrow$, 则令 $\lim \uparrow A_n = \bigcup\limits_{n=1}^{\infty} A_n$; 若 $A_n \downarrow$, 则令 $\lim \downarrow A_n = \bigcap\limits_{n=1}^{\infty} A_n$.

定义 1.3.3 设 $\mathscr{C}$ 为 Ω 的一个子集类, 如果它在 $\lim \uparrow$ 和 $\lim \downarrow$ (序列极限) 运算下封闭, 则称 $\mathscr{C}$ 是 Ω 的一个单调类.

定理 1.3.1 设 $\mathscr{A}$ 是 Ω 上的一个代数, 则 $\mathscr{A}$ 是 σ 代数的充要条件是 $\mathscr{A}$ 也是单调类.

证 必要性是显然的, 下面仅证明充分性. 设代数 $\mathscr{A}$ 为单调类, $A_n \in \mathscr{A}$ $(n \geqslant 1)$. 由于 $B_n = \bigcup\limits_{i=1}^{n} A_i \uparrow$, $C_n = \bigcap\limits_{i=1}^{n} A_i \downarrow$, 而

$$\bigcup_{n=1}^{\infty} A_n = \bigcup_{n=1}^{\infty} B_n \in \mathscr{A}, \quad \bigcap_{n=1}^{\infty} A_n = \bigcap_{n=1}^{\infty} C_n \in \mathscr{A},$$

故 $\mathscr{A}$ 在可列交、可列并运算下封闭, 其他条件已因 $\mathscr{A}$ 是代数而满足, 从而 $\mathscr{A}$ 为 σ 代数. ▮

定义 1.3.4 设 $\mathscr{C}$ 为 Ω 的任一个子集类, 称包含 $\mathscr{C}$ 的最小 σ 代数为由 $\mathscr{C}$ 生成的 σ 代数, 记为 $\sigma(\mathscr{C})$. 类似地, 包含 $\mathscr{C}$ 的最小单调类称为由 $\mathscr{C}$ 生成的单调类, 记为 $m(\mathscr{C})$.

定理 1.3.2 若 $\mathscr{A}$ 为 Ω 上的一个代数, 则 $\sigma(\mathscr{A}) = m(\mathscr{A})$.

证 记 $\mathscr{B} = \sigma(\mathscr{A})$, $\mathscr{M} = m(\mathscr{A})$. 由定理 1.3.1, $\mathscr{B}$ 是单调类, 故 $\mathscr{M} \subseteq \mathscr{B}$. 仍由定理 1.3.1, 要证明 $\mathscr{B} \subseteq \mathscr{M}$, 只要证明 $\mathscr{M}$ 是代数. 我们的方法是先构造在某种运算下封闭的 $\mathscr{M}$ 的子类, 然后证明该子类就是 $\mathscr{M}$ 本身, 从而证明 $\mathscr{M}$ 关于某种运算封闭. 证明分为两步:

(1) $\mathscr{M}$ 在余运算下封闭. 令

$$\mathscr{M}' = \{B:\ B \in \mathscr{M} \text{ 且 } B^{\mathrm{c}} \in \mathscr{M}\}.$$

由 $\mathscr{A}$ 为代数知 $\mathscr{A} \subseteq \mathscr{M}' \subseteq \mathscr{M}$. 设 $B_n \uparrow B$, $B_n \in \mathscr{M}'$, 则 $B \in \mathscr{M}$, 且

$$B^{\mathrm{c}} = (\lim \uparrow B_n)^{\mathrm{c}} = \lim \downarrow B_n^{\mathrm{c}} \in \mathscr{M}.$$

类似地, 若 $B_n \downarrow B$, $B_n \in \mathscr{M}'$, 则 $B \in \mathscr{M}$, 且

$$B^{\mathrm{c}} = (\lim \downarrow B_n)^{\mathrm{c}} = \lim \uparrow B_n^{\mathrm{c}} \in \mathscr{M}.$$

因此 $\mathscr{M}'$ 是单调类. 由 $\mathscr{M}$ 的最小性得 $\mathscr{M}' = \mathscr{M}$.

(2) $\mathscr{M}$ 在交运算下封闭. 设 $A \in \mathscr{M}$, 令

$$\mathscr{M}_A = \{B:\ B \in \mathscr{M},\ AB \in \mathscr{M}\}.$$

设 $\{B_n, n \geqslant 1\}$ 为 $\mathscr{M}_A$ 中的单调序列. 由于 $\lim AB_n = A \cap \lim B_n$, 故 $\mathscr{M}_A$ 是单调类. 又若 $A \in \mathscr{A}$, 则由 $\mathscr{M}_A$ 的定义得 $\mathscr{A} \subseteq \mathscr{M}_A$, 从而 $\mathscr{M}_A$ 是包含 $\mathscr{A}$ 的单调类. 由 $\mathscr{M}$ 的最小性得 $\mathscr{M}_A = \mathscr{M}$.

最后, 对一切 $A, B \in \mathscr{M}$, $A \in \mathscr{M}_B$ 等价于 $B \in \mathscr{M}_A$, 故当 $A \in \mathscr{A}$, $B \in \mathscr{M}$ 时, 由 $\mathscr{M}_A = \mathscr{M}$ 得 $B \in \mathscr{M}_A$, 从而 $A \in \mathscr{M}_B$. 由此推出 $\mathscr{A} \subseteq \mathscr{M}_B$, 但 $\mathscr{M}_B$ 为单调类. 由 $\mathscr{M}$ 的最小性得 $\mathscr{M}_B = \mathscr{M}$.

由 (1) 和 (2) 知 $\mathscr{B} \subseteq \mathscr{M}$, 从而 $\mathscr{B} = \mathscr{M}$. 定理证毕. ▮

定义 1.3.5 若 Ω 的子集类 $\mathscr{C}$ 具有如下性质:

$$A, B \in \mathscr{C} \quad \Rightarrow \quad AB \in \mathscr{C},$$

则称 $\mathscr{C}$ 为 π 系. 称 $\mathscr{C}$ 为 λ 系, 若 $\mathscr{C}$ 满足条件:

(1) $\Omega \in \mathscr{C}$;

(2) (对真差运算封闭) 设 $A, B \in \mathscr{C}$ 且 $A \subseteq B$, 则 $B - A \in \mathscr{C}$;

(3) (对非降序列极限封闭) 设 $A_n \in \mathscr{C}$ $(n \geqslant 1)$, 且 $A_n \uparrow A$, 则 $A \in \mathscr{C}$.

可以证明: 若 $\mathscr{C}$ 是 λ 系, 则 $\mathscr{C}$ 是一个单调类; 若子集类 $\mathscr{A}$ 既是 π 系又是 λ 系, 则 $\mathscr{A}$ 必是一个 σ 代数.

设 $\mathscr{C}$ 是 Ω 的任一子集类, 以 $\lambda(\mathscr{C})$ 表示由 $\mathscr{C}$ 生成的 λ 系.

例 1.3.3 设 $\Omega = \mathbb{R}$, $\mathscr{C} = \{(-\infty, a],\ a \in \mathbb{R}\}$, 则 $\mathscr{C}$ 是 π 系, 但 $\mathscr{C}$ 不是代数, 也不是单调类. ◁

定理 1.3.3 (集合形式的单调类定理) 设 $\mathscr{C}$ 为 π 系, 则 $\lambda(\mathscr{C}) = \sigma(\mathscr{C})$.

证明方法和定理 1.3.2 的证法相似, 故作为练习留给读者 (见本章习题第 2 题).

定义 1.3.6 设 $\mathscr{A}$ 是 Ω 上的一个 σ 代数. 若有一个 Ω 的可数子集族 $\mathscr{C}$, 使 $\mathscr{A} = \sigma(\mathscr{C})$, 则称 $\mathscr{A}$ 是可数型的 (或可分型的).

例 1.3.4 设 $\Omega = \mathbb{R}$, $\mathscr{A} = \mathscr{B}(\mathbb{R})$, 令

$$\mathscr{C} = \{(a, b] : \ -\infty < a \leqslant b < \infty, \text{ 且 } a, b \text{ 为有理数}\},$$

则 $\mathscr{C}$ 是 $\mathbb{R}$ 上的一个可数子集族. 显然, $\mathscr{B}(\mathbb{R}) = \sigma(\mathscr{C})$, 故 $\mathscr{B}(\mathbb{R})$ 是可数型的 σ 代数. ◁

应用中所考虑的绝大多数 σ 代数是可数型的, 特别由 Ω 的可数分割 $\{A_i, i \in I\}$ 所生成的 σ 代数是可数型的, 它由该分割的所有子集的并组成 (从而势为 c). 但不是每个可数型的 σ 代数都能由 Ω 的一个可数分割生成. 例如, 直线上的 Borel 域.

对 Ω 中的事件族 $\{A_n, n \geqslant 1\}$, 定义

$$\limsup_{n\to\infty} A_n = \lim_{n\to\infty} \downarrow \left(\sup_{m \geqslant n} A_m \right) = \bigcap_{n=1}^{\infty} \bigcup_{m=n}^{\infty} A_m,$$

$$\liminf_{n\to\infty} A_n = \lim_{n\to\infty} \uparrow \left(\inf_{m \geqslant n} A_m \right) = \bigcup_{n=1}^{\infty} \bigcap_{m=n}^{\infty} A_m.$$

在包含关系下, 集合 $\limsup A_n$ 为集族 $\{A_n, n \geqslant 1\}$ 的最小上界, 又称为其上极限, 它由属于无穷多个 A_n 的那些试验点组成; 集合 $\liminf A_n$ 为集族 $\{A_n, n \geqslant 1\}$ 的最大下界, 又称为其下极限, 它由属于几乎所有的 A_n (即除掉有限个 A_n, 属于其余的 A_n) 的那些试验点组成. 由定义知

$$\liminf_{n\to\infty} A_n \subseteq \limsup_{n\to\infty} A_n.$$

若这两个集合相同, 用 $\lim_{n\to\infty} A_n$ 来表示这个公共集合. 特别地, 当 $A_n \uparrow$ 或 $A_n \downarrow$ 时, 有

$$\limsup_{n\to\infty} A_n = \lim_{n\to\infty} A_n = \liminf_{n\to\infty} A_n.$$

再由定义可推知, 每个 σ 代数在运算 lim sup 和 lim inf 下封闭. 为直观起见, 集合 $\limsup A_n$ 常写成 $\{A_n, \text{i.o.}\}$, 其中 i.o. 是 infinite often 的缩写, 意为无穷多个发生.

定义 1.3.7 设 $\mathscr{A}$ 是 Ω 的一个 σ 代数, P 是定义在 $\mathscr{A}$ 上的概率, 则三重偶 $(\Omega, \mathscr{A}, \mathsf{P})$ 称为一个概率空间.

定理 1.3.4 (概率的序列连续性) 设 $\{A_n, n \geqslant 1\}$ 是定义在 $(\Omega, \mathscr{A}, \mathsf{P})$ 上的事件序列, 则

$$\mathsf{P}\left(\liminf_{n\to\infty} A_n\right) \leqslant \liminf_{n\to\infty} \mathsf{P}(A_n) \leqslant \limsup_{n\to\infty} \mathsf{P}(A_n) \leqslant \mathsf{P}\left(\limsup_{n\to\infty} A_n\right).$$

证　注意到 $\liminf_{n\to\infty} A_n = \lim_{n\to\infty} \uparrow \left(\inf_{m\geqslant n} A_m\right)$, 故利用概率的单调连续性, 有

$$\mathsf{P}\left(\liminf_{n\to\infty} A_n\right) = \lim_{n\to\infty} \mathsf{P}\left(\inf_{m\geqslant n} A_m\right) \leqslant \lim_{n\to\infty} \inf_{m\geqslant n} \mathsf{P}(A_m) = \liminf_{n\to\infty} \mathsf{P}(A_n).$$

最右边的不等式可以类似地证明, 而中间的不等式是显然的. ∎

下面的结论是概率论中经常使用的一个引理.

引理 1.3.1 (Borel-Cantelli) 设 $\{A_n, n \geqslant 1\}$ 是 $(\Omega, \mathscr{A}, \mathsf{P})$ 中的事件序列, 且 $\sum_{n=1}^{\infty} \mathsf{P}(A_n) < \infty$, 则

$$\mathsf{P}\left(\limsup_{n\to\infty} A_n\right) = 0.$$

证　由概率的半 σ 可加性不等式 (1.3), 有

$$\mathsf{P}\left(\sup_{m\geqslant n} A_m\right) \leqslant \sum_{m=n}^{\infty} \mathsf{P}(A_m).$$

在上式中令 $n \to \infty$ 即得所需引理. ∎

下面我们引入完备概率空间的概念.

定义 1.3.8 设 $(\Omega, \mathscr{A}, \mathsf{P})$ 是一个概率空间, $N \subset \Omega$. 若存在 $A \in \mathscr{A}$, 使 $N \subseteq A$, $\mathsf{P}(A) = 0$, 则称 N 为 $(\Omega, \mathscr{A}, \mathsf{P})$ 上的 P-零概集. 若 $\mathscr{A}$ 包含了 Ω 的每个 P-零概集, 则称 $(\Omega, \mathscr{A}, \mathsf{P})$ 是完备的.

由定义知 P-零概集的子集还是 P-零概集, 故由式 (1.3) 知可数个 P-零概集的并仍是 P-零概集.

定理 1.3.5 以 $\mathscr{N}$ 表示 $(\Omega, \mathscr{A}, \mathsf{P})$ 中的 P-零概集全体, 令

$$\overline{\mathscr{A}} = \{A \cup N:\ A \in \mathscr{A},\ N \in \mathscr{N}\},$$

则 $\overline{\mathscr{A}}=\sigma(\mathscr{A},\mathscr{N})$. 若定义

$$\overline{\mathsf{P}}(A\cup N)=\mathsf{P}(A),\quad \forall\, A\in\mathscr{A},\ N\in\mathscr{N}$$

(该定义是不含混的), 则在 $\overline{\mathscr{A}}$ 上定义了概率 P 的扩张 $\overline{\mathsf{P}}$, 且概率空间 $(\Omega,\overline{\mathscr{A}},\overline{\mathsf{P}})$ 是完备的. 空间 $(\Omega,\overline{\mathscr{A}},\overline{\mathsf{P}})$ 称为 $(\Omega,\mathscr{A},\mathsf{P})$ 的完备化.

证 由于 $\mathscr{A}$ 和 $\mathscr{N}$ 在可列并运算下封闭, 故 $\overline{\mathscr{A}}$ 在可列并运算下封闭. 下证即 $\overline{\mathscr{A}}$ 在余运算下封闭. 为此, 设 $N\in\mathscr{N}$, $A\in\mathscr{A}$. 由定义知存在 $B\in\mathscr{A}$, 使得 $N\subseteq B$, $\mathsf{P}(B)=0$. 注意到

$$(A\cup N)^{\mathrm{c}}=A^{\mathrm{c}}\cap N^{\mathrm{c}}=A^{\mathrm{c}}\cap(B^{\mathrm{c}}+B\cap N^{\mathrm{c}})=(A\cup B)^{\mathrm{c}}+B\cap(A\cup N)^{\mathrm{c}},$$

其中 $B\cap(A\cup N)^{\mathrm{c}}\subseteq B$, 故 $B\cap(A\cup N)^{\mathrm{c}}\in\mathscr{N}$. 又 $(A\cup B)^{\mathrm{c}}\in\mathscr{A}$, 从而 $(A\cup N)^{\mathrm{c}}\in\overline{\mathscr{A}}$, 即 $\overline{\mathscr{A}}$ 在余运算下封闭. 由此知 $\overline{\mathscr{A}}$ 是 σ 代数. 根据 $\overline{\mathscr{A}}$ 的定义知 $\overline{\mathscr{A}}$ 是包含 $\mathscr{A}$ 和 $\mathscr{N}$ 的最小 σ 代数, 故 $\overline{\mathscr{A}}=\sigma(\mathscr{A},\mathscr{N})$. ▮

定理中 $\overline{\mathsf{P}}$ 的定义不含混是指, 若 $\overline{\mathscr{A}}$ 中的元素有两种不同表示方法, 则 $\overline{\mathsf{P}}$ 的值不依赖于表示方法. 具体地说, 若 $A_1\cup N_1=A_2\cup N_2\in\overline{\mathscr{A}}$, 则 $\overline{\mathsf{P}}(A_1\cup N_1)=\overline{\mathsf{P}}(A_2\cup N_2)$. 事实上, 由 $A_1\cup N_1=A_2\cup N_2$ 可推出

$$A_1\Delta A_2\subseteq N_1\cup N_2,$$

故 $\mathsf{P}(A_1\Delta A_2)=0$, 从而 $\mathsf{P}(A_1)=\mathsf{P}(A_2)$. 由 $\overline{\mathsf{P}}$ 的定义, 即有 $\overline{\mathsf{P}}$ 在 $\overline{\mathscr{A}}$ 中元素上的值不依赖于表示方法. 可以直接验证 $\overline{\mathsf{P}}$ 是 $\overline{\mathscr{A}}$ 上的概率, 且 $(\Omega,\overline{\mathscr{A}},\overline{\mathsf{P}})$ 是完备的.

1.4 概率的扩张

我们已经在代数 $\mathscr{A}$ 上定义了概率, 接下来的问题很自然地是如何把 $\mathscr{A}$ 上的概率唯一扩张到 $\sigma(\mathscr{A})$ 上去. 思路 (图 1.1) 大体如下: 首先, 把 $\mathscr{A}$ 上的概率 P 扩张为 $\mathscr{A}$ 中可列并集合所成的子集类 $\mathscr{G}$ 上的集函 π; 然后, 由 π 用下确界方法在 $\mathscr{P}(\Omega)$ (Ω 的一切子集所成之集族) 上定义一个新的集函 π^*; 最后, 在 $\mathscr{P}(\Omega)$ 上选出一个 σ 代数 $\mathscr{D}$, 把 π^* 限制在 $\mathscr{D}$ 上就是 $\mathscr{D}$ 上的一个概率. 下面我们进行仔细的讨论.

设 $\mathscr{A}$ 是 Ω 的一个子集代数, P 是 $(\Omega,\mathscr{A})$ 上的概率. 设 $\mathscr{G}$ 为 $\mathscr{A}$ 中可列并集合所成的类, 则 $\mathscr{G}$ 可表示为

$$\mathscr{G}=\left\{G:\ G=\bigcup_{n=1}^{\infty}A_n,\ A_n\in\mathscr{A},\ A_n\uparrow\right\}.$$

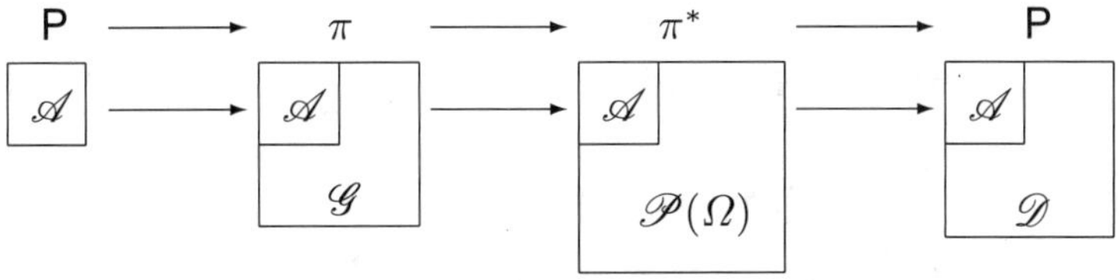

图 1.1　概率扩张思路示意图

引理 1.4.1　若 $A_n \in \mathscr{A}$, $B_n \in \mathscr{A}$ $(n \geqslant 1)$, $A_n \uparrow$, $B_n \uparrow$, 且 $\lim \uparrow A_n \subseteq \lim \uparrow B_n$, 则

$$\lim_{n\to\infty} \mathsf{P}(A_n) \leqslant \lim_{n\to\infty} \mathsf{P}(B_n).$$

若 $\lim \uparrow A_n = \lim \uparrow B_n$, 则

$$\lim_{n\to\infty} \mathsf{P}(A_n) = \lim_{n\to\infty} \mathsf{P}(B_n).$$

证　对固定的 m, $\{A_m B_n, n \geqslant 1\}$ 是 $\mathscr{A}$ 上的单调增序列, 且 $\bigcup\limits_{n=1}^{\infty} (A_m B_n) = A_m$. 由概率的序列连续性, 有

$$\lim_{n\to\infty} \mathsf{P}(B_n) \geqslant \lim_{n\to\infty} \mathsf{P}(A_m B_n) = \mathsf{P}(A_m).$$

再令 $m \to \infty$ 即得结论. 如果 $\lim \uparrow A_n = \lim \uparrow B_n$, 则由于 $\{A_n, n \geqslant 1\}$ 和 $\{B_n, n \geqslant 1\}$ 的地位对称, 所以上述不等式应变为等式. ∎

由上述引理, 我们可以在 $\mathscr{G}$ 上定义集函 π 如下: 若 $A_n \uparrow G$, $A_n \in \mathscr{A}$, 则定义

$$\pi(G) = \lim_{n\to\infty} \mathsf{P}(A_n). \tag{1.4}$$

引理 1.4.1 证明了 π 的定义不依赖于序列 $\{A_n, n \geqslant 1\}$ 的选取, 而只依赖于 G. 因此, π 的定义是不含混的. 显然, 若 $A \in \mathscr{A}$, 则 $\pi(A) = \mathsf{P}(A)$.

$\mathscr{G}$ 和 $\mathscr{G}$ 上的集函 π 有如下的性质:

(a) $\emptyset \in \mathscr{G}$, $\Omega \in \mathscr{G}$; $\pi(\emptyset) = 0$, $\pi(\Omega) = 1$, 且 $0 \leqslant \pi(G) \leqslant 1$, $\forall\, G \in \mathscr{G}$.

(b) 设 $G_1, G_2 \in \mathscr{G}$, 则

$$G_1 \cup G_2 \in \mathscr{G}, \quad G_1 \cap G_2 \in \mathscr{G}. \qquad (\mathscr{G}\ \text{对有限交、有限并封闭})$$

且

$$\pi(G_1) + \pi(G_2) = \pi(G_1 \cup G_2) + \pi(G_1 \cap G_2). \qquad (\pi\ \text{强可加性})$$

(c) 设 $G_1, G_2 \in \mathscr{G}$ 且 $G_1 \subseteq G_2$, 则

$$\pi(G_1) \leqslant \pi(G_2). \qquad (\pi\ \text{单调性})$$

(d) 如果 $G_n \in \mathscr{G}$ $(n \geqslant 1), G_n \uparrow G$, 则 $G \in \mathscr{G}$, 且

$$\pi(G) = \lim_{n\to\infty} \pi(G_n). \qquad (\pi \text{ 对可列并封闭})$$

此外, $\mathscr{G}$ 是包含 $\mathscr{A}$ 且具有上述性质的最小类.

性质 (a) ~ (c) 可以直接验证, 请读者自行补出. 这里仅证明性质 (d). 设 $A_{m,n} \uparrow G_n$ $(m \to \infty)$, $A_{m,n} \in \mathscr{A}$ $(m, n \geqslant 1)$, 以及 $G_n \uparrow G$. 记

$$D_m = \bigcup_{n=1}^{m} A_{m,n}, \quad m \geqslant 1.$$

由于

$$D_m \subseteq \bigcup_{n=1}^{m} A_{m+1,n} \subseteq D_{m+1},$$

故 $D_m \uparrow$ 且 $D_m \in \mathscr{A}$. 当 $n \leqslant m$ 时, 有 $A_{m,n} \subseteq D_m \subseteq G_m$, 从而

$$\mathsf{P}(A_{m,n}) \leqslant \mathsf{P}(D_m) \leqslant \pi(G_m).$$

在以上两式中, 先令 $m \to \infty$, 再令 $n \to \infty$, 得到 $D_m \uparrow G$, 以及

$$\lim_{m\to\infty} \mathsf{P}(D_m) = \lim_{m\to\infty} \pi(G_m).$$

于是, $G \in \mathscr{G}$ 且 $\pi(G) = \lim \mathsf{P}(D_m) = \lim \pi(G_m)$. 性质 (d) 得证.

设集类 $\mathscr{G}$ 和 $\mathscr{G}$ 上的集函 π 如上定义, 在 $\mathscr{P}(\Omega)$ 上定义集函 π^*:

$$\pi^*(\Omega_1) = \inf\{\pi(G):\ \Omega_1 \subseteq G \in \mathscr{G}\}. \tag{1.5}$$

所定义的集函 π^* 有如下的性质:

(a) 对任意 $G \in \mathscr{G}$, 有 $\pi^*(G) = \pi(G)$, 且 $0 \leqslant \pi^*(\Omega_1) \leqslant 1$, $\forall\ \Omega_1 \in \mathscr{P}(\Omega)$.

(b) 对任意 $\Omega_1, \Omega_2 \in \mathscr{P}(\Omega)$,

$$\pi^*(\Omega_1 \cup \Omega_2) + \pi^*(\Omega_1 \cap \Omega_2) \leqslant \pi^*(\Omega_1) + \pi^*(\Omega_2).$$

特别地, 有 $\pi^*(\Omega_1) + \pi^*(\Omega_1^{\mathrm{c}}) \geqslant 1$.

(c) 设 $\Omega_1 \subseteq \Omega_2$, 其中 $\Omega_1, \Omega_2 \in \mathscr{P}(\Omega)$, 则 $\pi^*(\Omega_1) \leqslant \pi^*(\Omega_2)$.

(d) 设 $\Omega_n \in \mathscr{P}(\Omega)$, $\Omega_n \uparrow \Omega_\infty$, 则

$$\lim_{n\to\infty} \pi^*(\Omega_n) = \pi^*(\Omega_\infty).$$

性质 (a) 由定义可得.

为证性质 (b), 固定 $\epsilon > 0$, 对 Ω 的任意两个子集 Ω_1 和 Ω_2, 取 $G_1, G_2 \in \mathscr{G}$, 使得 $\Omega_i \subseteq G_i$ 且

$$\pi^*(\Omega_i) + \frac{\epsilon}{2} \geqslant \pi(G_i), \quad i = 1, 2.$$

由 π 的性质 (b) 及 G_1, G_2 的取法, 有

$$\begin{aligned}\pi^*(\Omega_1) + \pi^*(\Omega_2) + \epsilon &\geqslant \pi(G_1) + \pi(G_2) \\ &= \pi(G_1 \cup G_2) + \pi(G_1 \cap G_2) \\ &\geqslant \pi^*(\Omega_1 \cup \Omega_2) + \pi^*(\Omega_1 \cap \Omega_2).\end{aligned}$$

令 $\epsilon \to 0$, 即得性质 (b).

性质 (c) 可由 π 的单调性直接得到.

下面证明性质 (d). 固定 $\epsilon > 0$, 对任意 $n \geqslant 1$, 存在 $G_n \in \mathscr{G}$, 使得 $\Omega_n \subseteq G_n$ 且

$$\pi(G_n) < \pi^*(\Omega_n) + \frac{\epsilon}{2^n}.$$

令 $G'_n = \bigcup_{k=1}^{n} G_k$, 则 $G'_n \in \mathscr{G}$, $\Omega_n \subseteq G'_n$ 且 $G'_n \uparrow$. 故

$$\Omega_\infty \subseteq \lim_{n\to\infty} \uparrow G'_n \in \mathscr{G}.$$

下面用归纳法证明

$$\pi(G'_n) \leqslant \pi^*(\Omega_n) + \sum_{i=1}^{n} \frac{\epsilon}{2^i}. \tag{1.6}$$

由 $\{G_n\}$ 的取法知, 当 $n = 1$ 时式 (1.6) 成立. 现假设当 $n = k$ 时式 (1.6) 成立, 下证当 $n = k + 1$ 时式 (1.6) 成立. 注意到由 $\Omega_k \subseteq \Omega_{k+1}$ 知 $\Omega_k \subseteq G'_k \cap G_{k+1} \in \mathscr{G}$, 我们有

$$\begin{aligned}\pi(G'_{k+1}) &= \pi(G'_k \cup G_{k+1}) = \pi(G'_k) + \pi(G_{k+1}) - \pi(G'_k \cap G_{k+1}) \\ &\leqslant \left[\pi^*(\Omega_k) + \sum_{i=1}^{k} \frac{\epsilon}{2^i}\right] + \left[\pi^*(\Omega_{k+1}) + \frac{\epsilon}{2^{k+1}}\right] - \pi^*(\Omega_k) \\ &= \pi^*(\Omega_{k+1}) + \sum_{i=1}^{k+1} \frac{\epsilon}{2^i}.\end{aligned}$$

从而得证式 (1.6) 对任意 n 成立. 令 $n \to \infty$, 得

$$\lim_{n\to\infty} \pi^*(\Omega_n) + \epsilon \geqslant \lim_{n\to\infty} \pi(G'_n) = \pi\left(\lim_{n\to\infty} G'_n\right) \geqslant \pi^*(\Omega_\infty).$$

由于 ϵ 是任意的, 所以

$$\lim_{n\to\infty} \pi^*(\Omega_n) \geqslant \pi^*(\Omega_\infty).$$

另外, 由于 $\Omega_n \subseteq \Omega_\infty$, 故根据性质 (c), 知 $\lim \pi^*(\Omega_n) \leqslant \pi^*(\Omega_\infty)$. 从而性质 (d) 得证.

定理 1.4.1 设 $\mathscr{A}$ 是 Ω 的子集代数, P 为 $(\Omega,\mathscr{A})$ 上的一个概率, $\mathscr{P}(\Omega)$ 上的集函 π^* 由式 (1.5) 定义, 则 Ω 的子集类

$$\mathscr{D}=\{D:\ \pi^*(D)+\pi^*(D^{\mathrm{c}})=1,\ D\subseteq\Omega\}$$

是一个 σ 代数, π^* 限制在 $\mathscr{D}$ 上是 $(\Omega,\mathscr{D})$ 上的一个完备概率.

证 先证明 $\mathscr{D}$ 是一个代数. 由 π^* 的性质 (a) 得 $\pi^*(\emptyset)=\pi(\emptyset)=0$, $\pi^*(\Omega)=\pi(\Omega)=1$, 故 $\emptyset,\Omega\in\mathscr{D}$. 又由 $\mathscr{D}$ 的定义知 $\mathscr{D}$ 对余运算封闭. 下面证 $\mathscr{D}$ 对有限交和有限并运算封闭. 为此, 设 $D_1,D_2\in\mathscr{D}$. 由 π^* 的性质 (b) 有

$$\pi^*(D_1\cup D_2)+\pi^*(D_1\cap D_2)\leqslant\pi^*(D_1)+\pi^*(D_2),\tag{1.7}$$

$$\pi^*((D_1\cup D_2)^{\mathrm{c}})+\pi^*((D_1\cap D_2)^{\mathrm{c}})\leqslant\pi^*(D_1^{\mathrm{c}})+\pi^*(D_2^{\mathrm{c}}).\tag{1.8}$$

两式相加, 由 $D_1,D_2\in\mathscr{D}$ 知不等式右边等于 2. 另外, 由 π^* 的性质 (b) 可推出

$$\pi^*(D_1\cup D_2)+\pi^*((D_1\cup D_2)^{\mathrm{c}})\geqslant 1,\tag{1.9}$$

$$\pi^*(D_1\cap D_2)+\pi^*((D_1\cap D_2)^{\mathrm{c}})\geqslant 1.\tag{1.10}$$

故不等式 (1.7) 与 (1.8) 相加后左边之和不小于 2. 综上所述, 四个不等式 (1.7) ~ (1.10) 中只能成立等号. 由式 (1.9) 和式 (1.10) 知 $D_1\cup D_2\in\mathscr{D}$, $D_1\cap D_2\in\mathscr{D}$. 从而 $\mathscr{D}$ 为子集代数.

再证 $\mathscr{D}$ 是 σ 代数. 由定理 1.3.1 知, 我们仅要证 $\mathscr{D}$ 为单调类即可. 为此, 设 $D_n\in\mathscr{D}$, $D_n\uparrow D$. 由 π^* 的性质 (d) 得 $\pi^*(D)=\lim\pi^*(D_n)$. 于是, 对任意 $\epsilon>0$, 存在 $N\in\mathbb{N}$, 使得当 $n>N$ 时, 有

$$\pi^*(D)<\pi^*(D_n)+\epsilon.$$

另外, $\pi^*(D^{\mathrm{c}})\leqslant\pi^*(D_n^{\mathrm{c}})\ (n\geqslant 1)$. 于是, $\pi^*(D)+\pi^*(D^{\mathrm{c}})\leqslant 1+\epsilon$. 令 $\epsilon\to 0$, 得

$$\pi^*(D)+\pi^*(D^{\mathrm{c}})\leqslant 1.\tag{1.11}$$

由 π^* 的性质 (b), 上面相反不等式也成立, 故式 (1.11) 中等号成立, 即 $D\in\mathscr{D}$. 再设 $D_n\in\mathscr{D}$, $D_n\downarrow D$. 由于 $\mathscr{D}$ 对余运算封闭, 故易知 $D\in\mathscr{D}$. 于是, $\mathscr{D}$ 的单调类性质得证.

其次, 证明 π^* 在 $\mathscr{D}$ 上的限制是一个概率. 由 π^* 的性质 (a), 只要证明 π^* 在 $\mathscr{D}$ 上具有 σ 可加性. 注意到前面已证得的 π^* 的强可加性, 即

$$\pi^*(D_1)+\pi^*(D_2)=\pi^*(D_1\cup D_2)+\pi^*(D_1\cap D_2),\quad\forall\ D_1,D_2\in\mathscr{D}.$$

现设 $D_n\in\mathscr{D}\ (n\geqslant 1)$, 两两不相交, 则 $\sum\limits_{k=1}^{n}D_k\in\mathscr{D}$, 且由 π^* 的性质 (d) 知

$$\pi^*\left(\sum_{k=1}^{\infty}D_k\right)=\lim_{n\to\infty}\pi^*\left(\sum_{k=1}^{n}D_k\right)=\lim_{n\to\infty}\sum_{k=1}^{n}\pi^*(D_k)=\sum_{k=1}^{\infty}\pi^*(D_k),$$

即 π^* 在 $\mathscr{D}$ 上具有 σ 可加性.

最后证明完备性. 设 $\Omega_1 \subseteq D$, $D \in \mathscr{D}$ 且 $\pi^*(D) = 0$. 由 π^* 的性质 (c) 知

$$\pi^*(\Omega_1) + \pi^*(\Omega_1^c) \leqslant \pi^*(D) + \pi^*(\Omega) = 0 + 1 = 1. \tag{1.12}$$

另外, 由 π^* 的性质 (b) 知式 (1.12) 中反向不等式成立, 从而式 (1.12) 中等号成立, 即 $\Omega_1 \in \mathscr{D}$. 完备性证毕. ∎

由定理 1.4.1 可以推出著名的概率扩张定理.

定理 1.4.2 (概率扩张定理) 每个定义在 Ω 的子集代数 $\mathscr{A}$ 上的概率可以唯一扩张为 $\sigma(\mathscr{A})$ 上的概率.

证 设 P 是代数 $\mathscr{A}$ 上的概率, 把定理 1.4.1 的结论用到本节定义的类 $\mathscr{G}$ 和集函 π 上. 注意到在 $\mathscr{A}$ 上 π 和 π^* 相同, 都等于 P. 由于 $\mathscr{A} \subseteq \mathscr{D}$ 和 $\mathscr{D}$ 是 σ 代数, 所以 $\sigma(\mathscr{A}) \subseteq \mathscr{D}$, 把 π^* 限制于 $\sigma(\mathscr{A})$ 而得到的集函 P' 是 P 在 $\sigma(\mathscr{A})$ 上的一个扩张.

下面证 P 在 $\sigma(\mathscr{A})$ 上扩张的唯一性. 设 P_1 和 P_2 是 $\sigma(\mathscr{A})$ 上的两个概率, 满足当 $A \in \mathscr{A}$ 时, $\mathsf{P}_1(A) = \mathsf{P}_2(A) = \mathsf{P}(A)$. 令

$$\mathscr{B} = \{B:\ \mathsf{P}_1(B) = \mathsf{P}_2(B),\ B \in \sigma(\mathscr{A})\}.$$

显然, $\mathscr{A} \subseteq \mathscr{B} \subseteq \sigma(\mathscr{A})$. 由定理 1.3.1, 欲证明 $\mathscr{B} = \sigma(\mathscr{A})$, 需证明 $\mathscr{B}$ 为一个单调类. 为此, 设 $B_n \in \mathscr{B}$, $B_n \uparrow B$, 则 $B \in \sigma(\mathscr{A})$. 由概率的单调序列的连续性 (定理 1.3.4), 得

$$\mathsf{P}_1(B) = \lim_{n\to\infty} \mathsf{P}_1(B_n) = \lim_{n\to\infty} \mathsf{P}_2(B_n) = \mathsf{P}_2(B),$$

即 $B \in \mathscr{B}$. 同理, 对任意 $B_n \in \mathscr{B}$, $B_n \downarrow B$, 则 $B \in \mathscr{B}$. 故 $\mathscr{B}$ 为一个单调类. 定理证毕. ∎

上述的概率扩张定理是从定义在代数上的概率向 σ 代数扩张. 但代数的结构还不是最简单的, 例如, 直线上所有左开右闭区间所组成的子集类就不是代数, 但在这种子集类上比较容易定义一个 σ 加性集函. 所以一个很自然的问题是, 概率扩张定理能否从定义在比代数更简单的子集类上的 σ 加性集函开始? 回答是肯定的, 为此, 我们需要如下的定义.

定义 1.4.1 若 Ω 的一个子集类 $\mathscr{S}$ 满足下列条件:

(a) $\emptyset, \Omega \in \mathscr{S}$;

(b) $\mathscr{S}$ 在有限交运算下封闭;

(c) 若 $S \in \mathscr{S}$, 则 S^c 是 $\mathscr{S}$ 中两两不交元素的有限并,

则称 $\mathscr{S}$ 为 Ω 上的一个子集半代数, 简称半代数.

由定义知半代数是一个 π 系.

例 1.4.1 定理 1.2.1 中的子集类 $\mathscr{C}_2$ 是包含 $\mathscr{C}$ 的半代数, 这可以从定理的证明中看出 $\mathscr{C}_2$ 中集合的余集是有限个 $\mathscr{C}_2$ 中集合的不交并. ◁

例 1.4.2 设 $\Omega=\mathbb{R}^2$, 令

$$\mathscr{S}=\{(a_1,b_1]\times(a_2,b_2]:\ -\infty\leqslant a_i\leqslant b_i\leqslant\infty,\ i=1,2\},$$

这里当 $b_i=+\infty$ 时, 区间 $(a_i,b_i]$ 改为开区间 (a_i,b_i). 显然, $\mathscr{S}$ 满足半代数定义中的前两条 (a) 和 (b), 余下来需验证条件 (c). 注意到

$$((a,b]\times(c,d])^{\mathrm{c}}=\mathbb{R}\times(-\infty,c]+\mathbb{R}\times(d,\infty)+(-\infty,a]\times(c,d]+(b,\infty)\times(c,d],$$

故 $\mathscr{S}$ 满足条件 (c), 从而 $\mathscr{S}$ 是 $\mathbb{R}^2$ 上的一个半代数. ◁

例 1.4.3 设 $\Omega=\mathbb{R}^\infty\triangleq\{(x_1,x_2,\cdots):x_i\in\mathbb{R},i\in\mathbb{N}\}$, 令

$$\mathscr{S}=\Big\{A_1\times A_2\times\cdots\times A_n\times\mathbb{R}^\infty:\ A_i\in\mathscr{B}(\mathbb{R}),\ 1\leqslant i\leqslant n,\ n\in\mathbb{N}\Big\},$$

则 $\mathscr{S}$ 是 $\mathbb{R}^\infty$ 上的一个半代数.

事实上, $\mathscr{S}$ 显然满足定义 1.4.1 中的前两条 (a) 和 (b), 余下来需验证条件 (c). 设 $A=A_1\times A_2\times\cdots\times A_n\times\mathbb{R}^\infty\in\mathscr{S}$,

$$A^{\mathrm{c}}=\sum A_1^*\times A_2^*\times\cdots\times A_n^*\times\mathbb{R}^\infty,$$

其中 A_i^* 等于 A_i 或 A_i^{c}, 求和是对除了 $A_i^*=A_i\ (1\leqslant i\leqslant n)$ 以外的其余搭配进行的 (共 2^n-1 项). 因为 $A_i\in\mathscr{B}(\mathbb{R})$, 故 $A_i^*\in\mathscr{B}(\mathbb{R})\ (1\leqslant i\leqslant n)$, 从而 $A_1^*\times A_2^*\times\cdots\times A_n^*\times\mathbb{R}^\infty\in\mathscr{S}$, 而 A^{c} 为 $\mathscr{S}$ 中 2^n-1 个两两不交的元素之并, 故 $\mathscr{S}$ 满足定义 1.4.1 中的条件 (c). 因此, $\mathscr{S}$ 是 $\mathbb{R}^\infty$ 上的一个半代数. ◁

注 1 在例 1.4.3 中, Borel 集 A_i 改为左开右闭区间后所得到的子集类仍是 $\mathbb{R}^\infty$ 上的一个半代数. 实际上, 半代数的概念就是从上述 $\mathbb{R}^n$ 上的半开半闭长方体集合中抽象出来的.

定理 1.4.3 设 $\mathscr{S}$ 是 Ω 上的一个半代数, 则由 $\mathscr{S}$ 生成的代数 $\mathscr{A}$ 是由 $\mathscr{S}$ 中两两不交集合的有限并组成的. 若 P 是 $\mathscr{S}$ 到 $[0,1]$ 上的一个 σ 加性集函, 满足 $\mathsf{P}(\Omega)=1$, 则在 $\mathscr{A}$ 上可以定义如下的一个集函 P': 对任意 $A=\sum\limits_{i\in I}S_i$, $S_i\in\mathscr{S}$, $i\in I$, I 有限,

$$\mathsf{P}'(A)=\sum_{i\in I}\mathsf{P}(S_i),$$

该集函 P' 不依赖于 A 的表达式, 是 $\mathscr{A}$ 上的一个概率, 且是 P 在代数 $\mathscr{A}$ 上唯一的扩张.

证 分以下四步来证明. 首先, 证明 $\mathscr{A}$ 是一个代数. 由 $\mathscr{S}\subseteq\mathscr{A}$ 得 $\emptyset,\Omega\in\mathscr{A}$. 设 $A=\sum\limits_{i\in I}S_i\in\mathscr{A}$, $B=\sum\limits_{j\in J}S_j'\in\mathscr{A}$, 其中 $S_i,S_j'\in\mathscr{S}$, I 和 J 有限, 则

$$A\cap B=\sum_{i\in I}\sum_{j\in J}S_i\cap S_j'\in\mathscr{A}$$

(因为 $S_i \cap S'_j \in \mathscr{S}$ 且彼此不交), 即 $\mathscr{A}$ 对有限交运算封闭. 另外, 由 $\mathscr{S}$ 的半代数性质得 $A^c = \bigcap_{i \in I} S_i^c$ 且 $S_i^c \in \mathscr{A}$ $(i \in I)$. 根据已证得的 $\mathscr{A}$ 对有限交运算的封闭性, 有 $A^c \in \mathscr{A}$, 即 $\mathscr{A}$ 对余运算封闭. 因此, $\mathscr{A}$ 为一个包含 $\mathscr{S}$ 的代数.

然后, 证明 P' 定义的合理性. 设 $A \in \mathscr{A}$, 且 A 可表示为

$$A = \sum_{i \in I} S_i = \sum_{j \in J} S'_j, \quad S_i, S'_j \in \mathscr{S}, I \text{ 和 } J \text{ 有限},$$

则 $S_i = \sum_{j \in J} S_i S'_j$, $S'_j = \sum_{i \in I} S_i S'_j$. 利用 P 在 $\mathscr{S}$ 上的 σ 可加性, 得

$$\sum_{i \in I} \mathsf{P}(S_i) = \sum_{i \in I} \sum_{j \in J} \mathsf{P}(S_i S'_j) = \sum_{j \in J} \sum_{i \in I} \mathsf{P}(S_i S'_j) = \sum_{j \in J} \mathsf{P}(S'_j).$$

由此知 P' 是 $\mathscr{A}$ 上一个集函, 其定义是不含混的.

其次, 证明 P' 是 $\mathscr{A}$ 上的一个概率. 这只要证明 P' 在 $\mathscr{A}$ 上具有 σ 可加性. 为此, 设 $S = \sum_{i=1}^{\infty} S_i \in \mathscr{A}$, 其中 $S_i \in \mathscr{A}$ $(i \in \mathbb{N})$, 欲证

$$\mathsf{P}'(S) = \sum_{i=1}^{\infty} \mathsf{P}'(S_i).$$

由 $S \in \mathscr{A}$ 知, 存在 $B_k \in \mathscr{S}$ $(k \in K)$, 使得 $S = \sum_{k \in K} B_k$, 其中 K 有限. 于是

$$\mathsf{P}'(S) = \sum_{k \in K} \mathsf{P}(B_k).$$

另外, 由 $S_i \in \mathscr{A}$ 知, 存在 $S_{ij} \in \mathscr{S}$ $(j \in J_i)$, 使得 $S_i = \sum_{j \in J_i} S_{ij}$, 其中 J_i 有限. 于是,

$$B_k = \sum_{i=1}^{\infty} B_k S_i = \sum_{i=1}^{\infty} \sum_{j \in J_i} B_k S_{ij} \quad \text{且} \quad B_k S_{ij} \in \mathscr{S}.$$

利用 P 在 $\mathscr{S}$ 上的 σ 可加性, 得

$$\mathsf{P}(B_k) = \sum_{i=1}^{\infty} \sum_{j \in J_i} \mathsf{P}(B_k S_{ij}), \quad k \in K.$$

进而有

$$\mathsf{P}'(S) = \sum_{i=1}^{\infty} \sum_{j \in J_i} \left[\sum_{k \in K} \mathsf{P}(B_k S_{ij}) \right] = \sum_{i=1}^{\infty} \sum_{j \in J_i} \mathsf{P}(S_{ij}) = \sum_{i=1}^{\infty} \mathsf{P}'(S_i).$$

最后, 证明扩张的唯一性. 设 P_1 和 P_2 为 $\mathscr{A}$ 上的两个概率, 且为 $\mathscr{S}$ 上集函 P 的两个扩张. 记

$$\mathscr{B} = \{B : \ \mathsf{P}_1(B) = \mathsf{P}_2(B), \ B \in \mathscr{A}\},$$

则 $\mathscr{S} \subseteq \mathscr{B} \subseteq \mathscr{A}$. 若能证明 $\mathscr{B}$ 为代数, 则 $\mathscr{B} = \mathscr{A}$, 即在 $\mathscr{A}$ 上 P 的扩张是唯一的. 往证 $\mathscr{B}$ 是代数, 这只要证明 $\mathscr{B}$ 对有限交运算封闭. 为此, 设 $B_1, B_2 \in \mathscr{B}$, 则

$$B_i = \sum_{i \in J_i} S_{ij} \in \mathscr{A},$$

其中 $S_{ij} \in \mathscr{S}$, $j \in J_i$, 且 J_i $(i = 1, 2)$ 有限. 于是

$$B_1 \cap B_2 = \sum_{j \in J_1} \sum_{k \in J_2} S_{1j} \cap S_{2k} \in \mathscr{A},$$

且

$$\mathsf{P}_1(B_1 B_2) = \sum_{j \in J_1} \sum_{k \in J_2} \mathsf{P}_1(S_{1j} S_{2k}) = \sum_{j \in J_1} \sum_{k \in J_2} \mathsf{P}_2(S_{1j} S_{2k}) = \mathsf{P}_2(B_1 B_2).$$

故 $B_1 B_2 \in \mathscr{B}$. 定理证毕. ∎

由定理 1.4.3 和定理 1.4.2 (概率扩张定理), 只要在半代数 $\mathscr{S}$ 上定义一个满足 $\mathsf{P}(\Omega) = 1$ 的 σ 加性集函 P, 我们就能把 P 唯一开拓为由 $\mathscr{S}$ 所生成的 σ 代数 $\sigma(\mathscr{S})$ 上的概率. 这在应用中是非常方便的. 进一步的讨论表明, 我们还可以先在一个包含 $\emptyset$ 和 Ω 的 π 系上定义满足 $\mathsf{P}(\Omega) = 1$ 的一个 σ 加性集函 P (如果这样的集函存在), 然后把它唯一开拓为 $\sigma(\mathscr{S})$ 上的概率 (见本章习题第 37 题).

在应用中遇到的一类问题是要验证集函 P 是 σ 代数 $\mathscr{A}$ 上的概率. 如果 $\mathscr{A}$ 由半代数 $\mathscr{S}$ 或 π 系 $\mathscr{C}$ 生成, 则根据上述定理, 我们只要验证 P 是 $\mathscr{S}$ 或 $\mathscr{C}$ 上满足 $\mathsf{P}(\Omega) = 1$ 的 σ 加性集函即可. 一般而言, 这种验证要方便得多, 我们今后将不断地用到它.

1.5 概率和分布函数的一一对应

欧氏空间 $\mathbb{R}^n$ 中所有长方体 (开的、闭的或半开半闭的) 所构成的类 $\mathscr{S}$ 是一个半代数, 不相交长方体有限和的全体构成 $\mathbb{R}^n$ 的一个代数. 以下我们用 $\mathscr{B}^{(n)}$ 表示由 $\mathscr{S}$ 生成的 σ 代数, 称为 Borel 域. 当 $n = 1$ 时, 由于 $\mathbb{R}$ 的每个区间以及 $\mathbb{R}$ 的每个开集都由开区间的可列并或可列交组成, 故 $\mathscr{B}^{(1)} \triangleq \mathscr{B}$ 也是包含所有开集的最小 σ 代数. $\mathscr{B}$ 中的集合称为 Borel 集. 研究 $\mathbb{R}^n$ 中的 Borel 域上的完备概率是一个非常重要的课题. 然而由于概率是集函数, 故不便用古典的分析工具来处理. 由于现有分析中的各种方法基本上处理 $\mathbb{R}^n$ 上的有限点函数, 所以如果能够建立一种渠道把概率和 $\mathbb{R}^n$ 中的某种点函数建立起一一对应关系, 则它具有极为重要的方法学上的意义. 下面我们将指出, 在 $\mathbb{R}$ 上确有那么一类点函数可以和概率建立一一对应关系. 借助于这种一一对应, 我们把对概率 (以及随之而来的积分) 的研究归结为相应点函数的研究.

在与概率建立一一对应关系的点函数中，有两种是最基本的：一是分布函数 (distribution function, d.f.)，从测度论观点看，它体现了对有限区间取有限值的那一类测度，即 Lebesgue-Stieltjes (L-S) 测度. 另一种是特征函数 (characteristic function, c.f.)，它体现了概率问题中需要用到的有限 Lebesgue-Stieltjes 测度的一个子类，我们将在第 5 章中研究它们. 下面我们研究分布函数与概率的对应关系.

定义 1.5.1 设 $F(x)$ 是 $\mathbb{R}$ 上的一个实值函数. 如果 $F(x)$ 非降、右连续且

$$\lim_{x\to-\infty} F(x)=0,\quad \lim_{x\to\infty} F(x)=1,$$

则称 $F(x)$ 为分布函数(记为 d.f.).

对 $\mathbb{R}^n$ 中分布函数的定义，我们需要如下记号：对任意 $\boldsymbol{a}=(a_1,\cdots,a_n)\in\mathbb{R}^n$ 和 $\boldsymbol{b}=(b_1,\cdots,b_n)\in\mathbb{R}^n$，记号 $\boldsymbol{a}<\boldsymbol{b}$ 是指对一切 i，有 $a_i<b_i$；$\boldsymbol{a}\leqslant\boldsymbol{b}$ 是指对一切 i，有 $a_i\leqslant b_i$. 记

$$(\boldsymbol{a},\boldsymbol{b}]=(a_1,b_1]\times(a_2,b_2]\times\cdots\times(a_n,b_n].$$

设 F 是 $\mathbb{R}^n$ 上的实值函数，定义 F 的增量为

$$F(\boldsymbol{a},\boldsymbol{b}]=\Delta_{\boldsymbol{b}-\boldsymbol{a}}F(\boldsymbol{a})=\Delta_{b_1-a_1}\cdots\Delta_{b_n-a_n}F(a_1,\cdots,a_n),$$

其中对每个 k，$\Delta_{b_k-a_k}$ 表示在 b_k-a_k 段上作用于 a_k 的差分算子. 例如，当 $n=2$ 时，

$$\begin{aligned}F(\boldsymbol{a},\boldsymbol{b}]&=\Delta_{b_1-a_1}\Delta_{b_2-a_2}F(a_1,a_2)\\&=\Delta_{b_1-a_1}[F(a_1,b_2)-F(a_1,a_2)]\\&=[F(b_1,b_2)-F(a_1,b_2)]-[F(b_1,a_2)-F(a_1,a_2)]\\&=F(b_1,b_2)-F(a_1,b_2)-F(b_1,a_2)+F(a_1,a_2).\end{aligned}$$

定义 1.5.2 设 F 为 $\mathbb{R}^n$ 上的实值函数，称 F 为 $\mathbb{R}^n$ 上的一个分布函数，如果 F 满足以下三条：

(a) 若对某个 i，$x_i\to-\infty$，则

$$F(x_1,\cdots,x_i,\cdots,x_n)\to 0;\tag{1.13}$$

若对一切 $i\,(1\leqslant i\leqslant n)$，$x_i\to\infty$，则

$$F(x_1,\cdots,x_i,\cdots,x_n)\to 1.\tag{1.14}$$

(b) 对任意 $\boldsymbol{a}\leqslant\boldsymbol{b}$，$F(\boldsymbol{a},\boldsymbol{b}]=\Delta_{\boldsymbol{b}-\boldsymbol{a}}F(\boldsymbol{a})\geqslant 0$.

(c) 当 $\boldsymbol{b}\downarrow\boldsymbol{a}$ (即对一切 i, $1\leqslant i\leqslant n$, $b_i\downarrow a_i$) 时，$F(\boldsymbol{a},\boldsymbol{b}]\to 0$.

注 1 若把式 (1.13) 和式 (1.14) 中的 0 和 1 分别改为 c_1 和 c_2 $(0 \leqslant c_1 \leqslant c_2 \leqslant 1)$, 则称 F 为广义分布函数. 经过简单的线性变换, 广义分布函数可以化为分布函数. 以后可以看到, 两者的主要区别可从对应的可测函数看出. 若广义分布函数 F 满足式 (1.13) (即 $c_1 = 0$), 则对应的可测函数在 $+\infty$ 处的测度大于零, 而分布函数对应的可测函数在 ∞ 处的测度为零. 因此对于任一分布函数 F, 必存在一个随机变量 (向量), 使它的分布函数就是 F.

对广义分布函数而言, 定义它的单调性条件 (b) 是本质的. 例如, 在 $n = 1$ 的情况下, 如果加上右连续性, 则广义分布函数 F 可由 $\mathbb{R}$ 中任一稠密集 D 上的值唯一确定. 事实上, 设 D 为 $\mathbb{R}$ 中的稠密集, F_D 表示在 D 上定义的介于 0 和 1 之间的非减函数. 不失一般性, 可假定 F_D 在 D 上右连续 (否则, 当 x 为 D 中的连续点时, 定义 $F'_D(x) = F_D(x)$; 当 $x \in D$ 但不是 D 中连续点时, 定义 $F'_D(x) = \lim\limits_{x_n \downarrow x} F_D(x_n)$, 其中 $x_n \in D$, 则 F'_D 为 D 上的右连续函数). 然后定义 $\mathbb{R}$ 上的函数 F:

$$F(x) = \lim_{x_n \downarrow x} F_D(x_n), \quad x_n > x,\ x_n \in D,$$

则由广义分布函数的定义知 F 为广义分布函数. 从而, 若两个广义分布函数在 $\mathbb{R}$ 的一个稠密子集上相等, 则它们必然处处相等. 直线上常用的稠密子集是有理点集和二分点子集, 即可表示为形如 $k \cdot 2^{-n}$ 的数的全体, 其中 $k, n \in \mathbb{Z}$ (所有整数集合). 它们都是可数的, 因此广义分布函数的值本质上由在 $\mathbb{R}$ 中稠密的可列子集上所取的值唯一确定. 这是我们将来讨论分布函数有关性质的关键之点. 同样, $\mathbb{R}^n$ 上的分布函数 (或广义分布函数) 也是由在 $\mathbb{R}^n$ 中稠密子集上的值唯一确定. 最常用的稠密子集仍是 $\mathbb{R}^n$ 中的有理点集

$$Q^n = \Big\{(q_1, \cdots, q_n):\ q_i \text{ 为有理数},\ 1 \leqslant i \leqslant n\Big\}$$

及二分点子集

$$D^n = \Big\{(d_1, \cdots, d_n):\ d_i = r_i \cdot 2^{-k_i},\ r_i, k_i \in \mathbb{Z},\ 1 \leqslant i \leqslant n\Big\}.$$

下面我们来建立直线上的概率与分布函数之间的关系.

定理 1.5.1 设 P 为可测空间 $(\mathbb{R}, \mathscr{B})$ 上的概率, 则由公式

$$\mathsf{P}(A_x) = F(x), \quad A_x = (-\infty, x],\ x \in \mathbb{R}$$

建立了 $(\mathbb{R}, \mathscr{B})$ 上的概率 P 和 $\mathbb{R}$ 上的分布函数 F 之间的一一对应关系.

证 设 P 是 $(\mathbb{R}, \mathscr{B})$ 上的概率. 易证由 $F(x) = \mathsf{P}(A_x)$ 所定义的函数 F 是分布函数. 反之, 设 F 是分布函数, $\mathscr{S}$ 是 $\mathbb{R}$ 上所有左开右闭区间所构成的半代数, 即

$$\mathscr{S} = \Big\{(a, b]:\ -\infty \leqslant a \leqslant b \leqslant \infty\Big\},$$

其中约定当 $b=\infty$ 时, $(a,b]$ 即为 (a,∞). 在 $\mathscr{S}$ 上定义集函 P 如下:

$$\mathsf{P}((a,b])=F(b)-F(a),\quad -\infty\leqslant a\leqslant b\leqslant\infty,$$

其中 $F(-\infty)=0$, $F(\infty)=1$. 由定理 1.4.3, 下面我们要证明 P 在 $\mathscr{S}$ 上是 σ 加性的, 即若 $I=\sum\limits_{n=1}^{\infty}I_n$, 其中 $I=(a,b]$, $I_n=(a_n,b_n]$ $(n\geqslant 1)$, 则

$$\mathsf{P}(I)=\sum_{n=1}^{\infty}\mathsf{P}(I_n). \tag{1.15}$$

对于每个固定的 n, 必要时调整下标. 不妨设 $a\leqslant a_1<b_1\leqslant a_2<b_2\leqslant\cdots\leqslant a_n<b_n\leqslant b$, 则

$$\begin{aligned}\sum_{k=1}^{n}\mathsf{P}(I_k)&=\sum_{k=1}^{n}[F(b_k)-F(a_k)]\\&\leqslant\sum_{k=1}^{n}[F(b_k)-F(a_k)]+\sum_{k=1}^{n-1}[F(a_{k+1})-F(b_k)]\\&=F(b_n)-F(a_1)\leqslant F(b)-F(a)=\mathsf{P}(I).\end{aligned}$$

令 $n\to\infty$, 得

$$\sum_{k=1}^{\infty}\mathsf{P}(I_k)\leqslant\mathsf{P}(I). \tag{1.16}$$

下面分情形证明式 (1.16) 的反向不等式成立.

先考虑 $a<b$ 且有限的情形. 取 $\epsilon>0$, 使得 $a<b-\epsilon$. 记 $I^\epsilon=[a+\epsilon,b]$. 由 F 的右连续性质知, 对任意 $n\geqslant 1$, 必存在 $\epsilon_n>0$, 使得

$$F(b_n+\epsilon_n)-F(b_n)<\frac{\epsilon}{2^n}. \tag{1.17}$$

令 $I_n^\epsilon=(a_n,b_n+\epsilon_n)$ $(n\geqslant 1)$, 则 $I^\epsilon\subset\bigcup\limits_{n=1}^{\infty}I_n^\epsilon$, 即 $\{I_n^\epsilon,n\geqslant 1\}$ 构成了 I^ϵ 的开覆盖. 由 Heine-Borel 有限覆盖定理知, I^ϵ 存在有限开覆盖, 记为 $\{I_j^\epsilon,\ j=1,\cdots,N\}$. 取 $k_1\leqslant N$, 使 $b\in I_{k_1}^\epsilon$; 若 $a_{k_1}>a+\epsilon$, 则取 $k_2\leqslant N$, 使 $a_{k_1}\in I_{k_2}^\epsilon$; 若 $a_{k_2}>a+\epsilon$, 则取 $k_3\leqslant N$, 使 $a_{k_2}\in I_{k_3}^\epsilon$ $\cdots\cdots$ 直到有某个 $k_m\leqslant N$, 使 $a_{k_m}<a+\epsilon$ 为止 (因为只有 N 个区间, 故最多只能选取 N 次). 将选取剩余的区间丢掉不计, 并适当调整下标 (如果有必要), 即得 (见图 1.2)

$$I^\epsilon\subset\bigcup_{k=1}^{m}I_k^\epsilon,$$

其中 $I_k^\epsilon=(a_k,b_k+\epsilon_k)$ 同前, 且

$$a_1<a+\epsilon<b_1+\epsilon_1,$$

$$a_{k+1} < b_k + \epsilon_k < b_{k+1} + \epsilon_{k+1}, \quad k = 1, 2, \cdots, m-1,$$
$$a_m < b < b_m + \epsilon_m.$$

于是, 由式 (1.17) 得

$$\begin{aligned} F(b) - F(a+\epsilon) &\leqslant F(b_m + \epsilon_m) - F(a_1) \\ &= [F(b_m + \epsilon_m) - F(a_m)] + \sum_{k=1}^{m-1} [F(a_{k+1}) - F(a_k)] \\ &\leqslant \sum_{k=1}^{m} [F(b_k + \epsilon_k) - F(a_k)] \\ &\leqslant \epsilon + \sum_{k=1}^{\infty} [F(b_k) - F(a_k)] \\ &\leqslant \epsilon + \sum_{k=1}^{\infty} \mathsf{P}(I_k). \end{aligned}$$

令 $\epsilon \to 0$, 得

$$\sum_{k=1}^{\infty} \mathsf{P}(I_k) \geqslant \mathsf{P}(I). \tag{1.18}$$

结合式 (1.16) 和式 (1.18) 即得式 (1.15).

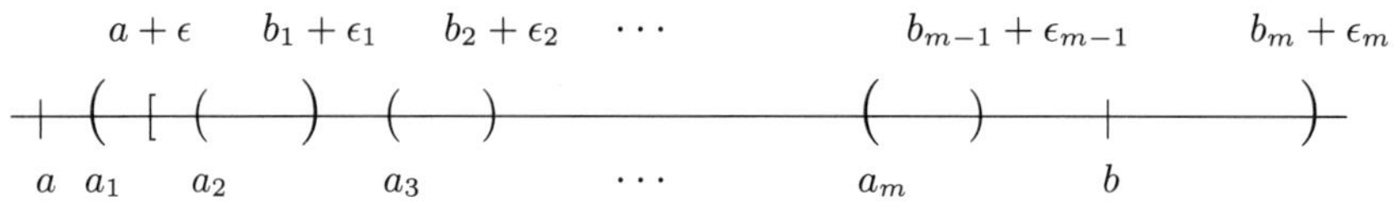

图 1.2 I^ϵ 的有限开覆盖

再考虑 $a = -\infty$ 和 b 有限的情形. 由于当 $m \uparrow \infty$ 时, $F(-m) \downarrow 0$, 故对任给的 $\epsilon > 0$, 可取 m, 使得 $F(-m) < \epsilon$. 由式 (1.18) 得

$$F(b) - F(-m) \leqslant \sum_{k=1}^{\infty} \mathsf{P}(I_k).$$

于是

$$\mathsf{P}(I) = [F(b) - F(-m)] + F(-m) \leqslant \sum_{k=1}^{\infty} \mathsf{P}(I_k) + \epsilon.$$

令 $\epsilon \to 0$, 式 (1.18) 也成立, 从而式 (1.15) 仍正确. 其他情形可类似证明. 定理证毕. ∎

注 2 如果把 $(\mathbb{R}, \mathscr{B})$ 换成 $(\mathbb{R}^d, \mathscr{B}^{(d)})$ $(d \in \mathbb{N})$, 则上述证明及结论仍能逐字逐句保持有效, 仅需把 a, b, x 等解释为 $\mathbb{R}^d$ 中的点.

推论 1.5.1　若令 $F(x)=x, \forall\, x\in[0,1]$, 则分布函数的增量 $F(b)-F(a)$ 即为 $[0,1]$ 中子区间 $[a,b]$ 的长度. 该"长度"对应 $\mathscr{B}$ 上的一个概率 P, 它是 $\mathscr{B}$ 上的 Borel 测度, 把 $\mathscr{B}$ 完备化为 $\widetilde{\mathscr{B}}$, 则 $\widetilde{\mathscr{B}}$ 中的集合即为 Lebesgue 可测集.

1.6 独 立 性

事件的独立性是概率论中最重要的概念之一. 本节先引入独立性的定义, 然后给出一个关于独立性的判别准则. 进一步的讨论将在以后各章中陆续进行. 此外, 本节讨论时都采用一个固定的概率空间 $(\Omega,\mathscr{A},\mathsf{P})$.

定义 1.6.1　设 I 为一个有限下标集合. $\mathscr{A}$ 的一个子 σ 代数有限族 $\{\mathscr{B}_i, i\in I\}$ 称为关于 P 独立的, 若对任意 $B_i\in\mathscr{B}_i\ (i\in I)$, 有

$$\mathsf{P}\left(\bigcap_{i\in I}B_i\right)=\prod_{i\in I}\mathsf{P}(B_i). \tag{1.19}$$

$\mathscr{A}$ 的一个子 σ 代数无限族 $\{\mathscr{B}_i, i\in I\}$, 其中 I 为无限下标集合, 称为关于 P 独立的, 若其任意有限子族是独立的.

取 $\mathscr{B}_i=\{\emptyset,\,\Omega,\,A_i,\,A_i^{\mathrm{c}}\}$, 其中 $A_i\in\mathscr{A}\ (i\in I)$, 则 $\{\mathscr{B}_i, i\in I\}$ 的独立性等价于事件族 $\{A_i, i\in I\}$ 相互独立.

定理 1.6.1　(独立性判别准则) 设 $\{\mathscr{C}_i, i\in I\}$ 是 $\mathscr{A}$ 中一族包含 Ω 的 π 系, 它具有如下性质: 对任意 $C_j\in\mathscr{C}_j$, $j\in J\subseteq I$, J 为有限的下标集, 有

$$\mathsf{P}\left(\bigcap_{j\in J}C_j\right)=\prod_{j\in J}\mathsf{P}(C_j). \tag{1.20}$$

记 $\mathscr{B}_i=\sigma(\mathscr{C}_i)$, 则 σ 代数族 $\{\mathscr{B}_i, i\in I\}$ 相互独立. 若令

$$\mathscr{B}_i'=\{B\cup N:\ B\in\mathscr{B}_i,\ N\in\mathscr{A}\ \text{且}\ \mathsf{P}(N)=0\},$$

则 $\{\sigma(\mathscr{B}_i'), i\in I\}$ 也是独立的.

证　当 I 有限时, 选定 $i\in I$, 令

$$\mathscr{D}=\left\{D:\ D\in\mathscr{A}, \mathsf{P}\left(D\bigcap_{j\neq i}C_j\right)=\mathsf{P}(D)\prod_{j\neq i}\mathsf{P}(C_j),\ \forall\, C_j\in\mathscr{C}_j,\ j\neq i, j\in I\right\}.$$

由式 (1.20) 知 $\mathscr{C}_i\subseteq\mathscr{D}$. 注意到 $\mathscr{C}_i$ 是 π 系, 由定理 1.3.3, 欲证 $\mathscr{B}_i\subseteq\mathscr{D}$, 我们只要证明 $\mathscr{D}$ 为 λ 系即可.

(1) $\Omega\in\mathscr{D}$, 这是显然的.

(2) 设 $D_1, D_2 \in \mathscr{D}$ 且 $D_1 \subseteq D_2$. 对任意取定的 $C_j \in \mathscr{C}_j$ $(j \in I)$, 记 $C = \bigcap\limits_{j \neq i} C_j$, 则

$$\begin{aligned}\mathsf{P}((D_2 - D_1)C) &= \mathsf{P}(D_2C - D_1C) = \mathsf{P}(D_2C) - \mathsf{P}(D_1C)\\ &= \mathsf{P}(D_2)\prod_{j\neq i}\mathsf{P}(C_j) - \mathsf{P}(D_1)\prod_{j\neq i}\mathsf{P}(C_j)\\ &= \mathsf{P}(D_2 - D_1)\prod_{j\neq i}\mathsf{P}(C_j),\end{aligned}$$

于是, $D_2 - D_1 \in \mathscr{D}$, 即 $\mathscr{D}$ 对真差运算封闭.

(3) 设 $D_n \in \mathscr{D}$, $D_n \uparrow D$, C 的记号同上. 由概率的单调连续性 (见定理 1.3.4) 及 $\mathsf{P}(D_nC) = \mathsf{P}(D_n)\,\mathsf{P}(C)$ $(n \geqslant 1)$, 我们有

$$\mathsf{P}(DC) = \lim_{n\to\infty}\mathsf{P}(D_nC) = \lim_{n\to\infty}\mathsf{P}(D_n)\,\mathsf{P}(C) = \mathsf{P}(D)\,\mathsf{P}(C),$$

于是, $D \in \mathscr{D}$.

由以上可知 $\mathscr{D}$ 是 λ 系, 故 $\mathscr{B}_i = \lambda(\mathscr{C}_i) \subseteq \mathscr{D}$, 从而子集族 $\{\mathscr{B}_i, \mathscr{C}_j, j \neq i\}$ 就具有式 (1.20) 的性质. 对余下的 $j \in I$, $j \neq i$, 重复上面的论证, 逐个把 $\mathscr{C}_j$ 换成 $\mathscr{B}_j$, 我们就证得了 $\{\mathscr{B}_i, i \in I\}$ 的独立性.

当 I 无限时, 由子 σ 代数族 $\{\mathscr{B}_i, i \in I\}$ 的独立性的定义, 只要证明对任意有限的下标集 $J \subseteq I$, $\{\mathscr{B}_j, j \in J\}$ 具有独立性. 但已证明了当 J 有限时 $\{\mathscr{B}_j, j \in J\}$ 的独立性, 故当 I 无限时定理结论仍成立.

最后证明 $\{\sigma(\mathscr{B}'_i), i \in I\}$ 的独立性. 任意取定有限的 J, $J \subset I$, 对任意 $B'_j = B_j \cup N_j$, 其中 $B_j \in \mathscr{B}_j$, $N_j \in \mathscr{A}$ 且 $\mathsf{P}(N_j) = 0$ $(j \in J)$, 有

$$\bigcap_{j\in J} B_j \subseteq \bigcap_{j\in J} B'_j \subseteq \left(\bigcap_{j\in J} B_j\right) \cup \left(\bigcup_{j\in J} N_j\right),$$

于是, 有

$$\mathsf{P}\left(\bigcap_{j\in J} B_j\right) \leqslant \mathsf{P}\left(\bigcap_{j\in J} B'_j\right) \leqslant \mathsf{P}\left(\bigcap_{j\in J} B_j\right) + \mathsf{P}\left(\bigcup_{j\in J} N_j\right) = \mathsf{P}\left(\bigcap_{j\in J} B_j\right).$$

注意到 $\mathsf{P}(B'_j) = \mathsf{P}(B_j)$ $(j \in J)$, 可得

$$\mathsf{P}\left(\bigcap_{j\in J} B'_j\right) = \mathsf{P}\left(\bigcap_{j\in J} B_j\right) = \prod_{j\in J}\mathsf{P}(B_j) = \prod_{j\in J}\mathsf{P}(B'_j).$$

注意到 $\mathscr{B}'_j$ 为 π 系族且 $\Omega \in \mathscr{B}'_j$, 所以 $\{\sigma(\mathscr{B}'_j), j \in J\}$ 具有独立性. 由此也推出, 无论 I 有限还是无限, $\{\sigma(\mathscr{B}'_i), i \in I\}$ 都相互独立. 定理证毕. ∎

推论 1.6.1 设 $\{\mathscr{B}_i, i \in I\}$ 是 $\mathscr{A}$ 的独立子 σ 代数族, 且 $\{I_j, j \in J\}$ 是一族两两不交的 I 的子集, 则 $\{\mathscr{B}_{I_j}, j \in J\}$ 仍是独立的, 其中 $\mathscr{B}_{I_j}$ 表示由 $\{\mathscr{B}_i, i \in I_j\}$ 生成的 σ 代数.

证 定义 $\mathscr{A}$ 的子集族

$$\mathscr{C}_{I_j}=\left\{\bigcap_{k\in K}B_k:\ B_k\in\mathscr{B}_k,\ k\in K\subseteq I_j,\ K\text{ 有限}\right\},\quad j\in J,$$

则 $\{\mathscr{C}_{I_j},j\in J\}$ 是包含 Ω 的 π 系族, 且满足定理 1.6.1 中的条件. 另外, $\mathscr{B}_{I_j}=\sigma(\mathscr{C}_{I_j})$ $(j\in J)$. 故由定理 1.6.1 可得本推论. ∎

推论 1.6.2 设事件阵列

$$\begin{matrix}A_{11}, & A_{12}, & \cdots\\ A_{21}, & A_{22}, & \cdots\\ \vdots & \vdots & \end{matrix}$$

是独立的, 这里每行是有限个或可数个事件, I 是行标集合, 行数 $|I|$ 也是有限或可数的. 以 $\mathscr{F}_i$ 记第 i 行所生成的 σ 代数, $i\in I$, 则 $\{\mathscr{F}_i,i\in I\}$ 是相互独立的.

证 令 $\mathscr{A}_i$ 表示由第 i 行事件的所有有限交所组成的事件类, 则 $\mathscr{A}_i$ 是 π 系, 且 $\sigma(\mathscr{A}_i)=\mathscr{F}_i$ $(i\in I)$. 设 J 是 I 的一个有限子集, 对每个 $i\in J$, 在 $\mathscr{A}_i$ 中任取一个事件 C_i $(i\in J)$. 由定义, C_i 可表示为有限个第 i 行事件的交. 设 $C_i=\bigcap\limits_{j\in K_i}A_{ij}$ $(i\in J)$, K_i 有限, 则由 A_{ij} 的独立性有

$$\begin{aligned}\mathsf{P}\left(\bigcap_{i\in J}C_i\right)&=\mathsf{P}\left(\bigcap_{i\in J}\bigcap_{j\in K_i}A_{ij}\right)=\prod_{i\in J}\prod_{j\in K_i}\mathsf{P}(A_{ij})\\&=\prod_{i\in J}\mathsf{P}\left(\bigcap_{j\in K_i}A_{ij}\right)=\prod_{i\in J}\mathsf{P}(C_i),\end{aligned}$$

即 $\{\mathscr{A}_i,i\in J\}$ 满足式 (1.20). 从而由定理 1.6.1 推出结论. ∎

这里顺便指出, 关于事件独立性的概念中, 除了相互独立外, 还有一个比相互独立弱的两两独立的概念.

定义 1.6.2 事件族 $\{A_i,i\in I\}$ 称为两两独立的, 若对 I 中任意两个下标 i 和 j,有

$$\mathsf{P}(A_iA_j)=\mathsf{P}(A_i)\mathsf{P}(A_j),\quad i\neq j.$$

例 1.6.1 把一个硬币投掷 n 次, 以 A_i 表示第 i 次掷出国徽向上这一事件, $1\leqslant i\leqslant n$. 令 A_{n+1} 表示 n 次投掷中出现偶数次国徽向上这一事件. 由于 A_{n+1} 依赖于 n 次投掷的结果, 故显然 $A_1,\cdots,A_n,A_{n+1}$ 这 $n+1$ 个事件不可能相互独立. 事实上,

$$\begin{aligned}\mathsf{P}(A_1A_2\cdots A_{n+1})&=\mathsf{P}\big(\{\text{每次都掷出国徽, 且国徽出现的总次数为偶数}\}\big)\\&=\begin{cases}2^{-n}, & \text{若 } n \text{ 为偶数}\\ 0, & \text{若 } n \text{ 为奇数}\end{cases}\end{aligned}$$

$$\neq \mathsf{P}(A_1)\cdots\mathsf{P}(A_n)\,\mathsf{P}(A_{n+1}) = 2^{-n-1},$$

其中

$$\mathsf{P}(A_{n+1}) = \sum_{k\text{为偶数}} \binom{n}{k}\left(\frac{1}{2}\right)^n = \frac{1}{2}.$$

这里的 $\binom{n}{k}$ 即组合数 C_n^k. 另外, 从这 $n+1$ 个事件中任取 j 个事件, $1 \leqslant j \leqslant n$, 则必有

$$\mathsf{P}(A_{k_1}\cdots A_{k_j}) = \mathsf{P}(A_{k_1})\cdots\mathsf{P}(A_{k_j}) = \left(\frac{1}{2}\right)^j, \tag{1.21}$$

其中 $1 \leqslant k_1 < \cdots < k_j \leqslant n+1$. 事实上, 若这 j 个事件来自 $\{A_1, \cdots, A_n\}$, 则由掷币独立性知式 (1.21) 成立. 若这 j 个事件中有一个为 A_{n+1}, 其余 $j-1$ 个事件来自 $\{A_1, \cdots, A_n\}$, 不妨设为 $A_{n-j+2}, \cdots, A_n$, 当 j 为奇数时,

$$\begin{aligned}
&\mathsf{P}(A_{n-j+2}\cdots A_n A_{n+1})\\
&\quad = \mathsf{P}\big(\{\text{前 } n-j+1 \text{ 次出现偶数次国徽向上, 第 } n-j+2, \cdots, n \text{ 次都是国徽向上}\}\big)\\
&\quad = \mathsf{P}\big(\{\text{前 } n-j+1 \text{ 次出现偶数次国徽向上}\}\big)\cdot\mathsf{P}(A_{n-j+2}\cdots A_n)\\
&\quad = \frac{1}{2}\cdot\left(\frac{1}{2}\right)^{j-1} = \left(\frac{1}{2}\right)^j;
\end{aligned}$$

当 j 为偶数时, 通过同样讨论可得相同结论. 故

$$\mathsf{P}(A_{n-j+2}\cdots A_n A_{n+1}) = \left(\frac{1}{2}\right)^j = \mathsf{P}(A_{n-j+2})\cdots\mathsf{P}(A_n)\,\mathsf{P}(A_{n+1}).$$

这说明若从 $A_1, \cdots, A_n, A_{n+1}$ 这 $n+1$ 个事件中任取 j $(j \leqslant n)$ 个事件, 则这 j 个事件都是相互独立的, 而这 $n+1$ 个事件却不是相互独立的. ◁

下面我们给出独立事件的 Borel-Cantelli 引理, 这在极限理论中经常用到.

引理 1.6.1 (Borel-Cantelli) 设 $\{A_n, n \geqslant 1\}$ 为一列独立事件, 则

$$\sum_{n=1}^{\infty}\mathsf{P}(A_n) = \infty \quad \Rightarrow \quad \mathsf{P}\left(\limsup_{n\to\infty} A_n\right) = 1.$$

证 由于概率测度有限, 故只要证明 $\mathsf{P}(\liminf A_n^{\mathrm{c}}) = 0$ 即可. 注意到

$$\mathsf{P}\left(\liminf_{n\to\infty} A_n^{\mathrm{c}}\right) = \mathsf{P}\left(\bigcup_{n=1}^{\infty}\bigcap_{k=n}^{\infty} A_k^{\mathrm{c}}\right) = \lim_{n\to\infty}\mathsf{P}\left(\bigcap_{k=n}^{\infty} A_k^{\mathrm{c}}\right).$$

由于 $\bigcap\limits_{k=n}^{\infty} A_k^{\mathrm{c}} \uparrow$, 故只要证明对每个 n, $\mathsf{P}(\bigcap\limits_{k=n}^{\infty} A_k^{\mathrm{c}}) = 0$. 利用 $\mathrm{e}^{-x} > 1-x$ $(\forall\, x \geqslant 0)$, 以及事件 $\{A_n, n \geqslant 1\}$ 的相互独立性, 我们有

$$\mathsf{P}\left(\bigcap_{k=n}^{n+m} A_k^{\mathrm{c}}\right) = \prod_{k=n}^{n+m}[1-\mathsf{P}(A_k)] \leqslant \prod_{k=n}^{n+m}\exp\{-\mathsf{P}(A_k)\}$$

$$= \exp\left\{-\sum_{k=n}^{n+m} \mathsf{P}(A_k)\right\}.$$

由于 $\sum\limits_{n=1}^{\infty} \mathsf{P}(A_n)$ 发散, 故对任意给定的 n, 当 $m \to \infty$ 时, $\sum\limits_{k=n}^{n+m} \mathsf{P}(A_k) \to \infty$. 于是, 对每个固定的 n, 都有

$$\mathsf{P}\left(\bigcap_{k=n}^{\infty} A_k^{\mathrm{c}}\right) = \lim_{m\to\infty} \mathsf{P}\left(\bigcap_{k=n}^{n+m} A_k^{\mathrm{c}}\right) = 0.$$

因此, 引理成立. ∎

引理 1.3.1 和引理 1.6.1 统称为 Borel-Cantelli 引理. 引理 1.6.1 中事件相互独立还可进一步放宽为两两独立.

习 题

1. 证明引理 1.1.1 可以推广到可列事件族.
2. 证明定理 1.3.3.
3. 证明下列等式:
   (1) $(A\Delta B)\Delta C = A\Delta(B\Delta C)$;
   (2) $(A\Delta B)\Delta(B\Delta C) = A\Delta C$;
   (3) $(A\Delta B)\Delta(C\Delta D) = (A\Delta C)\Delta(B\Delta D)$;
   (4) $A\Delta B = C \Leftrightarrow A = B\Delta C$;
   (5) $A\Delta B = C\Delta D \Leftrightarrow A\Delta C = B\Delta D$.
4. 设 $A_1, A_2, \cdots, A_n$ 为 n 个事件, 令

$$U_k = \bigcup_{*}(A_{i_1} \cap A_{i_2} \cap \cdots \cap A_{i_k}), \quad W_k = \bigcap_{*}(A_{i_1} \cup A_{i_2} \cup \cdots \cup A_{i_k}),$$

   其中 $\bigcup\limits_{*}$ 和 $\bigcap\limits_{*}$ 是对所有满足 $1 \leqslant i_1 < \cdots < i_k \leqslant n$ 的 $(i_1, \cdots, i_k)$ 进行的. 证明: $U_k = W_{n-k+1}$.
5. 对任意集合序列 $\{A_n, n \geqslant 1\}$, 令

$$B_1 = A_1, \quad B_{n+1} = B_n \Delta A_{n+1}, \quad n \geqslant 1,$$

   证明: $\lim B_n$ 存在的充要条件是 $\lim A_n = \emptyset$.
6. 设 A_n 表示把正方形集合 $\{(x,y) : |x| \leqslant 1, |y| \leqslant 1\}$ 旋转 $2\pi n\theta$ 所得的集合, 给出下面情形下 $\limsup A_n$ 和 $\liminf A_n$ 的表示:
   (1) $\theta = 1/8$;

(2) θ 是有理数;

(3) θ 是无理数 (提示: $2\pi n\theta$ 在模 2π 之后的余数在 $[0, 2\pi]$ 中稠密).

7. 能否把定理 1.2.1 中有限运算改为可列运算, 从而得到由 $\mathscr{C}$ 所生成的 σ 代数?

8. 设 $\mathscr{C}$ 和 $\mathscr{F}$ 是两个集类, 且 $\mathscr{C} \subseteq \mathscr{F}$. 证明:

(1) 若 $\mathscr{C}$ 为代数, 且 $\mathscr{F}$ 为单调类, 则 $\sigma(\mathscr{C}) \subseteq \mathscr{F}$;

(2) 若 $\mathscr{C}$ 为 π 系, 且 $\mathscr{F}$ 为 λ 系, 则 $\sigma(\mathscr{C}) \subseteq \mathscr{F}$.

9. 设 $\mathscr{C}$ 是一个集类. 证明:

(1) $m(\mathscr{C}) = \sigma(\mathscr{C})$ 当且仅当

$$A \in \mathscr{C} \Rightarrow A^c \in m(\mathscr{C}), \quad 且 \quad A, B \in \mathscr{C} \Rightarrow A \cap B \in m(\mathscr{C}).$$

(2) $\lambda(\mathscr{C}) = \sigma(\mathscr{C})$ 当且仅当

$$A, B \in \mathscr{C} \quad \Rightarrow \quad A \cap B \in \lambda(\mathscr{C}).$$

10. 设 $\mathscr{C}$ 是一个集类. 证明:

(1) $m(\mathscr{C}) = \sigma(\mathscr{C})$ 当且仅当

$$A \in \mathscr{C} \Rightarrow A^c \in m(\mathscr{C}), \quad 且 \quad A, B \in \mathscr{C} \Rightarrow A \cup B \in m(\mathscr{C}).$$

(2) $\lambda(\mathscr{C}) = \sigma(\mathscr{C})$ 当且仅当

$$A, B \in \mathscr{C} \quad \Rightarrow \quad A \cup B \in \lambda(\mathscr{C}).$$

11. 设 $\mathscr{C}$ 是一个集类, $\mathscr{C}_\delta$ 和 $\mathscr{C}_\sigma$ 分别表示由 $\mathscr{C}$ 生成的对可列交和可列并运算封闭的类. 若下面两个条件之一成立, 证明 $m(\mathscr{C}) = \sigma(\mathscr{C})$:

(1) $A \in \mathscr{C} \Rightarrow A^c \in \mathscr{C}_\sigma$, 且 $A, B \in \mathscr{C} \Rightarrow A \cup B \in m(\mathscr{C})$.

(2) $A \in \mathscr{C} \Rightarrow A^c \in \mathscr{C}_\delta$, 且 $A, B \in \mathscr{C} \Rightarrow A \cap B \in m(\mathscr{C})$.

12. 设 $\mathscr{F}$ 为 Ω 上的一个 σ 代数, $\mathscr{C} = \{A_1, A_2, \cdots\}$ 为 Ω 的一个可列分割. 证明: 对任意 $B \in \sigma(\mathscr{F} \cup \mathscr{C})$, 存在 $B_n \in \mathscr{F}$ $(n \geqslant 1)$, 使得

$$B = \sum_{n=1}^{\infty} (B_n \cap A_n).$$

13. 设 $\mathscr{A}$ 为 Ω 的任一个集类 (不必为代数), 且 $B \in \sigma(\mathscr{A})$. 证明: 存在一个可数的集合 $\mathscr{A}_B \subset \mathscr{A}$ 生成的 σ 代数 $\sigma(\mathscr{A}_B)$, 使得 $B \in \sigma(\mathscr{A}_B)$.

14. (1) 设 $\Omega \in \mathscr{F}$ 及 $A, B \in \mathscr{F} \Rightarrow A - B \in \mathscr{F}$. 证明: $\mathscr{F}$ 为一个代数.

(2) 若 $\Omega \in \mathscr{F}$ 及 $\mathscr{F}$ 对补和有限不交并运算封闭, 证明: $\mathscr{F}$ 不必为一个代数.

15. 设 $\{\mathscr{F}_n, n \geqslant 1\}$ 为 Ω 上的一串集族, 定义

$$\mathscr{J} = \bigcap_{n=1}^{\infty} \mathscr{F}_n \triangleq \{A:\ A \in \mathscr{F}_n,\ \forall n \geqslant 1\},$$

$$\mathscr{H} = \bigcup_{n=1}^{\infty} \mathscr{F}_n \triangleq \{A:\ 存在\ n,\ 使\ A \in \mathscr{F}_n\}.$$

(1) 若对任意 $n \geqslant 1$, $\mathscr{F}_n$ 为代数 (或 σ 代数), 则 $\mathscr{J}$ 也为代数 (或 σ 代数).

(2) 若对任意 $n \geqslant 1$, $\mathscr{F}_n$ 为代数且 $\mathscr{F}_n \subset \mathscr{F}_{n+1}$, 则 $\mathscr{H}$ 也为代数. 但若 $\mathscr{F}_n$ 换成 σ 代数, 则 $\mathscr{H}$ 不必为 σ 代数 (试举例说明).

16. 设 $\mathscr{C}$ 为 Ω 的任一集类, $f(\mathscr{C})$ 是包含 $\mathscr{C}$ 的一切代数之交.

(1) 若 $\mathscr{C}$ 具有有限元, 则 $f(\mathscr{C}) = \sigma(\mathscr{C})$.

(2) 若 $\mathscr{C}$ 具有可列元, 则 $f(\mathscr{C})$ 也是可列的.

17. 设 $\mathscr{C}$ 为具有如下性质的集类: 对任意 $A \in \mathscr{C}$, A^{c} 可表示为 $\mathscr{C}$ 中元素的可列并. 证明: $\sigma(\mathscr{C})$ 就是包含 $\mathscr{C}$ 的在可列交和可列并运算下封闭的最小类.

18. 证明: 一个 σ 代数不可能为可列无穷的——它的势只能为有限的或它至少为连续统.

19. 设 $\mathscr{A}$ 为 Ω 上的一个 σ 代数. 对任意 $w \in \Omega$, 令

$$\mathscr{A}_w = \{B \in \mathscr{A},\ w \in B\}, \quad A(w) = \bigcap_{B \in \mathscr{A}_w} B,$$

称 $A(w)$ 为含有 w 的原子. 证明:

(1) 若 $w, w' \in \Omega$, 则 $A(w) = A(w')$ 或 $A(w) \cap A(w') = \emptyset$.

(2) 令 $\mathscr{C}$ 为生成 $\mathscr{A}$ 的代数, 对任意 $w \in \Omega$, 令 $\mathscr{C}_w = \{B \in \mathscr{C},\ w \in B\}$, 则

$$A(w) = \bigcap_{B \in \mathscr{C}_w} B.$$

特别地, 当 $\mathscr{A}$ 可分时, 每个原子 $A(w) \in \mathscr{A}$.

20. 举例说明: 存在事件序列 $\{A_n, n \geqslant 1\}$, 使得 $\mathsf{P}(A_n, \text{i.o.}) = 0$, 但

$$\sum_{n=1}^{\infty} \mathsf{P}(A_n) = +\infty.$$

21. 设 $\mathscr{A}$ 是例 1.3.2 中无限集 Ω 上的代数. 在 $\mathscr{A}$ 上定义集函 P:

$$\mathsf{P}(A) = \begin{cases} 0, & A\ 有限, \\ 1, & A\ 无限. \end{cases}$$

(1) 证明: P 具有有限可加性.

(2) 若 Ω 为可列无限的, 则 P 不具有 σ 可加性.

(3) 设 Ω 为不可列无限的, $\mathscr{F}$ 是 Ω 上由可列集和可列集余集构成的 σ 代数. 在 $\mathscr{F}$ 上定义集函 P:

$$\mathsf{P}(A)=\begin{cases}0, & A \text{ 是可列集},\\ 1, & A \text{ 是可列集余集},\end{cases}$$

证明: P 具有 σ 可加性.

22. 设 $\mathscr{B}_0$ 是 $(0,1]$ 上有限不交区间之并生成的代数, 在 $\mathscr{B}_0$ 上定义集函 P:

$$\mathsf{P}(A)=\begin{cases}1, & \text{存在 } \epsilon>0, \text{ 使 } (1/2,1/2+\epsilon]\subset A,\\ 0, & \text{其他}.\end{cases}$$

证明: P 是加性的, 但不是 σ 加性的.

23. 设 $(\Omega,\mathscr{F},\mathsf{P})$ 是一个概率空间, $\Omega_0\subset\Omega$. 记 $\Omega_0\cap\mathscr{F}=\{\Omega_0\cap A: A\in\mathscr{F}\}$, 称之为 $\mathscr{F}$ 在 Ω_0 上的限制. 若 $\mathsf{P}(\Omega_0)>0$, $\Omega_0\in\mathscr{F}$, 则定义集函

$$\mathsf{P}'(B)=\frac{\mathsf{P}(B)}{\mathsf{P}(\Omega_0)},\quad B\in\Omega_0\cap\mathscr{F}.$$

证明: $\Omega_0\cap\mathscr{F}$ 是 Ω_0 上的一个 σ 代数, P' 是 $\Omega_0\cap\mathscr{F}$ 上的一个概率测度. 三重偶 $(\Omega_0,\Omega_0\cap\mathscr{F},\mathsf{P}')$ 称为概率空间 $(\Omega,\mathscr{F},\mathsf{P})$ 在 Ω_0 上的限制.

24. (概率的上、下连续性)

(1) 在概率空间 $(\Omega,\mathscr{F},\mathsf{P})$ 中, 论述概率的上连续性、下连续性与概率在 $\emptyset$ 处的连续性的关系.

(2) 对于一般的 σ 有限测度 ν, 试讨论以上三者的关系.

25. 设 P 是代数 $\mathscr{A}$ 上的概率测度, 事件 $A_n\in\mathscr{A}$ $(n\geqslant 1)$, 满足 $A=\bigcup\limits_{n=1}^{\infty}A_n\in\mathscr{A}$, 且 $\mathsf{P}(A_m\cap A_n)=0$ $(\forall\, m\neq n)$. 证明: $\mathsf{P}(A)=\sum\limits_{n=1}^{\infty}\mathsf{P}(A_n)$.

26. 设 $(\Omega,\mathscr{F},\mathsf{P})$ 为一个无原子的概率空间, 即对任意 $A\in\mathscr{F}$, $\mathsf{P}(A)>0$ 蕴涵存在 $B\subset A$, $B\in\mathscr{F}$, 使得 $0<\mathsf{P}(B)<\mathsf{P}(A)$. 证明:

(1) 若 $\mathsf{P}(A)>0$ 及 $\epsilon>0$, 则必存在 $B\subset A$, 使 $0<\mathsf{P}(B)<\epsilon$.

(2) 若 $0\leqslant x\leqslant\mathsf{P}(A)$, 则必存在 $B\subseteq A$, 使 $\mathsf{P}(B)=x$.

(3) 存在 $\mathscr{F}$ 的子集族 $\{A_t, 0\leqslant t\leqslant 1\}$, 使得对任意 $s<t$, $A_s\subset A_t$ 且 $\mathsf{P}(A_t)=t$.

(4) 设 $C\subset B$, $C,B\in\mathscr{F}$, 则存在 $\mathscr{F}$ 的子集族 $\{A_t,\mathsf{P}(C)\leqslant t\leqslant\mathsf{P}(B)\}$, 使得对任意 $s<t$, $A_s\subset A_t$, $\mathsf{P}(A_t)=t$, 且 $C=A_{\mathsf{P}(C)}$, $B=A_{\mathsf{P}(B)}$.

(5) 设 $\mathsf{P}(A)>0$, 则 $(A, A\cap\mathscr{F},\mathsf{P}(\cdot|A))$ 也是一个无原子的概率空间.

27. 设 $(\Omega,\mathscr{F},\mathsf{P})$ 为一个概率空间, 证明 Ω 可做如下分解:

$$\Omega=A+\sum_{j\in J}A_j,\quad A,A_j\in\mathscr{F},$$

其中第一项与第二项不必同时出现, 且 $J\subset\mathbb{N}$; 但若出现, 则每个 A_j 具有正概率, 而 A 中无原子.

28. 设 $(\Omega, \mathscr{F}, \mathsf{P})$ 为一个概率空间. 证明:

(1) $\{\mathsf{P}(A):\ A \in \mathscr{F}\}$ 是一个闭集;

(2) $\{\mathsf{P}(A): A \in \mathscr{F}\}$ 或者是有限集, 或者是一个完全集.

29. 设 $(\Omega, \mathscr{F}, \mathsf{P})$ 中存在满足下面条件的独立事件序列 $\{A_n, n \geqslant 1\}$: $\sum\limits_{n=1}^{\infty} \alpha_n = \infty$, 其中 $\alpha_n = \min\{\mathsf{P}(A_n), 1-\mathsf{P}(A_n)\}$ $(n \geqslant 1)$. 证明: 此概率空间是无原子的.

30. 设 A 是 $[0,1]$ 中的 L 可测集, 以 $|A|$ 表示 A 的 L 测度, 且 $|A| = a \in (0,1)$, $B = [0,1] - A$. 证明: 对任意 r $(0 < r < \infty)$, 存在区间 $I \subset [0,1]$, 使

$$\frac{|I \cap A|}{|I \cap B|} = r.$$

31. 设 $\mathscr{F}$ 是一个代数, P_1 和 P_2 是 $\sigma(\mathscr{F})$ 上的两个概率测度, 用单调类定理证明: P_1 和 P_2 若在 $\mathscr{F}$ 上是一致的, 则在 $\sigma(\mathscr{F})$ 上也是一致的.

32. 设 $(\Omega, \mathscr{F}, \mathsf{P})$ 是一个概率空间, $\mathscr{C} \subset \mathscr{F}$, 令

$$\mathscr{H} = \{A \in \mathscr{F}:\ \mathsf{P}(A) = \sup\{\mathsf{P}(B) : B \in \mathscr{C}_\delta, B \subseteq A\}\},$$

$$\mathscr{G} = \{A \in \mathscr{F}:\ \mathsf{P}(A) = \inf\{\mathsf{P}(B) : B \in \mathscr{C}_\sigma, A \subseteq B\}\}.$$

证明: (1) $\mathscr{C}_\delta \subseteq \mathscr{H}$ 且 $\mathscr{H}$ 为单调类; (2) $\mathscr{C}_\sigma \subseteq \mathscr{G}$ 且 $\mathscr{G}$ 为单调类.

33. (续上题) 设 $\sigma(\mathscr{C}) = \mathscr{A}$, 且 $\mathscr{C}$ 满足条件:

$$A, B \in \mathscr{C} \ \Rightarrow\ A \cup B \in \mathscr{C};\quad A \in \mathscr{C} \ \Rightarrow\ A^{\mathrm{c}} \in (\mathscr{C}_\delta)_\sigma.$$

证明: 对任意 $A \in \mathscr{A}$, 有 $\mathsf{P}(A) = \sup\{\mathsf{P}(B) : B \subseteq A, B \in \mathscr{C}_\delta\}$.

34. (1) 在概率空间 $(\Omega, \mathscr{F}, \mathsf{P})$ 中, 定义

$$d(A, B) = \mathsf{P}(A \Delta B),\quad \forall\, A, B \in \mathscr{F}.$$

在集合的等价类意义下, 证明: d 是 $\mathscr{F}$ 的一个距离.

(2) 若 $(\Omega, \mathscr{F}, \mathsf{P})$ 是无原子的概率空间, 对给定的 $A, B \in \mathscr{F}$ 及 $0 \leqslant t \leqslant 1$, 证明: 存在 $E_t \in \mathscr{F}$, 使得

$$d(A, E_t) = t\, d(A, B),\quad d(E_t, B) = (1-t)\, d(A, B).$$

(具有这种性质的距离空间称为凸的.)

35. 设 P 为 $\mathscr{B}(0,1)$ 上的概率测度. 若对 $(0,1)$ 区间中任意 L 测度 λ 为 $1/2$ 的 Borel 集 A, 其概率测度也为 $1/2$, 证明: P 和 λ 在 $\mathscr{B}(0,1)$ 上一致.

36. 设 $\mathsf{P}_0, \mathsf{P}_1$ 为可测空间 $(\Omega, \mathscr{A})$ 上的两个概率, 满足: 对任意 $\epsilon > 0$, 存在 $A_\epsilon \in \mathscr{A}$, 使得

$$\mathsf{P}_1(A_\epsilon) > 1 - \epsilon,\quad \mathsf{P}_0(A_\epsilon) < \epsilon.$$

证明: 存在 $A \in \mathscr{A}$, 使得 $\mathsf{P}_1(A) = 1$, $\mathsf{P}_0(A) = 0$.

37. 设 P 和 P' 为可测空间 $(\Omega,\mathscr{A})$ 上的两个概率, $\mathscr{C}$ 为包含 Ω 且生成 σ 代数 $\mathscr{A}$ 的 π 系. 若 P 和 P' 限制在 $\mathscr{C}$ 上是一致的, 证明: P 和 P' 在 $\mathscr{A}$ 上也是一致的.

38. 举反例说明: 在概率扩张定理中, 半集代数 $\mathscr{C}$ 一般不能换成结构再简单的子集类.

39. 设 $\{\mu_n, n\geqslant 1\}$ 为 $(\Omega,\mathscr{A})$ 上的一串有限测度, μ 为定义在 $\mathscr{A}$ 上的一个集函且当 $n\to\infty$ 时, $\mu_n(A)\to\mu(A)$ 对 $A\in\mathscr{A}$ 一致成立. 证明: μ 为测度.

40. 设 $\{A_n, n\geqslant 1\}$ 是独立的事件序列. 证明: 若对每个 $k\geqslant 1$,

$$\sum_{n\geqslant k}^{\infty}\mathsf{P}(A_n|A_k^{\mathrm{c}}\cap\cdots\cap A_{n-1}^{\mathrm{c}})=\infty,$$

则 $\mathsf{P}(\limsup A_n)=1$. 若取消独立性条件, 则上述级数对任意 $k\geqslant 1$ 发散也蕴涵 $\mathsf{P}(\limsup A_n)=1$.

第 2 章　随机变量的积分

2.1 可测映射

设 X 是从集合 Ω 到 Ω' 的一个映射, 则存在一个逆映射 $X^{-1}: \mathscr{P}(\Omega') \to \mathscr{P}(\Omega)$, 它满足如下的关系式:

$$X^{-1}(A') = \{w: \ X(w) \in A'\}, \quad A' \in \mathscr{P}(\Omega').$$

逆映射 X^{-1} 对余运算、交运算和并运算 (这里不限于可列交和可列并) 有如下的性质:

$$\begin{aligned}
&X^{-1}(\emptyset) = \emptyset, \qquad X^{-1}(\Omega') = \Omega, \\
&X^{-1}((A')^{\mathrm{c}}) = (X^{-1}(A'))^{\mathrm{c}}, \\
&X^{-1}\left(\bigcup_{i\in I} A'_i\right) = \bigcup_{i\in I} X^{-1}(A'_i), \\
&X^{-1}\left(\bigcap_{i\in I} A'_i\right) = \bigcap_{i\in I} X^{-1}(A'_i),
\end{aligned}$$

其中 A'_i $(i \in I)$ 为 Ω' 的任意子集, I 不必可数. 以下我们用 $X^{-1}(\mathscr{C}')$ 表示当 C' 在 Ω' 的子集类 $\mathscr{C}'$ 中变化时所得到的子集类 $\{X^{-1}(C'), \ C' \in \mathscr{C}'\}$, 称之为 $\mathscr{C}'$ 的逆像. 由 X^{-1} 的上述性质知, 若 $\mathscr{A}'$ 为 Ω' 上的一个代数 (或 σ 代数), 则 $X^{-1}(\mathscr{A}')$ 也是 Ω 上的一个代数 (或 σ 代数).

引理 2.1.1　设 $\mathscr{C}'$ 为 Ω' 的一个子集类, 则 $\mathscr{C}'$ 生成 σ 代数 $\mathscr{A}'$ 的逆像 $X^{-1}(\mathscr{A}')$ 等于由 $X^{-1}(\mathscr{C}')$ 生成的 σ 代数, 即

$$X^{-1}\left(\sigma(\mathscr{C}')\right) = \sigma\left(X^{-1}(\mathscr{C}')\right).$$

证　记 $\mathscr{A} = \sigma\left(X^{-1}(\mathscr{C}')\right)$. 因 $X^{-1}(\mathscr{A}')$ 是包含 $X^{-1}(\mathscr{C}')$ 的 σ 代数, 故

$$X^{-1}\left(\sigma(\mathscr{C}')\right) \supseteq \mathscr{A}.$$

另外, 令

$$\mathscr{B}'=\{B':\ X^{-1}(B')\in\mathscr{A}\}.$$

对任意 $B'\in\mathscr{C}'$, 由于 $X^{-1}(B')\in X^{-1}(\mathscr{C})\subseteq\mathscr{A}$, 所以 $\mathscr{C}'\subseteq\mathscr{B}'$. 下面证明 $\mathscr{B}'$ 为 σ 代数. 设 $B'\in\mathscr{B}'$, 则 $X^{-1}(B')\in\mathscr{A}$, 从而由 X^{-1} 的性质得 $X^{-1}(B'^{\mathrm{c}})=(X^{-1}(B'))^{\mathrm{c}}\in\mathscr{A}$, 即 $\mathscr{B}'$ 对余运算封闭. 设 $B'_n\in\mathscr{B}'$ $(n\geqslant 1)$, 则 $X^{-1}(B'_n)\in\mathscr{A}$, 从而 $X^{-1}(\bigcup\limits_{n=1}^{\infty}B'_n)=\bigcup\limits_{n=1}^{\infty}X^{-1}(B'_n)\in\mathscr{A}$, 于是 $\bigcup\limits_{n=1}^{\infty}B'_n\in\mathscr{B}'$, 即 $\mathscr{B}'$ 对可列并运算封闭. 又显然 $\emptyset\in\mathscr{B}'$, 故 $\mathscr{B}'$ 是包含 $\mathscr{C}'$ 的 σ 代数. 因此, $\mathscr{B}'\supseteq\sigma(\mathscr{C}')=\mathscr{A}'$, 即 $X^{-1}(\mathscr{A}')\subseteq\mathscr{A}$. 综上所述, 即得引理. ∎

给定一个 Ω 到 Ω' 的映射 X 以及 Ω 的 σ 代数 $\mathscr{A}$, 则

$$\mathscr{A}'=\{A':\ X^{-1}(A')\in\mathscr{A}\}$$

是 Ω' 上的一个 σ 代数, 它称为通过 X 由 $\mathscr{A}$ 导出的 σ 代数. 若 P 是可测空间 $(\Omega,\mathscr{A})$ 上的一个概率, 则由公式

$$\mathsf{P}'(A')=\mathsf{P}(X^{-1}(A'))$$

在可测空间 $(\Omega',\mathscr{A}')$ 上定义了一个概率 P'. 我们称概率空间 $(\Omega',\mathscr{A}',\mathsf{P}')$ 是通过 X 由 $(\Omega,\mathscr{A},\mathsf{P})$ 导出的.

例 2.1.1 从 n 件产品中随机抽取 k 件进行检验. 设这 n 件产品中有 m 件次品, $k\leqslant m$. 令 w_i 表示第 i 次抽取到的产品, 则试验空间为 $\Omega=\{w=(w_1,\cdots,w_k)\}$. 令

$$\begin{aligned}
&A_i=\{\text{取出的 } k \text{ 件产品中有 } i \text{ 件不合格品}\},\quad i=0,1,\cdots,k,\\
&B_1=A_0+A_1,\quad B_2=A_2+A_3+A_4,\quad B_3=\sum_{j=5}^{k}A_j,\\
&\mathscr{A}=\sigma(B_1,B_2,B_3).
\end{aligned}$$

容易算出

$$\mathsf{P}(A_i)=\binom{n-m}{k-i}\binom{m}{i}\Big/\binom{n}{k},\quad i=0,1,\cdots,k.$$

因此也可算出 B_i 发生的概率, $(\Omega,\mathscr{A},\mathscr{P})$ 构成一个概率空间. 若令 X 表示取出的 k 件产品中的不合格品件数, 则 X 是 Ω 到 $\Omega'=\{0,1,\cdots,k\}$ 上的一个映射. 容易看出, 由 $X^{-1}(B'_i)=B_i$ 可以得到

$$B'_1=\{0,1\},\quad B'_2=\{2,3,4\},\quad B'_3=\{5,\cdots,k\}.$$

令 $\mathscr{A}'=\sigma(B'_1,B'_2,B'_3)$, 则由 $\mathsf{P}'(B'_i)=\mathsf{P}(B_i)$ $(i=1,2,3)$ 确定了 $\mathscr{A}'$ 上的一个概率 P'. 这是由 $(\Omega,\mathscr{A},\mathsf{P})$ 通过映射 X 在 $(\Omega',\mathscr{A}')$ 上导出的概率. ◁

定义 2.1.1 给定两个可测空间 $(\Omega_1,\mathscr{A}_1)$ 和 $(\Omega_2,\mathscr{A}_2)$, X 为 Ω_1 到 Ω_2 的映射. 若 $X^{-1}(\mathscr{A}_2)\subseteq\mathscr{A}_1$, 则称 X 为可测的, 记为 $X\in\mathscr{A}_1/\mathscr{A}_2$. 若 $(\Omega_2,\mathscr{A}_2)=(\overline{\mathbb{R}}^n,\overline{\mathscr{B}}^{(n)})$, 则简记为 $X\in\mathscr{A}_1$, 并称 X 为 $\overline{\mathbb{R}}^n$ 上的 Borel 可测函数, 或简称为可测函数.

由定义, X 可测是指 $\mathscr{A}_1$ 经 X 导出的 Ω_2 上的子集 σ 代数比 $\mathscr{A}_2$ 更精细. 由引理 2.1.1, 我们有:

定理 2.1.1 设 $(\Omega_i,\mathscr{A}_i)$ $(i=1,2)$ 为可测空间, X 为 Ω_1 到 Ω_2 的映射. 若 $\mathscr{A}_2=\sigma(\mathscr{C})$, 则 $X\in\mathscr{A}_1/\mathscr{A}_2$ 的充要条件是 $X^{-1}(\mathscr{C})\subseteq\mathscr{A}_1$.

证 必要性显然, 仅证充分性. 设 $X^{-1}(\mathscr{C})\subseteq\mathscr{A}_1$, 注意到 $\mathscr{A}_2=\sigma(\mathscr{C})$ 及 $\mathscr{A}_1$ 为 σ 代数, 由引理 2.1.1 得 $X^{-1}(\mathscr{A}_2)=\sigma(X^{-1}(\mathscr{C}))\subseteq\mathscr{A}_1$. ∎

例 2.1.2 设 $\mathscr{C}=\{(-\infty,x],\ x\in\mathbb{R}\}$, 则 $\mathscr{C}$ 为 $\mathbb{R}$ 上的 π 系. 因此, 映射 $X:(\Omega,\mathscr{A})\to(\mathbb{R},\mathscr{B})$ 可测的充要条件是 $X^{-1}((-\infty,x])\in\mathscr{A}$ 对一切 $x\in\mathbb{R}$ 成立. 当然, 上述 $\mathscr{C}$ 中的半开半闭区间 $(-\infty,x]$ 可改为 $(-\infty,x)$, (x,∞), $[x,\infty)$, $[a,b)$ 等形式. ◁

例 2.1.3 设 $(\Omega,\mathscr{A},\mathsf{P})$ 为概率空间, $\mathscr{B}$ 为 $\mathbb{R}$ 上的 Borel 域. 设 $A\in\mathscr{A}$, 定义映射

$$I_A=\begin{cases}1, & w\in A,\\ 0, & w\in A^{\mathrm{c}},\end{cases}$$

则 I_A 是 $(\Omega,\mathscr{A})$ 到 $(\mathbb{R},\mathscr{B})$ 的一个可测映射, 称为集合 A 的示性函数. 由 I_A 在 $\mathbb{R}$ 上导出一个 σ 代数 $\mathscr{B}'=\mathscr{P}(\mathbb{R})$, 容易验证

$$I_A^{-1}(\mathscr{B}')=\{\emptyset,A,A^{\mathrm{c}},\Omega\}=\sigma(A).$$

在 $(\mathbb{R},\mathscr{B}')$ 上定义集函 P' 如下: 设 $A'\in\mathscr{B}'$,

$$\mathsf{P}'(A')=\begin{cases}0, & 0\notin A',1\notin A',\\ \mathsf{P}(A), & 1\in A' \text{ 但 } 0\notin A',\\ 1-\mathsf{P}(A), & 0\in A' \text{ 但 } 1\notin A',\\ 1, & 0\in A',1\in A',\end{cases}$$

则 P' 是 P 经 I_A 在 $(\mathbb{R},\mathscr{B}')$ 上导出的概率. ◁

设 X_i 是可测空间 $(\Omega,\mathscr{A})$ 到可测空间 $(\Omega_i,\mathscr{A}_i)$ 的一个可测映射, $i\in I$. 令

$$\sigma(X_i,i\in I)\triangleq\sigma\left\{X_i^{-1}(\mathscr{A}_i),\ i\in I\right\}$$

(注意这里 I 不必可数), 则 $\sigma(X_i,i\in I)$ 是 $\mathscr{A}$ 中满足 $X_i\in\mathscr{A}/\mathscr{A}_i$ (对一切 $i\in I$) 的最小子 σ 代数.

2.2 随机变量

为避免重复, 以下我们总假定 $(\Omega,\mathscr{A},\mathsf{P})$ 是给定的概率空间, $\mathscr{B}$ (或 $\overline{\mathscr{B}}$) 是 $\mathbb{R}$ (或 $\overline{\mathbb{R}}$) 上的 Borel 域.

关于随机变量, 首先我们定义阶梯随机变量, 然后引入一般实随机变量的概念. 阶梯随机变量在概率论研究中占有很重要的地位, 随机变量许多性质的研究都是通过用阶梯随机变量逼近的方法来研究的. 由于随机变量可以分解为正部和负部之差, 所以通常命题的证明方法为: 第一步, 性质 P 对非负阶梯随机变量成立; 第二步, 性质 P 对非负随机变量成立; 第三步, 性质 P 对实随机变量成立. 一个复值随机变量定义为 $Z=X+\mathrm{i}Y$, 其中 X 和 Y 为实随机变量, $\mathrm{i}^2=-1$. 本质上, 复随机变量是一个二维随机向量, 今后将做进一步的讨论. 下面先定义阶梯随机变量.

定义 2.2.1 设 $\{A_i,i\in I\}$ 为 Ω 的一个有限分割, 且 $A_i\in\mathscr{A}$, $i\in I$, X 为 Ω 到实直线 $\mathbb{R}$ 的一个映射. 若在每个 A_i 上 X 取常值, 即

$$X(w)=x_i,\quad \forall\, w\in A_i,\ i\in I,$$

则称 X 是阶梯随机变量.

命题 2.2.1 X 为阶梯随机变量的充要条件为 $X^{-1}(\mathscr{B})$ 是一个有限子 σ 代数.

证 (充分性) 设 $X^{-1}(\mathscr{B})$ 为 $\mathscr{A}$ 的有限子 σ 代数, 由命题 1.2.1 知 $X^{-1}(\mathscr{B})$ 由其有限原子集 $\{A_i,i\in I\}$ 生成, 其中 $\sum\limits_{i\in I}A_i=\Omega$. 由于 A_i 为原子, 故对一切 $w\in A_i$, $X(w)$ 取相同的值, 而对不同的 A_i, X 取不同的值, 故 X 为阶梯随机变量.

(必要性) 设 X 为阶梯随机变量, 由定义 2.2.1 中的表达式给出, 易证 $X^{-1}(\mathscr{B})$ 等价于由 $\{A_i,i\in I\}$ 生成的 σ 代数. ∎

设 $\mathscr{E}$ 表示 $(\Omega,\mathscr{A},\mathsf{P})$ 上全体阶梯随机变量所构成的集合, 则由阶梯随机变量的定义, 容易验证 $\mathscr{E}$ 有如下性质:

(1) $\mathscr{E}$ 是一个线性空间;

(2) 若 $X,Y\in\mathscr{E}$, 则 $XY\in\mathscr{E}$;

(3) 若 $X,Y\in\mathscr{E}$, 则

$$\max\{X,Y\}\triangleq X\vee Y\in\mathscr{E},\quad \min\{X,Y\}\triangleq X\wedge Y\in\mathscr{E}.$$

特别地, 一个集合 $A\in\mathscr{A}$ 的示性函数 I_A 是阶梯随机变量. 当 $A=\Omega$ 时, 简记 $I_\Omega=1$, 即处处为 1 的阶梯随机变量. 显然, 由示性函数 I_A 和 A 的对应关系可得示性函数有如下性质:

(1) $I_{A^c} = 1 - I_A, \forall\ A \in \mathscr{A}$;

(2) $I_A \leqslant I_B$ 当且仅当 $A \subseteq B$, 其中 $A, B \in \mathscr{A}$;

(3) $I_{A \cup B} = I_A + I_B - I_{A \cap B}$, 其中 $A, B \in \mathscr{A}$;

(4) 对任意下标集合 J, 有

$$I_{\bigcap\limits_{i \in J} A_i} = \min_{i \in J} I_{A_i}, \qquad I_{\bigcup\limits_{i \in J} A_i} = \max_{i \in J} I_{A_i}. \tag{2.1}$$

特别地, 我们有

$$I_{\limsup A_n} = \limsup I_{A_n}, \quad I_{\liminf A_n} = \liminf I_{A_n}.$$

定义 2.2.2　设 X 是 $(\Omega, \mathscr{A})$ 到 $(\mathbb{R}, \mathscr{B})$ 的映射. 若存在阶梯随机变量序列 X_n, 使对每个 $w \in \Omega$, 都有 $X_n(w) \to X(w)\ (n \to \infty)$, 即 X 是一列阶梯随机变量的逐点极限, 则称 X 是 $(\Omega, \mathscr{A}, \mathsf{P})$ 上的一个随机变量. 若 $X(\Omega) \subseteq \mathbb{R}_+$, 则称 X 为非负随机变量.

注　为了今后方便起见, 可以把随机变量的定义稍稍修改为: 若 X 是 $(\Omega, \mathscr{A})$ 到 $(\overline{\mathbb{R}}, \overline{\mathscr{B}})$ 的映射, 它是一列阶梯随机变量的逐点极限, 记 $D = \{w:\ |X(w)| = \infty\}$. 若 $\mathsf{P}(D) = 0$, 则称 X 是 $(\Omega, \mathscr{A}, \mathsf{P})$ 上的一个随机变量. 由于

$$D = \bigcap_{n=1}^{\infty} \{w:\ |X(w)| > n\},$$

故 $D \in \mathscr{A}$. 这样的修改使 X 可以在一个零概集上取值 ∞, 称之为几乎处处有限 (或 a.s. 有限). 当我们涉及可列运算时, 这种修改不会影响对随机变量性质的讨论.

类似于命题 2.2.1, 对随机变量 X, 我们有如下的结果.

定理 2.2.1　X 为 $(\Omega, \mathscr{A}, \mathsf{P})$ 上随机变量的充要条件是 $X^{-1}(\mathscr{B}) \subseteq \mathscr{A}$.

证　(必要性) 设 X 为随机变量, $\{X_n, n \geqslant 1\}$ 为一列阶梯随机变量, 使对每个 $w \in \Omega$, 有 $X_n(w) \to X(w)\ (n \to \infty)$. 由于 $\mathscr{C} = \{(-\infty, x], x \in \mathbb{R}\}$ 生成 $\mathbb{R}$ 上的 σ 代数 $\mathscr{B}$, 而

$$\{w:\ X(w) \leqslant x\} = \bigcap_{k=1}^{\infty} \liminf_{n \to \infty} \left\{w:\ X_n(w) \leqslant x + \frac{1}{k}\right\} \in \mathscr{A},$$

故 X 关于 $\mathscr{A}$ 可测.

(充分性) 设 X 是 $(\Omega, \mathscr{A})$ 到 $(\mathbb{R}, \mathscr{B})$ 的可测映射, 令

$$X^+ = \max\{X, 0\}, \quad X^- = \max\{-X, 0\},$$

分别称之为 X 的正部和负部, 则 $X = X^+ - X^-$. 故只要证明对每个 $(\Omega, \mathscr{A})$ 到 $(\mathbb{R}, \mathscr{B})$ 中的非负可测函数是一列阶梯随机变量的逐点极限即可. 但对任一非负可测函数 Y, 令

$$Y_n = \sum_{i=1}^{n \cdot 2^n} \frac{i-1}{2^n} I_{\{(i-1)/2^n \leqslant Y < i/2^n\}} + n I_{\{Y \geqslant n\}},$$

则 $Y_n \uparrow$, 且 $Y_n \leqslant Y$. 因为 Y 关于 $\mathscr{A}$ 可测, 故 Y_n 为阶梯随机变量. 另外, 当 $n \to \infty$ 时, 对每个 $w \in \Omega$, 显然有 $Y(w) = \lim Y_n(w)$. ∎

在定理 2.2.1 充分性的证明中, 我们实际上证明了如下的结论.

定理 2.2.2 定义在 $(\Omega, \mathscr{A}, \mathrm{P})$ 上的每个非负随机变量至少是一列非降、非负阶梯随机变量的极限, 且这个序列可以满足如下条件: 对在 Ω 的每个子集上有上界的非负随机变量而言, 收敛是一致的.

下面研究随机变量的性质. 由于随机变量与可测函数的差别仅在于是否可取值 ∞, 故下面的讨论针对可测函数进行, 而把随机变量作为特例, 读者容易发现随机变量在经过一系列运算后仍是随机变量.

首先容易看出可测函数对算术运算是封闭的, 只要这些运算不产生不确定的表达式, 例如 $\infty - \infty$, $0 \cdot \infty$, ∞/∞, $0/0$ 等. 更确切地说, 若 X 和 Y 是可测函数, 则 cX (c 为常数), $X+Y$, XY 等仍是可测函数; 可测函数对上 (下) 确界运算及极限运算封闭, 这是因为: 若 $X_n \in \mathscr{A}$ $(n \geqslant 1)$, 则

$$\left\{w:\ \sup_{n\geqslant 1} X_n(w) \leqslant x\right\} = \bigcap_{n=1}^{\infty}\{w:\ X_n(w) \leqslant x\} \in \mathscr{A},$$

$$\left\{w:\ \inf_{n\geqslant 1} X_n(w) < x\right\} = \bigcup_{n=1}^{\infty}\{w:\ X_n(w) < x\} \in \mathscr{A}.$$

若 $X_n \downarrow$, 则

$$\left\{w:\ \lim_{n\to\infty} X_n(w) < x\right\} = \bigcup_{n=1}^{\infty}\{w:\ X_n(w) < x\} \in \mathscr{A};$$

若 $X_n \uparrow$, 则

$$\left\{w:\ \lim_{n\to\infty} X_n(w) \leqslant x\right\} = \bigcap_{n=1}^{\infty}\{w:\ X_n(w) \leqslant x\} \in \mathscr{A}.$$

由于

$$\limsup_{n\to\infty} X_n = \lim_{n\to\infty}\left(\sup_{k\geqslant n} X_k\right), \quad \liminf_{n\to\infty} X_n = \lim_{n\to\infty}\left(\inf_{k\geqslant n} X_k\right),$$

所以 $\limsup X_n$ 和 $\liminf X_n$ 都是可测函数. 若令 A 为使 $X_n(w)$ 收敛的 Ω 的子集, 即

$$A = \left\{w: \limsup_{n\to\infty} X_n(w) = \liminf_{n\to\infty} X_n(w)\right\},$$

则 A 为可测集. 当 $A = \Omega$ 时, 称 $\{X_n, n \geqslant 1\}$ 处处收敛, 其极限函数记为 $\lim X_n$, 它是一个可测函数.

下面研究可测函数的复合函数是否仍为可测函数. 为此, 我们需要如下的引理.

引理 2.2.1 设 $(\Omega_i, \mathscr{A}_i)$ $(i = 1, 2, 3)$ 是三个可测空间, $X \in \mathscr{A}_1/\mathscr{A}_2$, $f \in \mathscr{A}_2/\mathscr{A}_3$, 则由

$$Z(w_1) = (f \circ X)(w_1) = f(X(w_1))$$

定义的复合映射 $Z=f\circ X\in\mathscr{A}_1/\mathscr{A}_3$.

证　显然, Z 是 Ω_1 到 Ω_3 的映射. 由逆映射的性质, 对任意 $B\in\mathscr{A}_3$, 有

$$\begin{aligned}(f\circ X)^{-1}(B)&=\{w_1:f(X(w_1))\in B\}\\&=\{w_1:X(w_1)\in f^{-1}(B)\}=X^{-1}(f^{-1}(B)).\end{aligned}$$

由引理条件 $f\in\mathscr{A}_2/\mathscr{A}_3$, $X\in\mathscr{A}_1/\mathscr{A}_2$ 知 $f^{-1}(B)\in\mathscr{A}_2$ 以及 $X^{-1}(f^{-1}(B))\in\mathscr{A}_1$, 即 $Z\in\mathscr{A}_1/\mathscr{A}_3$. ∎

在上述引理中, 取 f 和 X 为 $\overline{\mathbb{R}}$ 上的 Borel 可测函数, 则 $f(X)$ 仍为 Borel 可测函数. 特别地, 由于连续函数为 Borel 可测的, 故若 f 为 $\mathbb{R}$ 上的连续函数, X 为随机变量, 则 $f(X)$ 仍为随机变量.

定义 2.2.3　(1) 设 X,Y 为 $(\Omega,\mathscr{A},\mathsf{P})$ 上的两个随机变量, $\mathrm{i}=\sqrt{-1}$, 称 $Z=X+\mathrm{i}Y$ 是 $(\Omega,\mathscr{A},\mathsf{P})$ 上的一个复值随机变量.

(2) 设 $X_1,X_2,\cdots,X_n$ 为 $(\Omega,\mathscr{A},\mathsf{P})$ 上的 n 个实 (复) 随机变量, 称 $(X_1,X_2,\cdots,X_n)$ 为 $(\Omega,\mathscr{A},\mathsf{P})$ 上的一个 n 维实 (复) 随机向量, 其中 X_k 称为它的第 k 个分量, $1\leqslant k\leqslant n$.

由定义知一个 n 维实随机向量是 $(\Omega,\mathscr{A})$ 到 $(\mathbb{R}^n,\mathscr{B}^{(n)})$ 的一个可测映射, 而复随机变量在复平面上取值, 即在 $\mathbb{R}^2$ 上取值. 因此复随机变量 Z 仍是实随机向量 (X,Y) 的一种表现. 关于随机变量 (一维可测函数) 的上述性质可以原封不动地搬到 n 维随机向量 (n 维可测函数) 上. 例如, 在引理 2.2.1 中, 取 X 为 n 维随机向量, f 为 $\mathbb{R}^n\to\mathbb{R}^m$ 的连续函数, 则 $f(X)$ 是一个 m 维随机向量.

例 2.2.1　设 X 为实随机变量, 则 $\mathrm{e}^{\mathrm{i}X}$ 是一个实部和虚部的绝对值以 1 为界的复随机变量, 这是因为 $\mathrm{e}^{\mathrm{i}X}$ 的模 $||\mathrm{e}^{\mathrm{i}X}||=1$, $\mathrm{e}^{\mathrm{i}X}=\cos X+\mathrm{i}\sin X$. ◁

在第 1 章中, 我们给出了集合形式的单调类定理, 它在证明 Ω 的一个子集族是 σ 代数时起了重要作用. 与此相对应, 我们将给出函数形式的单调类定理, 它是证明某个函数类有某种性质的一个有力工具.

定义 2.2.4　设 $\mathscr{L}$ 是定义在 Ω 上的一族函数, 满足条件:若 $f\in\mathscr{L}$, 则 $f^+,f^-\in\mathscr{L}$. 如果函数族 $\mathscr{H}$ 满足如下条件:

(a) $1\in\mathscr{H}$, 其中 1 表示恒等于 1 的函数;

(b) $\mathscr{H}$ 中有限个函数的线性组合 (如果有意义) 仍属于 $\mathscr{H}$;

(c) 若 $f_n\in\mathscr{H}$, $0\leqslant f_n\uparrow f$, f 有界或 $f\in\mathscr{L}$, 则 $f\in\mathscr{H}$,

则称函数族 $\mathscr{H}$ 为 $\mathscr{L}$ 类.

定理 2.2.3　(函数形式的单调类定理) 设 $\mathscr{H}$ 是 Ω 上的一个 $\mathscr{L}$ 类, $\mathscr{I}$ 为 Ω 上的 π 系. 若 $\mathscr{H}$ 包含 $\mathscr{I}$ 中任一集合 A 的示性函数 I_A, 则 $\mathscr{H}$ 包含一切属于 $\mathscr{L}$ 且关于 $\sigma(\mathscr{I})$ 可测的实值函数.

证 证明思路是用示性函数来建立函数类 $\mathscr{H}$ 对应的集合类, 再用集合形式的单调类定理返回到函数族.

设

$$\mathscr{D}=\{A:\ I_A\in\mathscr{H}, A\subseteq\Omega\}.$$

由于当 $A\in\mathscr{I}$ 时, $I_A\in\mathscr{H}$, 所以 $\mathscr{I}\subseteq\mathscr{D}$. 注意到 $\mathscr{I}$ 是 π 系, 由集合形式的单调类定理知, 若能证明 $\mathscr{D}$ 是一个 λ 系, 则 $\mathscr{D}\supseteq\lambda(\mathscr{I})=\sigma(\mathscr{I})$. 往证 $\mathscr{D}$ 是 λ 系.

由定义 2.2.4 中条件 (a) 知 $\Omega\in\mathscr{D}$. 若 $A_1,A_2\in\mathscr{D}$, 且 $A_1\subseteq A_2$, 由定义 2.2.4 中条件 (b), $I_{A_2-A_1}=I_{A_2}-I_{A_1}\in\mathscr{H}$, 即 $A_2-A_1\in\mathscr{D}$. 若 $A_n\uparrow A$, $A_n\in\mathscr{D}$, 由示性函数性质式 (2.1) 知 $I_A=\lim\uparrow I_{A_n}$, 而定义 2.2.4 中条件 (c) 蕴涵 $I_A\in\mathscr{H}$, 即 $A\in\mathscr{D}$. 因此, $\mathscr{D}$ 是一个 λ 系.

对任意实值函数 $f\in\mathscr{L}$ 且 $f\in\sigma(\mathscr{I})$, 有 $f=f^+-f^-$, 且 $f^+,f^-\in\mathscr{L}$ 是非负 $\sigma(\mathscr{I})$ 可测的. 因此, 如果我们能证明当 $f\geqslant 0$ 时, $f\in\mathscr{H}$, 则本定理成立. 为此, 设 $f\geqslant 0$, $f\in\mathscr{L}$ 且 $f\in\sigma(\mathscr{I})$. 由定理 2.2.2, 存在非负阶梯随机变量序列 $\{f_n,n\geqslant 1\}$, 使 $f_n\uparrow f$, 其中

$$f_n=\sum_{i=1}^{k_n}a_{ni}I_{A_{ni}},\quad A_{ni}\in\sigma(\mathscr{I}),\ i=1,\cdots,k_n.$$

由 $\mathscr{H}$ 是线性空间及 $\sigma(\mathscr{I})\subseteq\mathscr{D}$ 知阶梯随机变量 $f_n\in\mathscr{H}$. 再由定义 2.2.4 中条件 (c) 得 $f\in\mathscr{H}$. 定理证毕. ∎

下面我们用定理 2.2.3 来证明几个重要结果. 由定义 2.1.1, $(\Omega,\mathscr{A},\mathsf{P})$ 上的可测函数 Y 关于 $\mathscr{A}$ 的子 σ 代数 $\mathscr{A}_1$ 可测是指 $\sigma(Y)\subseteq\mathscr{A}_1$, 其中

$$\sigma(Y)\triangleq\{Y^{-1}(S):\ S\in\overline{\mathscr{B}}\}.$$

一种特殊情况是 $\mathscr{A}_1$ 由一个可测函数 X 生成, 即 $\mathscr{A}_1=\sigma(X)$. 下面的定理刻画了关于 $\sigma(X)$ 可测的可测函数的特征.

定理 2.2.4 设 X 和 Y 是 $(\Omega,\mathscr{A})$ 上的两个可测函数, 则 $Y\in\sigma(X)$ 的充要条件是 $Y=f(X)$, 其中 $f\in\overline{\mathscr{B}}$, 并且若 Y 为随机变量 (有界), 则可取 f 也是有限 (有界) 的.

证 (充分性) 若 $Y=f(X)$, $f\in\overline{\mathscr{B}}$, 则由引理 2.2.1 得 $Y\in\sigma(X)$.

(必要性) 令 $\mathscr{L}$ 为 $\mathscr{A}$ 可测的函数全体,

$$\mathscr{H}=\{f\circ X:\ f\in\overline{\mathscr{B}}\}. \tag{2.2}$$

我们来逐条验证 $\mathscr{H}$ 满足定理 2.2.3 中的条件.

(1) 因为 $1=1_{\overline{\mathbb{R}}}\circ X$, $1_{\overline{\mathbb{R}}}\in\overline{\mathscr{B}}$, 所以 $1\in\mathscr{H}$.

(2) $\mathscr{H}$ 是线性空间. 对任意 $Y_1, Y_2 \in \mathscr{H}$, 存在 $f_1, f_2 \in \overline{\mathscr{B}}$, 使得 $Y_1 = f_1 \circ X$, $Y_2 = f_2 \circ X$. 设 α, β 为任意两个实数, 则 $\alpha f_1, \beta f_2 \in \overline{\mathscr{B}}$. 如果 $\alpha f_1 + \beta f_2$ 有意义 (即不出现 $\infty - \infty$), 则 $\alpha f_1 + \beta f_2 \in \overline{\mathscr{B}}$, 故

$$\alpha Y_1 + \beta Y_2 = (\alpha f_1) \circ X + (\beta f_2) \circ X = (\alpha f_1 + \beta f_2) \circ X \in \mathscr{H}.$$

(3) 设 $Y_n \in \mathscr{H}$ $(n \geqslant 1)$, 且 $0 \leqslant Y_n \uparrow Y$, 则存在 $f_n \in \overline{\mathscr{B}}$, 使得 $Y_n = f_n \circ X$. 令 $f = \sup\limits_{n \geqslant 1} f_n$, 则 $f \in \overline{\mathscr{B}}$ 且 $Y = f \circ X$, 因此 $Y \in \mathscr{H}$.

(4) 对任意 $A \in \sigma(X)$, 存在 $B \in \overline{\mathscr{B}}$, 使得 $A = X^{-1}(B)$. 由于 $w \in A$ 当且仅当 $X(w) \in B$, 所以 $I_A(w) = I_B(X(w))$ 对一切 $w \in \Omega$ 成立, 即 $I_A = I_B \circ X$. 显然, $I_B \in \overline{\mathscr{B}}$, 故 $I_A \in \mathscr{H}$.

由 (1)~(4) 知 $\mathscr{H}$ 满足定理 2.2.3 中的所有条件, 故 $\mathscr{H}$ 包含一切 $\sigma(X)$ 可测的函数. 由于 $Y \in \sigma(X)$, 故 $Y \in \mathscr{H}$. 因此存在 $f \in \overline{\mathscr{B}}$, 使 $Y = f \circ X$. 如果 Y 有限或有界, 只要在式 (2.2) 中把 $f \in \overline{\mathscr{B}}$ 改为 $f \in \mathscr{B}$ 或 $f \in [-M, M]$, 其中 M 为 f 的界, 以上讨论逐字逐句仍成立. ∎

注 1　可以把定理中 X 推广为 $(\Omega, \mathscr{A})$ 到 $(E, \mathscr{E})$ 的可测映射, Y 仍为 Ω 上的可测函数, 则 $Y \in \sigma(X) = X^{-1}(\mathscr{E})$ 的充要条件是, 存在 $f \in \mathscr{E}$, 使 $Y = f(X)$. 证明方法完全相同, 这种推广是有意义的. 例如, $(E, \mathscr{E}) = (\mathbb{R}^n, \mathscr{B}^{(n)})$ 就是最常见的一种.

注 2　定理 2.2.4 中必要性的证明只是证明了 f 的存在性. 事实上, 可以用阶梯随机变量逼近可测函数的方法把 f 构造出来.

定理 2.2.5　设 $\mathscr{L}$ 是定义在 $\overline{\mathbb{R}}^n$ 上的实函数类, $\mathscr{H}$ 是 $\overline{\mathbb{R}}^n$ 上包含有界连续函数的 $\mathscr{L}$ 类, 则 $\mathscr{H}$ 包含 $\mathscr{L}$ 中一切 Borel 可测函数.

证　令

$$\mathscr{C} = \left\{(\boldsymbol{a}, \boldsymbol{b}):\ \boldsymbol{a}, \boldsymbol{b} \in \overline{\mathbb{R}}^n\right\},$$

若 $\boldsymbol{a}, \boldsymbol{b}$ 中有分量为 $-\infty$ 或 ∞, 则把那个分量所在区间含有 $\pm\infty$ 的那头改成闭的. 显然, $\mathscr{C}$ 为 π 系, 且 $\overline{\mathscr{B}}^{(n)} = \sigma(\mathscr{C})$. 由定理 2.2.3, 我们只要证明 $\mathscr{C}$ 中长方体的示性函数属于 $\mathscr{H}$ 即可. 任意选取 $\mathscr{C}$ 中的长方体 $A = (\boldsymbol{a}, \boldsymbol{b})$. 为简单起见, 我们先考虑 $\boldsymbol{a}, \boldsymbol{b} \in \mathbb{R}^n$ 的情形. 此时, A 可表示为 $A = (a_1, b_1) \times \cdots \times (a_n, b_n)$. 对任意 $k \in \{1, \cdots, n\}$ 和 $\ell \in \mathbb{N}$, 定义函数

$$f_k^{(\ell)}(x_k) = \begin{cases} 0, & x_k \leqslant a_k, \\ \ell(x_k - a_k), & a_k < x_k \leqslant a_k + 1/\ell, \\ 1, & a_k + 1/\ell < x_k \leqslant b_k - 1/\ell, \\ \ell(b_k - x_k), & b_k - 1/\ell < x_k \leqslant b_k, \\ 0, & x_k \geqslant b_k, \end{cases}$$

则 $f_k^{(\ell)}(x_k)$ 看作 $\mathbb{R}^n$ 上的函数时是连续有界的, 且当 $\ell\to\infty$ 时,

$$0\leqslant f_k^{(\ell)}(x_k)\uparrow I_{(a_k,b_k)}(x_k),\quad k=1,\cdots,n.$$

因此, $\prod\limits_{k=1}^n f_k^{(\ell)}(x_k)\uparrow I_A(x_1,\cdots,x_n)$, 故由 $\mathscr{H}$ 的 $\mathscr{L}$ 类性质知 $I_A\in\mathscr{H}$.

若 A 是 $\mathscr{C}$ 中某些分量为无限区间的集合, 例如 $A=[-\infty,b_1]\times(a_2,\infty)\times\cdots\times(a_n,b_n)$, 则用上述方法同样可证 $I_A\in\mathscr{H}$. 定理证毕. ▮

定理 2.2.5 说明一个 Borel 可测函数可以用有界连续函数来逼近.

由以上可知, 用函数形式的单调类定理来证明某函数族 $\mathscr{U}$ 具有性质 A_0, 其常用方法是先引入一个函数族 $\mathscr{L}$ ($\mathscr{L}$ 满足定义 2.2.4 中的要求) 及构造函数族

$$\mathscr{H}=\{f:\ f\in\mathscr{L}\ 且\ f\ 具有性质\ A_0\},$$

使得 $\mathscr{H}$ 为 $\mathscr{L}$ 类. 再引入 Ω 中的一个 π 系 $\mathscr{I}$, 使 $\mathscr{L}$ 中关于 $\sigma(\mathscr{I})$ 可测的函数类包含 $\mathscr{U}$. 根据定理 2.2.3, 只要证明对一切 $A\in\mathscr{I}$, $I_A\in\mathscr{H}$ 即可. 这个方法称为 $\mathscr{L}$ 类方法.

2.3 随机变量的分布和独立性

2.3.1 分布与分布函数

随机变量是在概率空间上取有限值的可测函数. 由 2.1 节知随机变量 X 在 $(\mathbb{R},\mathscr{B})$ 上导出一个概率 P'. 由 1.5 节知 P' 与分布函数是一一对应的, 我们称此分布函数为随机变量 X 的分布函数. 确切地, 我们有:

定义 2.3.1 (1) 对任意 $B\in\mathscr{B}$, 由公式

$$\mathsf{P}'(B)=\mathsf{P}(X^{-1}(B))$$

在 $(\mathbb{R},\mathscr{B})$ 上导出的概率称为随机变量 X 的概率分布, 称

$$F(x)=\mathsf{P}(\{w:X(w)\leqslant x\})$$

为随机变量 X 的分布函数.

(2) 设 $\boldsymbol{X}=(X_1,\cdots,X_n)$ 为 $\mathbb{R}^n$ 中的一个随机向量. 称由公式

$$\mathsf{P}'(B)=\mathsf{P}(\boldsymbol{X}^{-1}(B)),\quad B\in\mathscr{B}^{(n)}$$

在 $(\mathbb{R}^n,\mathscr{B}^{(n)})$ 上导出的概率为随机向量 $\boldsymbol{X}$ 的概率分布, 称

$$F(x_1,\cdots,x_n)=\mathsf{P}(\{w:X_1(w)\leqslant x_1,\cdots,X_n(w)\leqslant x_n\})$$

为随机向量 $\boldsymbol{X}$ 的分布函数, 或称为 $X_1,\cdots,X_n$ 的联合分布函数, 记作 $\boldsymbol{X}\sim F$.

有时, 为了表明 F 是随机向量 $(X_1,\cdots,X_n)$ 的分布函数, 也记 $F(x_1,\cdots,x_n)$ 为 $F_{X_1,\cdots,X_n}(x_1,\cdots,x_n)$. $(X_1,\cdots,X_n)$ 的联合分布完全反映了这 n 个随机变量取值的概率规律, 特别也反映了其中任意 k $(k\leqslant n)$ 个随机变量的取值规律. 例如, 设 $\{i_1,\cdots,i_k\}\subset\{1,\cdots,n\}$, 不失一般性, 设 $1\leqslant i_1<i_2<\cdots<i_k\leqslant n$, 则

$$\begin{aligned}
&F_{X_{i_1},\cdots,X_{i_k}}(x_{i_1},\cdots,x_{i_k})\\
&\quad=\mathsf{P}(\{w:\ X_{i_j}\leqslant x_{i_j},1\leqslant j\leqslant k\})\\
&\quad=\mathsf{P}(\{w:\ X_i\leqslant x_i,1\leqslant i\leqslant n,\ \text{其中}\ x_j=\infty,\forall\, j\notin\{i_1,\cdots,i_k\}\})\\
&\quad=F(\infty,\cdots,\infty,x_{i_1},\infty,\cdots,\infty,x_{i_k},\infty,\cdots,\infty).
\end{aligned}$$

称 $F_{X_{i_1},\cdots,X_{i_k}}$ 为联合分布 $F_{X_1,\cdots,X_n}$ 的边缘分布. n 个随机变量的联合分布一般有 2^n-2 个不同的边缘分布.

一般而言, 当随机变量 X 只取可数个值时, 采用 X 的概率质量函数较为方便.

设 $(X_1,\cdots,X_n)$ 的分布函数为 F. 如果存在可测函数 $f(x_1,\cdots,x_n)$ 满足

$$f(x_1,\cdots,x_n)\geqslant 0,\quad \forall\,(x_1,\cdots,x_n)\in\mathbb{R}^n,$$

$$F(x_1,\cdots,x_n)=\int_{-\infty}^{x_1}\cdots\int_{-\infty}^{x_n}f(y_1,\cdots,y_n)\,\mathrm{d}y_1\cdots\mathrm{d}y_n,\tag{2.3}$$

则称 $(X_1,\cdots,X_n)$ 为连续型随机向量, $f(x_1,\cdots,x_n)$ 为其概率密度函数. 由式 (2.3) 知

$$\int\cdots\int_{\mathbb{R}^n}f(x_1,\cdots,x_n)\,\mathrm{d}x_1\cdots\mathrm{d}x_n=1.\tag{2.4}$$

我们将在定理 2.6.4 中继续讨论分布函数的分解问题.

设 $\boldsymbol{X}=(X_1,\cdots,X_n)\sim F$, $X_i\sim F_i$ $(i=1,\cdots,n)$, 则对任意 $\boldsymbol{x}\in\mathbb{R}^n$,

$$\max\left\{0,\sum_{i=1}^n F_i(x_i)-n+1\right\}\leqslant F(\boldsymbol{x})\leqslant\min_{1\leqslant i\leqslant n}F_i(x_i).$$

上式左、右两端分别称为 F 的 Fréchet 下界和 Fréchet 上界, 分别记为

$$F_{\mathrm{L}}(\boldsymbol{x})=\max\left\{0,\sum_{i=1}^n F_i(x_i)-n+1\right\},\qquad F_{\mathrm{U}}(\boldsymbol{x})=\min_{1\leqslant i\leqslant n}F_i(x_i).$$

当 $n=2$ 时, F_{L} 是一个分布函数; 当 $n>2$ 时, F_{L} 一般不再是一个分布函数. 但是, 对任意 $n\geqslant 2$, Fréchet 上界 F_{U} 总是一个分布函数.

Fréchet 上界 F_{U} 与同单调随机向量的联合分布函数密切相关. 同单调的概念在金融工程、保险精算等学科领域有广泛的应用. 为介绍同单调的随机向量, 先定义 $\mathbb{R}^n$ 中的同单调集合. 设 $A\subset\mathbb{R}^n$, 称 A 是同单调的, 若对任意 $\boldsymbol{x},\boldsymbol{y}\in A$, 有 $\boldsymbol{x}\leqslant\boldsymbol{y}$ 或 $\boldsymbol{y}\leqslant\boldsymbol{x}$. 这里记号 $\boldsymbol{x}\leqslant\boldsymbol{y}$ 是指 $x_i\leqslant y_i$ $(i=1,\cdots,n)$. 随机向量 (变量) $\boldsymbol{X}$ 的支撑集 $A\subset\mathbb{R}^n$ 是指 $\mathsf{P}(\boldsymbol{X}\in A)=1$, 并且 A 尽可能地小. 支撑集基于分布函数的正式定义可参见定义 5.1.1.

定义 2.3.2 随机向量 $\boldsymbol{X}=(X_1,\cdots,X_n)$ 称为同单调的, 若 $\boldsymbol{X}$ 的支撑集在 $\mathbb{R}^n$ 中是同单调的.

一个集合 $A\subset\mathbb{R}^n$ 是同单调的当且仅当 A 在 $\mathbb{R}^n$ 的任意二维上的投影也是同单调的, 即对任意 $1\leqslant i<j\leqslant n$, $A_{ij}=\{(x_i,x_j):\boldsymbol{x}\in A\}$ 是同单调的. 由此可得 $\boldsymbol{X}$ 是同单调的当且仅当对任意 $i<j$, (X_i,X_j) 是同单调的.

下面的定理给出了同单调随机向量的等价刻画. 首先, 引进记号: "$\stackrel{\mathrm{d}}{=}$" 表示两个随机变量 (向量) 同分布. 另外, 对任意分布函数 F, 定义其左逆为

$$F^{-1}(u)=\inf\{x:F(x)\geqslant u\},\quad u\in(0,1).\tag{2.5}$$

定理 2.3.1 设随机向量 $\boldsymbol{X}=(X_1,\cdots,X_n)$ 的联合分布函数和一维边际分布函数分别为 F 和 $F_1,\cdots,F_n$, 则以下命题等价:

(1) $\boldsymbol{X}$ 同单调;

(2) $F(\boldsymbol{x})=F_{\mathrm{U}}(\boldsymbol{x}),\forall\,\boldsymbol{x}\in\mathbb{R}^n$;

(3) 若存在 $V\sim U(0,1)$, 则

$$\boldsymbol{X}\stackrel{\mathrm{d}}{=}(F_1^{-1}(V),F_2^{-1}(V),\cdots,F_n^{-1}(V));\tag{2.6}$$

(4) 存在一个随机变量 Z 和非降的函数 $h_1,\cdots,h_n$, 使得

$$\boldsymbol{X}\stackrel{\mathrm{d}}{=}(h_1(Z),h_2(Z),\cdots,h_n(Z)).\tag{2.7}$$

证 (1) $\Rightarrow$ (2): 设 $\boldsymbol{X}$ 同单调, 其支撑集为 B. 对任意 $\boldsymbol{x}\in\mathbb{R}^n$, 定义集合

$$A_j=\{\boldsymbol{y}\in B:y_j\leqslant x_j\},\quad j=1,\cdots,n,$$

则利用支撑集是同单调的性质可以推出, 存在某个 i_0, 使得

$$A_{i_0}=\bigcap_{j=1}^n A_j.\tag{2.8}$$

事实上, 式 (2.8) 可通过分析 $A_1\cap A_2$ 和 $(A_1\cap A_2)\cap A_3$ 等情形逐步得到. 于是, 有

$$F(\boldsymbol{x})=\mathsf{P}\left(\boldsymbol{X}\in\bigcap_{j=1}^n A_j\right)=\mathsf{P}(\boldsymbol{X}\in A_{i_0})=F_{i_0}(x_{i_0})=F_{\mathrm{U}}(\boldsymbol{x}),$$

其中最后一步利用了 $A_{i_0}\subset A_j$, 进而有 $F_{i_0}(x_{i_0})\leqslant F_j(x_j),\forall j$.

(2) $\Rightarrow$ (3): 对任意 j, $u\in(0,1)$ 和 $x_j\in\mathbb{R}$, $F_j^{-1}(u)\leqslant x_j$ 等价于 $u\leqslant F_j(x_j)$, 于是, 我们有

$$\mathsf{P}\left(\bigcap_{i=1}^n\{F_i^{-1}(U)\leqslant x_i\}\right)=\mathsf{P}(U\leqslant F_1(x_1),\cdots,U\leqslant F_n(x_n))$$

$$= \mathsf{P}\left(U \leqslant \min_{1\leqslant i\leqslant n} F_i(x_i)\right) = F_{\mathrm{U}}(\boldsymbol{x}), \quad \boldsymbol{x} \in \mathbb{R}^n.$$

(3) ⇒ (4) 和 (4) ⇒ (1) 很平凡, 证明略去. ∎

从同单调随机向量的随机表示 (2.6) 或 (2.7) 可以看出, 同单调性是一种最强的正相依结构. 特别地, 当边际分布 F_i 皆相同时, $\boldsymbol{X}$ 同单调等价于

$$\boldsymbol{X} \overset{\mathrm{d}}{=} (X_1, X_1, \cdots, X_1).$$

当 $n = 2$ 时, $F_{\mathrm{L}}(x_1, x_2) = \max\{0, F_1(x_1) + F_2(x_2) - 1\}$ 是对应于反向同单调的随机向量 (X_1, X_2) 的分布函数, 即存在随机变量 $V \sim U(0,1)$, 使得

$$(X_1, X_2) \overset{\mathrm{d}}{=} \left(F_1^{-1}(V), F_2^{-1}(1-V)\right).$$

由此可见, 反向同单调性是最强的负相依性.

有关同单调的进一步性质和应用可以参考 [16].

2.3.2 随机变量的独立性

设 $\{X_i, i \in I\}$ 是 $(\Omega, \mathscr{A}, \mathsf{P})$ 上的一族随机变量, I 为任一下标集合.

定义 2.3.3 随机变量族 $\{X_i, i \in I\}$ 称为独立的, 若由 $\{X_i, i \in I\}$ 生成的 $\mathscr{A}$ 的子 σ 代数族 $\{\sigma(X_i), i \in I\}$ 是独立的. 如果 $\{I_{A_i}, i \in I\}$ 是独立的, 则称事件 $\{A_i, i \in I\}$ 是独立的.

令

$$\mathscr{C}_i = \{X_i^{-1}((-\infty, x_i]) : x_i \in \mathbb{R}\}, \quad i \in I,$$

则 $\{\mathscr{C}_i, i \in I\}$ 是一族 π 系. 由关于独立性判别准则的定理 1.6.1 知, 一族随机变量 $\{X_i, i \in I\}$ 独立等价于对 I 的任一有限子集 J,

$$\mathsf{P}\left(\bigcap_{j\in J}\{X_j \leqslant x_j\}\right) = \prod_{j\in J} \mathsf{P}(X_j \leqslant x_j), \quad \forall\, x_j \in \mathbb{R},\ j \in J. \tag{2.9}$$

设 $J = \{1, 2, \cdots, k\}$. 由分布函数的定义, 式 (2.9) 等价于

$$F_{X_1,\cdots,X_k}(x_1, \cdots, x_k) = \prod_{j=1}^{k} F_{X_j}(x_j).$$

类似地, 事件族 $\{A_i, i \in I\}$ 独立等价于对 I 的任一有限子集 J, 有

$$\mathsf{P}\left(\bigcap_{j\in J} A_j\right) = \prod_{j\in J} \mathsf{P}(A_j).$$

由关于随机变量独立性的定义可推知, 若随机变量 X 与 Y 独立, f 是一个 Borel 可测函数, 则随机变量 X 与随机变量 $f(Y)$ 独立. 这是因为 X 与 Y 独立蕴涵 $\sigma(X)$ 和 $\sigma(Y)$

独立, 而 $\sigma(f(Y)) \subseteq \sigma(Y)$, 故 X 与 $f(Y)$ 独立. 这一事实可以推广到随机变量序列. 这里不再赘述.

例 2.3.1 设 $\{\boldsymbol{X}_{ij}, i \in I, j \in J\}$ 是一族独立的 m 维随机向量族, I 和 J 为可数的下标集合. 若 $\mathscr{F}_i = \sigma(\boldsymbol{X}_{ij}, j \in J)$, 则 $\{\mathscr{F}_i, i \in I\}$ 相互独立.

事实上, 设

$$\mathscr{C}_i = \left\{ \bigcap_{k \in K} \{\boldsymbol{X}_{ik} \in H_k\}: \ H_k \in \mathscr{B}^{(m)}, k \in K \subseteq J, \ K \text{ 有限} \right\},$$

则 $\mathscr{C}_i$ 是生成 $\mathscr{F}_i$ 的 π 系, 而易见 $\{\mathscr{C}_i, i \in I\}$ 是相互独立的, 故由定理 1.6.1 知 $\{\mathscr{F}_i, i \in I\}$ 相互独立. ◁

例 2.3.2 设 $\{X_n, n \geqslant 1\}$ 为一列随机变量. 如果对每个 $n \geqslant 1$, $\sigma(X_1, \cdots, X_n)$ 与 $\sigma(X_{n+1})$ 独立, 则 $\{X_n, n \geqslant 1\}$ 相互独立.

证 任取自然数 $n_1 < n_2 < \cdots < n_k$, 由于 $\sigma(X_1, \cdots, X_{n_k - 1})$ 与 $\sigma(X_{n_k})$ 独立, 故 $(X_1, \cdots, X_{n_k - 1})$ 与 X_{n_k} 独立, 从而 $(X_{n_1}, \cdots, X_{n_{k-1}})$ 与 X_{n_k} 独立. 同理, $(X_{n_1}, \cdots, X_{n_{k-2}})$ 与 $X_{n_{k-1}}$ 独立 ······ 最后推得 $X_{n_1}, X_{n_2}, \cdots, X_{n_k}$ 相互独立. 由于 k 是任意的, 由独立性定义即知 $\{X_n, n \geqslant 1\}$ 是独立随机变量序列. ◁

2.3.3 无原子概率空间上的随机变量

一个概率空间 $(\Omega, \mathscr{A}, \mathsf{P})$ 称为无原子的, 若该空间上不存在原子, 即不存在这样的集合 $A \in \mathscr{A}$, $\mathsf{P}(A) > 0$, 使得只要集合 $B \subset A$, $B \in \mathscr{A}$, 必蕴涵 $\mathsf{P}(B) = 0$ 或 $\mathsf{P}(B) = \mathsf{P}(A)$ (亦见第 1 章习题第 26 题) .

下面的定理刻画了无原子概率空间[19].

定理 2.3.2 设 $(\Omega, \mathscr{A}, \mathsf{P})$ 为一个概率空间, 则如下几个命题等价:

(1) $(\Omega, \mathscr{A}, \mathsf{P})$ 是无原子的.

(2) 在 $(\Omega, \mathscr{A}, \mathsf{P})$ 上存在独立同分布的 (iid) Bernoulli 随机变量序列 $\{X_n, n \geqslant 1\}$, 使得

$$\mathsf{P}(X_1 = 1) = \mathsf{P}(X_1 = 0) = \frac{1}{2}.$$

(3) 对任意分布函数 F, 在 $(\Omega, \mathscr{A}, \mathsf{P})$ 上存在独立同分布的随机变量序列 $\{Y_n, n \geqslant 1\}$, 使得 Y_1 的分布函数为 F.

(4) 存在定义在 $(\Omega, \mathscr{A}, \mathsf{P})$ 上的随机变量, 该变量具有连续分布函数.

证 (1) ⇒ (2): 我们需要用到如下的事实: 对于一个无原子的概率空间 $(\Omega, \mathscr{A}, \mathsf{P})$, 给定 $A \in \mathscr{A}$ 和任意 $\delta \in [0, \mathsf{P}(A)]$, 必存在 $B \subset A$, $B \in \mathscr{A}$, 使得 $\mathsf{P}(B) = \delta$ (见第 1 章习题第 26 题). 首先, 选取集合 $A \in \mathscr{A}$, 使得 $\mathsf{P}(A) = 1/2$, 并定义 $X_1 = I_A$. 现假

设已经构造了 n 个独立同分布的 Bernoulli 随机变量 $X_1,\cdots,X_n$ $(n\geqslant 1)$. 于是, 对任意 $\boldsymbol{x}=(x_1,\cdots,x_n)\in\{0,1\}^n$, 有

$$\mathsf{P}(X_1=x_1,\cdots,X_n=x_n)=\frac{1}{2^n}.$$

因此, 我们可以选取集合 $B_{\boldsymbol{x}}\in\{X_1=x_1,\cdots,X_n=x_n\}$, 使得 $\mathsf{P}(B_{\boldsymbol{x}})=1/2^{n+1}$. 定义

$$B=\sum_{\boldsymbol{x}\in\{0,1\}^n}B_{\boldsymbol{x}},\quad X_{n+1}=I_B,$$

则 X_{n+1} 与 $X_1,\cdots,X_n$ 独立同分布. 由归纳法得证序列 $\{X_n\}$ 的存在性.

(2) $\Rightarrow$ (3): 由本章习题第 9 题知, 在 $(\Omega,\mathscr{A},\mathsf{P})$ 上存在独立同分布的随机变量序列 $\{U_n, n\geqslant 1\}$ 使得 $U_1\sim U(0,1)$. 定义 $Y_n=F^{-1}(U_n)$, 其中 F^{-1} 为分布函数的左逆, 则 $\{Y_n,n\geqslant 1\}$ 满足要求.

(3) $\Rightarrow$ (4) 和 (4) $\Rightarrow$ (1) 显然. ∎

推论 2.3.1　设 X 是无原子概率空间 $(\Omega,\mathscr{A},\mathsf{P})$ 上的一个随机变量, $X\sim F$, 则必存在一个服从 $(0,1)$ 区间上均匀分布的随机变量 U, 使得 $X=F^{-1}(U)$, 其中 F^{-1} 由式 (2.5) 定义.

证　首先, 定义 F 的如下右逆:

$$F^{-1+}(u)=\inf\{x:F(x)>u\},\quad u\in(0,1). \tag{2.10}$$

注意到 F^{-1} 和 F^{-1+} 在至多可列个点上取值不同, 所以下面用 F^{-1+} 替代 F^{-1}. 对任意 $x\in\mathbb{R}$, $J_x\triangleq\{t\in(0,1):F^{-1+}(t)=x\}$ 要么为空集, 要么为 $(0,1)$ 内一个区间, 其 Lebesgue 测度 (或区间长度) 为 $\lambda(J_x)=\mathsf{P}(X=x)$. 定义 F 的间断点集

$$D=\{x\in\mathbb{R}:\mathsf{P}(X=x)>0\},$$

则 D 为可数集. 对任意 $x\in D$, 概率空间 $(\Omega,\mathscr{A},\mathsf{P}(\cdot|X=x))$ 依然是无原子的. 由定理 2.3.2 知, 存在服从区间 J_x 上的均匀分布随机变量 U_x, 即

$$\mathsf{P}(U_x\in A|X=x)=\frac{\lambda(A\cap J_x)}{\lambda(J_x)},\quad A\in\mathscr{B}((0,1)).$$

记 $D^{\mathrm{c}}=(0,1)\backslash D$, 定义一个随机变量

$$U=F(X)I_{\{X\in D^{\mathrm{c}}\}}+U_XI_{\{X\in D\}}.$$

显然, 由定义可以得到 $X=F^{-1+}(U)$. 以下只需证明 $U\sim U(0,1)$. 给定 $X=x\in\mathbb{R}$, U 取值于区间 $[F(x-),F(x)]$. 对任意 $p\in(0,1)$, 记 x_p 满足 $F(x_p-)\leqslant p\leqslant F(x_p)$, 此处 x_p 不

必唯一. 注意到

$$\mathsf{P}(U \leqslant p|X=x)=\begin{cases}1, & x<x_p,\\ 1, & x=x_p, F(x_p-)=F(x_p),\\ \dfrac{p-F(x_p-)}{F(x_p)-F(x_p-)}, & x=x_p, F(x_p-)<F(x_p),\\ 0, & x>x_p.\end{cases}$$

于是, 当 $F(x_p-)<F(x_p)$ 时, 利用初等概率的全概率公式得

$$\mathsf{P}(U \leqslant p)=F(x_p-)+[F(x_p)-F(x_p-)]\frac{p-F(x_p-)}{F(x_p)-F(x_p-)}=p;$$

当 $F(x_p-)=F(x_p)$ 时, 上式显然成立. ∎

2.4 随机变量的数学期望

2.4.1 数学期望的定义

在这一节里, 我们研究随机变量的积分, 先从阶梯随机变量开始, 再到非负随机变量, 最后到一般随机变量. 整个路线过程中涉及积分的三大定理: 单调收敛定理、Fatou-Lebesgue 引理、控制收敛定理.

定义 2.4.1 设 X 是 $(\Omega, \mathscr{A}, \mathsf{P})$ 上的阶梯随机变量, 有如下表示:

$$X=\sum_{i=1}^{n} x_i I_{A_i},$$

则 X 的数学期望 (也称 X 的期望或积分) 定义为

$$\mathsf{E}[X]=\sum_{i=1}^{n} x_i \mathsf{P}(A_i). \tag{2.11}$$

$\mathsf{E}[X]$ 也可记为 $\int X(w)\mathsf{P}(\mathrm{d}w)$, 简记为 $\int X\,\mathrm{d}\mathsf{P}$ 或 $\int X$.

以上 $\mathsf{E}[X]$ 的定义是合理的. 事实上, 若 X 也可表示为

$$X=\sum_{j=1}^{m} y_j I_{B_j},$$

其中 $\{B_j, 1 \leqslant j \leqslant m\}$ 和上面定义中的 $\{A_i, 1 \leqslant i \leqslant n\}$ 分别为 Ω 的一个分割. 利用 $A_i=\sum\limits_{j=1}^{m} A_i B_j$, $B_j=\sum\limits_{i=1}^{n} A_i B_j$, 以及当 $\mathsf{P}(A_i B_j)>0$ 时, $x_i=y_j$, 我们有

$$\sum_{i=1}^{n} x_i \mathsf{P}(A_i)=\sum_{i=1}^{n}\sum_{j=1}^{m} x_i \mathsf{P}(A_i B_j)=\sum_{i=1}^{n}\sum_{j=1}^{m} y_j \mathsf{P}(A_i B_j)=\sum_{j=1}^{m} y_j \mathsf{P}(B_j),$$

即由式 (2.11) 定义的值是一致的. 此外, 式 (2.11) 显然等价于

$$\mathsf{E}[X]=\sum{}' x_i\mathsf{P}(X=x_i),$$

其中 $\sum'$ 表示对不同的 x_i 求和.

为了合理地给出非负随机变量期望的定义, 我们有必要先研究阶梯随机变量数学期望的性质.

命题 2.4.1　设 $\mathscr{E}$ 是定义在 $(\Omega,\mathscr{A},\mathsf{P})$ 上阶梯随机变量全体组成的向量空间.

(1) 定义在 $\mathscr{E}$ 上的期望 $\mathsf{E}[\cdot]$ 是满足

$$\mathsf{E}[I_A]=\mathsf{P}(A),\quad \forall\ A\in\mathscr{A}$$

的唯一正线性泛函.

(2) 若 $X_n\uparrow X$(或 $X_n\downarrow X$), $X_n,X\in\mathscr{E}$, 则 $\mathsf{E}[X_n]\uparrow\mathsf{E}[X]$ (或 $\mathsf{E}[X_n]\downarrow\mathsf{E}[X]$).

(3) 反之, 设 E 是 $\mathscr{E}$ 上的正线性泛函, 满足 $\mathsf{E}[1]=1$, 以及当 $X_n\downarrow 0$, $X_n\in\mathscr{E}$ 时, $\mathsf{E}[X_n]\downarrow 0$. 若定义

$$\mathsf{P}(A)=\mathsf{E}[I_A],\quad \forall\ A\in\mathscr{A},\tag{2.12}$$

则 E 就是 $(\Omega,\mathscr{A},\mathsf{P})$ 上阶梯随机变量的期望.

证　(1) 由期望 E 的定义知:

(a) $\mathsf{E}[I_A]=\mathsf{P}(A),\forall\ A\in\mathscr{A}$;

(b) 若 $X\geqslant 0$, $X\in\mathscr{E}$, 则 $\mathsf{E}[X]\geqslant 0$;

(c) 对任意 $c\in\mathbb{R}$, $X\in\mathscr{E}$, 有 $\mathsf{E}[cX]=c\mathsf{E}[X]$;

(d) 若 $X,Y\in\mathscr{E}$, 则

$$\mathsf{E}[X+Y]=\mathsf{E}[X]+\mathsf{E}[Y].\tag{2.13}$$

式 (2.13) 的推导如下: 设 $X=\sum\limits_{i\in I}x_iI_{A_i}$, $Y=\sum\limits_{j\in J}y_jI_{B_j}$, 其中 I 和 J 为有限的下标集合, $\{A_i,i\in I\}$ 和 $\{B_j,j\in J\}$ 分别为 Ω 的有限分割, 则

$$\begin{aligned}\mathsf{E}[X+Y]&=\mathsf{E}\left[\sum_{i\in I}\sum_{j\in J}(x_i+y_j)I_{A_iB_j}\right]\\&=\sum_{i\in I}\sum_{j\in J}(x_i+y_j)\,\mathsf{P}(A_iB_j)\\&=\sum_{i\in I}x_i\sum_{j\in J}\mathsf{P}(A_iB_j)+\sum_{j\in J}y_j\sum_{i\in I}\mathsf{P}(A_iB_j)\\&=\sum_{i\in I}x_i\mathsf{P}(A_i)+\sum_{j\in J}y_j\mathsf{P}(B_j)=\mathsf{E}[X]+\mathsf{E}[Y].\end{aligned}$$

由 (a)~ (d) 即知 E 是 $\mathscr{E}$ 上的正线性泛函. 由 (a) 知其唯一性成立.

(2) 首先注意到由 E 的加性可推出正性与单调性等价. 事实上, 若 $X \leqslant Y$, $X, Y \in \mathscr{E}$, 则由 $Y - X \geqslant 0$ 得

$$\mathsf{E}[Y] = \mathsf{E}[X] + \mathsf{E}[Y - X] \geqslant \mathsf{E}[X].$$

设 $X_n \downarrow 0$, $X_n \in \mathscr{E}$, 记 $c = \max\limits_{w \in \Omega} X_1(w)$ (由于 X_1 为非负阶梯随机变量, 故 $c \geqslant 0$ 且有限), 则 $X_n \leqslant c, \forall\, n \geqslant 1$, 于是对任意 $\epsilon > 0$, 有 $0 \leqslant X_n \leqslant cI_{\{X_n > \epsilon\}} + \epsilon$. 从而有

$$0 \leqslant \mathsf{E}[X_n] \leqslant c\,\mathsf{P}(X_n > \epsilon) + \epsilon.$$

但 $\{X_n > \epsilon\} \downarrow \emptyset$, 利用概率在 $\emptyset$ 处的连续性知 $\lim\limits_{n \to \infty} \mathsf{E}[X_n] = 0$. 若 $X_n \downarrow X$, $X_n, X \in \mathscr{E}$, 则 $X_n - X \downarrow 0$ 且 $X_n - X \in \mathscr{E}$, 故

$$\mathsf{E}[X_n] = \mathsf{E}[X] + \mathsf{E}[X_n - X] \downarrow \mathsf{E}[X].$$

其他情况可类似证明.

(3) 设 E 是 $\mathscr{E}$ 上的正线性泛函, 满足 $\mathsf{E}[1] = 1$, 以及当 $X_n \downarrow 0$, $X_n \in \mathscr{E}$ 时, $\mathsf{E}[X_n] \downarrow 0$. 往证 E 是期望. 任取 $X \in \mathscr{E}$, 设 $X = \sum\limits_{i=1}^{n} x_i I_{A_i}$, 由 E 的线性性知

$$\mathsf{E}[X] = \sum_{i=1}^{n} x_i \mathsf{E}[I_{A_i}].$$

因此只要证由式 (2.12) 定义的 P 是 $\mathscr{A}$ 上的概率即可. 由于 E 是 $\mathscr{E}$ 上的正线性泛函, $\mathsf{E}[1] = 1$, 故 $\mathsf{P}(\Omega) = 1$, 且对任意 $A \in \mathscr{A}$,

$$1 = \mathsf{E}[I_A + I_{A^c}] = \mathsf{E}[I_A] + \mathsf{E}[I_{A^c}] \geqslant \mathsf{E}[I_A] = \mathsf{P}(A) \geqslant 0.$$

设 $A \cap B = \emptyset$, $A, B \in \mathscr{A}$, 则

$$\mathsf{P}(A + B) = \mathsf{E}[I_{A+B}] = \mathsf{E}[I_A + I_B] = \mathsf{P}(A) + \mathsf{P}(B),$$

即 P 满足有限可加性. 最后, 若 $A_n \downarrow \emptyset$, $A_n \in \mathscr{A}$, 则 $I_{A_n} \downarrow 0$, $I_{A_n} \in \mathscr{E}$, 于是 $\mathsf{P}(A_n) = \mathsf{E}[I_{A_n}] \downarrow 0$, 即 P 于 $\emptyset$ 处连续. 因此, P 为 $\mathscr{A}$ 上的一个概率. ▮

由定理 2.2.2, 我们自然可以把阶梯随机变量的期望扩张到非负随机变量上. 为此, 若 X 是非负随机变量, 则可以在 $\mathscr{E}$ 中选择一个单调增序列 $\{X_n, n \geqslant 1\}$, 使 $X_n \uparrow X$, 然后通过

$$\mathsf{E}[X] = \lim_{n \to \infty} \mathsf{E}[X_n]$$

来定义非负随机变量 X 的期望. 为使定义合理, 我们必须证明上式右边不依赖于 $\mathscr{E}$ 中阶梯随机变量列的选取, 为此我们需要下面的引理.

引理 2.4.1　设 $\{X_n, n \geqslant 1\}$ 和 $\{Y_n, n \geqslant 1\}$ 是 $\mathscr{E}$ 中的两个增序列. 若

$$\lim_{n\to\infty} \uparrow X_n \leqslant \lim_{n\to\infty} \uparrow Y_n,$$

则

$$\lim_{n\to\infty} \uparrow \mathsf{E}[X_n] \leqslant \lim_{n\to\infty} \uparrow \mathsf{E}[Y_n].$$

证　令 $Z_{nm} = \min\{X_n, Y_m\}$, 则 $\lim\limits_{m\to\infty} \uparrow Z_{nm} = X_n$. 注意到 $X_n, Z_{nm} \in \mathscr{E}$, 故由命题 2.4.1 得

$$\mathsf{E}[X_n] = \lim_{m\to\infty} \uparrow \mathsf{E}[Z_{nm}] \leqslant \lim_{m\to\infty} \uparrow \mathsf{E}[Y_m], \quad \forall\, n \geqslant 1.$$

令 $n \to \infty$, 即得证本引理. ∎

定义 2.4.2　设 X 是 $(\Omega, \mathscr{A}, \mathsf{P})$ 上的非负随机变量, $0 \leqslant X_n \in \mathscr{E}$, 且 $X_n \uparrow X$, 则称 $\lim \mathsf{E}[X_n]$ 为 X 的期望, 记为 $\mathsf{E}[X]$.

此定义是不含糊的. 事实上, 若还有 $0 \leqslant Y_n \in \mathscr{E}, Y_n \uparrow X$, 则由引理 2.4.1 得 $\lim \mathsf{E}[X_n] = \lim \mathsf{E}[Y_n]$.

由引理 2.4.1 及非负随机变量的定义, 还可得到如下两个重要结果 (定理 2.4.1 和定理 2.4.2).

定理 2.4.1　设 X 为非负随机变量, 则

$$\mathsf{E}[X] = \sup\{\mathsf{E}[Y] :\ Y \leqslant X, Y \in \mathscr{E}\}.$$

这是引理 2.4.1 的直接推论.

定理 2.4.2　(单调收敛定理) 若 $0 \leqslant X_n \uparrow X$, 则 $\mathsf{E}[X_n] \uparrow \mathsf{E}[X]$.

证　对任意固定的 $n \in \mathbb{N}$, 存在 $0 \leqslant X_{nm} \in \mathscr{E}$ $(m \geqslant 1)$, 使得

$$\lim_{m\to\infty} \uparrow X_{nm} = X_n.$$

记 $Z_m = \max\limits_{1\leqslant i\leqslant m} X_{im}$, 则 $Z_m \in \mathscr{E}$, $Z_m \uparrow$ 且

$$X_{nm} \leqslant Z_m \leqslant X_m, \quad n \leqslant m,$$

于是 $Z_m \uparrow X$. 由引理 2.4.1 得

$$\mathsf{E}[X_n] = \lim_{m\to\infty} \uparrow \mathsf{E}[X_{nm}] \leqslant \lim_{m\to\infty} \uparrow \mathsf{E}[Z_m] \leqslant \lim_{m\to\infty} \uparrow \mathsf{E}[X_m].$$

再令 $n \to \infty$, 即得本定理. ∎

推论 2.4.1　若随机变量 $X_n \geqslant 0$ $(n \geqslant 1)$, 则

$$\int \sum_{n=1}^{\infty} X_n = \sum_{n=1}^{\infty} \int X_n.$$

证 令 $S_n=\sum\limits_{i=1}^{n}X_i$, 则 $0\leqslant S_n\uparrow\sum\limits_{i=1}^{\infty}X_i$. 由定理 2.4.2 即得本推论. ▮

本推论说明对非负随机变量而言, 求和号与积分号可交换.

现在转到对一般随机变量数学期望的定义.

定义 2.4.3 设 X 为 $(\Omega,\mathscr{A},\mathsf{P})$ 上的随机变量. 若 $\mathsf{E}[X^+]<\infty$, $\mathsf{E}[X^-]<\infty$, 则称 X 为可积的, 并称

$$\mathsf{E}[X]=\mathsf{E}[X^+]-\mathsf{E}[X^-] \tag{2.14}$$

为随机变量 X 的期望.

如果 $\mathsf{E}[X^+]$ 和 $\mathsf{E}[X^-]$ 中至少有一个是有限的, 则称 X 为拟可积的, X 的期望 $\mathsf{E}[X]$ 仍由式 (2.14) 定义, 这时 $\mathsf{E}[X]$ 可能取值 ∞.

一个自然的问题是, 由式 (2.14) 定义的随机变量的期望是否仍保持当 X 为阶梯随机变量时期望所具有的线性性、单调性和单调连续性? 回答是肯定的.

定理 2.4.3 设 $\mathscr{X}$ 是定义在 $(\Omega,\mathscr{A},\mathsf{P})$ 上拟可积随机变量的全体, 则由式 (2.14) 定义在 $\mathscr{X}$ 上的期望 $\mathsf{E}[\cdot]$ 有下列性质:

(1) 若 c 为常数, 则 $\mathsf{E}[cX]=c\,\mathsf{E}[X]$.

(2) 若 $X\leqslant Y$, 则 $\mathsf{E}[X]\leqslant\mathsf{E}[Y]$.

(3) $|\mathsf{E}[X]|\leqslant\mathsf{E}|X|$.

(4) 若 X^-,Y^- 可积(或 X^+,Y^+ 可积), 则 $\mathsf{E}[X+Y]=\mathsf{E}[X]+\mathsf{E}[Y]$.

(5) 设 $X_n\uparrow X$. 若至少存在一个 n, 使 X_n^- 可积, 则 $\mathsf{E}[X_n]\uparrow\mathsf{E}[X]$; 若 $X_n\downarrow X$ 且至少存在一个 n, 使 X_n^+ 可积, 则 $\mathsf{E}[X_n]\downarrow\mathsf{E}[X]$.

证 (1) 当 $X\geqslant 0$ 且 $c>0$ 时, 设 $X_n\uparrow X$, $X_n\in\mathscr{E}$, 则 $cX_n\in\mathscr{E}$, $cX_n\uparrow cX$. 由 $\mathsf{E}[cX_n]=c\mathsf{E}[X_n]$ 立得结论 (1) 成立. 当 $X\in\mathscr{X}$ 时, 注意到对任意常数 $c\geqslant 0$, 有 $cX=cX^+-cX^-$ 以及

$$(cX)^+=-cX^-,\quad (cX)^-=-cX^+,\quad c<0,$$

结论 (1) 仍成立.

(2) 由于 $X\leqslant Y$ 蕴涵了 $X^+\leqslant Y^+$, $X^-\geqslant Y^-$, 故由引理 2.4.1 即得.

(3) 由于 $-|X|\leqslant X\leqslant|X|$, 故由结论 (2) 得出.

(4) 首先, 设 $X\geqslant 0$, $Y\geqslant 0$, 则存在 $X_n,Y_n\in\mathscr{E}$, $0\leqslant X_n\uparrow X$, $0\leqslant Y_n\uparrow Y$. 但

$$\mathsf{E}[X_n+Y_n]\uparrow\mathsf{E}[X+Y],\quad \mathsf{E}[X_n]\uparrow\mathsf{E}[X],\quad \mathsf{E}[Y_n]\uparrow\mathsf{E}[Y],$$

故

$$\mathsf{E}[X+Y]=\mathsf{E}[X]+\mathsf{E}[Y]. \tag{2.15}$$

其次, 若 X_1 和 X_2 为非负随机变量, 且至少有一个可积, 则 $X = X_1 - X_2$ 是拟可积的. 此时 $\mathsf{E}[X] = \mathsf{E}[X_1] - \mathsf{E}[X_2]$. 事实上, 我们有

$$X^+ \leqslant X_1, \quad X^- \leqslant X_2$$

(由此知 X 为拟可积的), 故由 $X^+ + X_2 = X^- + X_1$ 知 $\mathsf{E}[X^+ + X_2] = \mathsf{E}[X^- + X_1]$. 由式 (2.15) 得

$$\mathsf{E}[X^+] + \mathsf{E}[X_2] = \mathsf{E}[X^-] + \mathsf{E}[X_1].$$

因为 $\mathsf{E}[X^+]$, $\mathsf{E}[X^-]$ 不能同时为 ∞, 故移项即得 $\mathsf{E}[X] = \mathsf{E}[X_1] - \mathsf{E}[X_2]$. 在 X^-, Y^- 可积 (或 X^+, Y^+ 可积) 条件下, 结论 (4) 可由下面的分解推出:

$$X + Y = (X^+ + Y^+) - (X^- + Y^-).$$

(5) 设 $X_n \uparrow X$, 且存在一个 n_0, 使 $\mathsf{E}[X_{n_0}^-] < \infty$, 则

$$X_n^+ \geqslant X_{n_0}^+, \quad X_n^- \leqslant X_{n_0}^-, \quad \forall\, n \geqslant n_0,$$

即对一切 $n \geqslant n_0$, X_n 和 X 为拟可积的, 而

$$0 \leqslant X_n + X_{n_0}^- \uparrow X + X_{n_0}^-, \quad \forall\, n \geqslant n_0.$$

由单调收敛定理 (定理 2.4.2) 及结论 (4), 得

$$\mathsf{E}[X_n] + \mathsf{E}[X_{n_0}^-] \ \uparrow\ \mathsf{E}[X] + \mathsf{E}[X_{n_0}^-].$$

由此证明了 $\mathsf{E}[X_n] \uparrow \mathsf{E}[X]$. 注意到 $X_n \downarrow X$ 等价于 $(-X_n) \uparrow (-X)$, 故当 $X_n \downarrow X$ 时结论 (5) 也成立. ∎

注 1 把定理 2.4.3 中的随机变量换成可测函数 X, 仍可得到上述五条性质, 此时 $\mathsf{E}[X] \in \mathbb{R}$ 的充要条件是可测函数 X 为可积的, $\mathsf{E}[X] \in \mathbb{R}$ 蕴涵 $\mathsf{P}(X = \pm\infty) = 0$.

注 2 若 X 为复随机变量, $X = X_1 + \mathrm{i}\, X_2$, 其中 X_1, X_2 为实随机变量, 定义 $\mathsf{E}[X] = \mathsf{E}[X_1] + \mathrm{i}\,\mathsf{E}[X_2]$, $|X| = (X_1^2 + X_2^2)^{1/2}$, 则性质 (3) 仍成立.

由定理 2.4.3 可得如下重要结果.

定理 2.4.4 (Fatou-Lebesgue 引理) 设 $\{X_n, n \geqslant 1\}$ 是 $(\Omega, \mathscr{A}, \mathsf{P})$ 上的可测函数列, Y 和 Z 是两个可积的可测函数, 则

$$X_n \leqslant Z \quad \Rightarrow \quad \limsup_{n\to\infty} \mathsf{E}[X_n] \leqslant \mathsf{E}\left[\limsup_{n\to\infty} X_n\right],$$

$$X_n \geqslant Y \quad \Rightarrow \quad \mathsf{E}\left[\liminf_{n\to\infty} X_n\right] \leqslant \liminf_{n\to\infty} \mathsf{E}[X_n].$$

如果 $Y \leqslant X_n \uparrow X$ 或 $Y \leqslant X_n \leqslant Z$ 且 $X_n \to X$, 则

$$\lim_{n\to\infty} \mathsf{E}[X_n] = \mathsf{E}[X].$$

证 首先假设 $X_n \geqslant 0$, 则 $X_n \geqslant \inf\limits_{k\geqslant n} X_k \uparrow \liminf\limits_{n\to\infty} X_n$, 于是

$$\mathsf{E}[X_n] \geqslant \mathsf{E}\left[\inf_{k\geqslant n} X_k\right], \quad \forall\, n \geqslant 1.$$

由定理 2.4.2 即得

$$\liminf_{n\to\infty} \mathsf{E}[X_n] \geqslant \lim_{n\to\infty} \mathsf{E}\left[\inf_{k\geqslant n} X_k\right] = \mathsf{E}\left[\liminf_{n\to\infty} X_n\right].$$

一般情况下, 只要把 X_n 换成 $X_n - Y$ 或 $Z - X_n$, 再注意到 Y 和 Z 可积即可得到所需的两个结论, 并由此推出第三个结论. ∎

由定理 2.4.4 可推出:

定理 2.4.5 (控制收敛定理) 设 $|X_n| \leqslant Y$, 且 $\mathsf{E}[Y] < \infty$. 若 $X_n \to X$, 则 $\mathsf{E}[X_n] \to \mathsf{E}[X]$.

注 3 这两个定理中的条件可以稍稍放宽. 例如, 在 Fatou-Lebesgue 引理的最后一个结论中, $X_n \to X$ 可放宽为对几乎所有的 $w \in \Omega$, 有 $X_n(w) \to X(w)$; 在控制收敛定理中, $X_n \to X$ 可放宽为 X_n 依概率趋于 X, 等等.

作为应用, 我们可以得到如下一个非常有用的结论:

定理 2.4.6 设 $\{\mathscr{B}_i, i \in I\}$ 为 $\mathscr{A}$ 的一个子 σ 代数族, 则 $\{\mathscr{B}_i, i \in I\}$ 相互独立等价于对 I 的任一有限子集 J, $0 \leqslant X_j \in \mathscr{B}_j$ $(j \in J)$, 有

$$\mathsf{E}\left[\prod_{j\in J} X_j\right] = \prod_{j\in J} \mathsf{E}[X_j]. \tag{2.16}$$

证 取 $X_j = I_{B_j}$, $B_j \in \mathscr{B}_j$ $(j \in J)$, 即得充分性. 下证必要性. 设 $\{\mathscr{B}_i, i \in I\}$ 相互独立, $J \subseteq I$ 为有限下标集, 不妨先设 $J = \{1, 2\}$. 若 $X_j = I_{B_j}$, $B_j \in \mathscr{B}_j$ $(j = 1, 2)$, 则式 (2.16) 成立. 由期望的线性性知, 当 X_1 和 X_2 为阶梯随机变量时, 式 (2.16) 仍成立. 现假设 $0 \leqslant X_j \in \mathscr{B}_j$ $(j = 1, 2)$, 则必存在 $X_{nj} \in \mathscr{E}$ 且 $X_{nj} \in \mathscr{B}_j$, 使得 $0 \leqslant X_{nj} \uparrow X_j$ $(j = 1, 2)$. 由单调收敛定理知

$$\mathsf{E}[X_{n1}X_{n2}] \uparrow \mathsf{E}[X_1X_2], \quad \mathsf{E}[X_{n1}] \uparrow \mathsf{E}[X_1], \quad \mathsf{E}[X_{n2}] \uparrow \mathsf{E}[X_2].$$

又

$$\mathsf{E}[X_{n1}X_{n2}] = \mathsf{E}[X_{n1}] \cdot \mathsf{E}[X_{n2}], \quad \forall\, n \geqslant 1,$$

令 $n \to \infty$, 即得 $\mathsf{E}[X_1X_2] = \mathsf{E}[X_1]\ \mathsf{E}[X_2]$. 由归纳法可证: 对 I 的任一有限子集 J, 若 $0 \leqslant X_j \in \mathscr{B}_j$ $(j \in J)$, 则式 (2.16) 成立. 从而定理成立. ∎

2.4.2 数学期望的进一步探讨

对于随机变量 X 和 Y, 当 $\mathsf{E}[X]$ 和 $\mathsf{E}[Y]$ 存在且有限时, $\mathsf{E}[X+Y]$ 存在且有限; 但反之未必成立. 由于数学期望的线性性, 人们可能认为 $\mathsf{E}[X+Y]$ 和 $\mathsf{E}[X+Y+Z]$ 值的大小对 $X+Y$ 和 $X+Y+Z$ 的依赖性仅通过 X, Y 和 Z 的边际分布来体现. 这种直观仅对两个随机变量之和的期望 $\mathsf{E}[X+Y]$ 是正确的, 但对于三个及三个以上的随机变量之和的期望, 当其中两个或两个以上随机变量的期望不存在时并不正确. 以 $X \stackrel{\mathrm{d}}{=} X'$ 表示随机变量 X 和 X' 同分布.

定理 2.4.7 (Simons, 1977) 设 $\mathsf{E}[X+Y]$ 有定义, 即 $\mathsf{E}[(X+Y)_+]$ 和 $\mathsf{E}[(X+Y)_-]$ 至少有一个有限, 则 $\mathsf{E}[X+Y]$ 的值仅依赖于 X 和 Y 的边际分布, 即若任意两个随机变量 X' 和 Y' 满足 $X' \stackrel{\mathrm{d}}{=} X, Y' \stackrel{\mathrm{d}}{=} Y$, 则 $\mathsf{E}[X+Y] = \mathsf{E}[X'+Y']$.

证 对任意随机变量 W 和实数 $a>0$, 定义 W 的截断随机变量 W^a 如下:

$$W^a = \begin{cases} -a, & W < -a, \\ W, & |W| \leqslant a, \\ a, & W > a. \end{cases}$$

容易验证, 当 $a \to \infty$ 时,

$$(X^a+Y^a)_+ \uparrow (X+Y)_+, \qquad (X^a+Y^a)_- \uparrow (X+Y)_-. \tag{2.17}$$

注意到 $\mathsf{E}[(X^a+Y^a)_+] < \infty$ 和 $\mathsf{E}[(X^a+Y^a)_-] < \infty$, 利用单调收敛定理得

$$\begin{aligned} \mathsf{E}[X^a] + \mathsf{E}[Y^a] &= \mathsf{E}[X^a+Y^a] = \mathsf{E}[(X^a+Y^a)_+] - \mathsf{E}[(X^a+Y^a)_-] \\ &\to \mathsf{E}[(X+Y)_+] - \mathsf{E}[(X+Y)_-] = \mathsf{E}[X+Y]. \end{aligned}$$

由此可见, $\mathsf{E}[X+Y]$ 值的大小依赖于 X 和 Y 的边际分布信息, 即依赖于 $\{X^a, a>0\}$ 和 $\{Y^a, a>0\}$. ∎

由定理 2.4.7 可得如下的应用: 设 $W = X-Y, X \stackrel{\mathrm{d}}{=} Y, \mathsf{E}[W]$ 存在且有限, $\mathsf{E}[X]$ 和 $\mathsf{E}[Y]$ 未必存在, 则 $\mathsf{E}[W]=0$. 事实上, 设 X' 和 Y' 是任意两个随机变量, 且 $X' \stackrel{\mathrm{d}}{=} X, Y' \stackrel{\mathrm{d}}{=} Y$, 则由定理 2.4.7 得 $\mathsf{E}[W] = \mathsf{E}[X'-Y']$. 特别地, 取 $Y'=X'$, 则 $\mathsf{E}[W]=0$.

在式 (2.17) 中, $(X^a+Y^a)_- \uparrow (X+Y)_-$, 这里单调性对三个及三个以上的随机变量并不成立. 因此, 定理 2.4.7 的证明方法对三个或三个以上随机变量的情形不适用. 下面的反例说明, 定理 2.4.7 的结论对三个或三个以上随机变量的情形不成立.

例 2.4.1 (Simon, 1977) 设 $U \sim U(0,1)$, 则 $V = |2U-1| \sim U(0,1)$. 定义

$$X_1 = Y_1 = \tan\left(\frac{1}{2}\pi U\right), \quad Z_1 = -2X_1,$$

则 $\mathsf{E}[X_1+Y_1+Z_1]=0$. 另外, 定义

$$X_2=\tan\left(\frac{1}{2}\pi U\right),\quad Y_2=\tan\left[\frac{1}{2}\pi(1-U)\right],\quad Z_2=-2\tan\left(\frac{1}{2}\pi V\right),$$

则 X_2,Y_2,Z_2 与 X_1,Y_1,Z_1 的一维边际分布对应相等, 但 $X_2+Y_2+Z_2>0$ 且

$$\mathsf{E}[X_2+Y_2+Z_2]=\frac{8}{\pi}\int_0^{\pi/4}\tan x\,\mathrm{d}x=\frac{4}{\pi}\log 2. \tag{2.18}$$

式 (2.18) 的推导如下: 应用三角公式可得 $Y_2=\cot(\pi U/2)$ 以及

$$Z_2=\begin{cases}\tan(\pi U/2)-\cot(\pi U/2), & 0<U\leqslant 1/2,\\ \cot(\pi U/2)-\tan(\pi U/2), & 1/2<U<1,\end{cases}$$

所以

$$X_2+Y_2+Z_2=\begin{cases}2X_2, & 0\leqslant U\leqslant 1/2,\\ 2Y_2, & 1/2<U\leqslant 1.\end{cases}$$

由此可见 $\mathsf{E}[X_1+Y_1+Z_1]\neq\mathsf{E}[X_2+Y_2+Z_2]$. ◁

2.5 概率变换和积分

在实际问题中, 我们经常会遇到求随机变量 X 的函数 $f(X)$ 的期望 $\mathsf{E}[f(X)]$ 的问题. 一方面, $f(X)$ 是 $(\Omega,\mathscr{A},\mathsf{P})$ 上的随机变量, 故

$$\mathsf{E}[f(X)]=\int_\Omega f(X(w))\,\mathsf{P}(\mathrm{d}w);$$

另一方面, P 经 X 在 $(\mathbb{R},\mathscr{B})$ 上导出一个概率 P', 故 $f(X)$ 也可看作 $(\mathbb{R},\mathscr{B},\mathsf{P}')$ 上的随机变量, 其期望为

$$\mathsf{E}[f(X)]=\int_{\mathbb{R}} f(x)\,\mathsf{P}'(\mathrm{d}x).$$

直观上, 这两者应该一致. 下面的定理对这一直观给出严格的证明.

定理 2.5.1 (积分变换定理) 设 g 是可测空间 $(\Omega,\mathscr{A})$ 到可测空间 $(T,\mathscr{T})$ 的可测映射, P 是 $(\Omega,\mathscr{A})$ 上的概率, P' 是 P 在 $(T,\mathscr{T})$ 上由 g 导出的概率, 则对任意 $f\in\mathscr{T}$, $B\in\mathscr{T}$, 有

$$\int_{g^{-1}(B)} f(g(w))\,\mathsf{P}(\mathrm{d}w)=\int_B f(t)\,\mathsf{P}'(\mathrm{d}t), \tag{2.19}$$

这里等号是指若等式的任何一边有意义, 则另一边也有意义且相等.

注 这里 T 上的 σ 代数 $\mathscr{T}$ 可以由 $\mathscr{A}$ 经 g 导出, 也可以比它更精细, 但由于 $g\in\mathscr{A}/\mathscr{T}$, 故可以仅在由 g 导出的 σ 代数上来考虑.

证　令 $\mathscr{L}=\{f:\ f\in\mathscr{T}\}$ 以及

$$\mathscr{H}=\left\{f\in\mathscr{T}:\ \int_{\Omega}f(g(w))\,\mathsf{P}(\,\mathrm{d}w)=\int_{T}f(t)\,\mathsf{P}'(\,\mathrm{d}t)\right\}.$$

我们来证明 $\mathscr{H}$ 是一个 $\mathscr{L}$ 类.

(1) 设 $f(t)=I_B(t), B\in\mathscr{T}$, 则由导出概率的定义得

$$\begin{aligned}\int_T I_B(t)\,\mathsf{P}'(\,\mathrm{d}t)&=\mathsf{P}'(B)=\mathsf{P}(g^{-1}(B))\\&=\int_{\Omega}I_{g^{-1}(B)}(w)\,\mathsf{P}(\,\mathrm{d}w)=\int_{\Omega}I_B(g(w))\,\mathsf{P}(\,\mathrm{d}w),\end{aligned}$$

即 $I_B\in\mathscr{H}$. 特别地, 取 $B=T$, 得 $1\in\mathscr{H}$.

(2) 由积分的线性性知 $\mathscr{H}$ 是一个线性空间.

(3) 设 $0\leqslant f_n\uparrow f$, $f_n\in\mathscr{H}$, 则由单调收敛定理得

$$\begin{aligned}\int_T f(t)\,\mathsf{P}'(\,\mathrm{d}t)&=\lim_{n\to\infty}\int_T f_n(t)\,\mathsf{P}'(\,\mathrm{d}t)\\&=\lim_{n\to\infty}\int_{\Omega}f_n(g(w))\,\mathsf{P}(\,\mathrm{d}w)\\&=\int_{\Omega}f(g(w))\,\mathsf{P}(\,\mathrm{d}w),\end{aligned}$$

即 $f\in\mathscr{H}$.

由上述分析知 $\mathscr{H}$ 是一个 $\mathscr{L}$ 类. 由函数形式的单调类定理知, 对一切 $f\in\mathscr{T}$, 有 $f\in\mathscr{H}$. 对任意 $B\in\mathscr{T}$, $f\in\mathscr{T}$, 令 $h(t)=f(t)I_B(t)$, 则 $h\in\mathscr{T}$, 从而 $h\in\mathscr{H}$. 于是, 有

$$\begin{aligned}\int_B f(t)\,\mathsf{P}'(\,\mathrm{d}t)&=\int_T f(t)I_B(t)\,\mathsf{P}'(\,\mathrm{d}t)\\&=\int_{\Omega}f(g(w))I_B(g(w))\,\mathsf{P}(\,\mathrm{d}w)\\&=\int_{\Omega}f(g(w))I_{g^{-1}(B)}(w)\,\mathsf{P}(\,\mathrm{d}w)\\&=\int_{g^{-1}(B)}f(g(w))\,\mathsf{P}(\,\mathrm{d}w).\end{aligned}$$

定理证毕. ∎

在定理 2.5.1 中, 取 g 为随机变量 X, $(T,\mathscr{T})=(\mathbb{R},\mathscr{B})$, P' 是 P 经 X 在 $(\mathbb{R},\mathscr{B})$ 上导出的测度, 设 P' 对应的分布函数为 F. 由于 P' 与 F 是一一对应的, 故在定理 2.5.1 中取 $f=X$, 则

$$\int_{\Omega}X(w)\,\mathsf{P}(\,\mathrm{d}w)=\int_{\mathbb{R}}x\,\mathsf{P}'(\,\mathrm{d}x)=\int_{\mathbb{R}}xF(\,\mathrm{d}x)\triangleq\int_{\mathbb{R}}x\,\mathrm{d}F(x),$$

即随机变量 X 的期望等于 x 关于对应分布函数的 Riemann-Stieltjes 积分.

例 2.5.1 设 $\boldsymbol{X}=(X_1,\cdots,X_n)$ 是 $(\Omega,\mathscr{A},\mathsf{P})$ 上的 n 维实随机向量, 它的分布函数为 F, 则对任意 $G\in\mathscr{B}^{(n)}$, 有

$$\mathsf{P}(\boldsymbol{X}\in G)=\int_G F(\mathrm{d}\boldsymbol{x})=\int\cdots\int_G \mathrm{d}F(x_1,\cdots,x_n).$$

事实上, 在积分变换定理中, 令 $(T,\mathscr{T})=(\mathbb{R}^n,\mathscr{B}^{(n)})$, $f=1$, $g=\boldsymbol{X}$, 则有

$$\begin{aligned}\mathsf{P}(\boldsymbol{X}\in G)=\mathsf{P}(\boldsymbol{X}^{-1}(G))&=\int_{\boldsymbol{X}^{-1}(G)}\mathsf{P}(\mathrm{d}w)=\int_G\mathsf{P}'(\mathrm{d}\boldsymbol{x})\\&=\int_G F(\mathrm{d}\boldsymbol{x})=\int\cdots\int_G\mathrm{d}F(x_1,\cdots,x_n).\end{aligned}$$

特别地, 取 $G=\{(x_1,\cdots,x_n):\ x_1+\cdots+x_n\leqslant x\}$, 则 $\mathsf{P}(\boldsymbol{X}\in G)$ 就是 n 个随机变量之和的分布函数. ◁

2.6 Radon-Nikodym 定理

2.6.1 不定积分和 Lebesgue 分解

首先, 让我们来回忆一下关于 σ 加性集函和 σ 有限的概念. $(\Omega,\mathscr{A})$ 上的一个集函 $\varphi:\mathscr{A}\to\overline{\mathbb{R}}$ 称为 σ 加性的, 若对任意 $A_n\in\mathscr{A}$, $A_n\cap A_m=\emptyset$, $\forall\, n\neq m$, 有

$$\varphi\left(\sum_{n=1}^{\infty}A_n\right)=\sum_{n=1}^{\infty}\varphi(A_n).$$

以下总假定 $\varphi(\emptyset)=0$, 以保证 φ 的 σ 加性蕴涵 φ 的有限加性. 若 φ 为 $(\Omega,\mathscr{A})$ 上的一个 σ 加性集函, 则或者

$$-\infty\leqslant\varphi(A)<\infty,\quad \forall\, A\in\mathscr{A},$$

或者

$$-\infty<\varphi(A)\leqslant\infty,\quad \forall\, A\in\mathscr{A}.$$

事实上, 若该结论不成立, 则存在 $A\in\mathscr{A}$, $B\in\mathscr{A}$, 使 $\varphi(A)=\infty$, $\varphi(B)=-\infty$. 注意到 $A\cup B=(A\backslash B)\cup B=(B\backslash A)\cup A$, 依假定, 我们有

$$\varphi(A\cup B)=\varphi(A\backslash B)+\varphi(B),\quad \varphi(A\cup B)=\varphi(B\backslash A)+\varphi(A).$$

为使第一个等式右边有意义, 必须有 $\varphi(A\backslash B)<\infty$; 为使第二个等式右边有意义, 必须有 $\varphi(B\backslash A)>-\infty$. 这样分别从以上两个等式推出 $\varphi(A\cup B)=-\infty$, $\varphi(A\cup B)=\infty$, 从而导出矛盾.

若 φ 为 $(\Omega,\mathscr{A})$ 上的一个 σ 加性集函, 则称 φ 为一个符号测度. 若 σ 加性集函 φ 满足 $0\leqslant\varphi(A)\leqslant M<\infty,\forall\, A\in\mathscr{A}$, 则称 φ 为一个有限测度; 若 $M=\infty$, 则称 φ 为广义测度. 若测度 φ 满足对任意 $A\in\mathscr{A}$, 存在 $A_n\in\mathscr{A}$, $n\geqslant 1$, 使 $A\subseteq\bigcup\limits_{n=1}^{\infty}A_n$ 且 $\varphi(A_n)<\infty$ 对一切 n 成立, 则称 φ 为 σ 有限测度.

设 μ_1 和 μ_2 为 $(\Omega,\mathscr{A})$ 上的两个测度, 且其中之一为有限测度. 定义 $\varphi=\mu_1-\mu_2$, 即对任意 $A\in\mathscr{A}$, $\varphi(A)=\mu_1(A)-\mu_2(A)$, 则 φ 是一个符号测度. 反过来, 对一个符号测度, 是否可以分解为两个测度之差? 回答是肯定的, 这就是下面著名的 Jordan-Hahn 分解定理, 其证明取自 [11].

定理 2.6.1 (Jordan-Hahn 分解) 设 φ 为 σ 代数 $\mathscr{A}$ 上的一个符号测度, 对任意 $A\in\mathscr{A}$, 令

$$\begin{aligned}\varphi^+(A)&=\sup\{\varphi(B):\ B\subseteq A,B\in\mathscr{A}\},\\ \varphi^-(A)&=-\inf\{\varphi(B):\ B\subseteq A,B\in\mathscr{A}\},\end{aligned}\tag{2.20}$$

则 φ^+ 和 φ^- 为测度, 其中之一为有限测度, 且 $\varphi=\varphi^+-\varphi^-$. 此外, 存在 $D\in\mathscr{A}$, 使得对任意 $A\in\mathscr{A}$,

$$\varphi^+(A)=\varphi(A\cap D),\quad \varphi^-(A)=-\varphi(A\cap D^{\mathrm{c}}).$$

证 不妨设 $\varphi(A)>-\infty,\forall\, A\in\mathscr{A}$. 以下通过四步来完成证明.

第 1 步: 证明存在集合 $D\in\mathscr{A}$, 使

$$\varphi(A\cap D)\geqslant 0,\quad \varphi(A\cap D^{\mathrm{c}})\leqslant 0,\quad \forall\, A\in\mathscr{A}.\tag{2.21}$$

为此, 令

$$\mathscr{C}=\{B:\ \varphi^+(B)=0,\ B\in\mathscr{A}\},$$

则

$$\mathscr{C}=\{B\in\mathscr{A}:\ \forall\, C\subseteq B,\ C\in\mathscr{A},\varphi(C)\leqslant 0\}.$$

易见 $\mathscr{C}$ 对可列并运算封闭, 且当 $B\in\mathscr{C}$ 时, 对任意 $C\subset B$ 必有 $C\in\mathscr{C}$. 记

$$\alpha=\inf\{\varphi(B):B\in\mathscr{C}\},$$

则存在 $B_n\in\mathscr{C}$ $(n\geqslant 1)$, 使得 $\lim\varphi(B_n)=\alpha$. 记 $G=\bigcup\limits_{n=1}^{\infty}B_n$ 及 $D=G^{\mathrm{c}}$, 则 $G\in\mathscr{C}$, 且

$$\alpha\leqslant\varphi(G)=\varphi(B_n)+\varphi(G\backslash B_n)\leqslant\varphi(B_n),\quad n\geqslant 1.$$

令 $n\to\infty$, 得 $0\geqslant\alpha=\varphi(G)>-\infty$. 注意到 $G\in\mathscr{C}$, $A\cap D^{\mathrm{c}}\subseteq G$, $\forall\, A\in\mathscr{A}$, 于是 $A\cap D^{\mathrm{c}}\in\mathscr{C}$, 即式 (2.21) 中第二个关系式成立.

其次, 证明式 (2.21) 中第一个关系式成立. 我们用反证法. 假设存在 $A\subseteq D$, $A\in\mathscr{A}$, 使 $\varphi(A)<0$, 则 $\varphi^+(A)>0$. 事实上, 若 $\varphi^+(A)=0$, 则 $A\in\mathscr{C}$, $A\cup D^{\mathrm{c}}=A\cup G\in\mathscr{C}$.

但 $\varphi(A\cup G)=\varphi(A)+\varphi(G)<\varphi(G)=\alpha$, 这与 α 的定义矛盾, 所以 $\varphi^+(A)>0$. 由 $\varphi^+(A)$ 的定义, 存在 $A_1\subset A$, $A_1\in\mathscr{A}$, 使

$$\varphi(A_1)\geqslant\frac{1}{2}\min\{\varphi^+(A),1\}>0.$$

此时, $\varphi(A\backslash A_1)=\varphi(A)-\varphi(A_1)<0$. 由以上所证类似可得 $\varphi^+(A\backslash A_1)>0$. 以此类推, 存在 $A_n\in\mathscr{A}$, $A_n\subset A\backslash\sum\limits_{k=1}^{n-1}A_k$, 使得

$$\varphi(A_n)\geqslant\frac{1}{2}\ \min\left\{\varphi^+\left(A\Big\backslash\sum_{k=1}^{n-1}A_k\right),1\right\}>0. \tag{2.22}$$

由 φ 的 σ 可加性, 得

$$\varphi(A)=\sum_{k=1}^{\infty}\varphi(A_k)+\varphi\left(A\Big\backslash\sum_{k=1}^{\infty}A_k\right). \tag{2.23}$$

因为 $\varphi(A)<0$, 所以 $\sum\limits_{k=1}^{\infty}\varphi(A_k)<\infty$, 进而 $\varphi(A_n)\to 0$. 再由式 (2.22) 得

$$\lim_{n\to\infty}\varphi^+\left(A\Big\backslash\sum_{k=1}^{n-1}A_k\right)=0.$$

由 φ^+ 的定义知 φ^+ 具有单调性, 所以

$$\varphi^+\left(A\Big\backslash\sum_{k=1}^{\infty}A_k\right)=0,$$

进而由前面所证知 $\varphi\left(A\backslash\sum\limits_{k=1}^{\infty}A_k\right)\geqslant 0$ (否则, 有 $\varphi^+\left(A\backslash\sum\limits_{k=1}^{\infty}A_k\right)>0$, 矛盾). 于是, 由式 (2.23) 得 $\varphi(A)>0$, 这与假定的 $\varphi(A)<0$ 矛盾. 因此, 式 (2.21) 中第一个关系式成立.

第 2 步: 对任意 $A\in\mathscr{A}$, 证明 $\varphi^+(A)=\varphi(A\cap D)$. 首先注意到, 对任意 $A\in\mathscr{A}$, $B\in\mathscr{A}$, $B\subseteq A$, 我们有

$$(A\cap D)\cup B=B+D\cap(A\backslash B)=A\cap D+B\cap D^{\mathrm{c}}.$$

利用 φ 的有限可加性得

$$\varphi(B)+\varphi(D\cap(A\backslash B))=\varphi(A\cap D)+\varphi(B\cap D^{\mathrm{c}}). \tag{2.24}$$

再由式 (2.21) 知 $\varphi(D\cap(A\backslash B))\geqslant 0$, $\varphi(B\cap D^{\mathrm{c}})\leqslant 0$. 于是, 由式 (2.24) 得 $\varphi(B)\leqslant\varphi(A\cap D)$, 从而根据 φ^+ 的定义有 $\varphi^+(A)\leqslant\varphi(A\cap D)$. 再由 φ^+ 的定义知 $\varphi^+(A)\geqslant\varphi(A\cap D)$. 故我们得证 $\varphi^+(A)=\varphi(A\cap D)$.

第 3 步: 同理可证, 对任意 $A\in\mathscr{A}$, 有 $\varphi^-(A)=-\varphi(A\cap D^{\mathrm{c}})$.

第 4 步: 由第 3 步和第 4 步已证得 φ^+ 和 φ^- 为 $(\Omega,\mathscr{A})$ 上的测度, 且

$$\varphi^-(\Omega)=-\varphi(D^c)=-\varphi(G)=-\alpha\in\mathbb{R}_+,$$

即 φ^- 为有限测度. 此外, 显然有 $\varphi=\varphi^+-\varphi^-$. 定理证毕. ∎

注 1　我们称 $\varphi=\varphi^+-\varphi^-$ 为 φ 的 Jordan 分解, 称 φ^+ 和 φ^- 分别为 φ 的正部和负部, 称 $|\varphi|=\varphi^++\varphi^-$ 为 φ 的变差测度, 称 $|\varphi|(\Omega)$ 为 φ 的全变差. 若 $|\varphi|$ 为有限的 (σ 有限的), 则称 φ 为有限 (σ 有限) 符号测度. 设 f 为 $(\Omega,\mathscr{A})$ 上的可测函数, 若 $\int_\Omega f\,\mathrm{d}\varphi^+$ 和 $\int_\Omega f\,\mathrm{d}\varphi^-$ 存在, 且 $\int_\Omega f\,\mathrm{d}\varphi^+-\int_\Omega f\,\mathrm{d}\varphi^-$ 有意义, 则定义

$$\int_\Omega f\,\mathrm{d}\varphi=\int_\Omega f\,\mathrm{d}\varphi^+-\int_\Omega f\,\mathrm{d}\varphi^-,$$

并称之为 f 关于符号测度 φ 的积分.

注 2　我们称 $\Omega=D+D^c$ 为 φ 的 Hahn 分解. 注意 Hahn 分解不一定唯一 (见本节注 4), 但我们有如下的结论: 设 $\Omega=D_1+D_1^c=D_2+D_2^c$ 是 Ω 关于符号测度 φ 的两个 Hahn 分解, 则对任意 $A\in\mathscr{A}$, 有

$$\varphi(A\cap D_1)=\varphi(A\cap D_2),\quad \varphi(A\cap D_1^c)=\varphi(A\cap D_2^c).\tag{2.25}$$

往证式 (2.25). 注意到 $A\cap(D_1\backslash D_2)\subseteq D_1$, 所以 $\varphi(A\cap(D_1\backslash D_2))\geqslant 0$. 又 $A\cap(D_1\backslash D_2)=A\cap D_1\cap D_2^c\subseteq D_2^c$, 所以 $\varphi(A\cap(D_1\backslash D_2))\leqslant 0$. 于是, 有 $\varphi(A\cap(D_1\backslash D_2))=0$. 同理, 有 $\varphi(A\cap(D_2\backslash D_1))=0$. 因此, 有

$$\begin{aligned}\varphi(A\cap D_1)&=\varphi(A\cap D_1\cap D_2+A\cap(D_1\backslash D_2))\\&=\varphi(A\cap D_1\cap D_2)+\varphi(A\cap(D_1\backslash D_2))\\&=\varphi(A\cap D_1\cap D_2)=\varphi(A\cap D_2).\end{aligned}$$

类似可证式 (2.25) 中第二个等式成立.

注 3　设 $\Omega=D+D^c$ 为符号测度 φ 的 Hahn 分解 (见定理 2.6.1), 则

$$\varphi(D)=\sup\{\varphi(A):\ A\in\mathscr{A}\},\quad \varphi(D^c)=\inf\{\varphi(A):\ A\in\mathscr{A}\},$$

即 φ 在 $\mathscr{A}$ 上能够达到其上、下确界, 这是因为由定理 2.6.1, 对任意 $A\in\mathscr{A}$, 有

$$\begin{aligned}&\varphi(A)=\varphi^+(A)-\varphi^-(A)\leqslant\varphi^+(A)\leqslant\varphi^+(\Omega)=\varphi(D),\\&\varphi(A)\geqslant-\varphi^-(A)\geqslant-\varphi^-(\Omega)=\varphi(D^c).\end{aligned}$$

定义 2.6.1　设 φ_1,φ_2 为 $(\Omega,\mathscr{A})$ 上的两个符号测度. 如果

$$|\varphi_2|(A)=0\ (A\in\mathscr{A})\quad\Rightarrow\quad|\varphi_1|(A)=0,$$

则称 φ_1 关于 φ_2 是绝对连续的, 记为 $\varphi_1\ll\varphi_2$, 这时我们说 φ_1 被 φ_2 控制. 若 $\varphi_1\ll\varphi_2$ 且 $\varphi_2\ll\varphi_1$, 则称 φ_1 与 φ_2 等价, 记为 $\varphi_1\sim\varphi_2$.

下面我们考虑一个符号测度 φ 关于一个概率 P 的绝对连续性. 当 φ 为有限符号测度时, $\varphi \ll \mathsf{P}$ 的定义等价于如下叙述:

$$\forall\ \epsilon > 0, \text{存在 } \delta(\epsilon) > 0, \text{只要 } \mathsf{P}(A) < \delta(\epsilon), A \in \mathscr{A}, \text{ 就有 } |\varphi|(A) < \epsilon. \tag{2.26}$$

这是因为若上面叙述成立, 则 $\mathsf{P}(A) = 0$ 蕴涵对一切 $\epsilon > 0$, 有 $|\varphi|(A) < \epsilon$, 从而 $|\varphi|(A) = 0$, 即 $\varphi \ll \mathsf{P}$. 反之, 假设 φ 为有限符号测度, 且 $\varphi \ll \mathsf{P}$, 但条件 (2.26) 不成立, 则存在 $\epsilon > 0$, 对任意 $n \geqslant 1$, 存在 $A_n \in \mathscr{A}$, 使得 $\mathsf{P}(A_n) < 1/n^2$, 但 $|\varphi|(A_n) \geqslant \epsilon$. 令 $A = \limsup A_n \in \mathscr{A}$, 则由 Borel-Cantelli 引理得 $\mathsf{P}(A) = 0$. 另外, 定理 1.3.4 对有限测度 $|\varphi|$ 也成立, 即

$$|\varphi|(A) = |\varphi|\left(\limsup_{n\to\infty} A_n\right) \geqslant \limsup_{n\to\infty} |\varphi|(A_n) \geqslant \epsilon.$$

这与 $\varphi \ll \mathsf{P}$ 矛盾. 从而当 φ 有限时, φ 关于 P 绝对连续与条件 (2.26) 等价.

但当 φ 为 σ 有限时, $\varphi \ll \mathsf{P}$ 并不等价于条件 (2.26). 反例如下: 设 $\Omega = \mathbb{N}$, 令 $\mathscr{A} = \mathscr{P}(\Omega)$, φ 为计数测度, 概率 P 定义为

$$\mathsf{P}(\{n\}) = \frac{6}{\pi^2} \cdot \frac{1}{n^2}, \quad n \in \mathbb{N}.$$

显然, φ 为 σ 有限的. 若 $\mathsf{P}(A) = 0$, 则 $A = \emptyset$, 于是 $\varphi(A) = 0$, 故 $\varphi \ll \mathsf{P}$. 但条件 (2.26) 不必成立. 否则, 取 $\epsilon = 1/2$, 无论 δ 取得如何小, 总存在 $n = n(\delta)$, 使 $\sum\limits_{k=n}^{\infty} 1/k^2 < \delta$, 取 $A = \{k:\ k \geqslant n\}$, 则 $\mathsf{P}(A) < \delta$, 但 $\varphi(A) = \infty$, 矛盾.

与关于 P 绝对连续性相反的概念是所谓的 P 奇异.

定义 2.6.2 设 φ_{s} 是 $(\Omega, \mathscr{A}, \mathsf{P})$ 上的一个集函, 称 φ_{s} 是 P 奇异的, 若 φ_{s} 在一个 P 零测集外恒为 0, 即存在 $N \in \mathscr{A}$, $\mathsf{P}(N) = 0$, 对任意 $A \in \mathscr{A}$, 有 $\varphi_{\mathrm{s}}(A \cap N^{\mathrm{c}}) = 0$.

下面我们研究概率空间上随机变量 X 的不定积分的刻画问题.

定义 2.6.3 设 X 为非负随机变量, 称

$$\mathsf{E}[XI_A] = \int_A X, \quad A \in \mathscr{A} \tag{2.27}$$

为 X 的不定积分.

$\psi(A) = \mathsf{E}[XI_A]$ 是 $\mathscr{A}$ 上的一个集函, 由期望的性质不难推出不定积分有如下性质 (以下的 A, A_n 总假定属于 $\mathscr{A}$):

(1) ψ 关于 P 绝对连续, 且 $0 \leqslant \psi(A) \leqslant \mathsf{E}[X]$,

$$\psi(A) = 0 \quad \Leftrightarrow \quad \mathsf{P}(A \cap \{X > 0\}) = 0.$$

(2) 若 I 是可数的下标集合, 则

$$\psi\left(\sum_{i\in I} A_i\right) = \sum_{i\in I}\psi(A_i),$$

即不定积分具有 σ 可加性.

(3) 若 $A_1 \subset A_2$, 则 $\psi(A_1) \leqslant \psi(A_2)$.

(4) 若 $A_n \uparrow (\downarrow) A$, 则 $\psi(A_n) \uparrow (\downarrow) \psi(A)$.

(5) 取 $A_n = \{X \leqslant n\}$, 则 $\psi(A_n) \leqslant n$, 且 $\Omega = \bigcup\limits_{n=1}^{\infty} A_n$, 故不定积分是 σ 有限的.

由式 (2.27) , 可以把不定积分推广到每个拟可积随机变量 (或可测函数), 所定义的集函 $\int_A X, A \in \mathscr{A}$, 仍有上述性质 (1) $\sim$ (5) (或 (1) $\sim$ (4)), 我们称之为随机变量 (可测函数) 的不定积分. 由于一个几乎处处为零的函数的积分为零, 故不定积分仍是 P 绝对连续的, 即对 P 零测集的不定积分为零. 由上面的性质 (2) 知不定积分是 σ 加性的. 若随机变量 X 为拟可积的, 则不定积分是 σ 有限的.

注 4　符号测度的 Hahn 分解不一定唯一. 设 X 为 $(\Omega, \mathscr{A}, \mathsf{P})$ 上的一个可积随机变量, 满足 $\mathsf{P}(X = 0) > 0$, 则 X 的不定积分 $\psi(A) = \mathsf{E}[XI_A]$ 为 $\mathscr{A}$ 上的一个符号测度. 记

$$D_1 = \{w : X(w) > 0\}, \quad D_2 = \{w : X(w) \geqslant 0\},$$

则容易验证 $\Omega = D_1 + D_1^{\mathrm{c}}$ 和 $\Omega = D_2 + D_2^{\mathrm{c}}$ 为 Ω 的两种不同的 Hahn 分解.

现在要问: 以上不定积分的各条性质是否完全刻画了不定积分的特征? 后面的 Radon-Nikodym 定理对此做了肯定的回答.

定理 2.6.2　(Lebesgue分解定理) 设概率空间 $(\Omega, \mathscr{A}, \mathsf{P})$ 上的符号测度 φ 是 σ 有限的, 则存在关于 P 绝对连续的符号测度 φ_{c} 及 P 奇异的符号测度 φ_{s}, 使

$$\varphi = \varphi_{\mathrm{c}} + \varphi_{\mathrm{s}}. \tag{2.28}$$

此外, φ_{c} 和 φ_{s} 均为 σ 有限的, φ_{c} 是一个有限随机变量 X 的不定积分, 而 X 在 P 等价的意义下是唯一确定的.

注 5　φ_{c} 和 φ_{s} 分别称为 φ 的 P 绝对连续部分和 P 奇异部分, X 称为 φ_{c} 关于概率测度 P 的导数, 记为 $\mathrm{d}\varphi_{\mathrm{c}}/\mathrm{d}\mathsf{P}$, 此导数在 P 等价意义下唯一确定.

注 6　如果把概率空间 $(\Omega, \mathscr{A}, \mathsf{P})$ 换成一般的 σ 有限测度空间 $(\Omega, \mathscr{A}, \mu)$, 定理 2.6.2 的结论仍成立, 这可以从下面的证明中看出.

关于 Lebesgue 分解的直观意义, 我们可以这样来理解: 由 P 奇异与 P 绝对连续的定义知, 存在集合 $N \in \mathscr{A}$, 使 $\varphi_{\mathrm{s}}(N^{\mathrm{c}}) = 0$, $\varphi_{\mathrm{c}}(N) = 0$, 我们也称 φ_{c} 和 φ_{s} 是相互奇异的, 故 Ω 被分成 N 及 $\Omega\backslash N$ 两部分, 从而所有 $\mathscr{A}$ 中元素 A 也被相应分成两部分:$A \cap N$

和 $A\cap(\Omega\backslash N)$. 由于 φ 是 σ 加性集函, 故 φ 有线性性, 从而可以看作 $\mathscr{A}$ 上的一个向量. Lebesgue 分解定理无非就是说, 对每个 φ, $\mathscr{A}$ 可以分解为两个子空间 $\{N\cap A,\ A\in\mathscr{A}\}$ 和 $\{A\cap(\Omega\backslash N), A\in\mathscr{A}\}$ 的直和, 而"向量"φ 也可以分解为两个"相互垂直"的向量 $\varphi_{\rm c}$ 和 $\varphi_{\rm s}$ 之和. 因此, 我们也称 $\varphi_{\rm c}$ 和 $\varphi_{\rm s}$ 是相互垂直的, 记为 $\varphi_{\rm c}\perp\varphi_{\rm s}$.

定理 2.6.2 的证明 由于 φ 是 σ 有限的, 故存在 $A_n\in\mathscr{A}$ $(n\geqslant 1)$, 使 $\Omega=\bigcup\limits_{n=1}^{\infty}A_n$, 在每个 A_n 上 φ 是有限的. 由 Jordan-Hahn 分解, 符号测度 φ 可以分解为两个测度之差, 所以我们只要对 φ 为有限测度来证明本定理. 证明分三部分.

(1) 唯一性部分, 即在 P 等价意义下分解是唯一的, 以及一个不定积分在 P 等价意义下唯一确定被积函数 X. 若 φ 可以按两种方式分解为一个 P 绝对连续部分和一个 P 奇异部分,

$$\varphi=\varphi_{\rm c}+\varphi_{\rm s}=\varphi_{\rm c}'+\varphi_{\rm s}',$$

则

$$\varphi_{\rm c}-\varphi_{\rm c}'=\varphi_{\rm s}'-\varphi_{\rm s}. \tag{2.29}$$

等式左边是 P 绝对连续集函, 故对所有 P 零测集恒为 0, 而右边是 P 奇异的, 故在一个 P 零测集外恒为 0. 因此, 式 (2.29) 蕴涵 $\varphi_{\rm c}-\varphi_{\rm c}'=\varphi_{\rm s}'-\varphi_{\rm s}=0$, 从而知 φ 的上述分解是唯一的.

其次来证明不定积分在 P 等价意义下唯一确定被积函数 (随机变量) X. 设对每个 $A\in\mathscr{A}$, 有

$$\varphi_c(A)=\int_A X=\int_A X',$$

则必有 $X=X'$, a.s.. 否则, 取 $A=\{X'-X>0\}$ 或 $A=\{X'-X<0\}$, 且设 $\mathsf{P}(A)>0$, 则有

$$\int_A(X'-X)\neq 0,$$

即 $\int_A X'\neq\int_A X$, 矛盾.

(2) 找 φ 的 P 绝对连续部分. 设 φ 为有限测度, 定义

$$\mathscr{X}=\left\{X\in\mathscr{A}:\ X\geqslant 0,\ \int_A X\leqslant\varphi(A),\ \forall\ A\in\mathscr{A}\right\}. \tag{2.30}$$

因为 $X=0\in\mathscr{X}$, 故 $\mathscr{X}$ 非空. 由上确界的定义知, 在 $\mathscr{X}$ 中存在 $\{X_n, n\geqslant 1\}$, 使

$$\lim_{n\to\infty}\int_\Omega X_n=\sup\left\{\int_\Omega X,\ X\in\mathscr{X}\right\}\triangleq\alpha\leqslant\varphi(\Omega)<\infty.$$

令 $Y_n=\sup\limits_{1\leqslant k\leqslant n}X_k$, 则 $0\leqslant Y_n\uparrow X\triangleq\sup\limits_{k\geqslant 1}X_k$. 设 $A_k=\{X_k=Y_n\}$ $(1\leqslant k\leqslant n)$, 以及

$$B_1=A_1,\quad B_k=A_1^{\rm c}\cdots A_{k-1}^{\rm c}A_k,\quad 2\leqslant k\leqslant n,$$

则

$$\Omega = \bigcup_{k=1}^{n} A_k = \sum_{k=1}^{n} B_k,$$

且对每个 $A \in \mathscr{A}$, 由 $X_n \in \mathscr{X}$ 得

$$\int_A Y_n = \sum_{k=1}^{n} \int_{AB_k} Y_n = \sum_{k=1}^{n} \int_{AB_k} X_k \leqslant \sum_{k=1}^{n} \varphi(AB_k) = \varphi(A).$$

令 $n \to \infty$, 由单调收敛定理得

$$\int_A X \leqslant \varphi(A), \quad \int_\Omega X = \alpha.$$

因此, X 是 $\mathscr{X}$ 中的一个“极大”元. 由此, 令 $\varphi_{\mathrm{s}} = \varphi - \varphi_{\mathrm{c}} \geqslant 0$, 其中 φ_{c} 表示 X 的不定积分. 以下仅需证明 φ_{s} 是奇异的.

(3) 证明 φ_{s} 是奇异的. 令

$$\varphi_n = \varphi_{\mathrm{s}} - \frac{1}{n}\mathsf{P},$$

由 φ_{s} 的定义知 φ_{s} 是有限的, 故 φ_n 也是有限的. 设其 Jordan-Hahn 分解式为 $\Omega = D_n + D_n^{\mathrm{c}}$, 即对每个 $A \in \mathscr{A}$, $\varphi_n(AD_n) \geqslant 0$ 且 $\varphi_n(AD_n^{\mathrm{c}}) \leqslant 0$. 令 $D = \bigcap_{n=1}^{\infty} D_n^{\mathrm{c}}$, 则对每个 $A \in \mathscr{A}$ 及任意自然数 n, 有

$$0 \leqslant \varphi_{\mathrm{s}}(AD) \leqslant \frac{1}{n}\mathsf{P}(AD).$$

令 $n \to \infty$, 即得 $\varphi_{\mathrm{s}}(AD) = 0$. 为证 φ_{s} 奇异, 只要证明 $\mathsf{P}(D^{\mathrm{c}}) = 0$ 即可. 由于 $\varphi_{\mathrm{s}}(A) = \varphi_{\mathrm{s}}(AD^{\mathrm{c}})$, 故

$$\varphi_{\mathrm{c}}(A) = \varphi(A) - \varphi_{\mathrm{s}}(AD^{\mathrm{c}}) \leqslant \varphi(A) - \varphi_{\mathrm{s}}(AD_n).$$

由此推知

$$\int_A \left(X + \frac{1}{n} I_{D_n}\right) = \varphi_{\mathrm{c}}(A) + \frac{1}{n}\mathsf{P}(AD_n) \leqslant \varphi(A) - \varphi_n(AD_n) \leqslant \varphi(A),$$

即 $X + \frac{1}{n} I_{D_n} \in \mathscr{X}$. 由此知 $\mathsf{P}(D_n) = 0$. 否则, 我们有

$$\int_\Omega \left(X + \frac{1}{n} I_{D_n}\right) = \alpha + \frac{1}{n}\mathsf{P}(D_n) > \alpha,$$

这与 α 的定义矛盾. 因此, 对每个 n, D_n 是 P 零测集, 从而 $D^{\mathrm{c}} = \bigcup_{n=1}^{\infty} D_n$ 也是 P 零测集, 故 φ_{s} 是 P 奇异的. 定理证毕. ∎

如果 φ 是关于 P 绝对连续的, 则上述定理为

定理 2.6.3 (Radon-Nikodym 定理) 设概率空间 $(\Omega, \mathscr{A}, \mathsf{P})$ 上的符号测度 φ 是 σ 有限的, 且 $\varphi \ll \mathsf{P}$, 则 φ 是一个随机变量 X 的不定积分, 它在 P 等价意义下是唯一确定的.

根据 Radon-Nikodym 定理, 我们可以刻画概率空间中随机变量不定积分的特征.

推论 2.6.1 概率空间 $(\Omega, \mathscr{A}, \mathsf{P})$ 上的集函 φ 是一个在 P 等价意义下唯一的随机变量 X 的不定积分的充要条件, 是 φ 为 σ 有限、σ 加性以及 P 绝对连续的. 此外, 随机变量 X 可积的充要条件是 φ 为有限的.

在推论 2.6.1 中, 条件的充分性就是 Radon-Nikodym 定理, 而必要性已包含在本节开头的讨论之中了.

推论 2.6.2 若 μ 是可测空间 $(\Omega, \mathscr{A})$ 上的 σ 有限测度, 且 $\mu \ll \mathsf{P}$, Y 为可测函数以及积分 $\int Y\,\mathrm{d}\mu$ 存在, 则对每个 $A \in \mathscr{A}$, 恒有

$$\int_A Y\,\mathrm{d}\mu = \int_A Y \frac{\mathrm{d}\mu}{\mathrm{d}\mathsf{P}}\,\mathrm{d}\mathsf{P}. \tag{2.31}$$

证 由 $\mu \ll \mathsf{P}$ 及 Radon-Nikodym 定理知 μ 是某个随机变量的不定积分, 因此只要对 μ 为有限测度的情况证明即可. 令

$$\mathscr{H} = \left\{X:\ \int_\Omega X\,\mathrm{d}\mu\ \text{存在, 且}\ \int_A X\,\mathrm{d}\mu = \int_A X\frac{\mathrm{d}\mu}{\mathrm{d}\mathsf{P}}\,\mathrm{d}\mathsf{P},\ \forall\ A \in \mathscr{A}\right\},$$

我们来验证 $\mathscr{H}$ 是 $\mathscr{L}$ 类, 其中 $\mathscr{L}$ 为可测函数全体. 首先, 若 $X = I_B, B \in \mathscr{A}$, 则

$$\int_A I_B\,\mathrm{d}\mu = \mu(AB) = \int_{AB}\frac{\mathrm{d}\mu}{\mathrm{d}\mathsf{P}}\,\mathrm{d}\mathsf{P} = \int_A I_B\frac{\mathrm{d}\mu}{\mathrm{d}\mathsf{P}}\,\mathrm{d}\mathsf{P},$$

故 $I_B \in \mathscr{H}, \forall B \in \mathscr{A}$. 特别地, 取 $B = \Omega$, 得 $1 \in \mathscr{H}$; 由积分的线性性知 $\mathscr{H}$ 是一个线性空间; 最后设 $X_n \in \mathscr{H}$, $0 \leqslant X_n \uparrow X$, 则 $\int_\Omega X\,\mathrm{d}\mu$ 存在, 且由单调收敛定理知, 对任意 $A \in \mathscr{A}$, 有

$$\begin{aligned}\int_A X\,\mathrm{d}\mu &= \lim_{n\to\infty}\int_A X_n\,\mathrm{d}\mu = \lim_{n\to\infty}\int_A X_n\frac{\mathrm{d}\mu}{\mathrm{d}\mathsf{P}}\,\mathrm{d}\mathsf{P}\\ &= \int_A \lim_{n\to\infty} X_n\frac{\mathrm{d}\mu}{\mathrm{d}\mathsf{P}}\,\mathrm{d}\mathsf{P} = \int_A X\frac{\mathrm{d}\mu}{\mathrm{d}\mathsf{P}}\,\mathrm{d}\mathsf{P},\end{aligned}$$

即 $X \in \mathscr{H}$. 由函数形式的单调类定理知本推论成立. ∎

注 7 在 Radon-Nikodym 定理中, 用一般的 σ 有限测度空间 $(\Omega, \mathscr{A}, \nu)$ 取代概率测度空间 $(\Omega, \mathscr{A}, \mathsf{P})$, 其结论仍然成立; 另外, 若符号测度 φ 不具有 σ 有限性, 则 $\varphi \ll \nu$ 蕴涵 φ 是一个可测函数 f 的不定积分,

$$\varphi(A) = \int_A f\,\mathrm{d}\nu, \quad A \in \mathscr{A},$$

f 在 ν 等价意义下是唯一确定的. 如果随机变量改为可测函数 (它不必是几乎处处有限的), 则其不定积分 (如果存在) 仍然是 σ 加性的和 ν 绝对连续的, 但不一定是 σ 有限的. 读者可参考有关书籍, 如 [23] 第二章.

2.6.2　分布函数的 Lebesgue 分解

设 X 为 $(\Omega,\mathscr{A},\mathsf{P})$ 上的随机变量, $F(x)$ 为它的分布函数, 由于 F 是取值于 $[0,1]$ 的单调非降右连续函数, 故由测度论知识知 F 的不连续点构成一个可数集合 $\{x_i, i\in I\}$, 其中 I 为可数集. 若令

$$F_{\mathrm{d}}(x)=\sum_{x_k\leqslant x}[F(x_k)-F(x_k-)],\quad F_{\mathrm{c}}=F-F_{\mathrm{d}},$$

其中 $F(x-)=\lim\limits_{y\uparrow x}F(y)$, 则易证 F_{d} 是取值于 $[0,1]$ 的单调非降右连续函数, 而 F_{c} 是取值于 $[0,1]$ 的单调非降连续函数, 故 F_{d} 和 F_{c} 是两个广义分布函数. 由第 1 章知分布函数和测度是一一对应的. 设 F_{c} 对应于 $\mathbb{R}$ 中 Borel 域 $\mathscr{B}$ 上的测度 μ_{c}, 对 μ_{c} 关于 Lebesgue 测度应用 Lebesgue 分解定理, 得

$$\mu_{\mathrm{c}}=\mu_{\mathrm{ac}}+\mu_{\mathrm{s}},$$

其中 μ_{ac} 为某个非负 Borel 可测函数 g 的不定积分,

$$\mu_{\mathrm{ac}}(B)=\int_B g(x)\,\mathrm{d}x,\quad B\in\mathscr{B},$$

而 μ_{s} 在某个 Lebesgue 零测集 N_{s} 的余集上恒为 0. 由此可知, 存在广义分布函数 F_{ac} 和 F_{s}, 它们分别对应于测度 μ_{ac} 和 μ_{s}, 使

$$F_{\mathrm{c}}=F_{\mathrm{ac}}+F_{\mathrm{s}},$$
$$F_{\mathrm{ac}}(x)=\int_{-\infty}^{x}g(u)\,\mathrm{d}u,\quad g(x)\geqslant 0,$$

并且 F_{s} 是一个连续函数, 其增长点都在 N_{s} 中. 于是我们得到:

定理 2.6.4　(分布函数的 Lebesgue 分解定理) *设 F 为分布函数, 则 F 可唯一分解为三个广义分布函数之和:*

$$F=F_{\mathrm{d}}+F_{\mathrm{ac}}+F_{\mathrm{s}},\tag{2.32}$$

其中 F_{d} 是阶梯函数, 称之为 F 的阶梯部分, 它的跳点即为 F 的不连续点; F_{ac} 称为 F 的绝对连续部分, 即存在非负 Borel 可测函数 g, 使得

$$F_{\mathrm{ac}}(x)=\int_{-\infty}^{x}g(u)\,\mathrm{d}u,\quad g(u)\geqslant 0,\quad u\in\mathbb{R};$$

F_{s} 称为 F 的奇异连续部分, 这是一个连续函数, 其增长点在一个 Lebesgue 零测集内.

关于 $\mathbb{R}^m$ 上随机向量 $\boldsymbol{X}$ 的分布函数 $F(\boldsymbol{x})$ 也有类似的分解式, 关于它的奇异连续部分, 可以做更精细的描述, 有兴趣者可参阅 [2].

式 (2.32) 还有另一种常见的表示法: 设 $\operatorname{Var}F$ 表示广义分布函数 F 的全变差, 即 $\operatorname{Var}F=F(\infty)-F(-\infty)$, 则分布函数 F 可分解为

$$F=aF_{\mathrm{d}}'+bF_{\mathrm{ac}}'+cF_{\mathrm{s}}',$$

其中 $a=\operatorname{Var}F_{\mathrm{d}}$, $b=\operatorname{Var}F_{\mathrm{ac}}$, $c=\operatorname{Var}F_{\mathrm{s}}$. 易见 $a+b+c=1$, 而 F_{d}', F_{ac}' 和 F_{s}' 都是随机变量的分布函数, 即它们的全变差为 1.

设 X 为随机变量 (或随机向量), 其分布函数为 F, 若存在非负 Borel 可测函数 f, 使

$$F(x)=\int_{-\infty}^{x}f(u)\,\mathrm{d}u,\quad \forall\ x,$$

则称 X 为连续型随机变量 (随机向量). 由 Lebesgue 分解定理得, 由分布函数连续并不能推知 X 为连续型的.

例 2.6.1 设 X 和 Y 为 $(\Omega,\mathscr{A},\mathsf{P})$ 上的两个独立随机变量. 若 X 为连续型变量, 则 $X+Y$ 必为连续型随机变量.

证 设 X 和 Y 对应的分布函数分别为 F_X 和 F_Y. 由于 X 与 Y 独立, 故 (X,Y) 的联合分布函数为 $F_X(x)F_Y(y)$. 设 $F_X(x)$ 的密度函数为 $f(x)$, 则

$$\begin{aligned}F_{X+Y}(z)&=\mathsf{P}(X+Y\leqslant z)=\iint_{x+y\leqslant z}\mathrm{d}F_X(x)\,\mathrm{d}F_Y(y)\\&=\int_{-\infty}^{\infty}\mathrm{d}F_Y(y)\int_{-\infty}^{z-y}f(x)\,\mathrm{d}x=\int_{-\infty}^{\infty}\mathrm{d}F_Y(y)\int_{-\infty}^{z}f(t-y)\,\mathrm{d}t\\&=\int_{-\infty}^{z}\mathrm{d}t\int_{-\infty}^{\infty}f(t-y)\,\mathrm{d}F_Y(y).\end{aligned}$$

由定义, $X+Y$ 的分布有密度函数

$$f_{X+Y}(z)=\int_{-\infty}^{\infty}f(z-y)\,\mathrm{d}F_Y(y),$$

即 $X+Y$ 是连续型随机变量. ◁

利用这一性质, 我们可以对随机变量 Y 做“小扰动”, 即加上一个与 Y 独立的取值很小的连续型随机变量 X, 使扰动后的随机变量为连续型的. 通常用作“小扰动”的变量可取 $(-\epsilon,\epsilon)$ 上的均匀分布随机变量或密度等于

$$f(x)=\frac{1}{\epsilon}\left(1-\frac{|x|}{\epsilon}\right)I_{\{|x|\leqslant\epsilon\}}$$

的随机变量. 这种方法在概率论的某些问题研究中很有用, 在多数情况下处理连续型随机变量比处理离散型随机变量要容易. 如果所考虑的性质对分布的弱收敛具有封闭性, 那我们只需考虑连续型随机变量, 而对一般情形利用上面的小扰动方法通过取极限来解决.

例 2.6.2 设 (X,Y) 服从边长为 1 的正方形对角线上的均匀分布, 证明: (X,Y) 的分布是纯奇异连续的.

证 不失一般性, 设正方形为 $\{(x,y):\ 0\leqslant x\leqslant 1, 0\leqslant y\leqslant 1\}$, 则由分布函数的定义知

$$F(x,y)=\begin{cases}0, & x\wedge y<0,\\ x\wedge y, & 0\leqslant x\wedge y\leqslant 1,\\ 1, & x\wedge y>1.\end{cases}$$

易见 $F(x,y)$ 是 (x,y) 的连续函数. 又

$$\frac{\partial^2 F}{\partial x\partial y}=0,\quad \forall\,(x,y)\notin\{(u,v):\ 0\leqslant u\leqslant 1,\ u=v\},$$

但 $\{(u,v):\ 0\leqslant u\leqslant 1,\ u=v\}$ 的 Lebesgue 测度为 0, 故 F 只是纯奇异连续的. ◁

例 2.6.3 [25]　设随机变量 X 和 Y 分别服从 $[0,1]$ 区间上的均匀分布, 其联合分布函数为

$$F(x,y)=\begin{cases} x^{1-\alpha}y, & x^\alpha\geqslant y^\beta,\\ xy^{1-\beta}, & x^\alpha<y^\beta,\end{cases}\qquad \forall\,(x,y)\in[0,1]^2,$$

其中 $\alpha,\beta\in(0,1)$ 为参数. F 的支撑为 $[0,1]^2$, 但 F 既不是纯绝对连续的, 也不是纯奇异连续的, 而是含有绝对连续部分 F_{ac} 和奇异连续部分 F_{s}, 即 $F=F_{\mathrm{ac}}+F_{\mathrm{s}}$. 因为

$$\frac{\partial^2}{\partial x\partial y}F(x,y)=\begin{cases} (1-\alpha)x^{-\alpha}, & x^\alpha>y^\beta,\\ (1-\beta)y^{-\beta}, & x^\alpha<y^\beta,\end{cases}\qquad \forall\,(x,y)\in(0,1)^2,$$

所以奇异连续部分的概率质量堆积于曲线 $\{(x,y):x^\alpha=y^\beta,(x,y)\in[0,1]^2\}$. 当 $x^\alpha<y^\beta$ 时,

$$\begin{aligned} F_{\mathrm{ac}}(x,y)&=\int_0^x\int_0^y\frac{\partial^2}{\partial u\partial v}F(u,v)\,\mathrm{d}u\,\mathrm{d}v\\ &=xy^{1-\beta}-\frac{\alpha\beta}{\alpha+\beta-\alpha\beta}\,x^{(\alpha+\beta-\alpha\beta)/\beta},\quad (x,y)\in(0,1)^2.\end{aligned}$$

当 $x^\alpha>y^\beta$ 时, 类似可以求出 F_{ac}. 于是, 当 $(x,y)\in(0,1)^2$ 时,

$$\begin{aligned} F_{\mathrm{ac}}(x,y)&=F(x,y)-\frac{\alpha\beta}{\alpha+\beta-\alpha\beta}\left(\min\{x^\alpha,y^\beta\}\right)^{(\alpha+\beta-\alpha\beta)/(\alpha\beta)},\\ F_{\mathrm{s}}(x,y)&=\frac{\alpha\beta}{\alpha+\beta-\alpha\beta}\left(\min\{x^\alpha,y^\beta\}\right)^{(\alpha+\beta-\alpha\beta)/(\alpha\beta)}.\end{aligned}$$

注意到 $F_{\mathrm{s}}(1,1)=\alpha\beta/(\alpha+\beta-\alpha\beta)$, 故

$$\mathsf{P}(X^\alpha=Y^\beta)=\frac{\alpha\beta}{\alpha+\beta-\alpha\beta}.$$ ◁

2.7　随机变量序列的收敛性

2.7.1　本质上、下确界

定义 2.7.1　设 X 和 Y 是两个随机变量. 若 $\mathsf{P}(X\neq Y)=0$, 则称 X 和 Y 是几乎处处 (a.s.) 相等的, 记为 $X=Y$, a.s.; 若 $\mathsf{P}(A\Delta B)=0$, 则称事件 A 和 B a.s. 等价.

类似地, 可以定义可测函数的 a.s. 等价性. 显然, a.s. 等价是一个等价关系, 且具有如下性质:

(1) 若 $X=X'$, a.s., $Y=Y'$, a.s., 则对任意常数 c_1,c_2, 有

$$c_1X+c_2Y=c_1X'+c_2Y', \text{a.s.}, \quad XY=X'Y', \text{a.s.}$$

(只要以上运算有意义).

(2) 设 I 为可数的下标集合. 若 $X_i=Y_i$, a.s., $i\in I$, 则

$$\begin{aligned}\sup\{X_i,i\in I\}&=\sup\{Y_i,i\in I\}, \text{a.s.},\\ \inf\{X_i,i\in I\}&=\inf\{Y_i,i\in I\}, \text{a.s.}.\end{aligned}$$

(3) 若 $X=Y$, a.s., 则 $\mathsf{E}[X]=\mathsf{E}[Y]$; 若 $X\geqslant 0$, 且 $\mathsf{E}[X]=0$, 则 $X=0$, a.s.. 这是因为

$$\{X>0\}=\bigcup_{n=1}^{\infty}\left\{X>\frac{1}{n}\right\}.$$

若 $\mathsf{P}(X>0)=\delta>0$, 则利用概率的连续性及 $\{X>1/n\}$ 的单调增性质, 知存在 n_0, 使 $\mathsf{P}(X>1/n_0)>\delta/2$. 此时, 有

$$\int X\,\mathrm{d}\mathsf{P}\geqslant\int_A X\,\mathrm{d}\mathsf{P}\geqslant\frac{1}{n_0}\mathsf{P}(A)\geqslant\frac{\delta}{2\,n_0}>0,$$

其中 $A=\{X>1/n_0\}$, 矛盾.

若以 $\widetilde{X}$ 来表示与 X 等价的随机变量全体, 即

$$\widetilde{X}=\{X':\ X'=X, \text{a.s.}\},$$

则 $\widetilde{X}$ 由它的任一元素所确定. 在概率论中, 绝大多数问题只涉及随机变量的等价类, 而不是随机变量本身, 因此在只有可数个随机变量的情况下, 上述性质使我们能够像对随机变量本身那样对随机变量等价类进行运算, 并可把随机变量的等价类与它的任一代表元素等同起来. 因此, 若 $\{X_i,i\in I\}$ 为可数族, $\{\widetilde{X}_i,i\in I\}$ 是它们对应的等价类族, 则 $\sup\limits_{i\in I}X_i$ 只依赖于 $\widetilde{X}_i$ $(i\in I)$, 因而只依赖于 $\{\widetilde{X}_i,i\in I\}$ 的上确界. 下面我们将指出, 即使在 I 不可数时, 每一族随机变量的等价类 $\{\widetilde{X}_i,i\in I\}$ 也有一个上确界, 称之为本质上确界, 记为 $\operatorname{ess.sup}\limits_{i\in I}X_i$. 但请注意, 当 I 不可数时, w 的函数 $\sup\limits_{i\in I}X_i(w)$ $(X_i\in\widetilde{X}_i)$ 不一定是随机变量, 即使它可测, 它的等价类也不一定等于 $\operatorname{ess.sup}\limits_{i\in I}\widetilde{X}_i$ (见下面的例 2.7.1).

定理 2.7.1 设 $\{X_i,i\in I\}$ 是 $(\Omega,\mathscr{A},\mathsf{P})$ 上的随机变量族, 其中 I 不必可数, 则存在两个其唯一性确定到等价程度的可测函数 $\operatorname{ess.sup}\limits_{i\in I}X_i$ 和 $\operatorname{ess.inf}\limits_{i\in I}X_i$, 使对每个随机变量 Y 有

$$X_i\leqslant Y, \text{a.s.}, i\in I \quad\Leftrightarrow\quad \operatorname{ess.sup}_{i\in I}X_i\leqslant Y, \text{a.s.}, \tag{2.33}$$

$$X_i\geqslant Y, \text{a.s.}, i\in I \quad\Leftrightarrow\quad \operatorname{ess.inf}_{i\in I}X_i\geqslant Y, \text{a.s.}. \tag{2.34}$$

特别地, 对 $\mathscr{A}$ 中每个事件族 $\{A_i, i \in I\}$, 存在两个确定到等价程度的事件 $\operatorname{ess.sup}\limits_{i\in I} A_i$ 和 $\operatorname{ess.inf}\limits_{i\in I} A_i$, 使对每个 $A \in \mathscr{A}$, 有

$$\begin{aligned} A_i \subseteq A, \text{a.s.}, i \in I \quad &\Leftrightarrow \quad \operatorname*{ess.sup}_{i\in I} A_i \subseteq A, \text{a.s.}, \\ A_i \supseteq A, \text{a.s.}, i \in I \quad &\Leftrightarrow \quad \operatorname*{ess.inf}_{i\in I} A_i \supseteq A, \text{a.s.}. \end{aligned}$$

我们称可测函数 $\operatorname{ess.sup}\limits_{i\in I} X_i$ 和 $\operatorname{ess.inf}\limits_{i\in I} X_i$ 分别为 $\{X_i, i \in I\}$ 的本质上确界和本质下确界.

证 由于事件 A 和 B a.s. 等价相当于随机变量 I_A 和 I_B 等价, 故只需对随机变量族证明即可. 当 I 可数时, 令

$$\operatorname*{ess.sup}_{i\in I} X_i = \sup_{i\in I} X_i, \quad \operatorname*{ess.inf}_{i\in I} X_i = \inf_{i\in I} X_i,$$

则这两个可测函数显然满足定理的要求. 当 I 不可数时, 设 f 是 $\mathbb{R}$ 到 $[a,b] \subset \mathbb{R}$ 的严格增的连续函数, 例如 arctan, 当 J 跑遍 I 的所有可数子集时, $\mathsf{E}\left[f(\sup\limits_{j\in J} X_j)\right]$ 的上确界 σ 是有界的, 我们将证明这一上确界必在 I 的某个可数子集 J_0 上达到. 事实上, 由上确界的定义, 存在可数子集列 J_n, 使

$$\mathsf{E}\left[f\left(\sup_{j\in J_n} X_j\right)\right] \geqslant \sigma - \frac{1}{n}.$$

令 $J_0 = \bigcup\limits_{n=1}^{\infty} J_n$, 则 J_0 仍为 I 的可数子集. 对任意 $n \geqslant 1$, 有

$$\mathsf{E}\left[f\left(\sup_{j\in J_0} X_j\right)\right] \geqslant \mathsf{E}\left[f\left(\sup_{j\in J_n} X_j\right)\right] \geqslant \sigma - \frac{1}{n}.$$

令 $n \to \infty$, 即得

$$\mathsf{E}\left[f\left(\sup_{j\in J_0} X_j\right)\right] \geqslant \sigma.$$

但由 σ 的定义知左边不会超过 σ, 故

$$\mathsf{E}\left[f\left(\sup_{j\in J_0} X_j\right)\right] = \sigma.$$

令 $U = \sup\limits_{j\in J_0} X_j$, 这是一个可测函数. 我们证明 U 即为 $\{X_i, i \in I\}$ 的一个本质上确界.

设任意随机变量 Y 满足 $X_i \leqslant Y$, a.s., $i \in I$, 则 $U \leqslant Y$, a.s.. 反之, 若 $U \leqslant Y$, a.s., 我们要证明对每个 $i \in I$, 有 $X_i \leqslant Y$, a.s.. 如果能证得对每个 $i \in I$, 有 $X_i \leqslant U$, a.s., 则必然有 $X_i \leqslant Y$, a.s., $i \in I$. 往证 $X_i \leqslant U$, a.s.. 由 J_0 的最大性性质, 对每个 $i \in I$, 有

$$\mathsf{E}[f(\sup\{X_i, U\})] = \mathsf{E}[f(U)] = \sigma,$$

但 $\sup\{X_i, U\} \geqslant U$, 而 f 为严格单调增函数, 故 $f(\sup\{X_i, U\}) \geqslant f(U)$, a.s., 从而

$$\sup\{X_i, U\} = U, \text{a.s.}, \quad \forall\, i \in I.$$

由于 U 是唯一的, 而 U 的等价类中任一随机变量都满足式 (2.33), 因此得出确定到等价程度的唯一性.

同法可对 $\operatorname{ess.inf}_{i\in I} X_i$ 证明式 (2.34). ∎

由本质上、下确界的定义, 可测函数 $\operatorname{ess.sup}_{i\in I} X_i$ 和 $\operatorname{ess.inf}_{i\in I} X_i$ 是一个等价类, 它们与 $\sup_{i\in I} X_i$ 和 $\inf_{i\in I} X_i$ 不相同. 由式 (2.33), $\operatorname{ess.sup}_{i\in I} X_i$ 是指对每个固定的 i $(i\in I)$, 存在 $\Omega_i\subseteq\Omega$, 使 $\mathsf{P}(\Omega_i)=1$, 且当 $w\in\Omega_i$ 时, $X_i(w)\leqslant U(w)$. 在这里, 注意不同的 i 对应不同的 Ω_i. 而 $\sup_{i\in I} X_i$ 是指存在 $\Omega'\subseteq\Omega$, 使 $\mathsf{P}(\Omega')=1$, 且当 $w\in\Omega'$ 时, 对一切 $i\in I$, 有 $X_i(w)\leqslant\sup_{i\in I} X_i$.

例 2.7.1 设 $(\Omega,\mathscr{A},\mathsf{P})=([0,1],\mathscr{C},L)$, 其中 $\mathscr{C}$ 为 $I\triangleq[0,1]$ 上 Lebesgue 可测集全体, L 为 I 上的 Lebesgue 测度. 对任意 $r\in I$, 令

$$X_r(w)=\begin{cases}1, & w=r,\\ 0, & w\neq r,\end{cases}$$

则 $X_r(w)=0$, a.s.. 由定理 2.7.1 知 $\operatorname{ess.sup}_{r\in I} X_r=0$, a.s., 而 $\sup_{r\in I} X_r=1$, 故

$$\operatorname{ess.sup}_{i\in I} X_i\neq\sup_{i\in I} X_i.$$ ◁

2.7.2 几乎处处收敛和依概率收敛

定义 2.7.2 设 $\{X,X_n,n\geqslant1\}$ 为随机变量序列. 若存在 $N\in\mathscr{A}$, $\mathsf{P}(N)=0$, 使得

$$\lim_{n\to\infty} X_n(w)=X(w),\quad \forall\, w\in N^{\mathrm{c}},$$

则称该序列是几乎处处收敛的 (或几乎必然收敛的), 记为 $X_n\to X$, a.s. 或 $X_n\xrightarrow{\text{a.s.}}X$. 若对任意 $\nu>0$, 一致地有 $X_{n+\nu}-X_n\to0$, a.s., 则称 $\{X_n,n\geqslant1\}$ 是几乎处处收敛 (或几乎必然收敛) 的基本列.

由定义, 序列 $\{X_n,n\geqslant1\}$ 的极限就是 $\limsup X_n$ 的等价类中的任一个. 现在来考察一个序列的全部收敛点所构成的集合. 先注意到一个几乎处处收敛的随机变量序列的极限未必仍是随机变量. 为简单起见, 只考虑收敛到的极限是有限随机变量 (这也是在定义 2.7.2 中明确指出 X 为随机变量的原因). 对每个 $w\in\Omega$, $X_n(w)$ 及 $X(w)$ 都是实数. 由普通收敛性的定义知 $X_n(w)\to X(w)$ 是指, 对每个 $\epsilon>0$, 存在整数 $N_\epsilon(w)>0$, 当 $n\geqslant N_\epsilon(w)$ 时, $|X_n(w)-X(w)|<\epsilon$. 由于对每个 $\epsilon>0$ 等价于对序列 $\epsilon_k\downarrow0$ 中的每一项, 例如, 可取 $\epsilon_k=1/k$, 因而收敛是指对每个 $k>0$, 存在整数 $N_k(w)>0$, 当 $n\geqslant N_k(w)$ 时, $|X_n(w)-X(w)|<\epsilon_k$. 因此 Ω 中收敛点的集合为

$$\begin{aligned}\{w:X_n(w)\to X(w)\}&=\bigcap_{k=1}^{\infty}\bigcup_{n=1}^{\infty}\bigcap_{\nu=1}^{\infty}\{w:|X_{n+\nu}(w)-X(w)|<\epsilon_k\}\\&=\bigcap_{k=1}^{\infty}\bigcup_{n=1}^{\infty}\bigcap_{\nu=1}^{\infty}\left\{w:|X_{n+\nu}(w)-X(w)|<\frac{1}{k}\right\}.\end{aligned}\tag{2.35}$$

由于 X_n 和 X 为随机变量, 故 $\{w:\ |X_{n+\nu}(w)-X(w)|<1/k\}\in\mathscr{A}$, 因此上述集合属于 $\mathscr{A}$. 由上式也可知不收敛点所构成的集合

$$\{w:\ X_n(w)\not\to X(w)\}=\{w:\ X_n(w)\to X(w)\}^{\mathrm{c}}\in\mathscr{A}.$$

类似地, 对基本收敛点集也有

$$\{w:X_{n+\nu}(w)-X_n(w)\to 0\}=\bigcap_{k=1}^{\infty}\bigcup_{n=1}^{\infty}\bigcap_{\nu=1}^{\infty}\left\{w:|X_{n+\nu}(w)-X_n(w)|<\frac{1}{k}\right\}\in\mathscr{A}.$$

由上面的讨论, 我们有:

定理 2.7.2　设 X,X_n $(n\geqslant 1)$ 为 a.s. 有限的随机变量, 则如下条件等价:

(1) $X_n\to X$, a.s..

(2) 对每个 $\epsilon>0$,

$$\mathsf{P}\left(\bigcup_{\nu=1}^{\infty}\{|X_{n+\nu}-X|\geqslant\epsilon\}\right)\to 0.$$

(3) $X_{n+\nu}-X_n\to 0$, a.s., 对 ν 一致成立.

(4) 对每个 $\epsilon>0$,

$$\mathsf{P}\left(\bigcup_{\nu=1}^{\infty}\{|X_{n+\nu}-X_n|\geqslant\epsilon\}\right)\to 0.$$

证　(1) $\Leftrightarrow$ (2): 设 $\epsilon_k\downarrow 0$. 由式 (2.35) 得

$$\begin{aligned}X_n\to X,\text{a.s.}\ &\Leftrightarrow\ \mathsf{P}(X_n\not\to X)=0\\&\Leftrightarrow\ \mathsf{P}\left(\left(\bigcap_{k=1}^{\infty}\bigcup_{n=1}^{\infty}\bigcap_{\nu=1}^{\infty}\{|X_{n+\nu}(w)-X(w)|<\epsilon_k\}\right)^{\mathrm{c}}\right)=0\\&\Leftrightarrow\ \mathsf{P}\left(\bigcup_{k=1}^{\infty}\bigcap_{n=1}^{\infty}\bigcup_{\nu=1}^{\infty}\{|X_{n+\nu}(w)-X(w)|\geqslant\epsilon_k\}\right)=0\\&\Leftrightarrow\ \mathsf{P}\left(\bigcap_{n=1}^{\infty}\bigcup_{\nu=1}^{\infty}\{|X_{n+\nu}(w)-X(w)|\geqslant\epsilon\}\right)=0\quad(\forall\,\epsilon>0)\\&\Leftrightarrow\ \mathsf{P}\left(\bigcup_{\nu=1}^{\infty}\{|X_{n+\nu}-X|\geqslant\epsilon\}\right)\to 0\quad(\forall\,\epsilon>0),\end{aligned}$$

其中最后一处等价利用了概率的连续性及 $\bigcup_{\nu=1}^{\infty}\{|X_{n+\nu}-X|\geqslant\epsilon\}\downarrow(n\to\infty)$.

(1) $\Leftrightarrow$ (3): 显然有 (1) $\Rightarrow$ (3), 以下仅证明 (3) $\Rightarrow$ (1). 为此, 令

$$A=\{w:\ X_{n+\nu}(w)-X_n(w)\to 0 \text{ 对 } \nu \text{ 一致成立}\},\tag{2.36}$$

则 $\mathsf{P}(A)=1$. 对任意 $w\in A$, 由实数序列的 Cauchy 序列判别法, 知存在 $X(w)\in\mathbb{R}$, 使 $X_n(w)\to X(w)$, 故 $\{w:\ X_n(w)\not\to X(w)\}\subseteq A^{\mathrm{c}}$, 因此, $\mathsf{P}(X_n\not\to X)\leqslant\mathsf{P}(A^{\mathrm{c}})=0$, 即 (1) 成立.

(1) + (2) $\Rightarrow$ (4): 这由下式可知:

$$\mathsf{P}\left(\bigcup_{\nu=1}^{\infty}\{|X_{n+\nu}-X_n|\geqslant\epsilon\}\right)\leqslant\mathsf{P}\left(\bigcup_{\nu=1}^{\infty}\left\{|X_{n+\nu}-X|\geqslant\frac{\epsilon}{2}\right\}\right)+\mathsf{P}\left(|X_n-X|\geqslant\frac{\epsilon}{2}\right)$$
$$\to 0,\quad \forall\,\epsilon>0.$$

(4) $\Rightarrow$ (3): 设条件 (4) 成立, 则

$$\mathsf{P}\left(\bigcap_{n=1}^{\infty}\bigcup_{\nu=1}^{\infty}\{|X_{n+\nu}(w)-X_n(w)|\geqslant\epsilon\}\right)=0,\quad\forall\,\epsilon>0,$$

而该式等价于, 对任意 $\epsilon_k\downarrow 0$,

$$\mathsf{P}\left(\bigcup_{k=1}^{\infty}\bigcap_{n=1}^{\infty}\bigcup_{\nu=1}^{\infty}\{|X_{n+\nu}(w)-X_n(w)|\geqslant\epsilon_k\}\right)=0\quad\Leftrightarrow\quad\mathsf{P}(A)=1,$$

即条件 (3) 成立, 其中 A 由式 (2.36) 定义. 定理证毕. ▮

关于序列是否 a.s. 收敛, 我们有如下简单的判别法.

定理 2.7.3 设 $\{X_n,n\geqslant1\}$ 为随机变量序列. 若存在可和正数序列 $\{\epsilon_n,n\geqslant1\}$, 使

$$\sum_{n=1}^{\infty}\mathsf{P}(|X_{n+1}-X_n|\geqslant\epsilon_n)<\infty,$$

则 X_n a.s. 收敛于某个随机变量.

证 令

$$A_n=\{|X_{n+1}-X_n|\geqslant\epsilon_n\},\quad n\geqslant1.$$

由假设及 Borel-Cantelli 引理知 $\mathsf{P}(A_n,\ \text{i.o.})=0$, 于是

$$\mathsf{P}\left(\liminf_{n\to\infty}A_n^{\mathrm{c}}\right)=1,$$

即存在 $M\in\mathscr{A}$, $\mathsf{P}(M)=0$, 使得对任意 $w\in M^{\mathrm{c}}$, 存在 $N=N(w)>0$, 当 $n>N(w)$ 时, 有 $w\in A_n^{\mathrm{c}}$, 即 $|X_{n+1}(w)-X_n(w)|<\epsilon_n$. 从而

$$|X_{n+\nu}(w)-X_n(w)|\leqslant\sum_{j=0}^{\nu-1}\epsilon_{n+j}\to 0,\ \text{对 } \nu \text{ 一致成立},$$

即 $\{X_n(w), n \geqslant 1\}$ 有极限, 记为 $X(w)$. 因为 $X_n(w)$ a.s. 有限, 故由上式知 $X(w)$ 也是 a.s. 有限的,

$$|X(w) - X_{N+1}(w)| \leqslant \sum_{n=N+1}^{\infty} \epsilon_n,$$

且对任意 $w \in M^{\mathrm{c}}$, 有

$$X(w) = \lim_{n\to\infty} X_n(w) = X_1(w) + \sum_{n=1}^{\infty}[X_{n+1}(w) - X_n(w)].$$ ∎

定义 2.7.3　设 $\{X_n, n \geqslant 1\}$ 为随机变量序列. 若对任意 $\epsilon > 0$, 存在可测函数 X, 使 $\mathsf{P}(|X_n - X| > \epsilon) \to 0$, 则称 X_n 依概率收敛于 X, 记为 $X_n \xrightarrow{\mathrm{P}} X$. 若 $X_{n+\nu} - X_n \xrightarrow{\mathrm{P}} 0$ (对 $\nu \in \mathbb{N}$ 一致成立), 则称 $\{X_n, n \geqslant 1\}$ 是依概率收敛的基本列.

如果 $X_n \xrightarrow{\mathrm{P}} X$, 则极限函数 X a.s. 有限, 且在等价类意义下唯一, 这是由于

$$\mathsf{P}(|X| = \infty) = \mathsf{P}(|X_n - X| = \infty) \leqslant \mathsf{P}(|X_n - X| > \epsilon) \to 0.$$

为证唯一性, 设 $X_n \xrightarrow{\mathrm{P}} X$, $X_n \xrightarrow{\mathrm{P}} Y$, 则对任意 $\epsilon > 0$,

$$\mathsf{P}(|X - Y| > \epsilon) \leqslant \mathsf{P}\left(|X_n - X| > \frac{\epsilon}{2}\right) + \mathsf{P}\left(|X_n - Y| > \frac{\epsilon}{2}\right).$$

令 $n \to \infty$, 得 $\mathsf{P}(|X - Y| > \epsilon) = 0$; 再令 $\epsilon \to 0$, 即得 $X = Y$, a.s..

定理 2.7.4　$X_n \xrightarrow{\mathrm{P}} X \Leftrightarrow X_{n+\nu} - X_n \xrightarrow{\mathrm{P}} 0$ (对 $\nu \in \mathbb{N}$ 一致成立).

证　(必要性) 设 $X_n \xrightarrow{\mathrm{P}} X$, 则由

$$\mathsf{P}(|X_{n+\nu} - X_n| > \epsilon) \leqslant \mathsf{P}\left(|X_{n+\nu} - X| > \frac{\epsilon}{2}\right) + \mathsf{P}\left(|X_n - X| > \frac{\epsilon}{2}\right),$$

得 $X_{n+\nu} - X_n \xrightarrow{\mathrm{P}} 0$ (对 $\nu \in \mathbb{N}$ 一致成立).

(充分性) 设 $X_{n+\nu} - X_n \xrightarrow{\mathrm{P}} 0$ (对 $\nu \in \mathbb{N}$ 一致成立). 于是, 对任意 $k \geqslant 1$, 存在 $n(k) > 1$, 使得当 $n \geqslant n(k)$ 时,

$$\mathsf{P}(|X_{n+\nu} - X_n| > 2^{-k}) < 2^{-k}, \quad \forall\, \nu \geqslant 1.$$

令 $n_1 = n(1)$, $n_k = \max\{n_{k-1}, n(k)\} + 1$ $(k > 1)$, 则 n_k 严格单调增, $n_k \to \infty$ $(k \to \infty)$, 且

$$\sum_{k=1}^{\infty} \mathsf{P}(|X_{n_{k+1}} - X_{n_k}| > 2^{-k}) < \infty.$$

由定理 2.7.3 知, 存在某个随机变量 X 使 $X_{n_k} \to X$, a.s. $(k \to \infty)$. 又

$$\mathsf{P}(|X_n - X| > \epsilon) \leqslant \mathsf{P}\left(|X_n - X_{n_k}| > \frac{\epsilon}{2}\right) + \mathsf{P}\left(|X_{n_k} - X| > \frac{\epsilon}{2}\right),$$

取 $n > n_k$, 则当 $k \to \infty$, $n \to \infty$ 时, 上不等式右端趋于 0, 即 $X_n \xrightarrow{\mathrm{P}} X$. ∎

关于 a.s. 收敛和依概率收敛的关系, 我们有:

定理 2.7.5 (1) 若 $X_n \to X$, a.s., 则 $X_n \xrightarrow{\text{P}} X$;

(2) $X_n \xrightarrow{\text{P}} X$ 当且仅当对 $\{X_n\}$ 的任何子列 $\{X_{n'}\}$, 存在其子列 $\{X_{n'_k}\}$, 使

$$X_{n'_k} \to X, \text{a.s.}, \quad k \to \infty.$$

证 (1) 由定理 2.7.2 和依概率收敛的定义即得.

(2) (必要性) 设 $X_n \xrightarrow{\text{P}} X$. 令 $\{X_{n'}\}$ 为 $\{X_n\}$ 的任意一个子列, 则仍有 $X_{n'} \xrightarrow{\text{P}} X$. 由依概率收敛的定义, 存在严格递增序列 $\{n'_k\}$, 使得

$$\mathsf{P}\left(|X_{n'_k} - X| > \frac{1}{k}\right) < \frac{1}{2^k}, \quad k \geqslant 1.$$

于是

$$\mathsf{P}\left(\bigcup_{k=m}^{\infty}\left\{|X_{n'_k} - X| > \frac{1}{k}\right\}\right) < \sum_{k=m}^{\infty}\frac{1}{2^k} \to 0, \quad m \to \infty.$$

由定理 2.7.2 知 $X_{n'_k} \to X$, a.s..

(充分性) 我们用反证法. 假定 X_n 不依概率收敛于 X, 则存在某个 $\epsilon > 0$, 使得

$$\limsup_{n\to\infty} \mathsf{P}(|X_n - X| > \epsilon) > \delta > 0.$$

于是存在 $\{X_n\}$ 的一个子列 $\{X_{n'}\}$, 使得

$$\mathsf{P}(|X_{n'} - X| > \epsilon) > \delta, \quad \forall\, n'.$$

显然, $\{X_{n'}\}$ 中不包含 a.s. 收敛的子列, 矛盾. 充分性得证. ▮

推论 2.7.1 设 D 为 $\mathbb{R}^m$ 中的子集, 随机向量序列 $(X_{1,n}, \cdots, X_{m,n})$ $(n \geqslant 1)$ 和随机向量 $(X_1, \cdots, X_m)$ 在 D 中取值, 且 g 为 D 上的一个实值 Borel 可测函数. 若 g 在 D 上连续, 且 $X_{i,n} \xrightarrow{\text{P}} X_i$ $(n \to \infty)$, $i = 1, \cdots, m$, 则

$$g(X_{1,n}, \cdots, X_{m,n}) \xrightarrow{\text{P}} g(X_1, \cdots, X_m).$$

证 由假设条件知 $g(X_{1,n}, \cdots, X_{m,n})$ 和 $g(X_1, \cdots, X_m)$ 皆为实随机变量. 对任意自然数的子列 $\{n'\}$, 由定理 2.7.5, 存在 $\{n'\}$ 的子列 $\{n'_k\}$, 使得对每个 i $(1 \leqslant i \leqslant m)$, 有 $X_{i,n'_k} \to X_i$, a.s.. 又因为 g 在 D 上连续, 所以

$$g(X_{1,n'_k}, \cdots, X_{m,n'_k}) \to g(X_1, \cdots, X_m), \text{ a.s..}$$

再由定理 2.7.5 可得本推论. ▮

2.7.3 一致可积和平均收敛

定义 2.7.4 一族定义在概率空间 $(\Omega,\mathscr{A},\mathsf{P})$ 上的可积随机变量 $\{X_i, i\in I\}$ 称为一致可积的, 若当 $a\to\infty$ 时,

$$\sup_{i\in I}\int_{\{|X_i|>a\}}|X_i|\to 0,$$

这里的一致是指 a 的选取与 i 无关.

一致可积随机变量族与我们要研究的各种收敛性有很密切的关系, 因此有必要研究随机变量族何时是一致可积的. 显然, 若 X_i $(i\in I)$ 有相同的分布, 则 $\{X_i, i\in I\}$ 是一致可积的.

命题 2.7.1 若存在可积随机变量 X, 使得

$$|X_i|\leqslant X, \text{a.s.},\quad i\in I,$$

则 $\{X_i, i\in I\}$ 是一致可积的. 特别地, 若 I 有限, 则 $\{X_i, i\in I\}$ 是一致可积的.

证 由于 $|X_i|\leqslant X$, a.s., 故对任意 $a>0$, $\{|X_i|>a\}\subseteq\{X>a\}$ 且

$$\int_{\{|X_i|>a\}}|X_i|\leqslant\int_{\{|X|>a\}}|X|,\quad i\in I,$$

从而

$$\sup_{i\in I}\int_{\{|X_i|>a\}}|X_i|\leqslant\int_{\{|X|>a\}}|X|,\quad i\in I.$$

再由期望的单调收敛定理有

$$\lim_{a\to\infty}\sup_{i\in I}\int_{\{|X_i|>a\}}|X_i|\leqslant\lim_{a\to\infty}\int_{\{|X|>a\}}|X|=0.$$

若 I 是有限下标集合, 则取 $X=\sup\limits_{i\in I}|X_i|$, 即得本命题. ∎

直接验证随机变量族的一致可积性往往是不容易的. 下面给出一个一致可积的充要条件, 由它可以较容易验证一致可积性. 为此, 首先提出一致绝对连续的概念.

定义 2.7.5 设 $\{X_i, i\in I\}$ 是一族随机变量. 若对任意 $\epsilon>0$, 存在 $\eta_\epsilon>0$, 只要 $\mathsf{P}(A)<\eta_\epsilon$, $A\in\mathscr{A}$, 就有

$$\sup_{i\in I}\int_A|X_i|<\epsilon,$$

则称 $\{X_i, i\in I\}$ 是一致绝对连续的, 这里的一致是指 η_ϵ 的选取与 i 无关.

定理 2.7.6 随机变量族 $\{X_i, i\in I\}$ 一致可积的充要条件是:

(1) $\{X_i, i\in I\}$ 是一致绝对连续的;

(2) 积分一致有界, 即

$$\sup_{i\in I}\mathsf{E}|X_i|<\infty.$$

证 (必要性) 由一致可积性知, 对任给的 $\epsilon > 0$, 存在 $a > 0$, 使得

$$\sup_{i\in I}\int_{\{|X_i|>a\}}|X_i| < \frac{\epsilon}{2}.$$

取 $\eta_\epsilon = \epsilon/(2a)$, 当 $\mathsf{P}(A) < \eta_\epsilon$ $(A \in \mathscr{A})$ 时, 有

$$\begin{aligned}\sup_{i\in I}\int_A |X_i| &\leqslant \sup_{i\in I}\int_{A\cap\{|X_i|>a\}}|X_i| + \sup_{i\in I}\int_{A\cap\{|X_i|\leqslant a\}}|X_i| \\ &\leqslant \sup_{i\in I}\int_{\{|X_i|>a\}}|X_i| + a\,\mathsf{P}(A) \leqslant \frac{\epsilon}{2}+\frac{\epsilon}{2} = \epsilon,\end{aligned}$$

即 $\{X_i, i\in I\}$ 是一致绝对连续的. 又

$$\sup_{i\in I}\mathsf{E}|X_i| \leqslant a + \sup_{i\in I}\int_{\{|X_i|>a\}}|X_i| < a + \frac{\epsilon}{2} < \infty,$$

故 $\{X_i, i\in I\}$ 是积分一致有界的.

(充分性) 当 $X \geqslant 0$ 时, 有

$$\mathsf{E}[X] \geqslant \int_{\{X\geqslant a\}} X \geqslant a\,\mathsf{P}(X\geqslant a),$$

因此, 由积分一致有界性得

$$\sup_{i\in I}\mathsf{P}(|X_i|\geqslant a) \leqslant \frac{1}{a}\sup_{i\in I}\mathsf{E}|X_i| \to 0, \quad a\to\infty. \tag{2.37}$$

由一致绝对连续性知, 对任意 $\epsilon > 0$, 存在 $\eta_\epsilon > 0$, 只要 $\mathsf{P}(A) < \eta_\epsilon$ $(A\in\mathscr{A})$, 就有

$$\sup_{i\in I}\int_A |X_i| < \epsilon,$$

从而对每个 $i\in I$, 只要 $\mathsf{P}(A_i) < \eta_\epsilon$ $(A_i\in\mathscr{A})$, 就有

$$\int_{A_i}|X_i| < \epsilon. \tag{2.38}$$

令 $A_i = \{|X_i|\geqslant a\}$. 由式 (2.37), 对 $\eta_\epsilon > 0$, 存在 $a > 0$, 使

$$\mathsf{P}(|X_i|\geqslant a) < \eta_\epsilon, \quad \forall\, i\in I,$$

即式 (2.38) 满足. 由此得

$$\sup_{i\in I}\int_{A_i}|X_i| < \epsilon,$$

即充分性得证. ∎

推论 2.7.2 若存在可积随机变量 Y, 使 $|X_i| \leqslant Y$ $(i\in I)$, 则 $\{X_i, i\in I\}$ 是一致绝对连续的. 特别地, 每个可积随机变量的有限族是一致绝对连续的.

除了 a.s. 收敛和依概率收敛外, 还经常用到随机变量序列的平均收敛.

定义 2.7.6 设 $\{X_n, n \geqslant 1\}$ 是可积随机变量族 (或其等价类). 若存在随机变量 X,使

$$\mathsf{E}|X_n - X| \to 0, \quad n \to \infty,$$

则称 X_n 平均收敛于 X, 记为 $X_n \xrightarrow{L_1} X$.

由定义, 若 $X_n \xrightarrow{L_1} X$, 则 X 必为可积的, 因为由 $\mathsf{E}|X_n - X| \to 0$ 知, 当 n 充分大时,

$$\mathsf{E}|X_n - X| \leqslant 1,$$

但 $|X| \leqslant |X_n - X| + |X_n|$, 由期望的单调性得

$$\mathsf{E}|X| \leqslant \mathsf{E}|X_n - X| + \mathsf{E}|X_n| \leqslant 1 + \mathsf{E}|X_n| < \infty.$$

平均收敛的重要性在于它允许在积分号下取极限, 这是下面定理的一个推论.

定理 2.7.7 可积随机变量序列 $\{X_n, n \geqslant 1\}$ 平均收敛于另一可积随机变量 X 的充要条件是

$$\int_A X_n \to \int_A X, \quad 对\ A \in \mathscr{A}\ 一致成立. \tag{2.39}$$

证 (必要性) 因为对任意 $A \in \mathscr{A}$, 有

$$\left|\int_A X_n - \int_A X\right| \leqslant \int_A |X_n - X| \leqslant \mathsf{E}|X_n - X|,$$

其中最右边式子与集合 A 无关, 故必要性成立.

(充分性) 式 (2.39) 是指, 对任意 $\epsilon > 0$, 存在 $N(\epsilon)$, 当 $n \geqslant N(\epsilon)$ 时,

$$\left|\int_A X_n - \int_A X\right| < \frac{\epsilon}{2}, \quad \forall\ A \in \mathscr{A}. \tag{2.40}$$

取 $A_n = \{X_n > X\}$, 由式 (2.40) 得

$$\begin{aligned}\mathsf{E}|X_n - X| &= \int_{A_n} (X_n - X) - \int_{A_n^{\mathrm{c}}} (X_n - X) \\ &= \left(\int_{A_n} X_n - \int_{A_n} X\right) - \left(\int_{A_n^{\mathrm{c}}} X_n - \int_{A_n^{\mathrm{c}}} X\right) \\ &\leqslant \frac{\epsilon}{2} + \frac{\epsilon}{2} = \epsilon,\end{aligned}$$

即充分性成立. ∎

推论 2.7.3 若 $X_n \xrightarrow{L_1} X$, 且 $\mathsf{P}(A_n \Delta A) \to 0$, 则

$$\int_{A_n} X_n \longrightarrow \int_A X.$$

证 由条件知

$$\left|\int_{A_n} X_n - \int_A X\right| \leqslant \left|\int_{A_n} X_n - \int_{A_n} X\right| + \left|\int_{A_n} X - \int_A X\right|$$
$$\leqslant \mathsf{E}|X_n - X| + \int_{A_n \Delta A} |X|.$$

由于 $\mathsf{E}|X| < \infty$, 故 $\{X_n\}$ 是一致可积的, 从而是一致绝对连续的, 因此结论成立. ∎

为了把收敛性推广到下面的 L_p 空间, 以及今后研究工作的需要, 我们介绍一些有关矩的不等式.

2.7.4 矩和矩不等式

随机变量的 p 次幂的期望称为矩, 它们在概率论的研究中占有非常重要的地位, 如在 Markov 不等式、L_p 收敛、截尾法、独立随机变量和的研究中都离不开它.

$\mathsf{E}[X^k]$ $(k \in \mathbb{N})$ 与 $\mathsf{E}|X|^p$ $(p > 0)$ 分别称为随机变量 X 的 k 阶矩及 p 阶绝对矩. 设 $\mathsf{E}[X] = \mu$, $\mathsf{E}[(X-\mu)^k]$ 和 $\mathsf{E}|X-\mu|^p$ 分别称为随机变量 X 的 k 阶中心矩及 p 阶绝对中心矩, 当 $k = 2$ 时称其为方差, 常记为 σ^2 或 $\operatorname{Var} X$. 类似地, 可以对多个随机变量定义它们的混合矩, 例如

$$\mathsf{E}[X^k Y^m], \quad \mathsf{E}[|X|^r|Y|^s], \quad \mathsf{E}[(X-\mu_1)^k(Y-\mu_2)^m], \quad \mathsf{E}[|X-\mu_1|^k|Y-\mu_2|^m].$$

特别地, 称 $\mathsf{E}[(X-\mu_1)(Y-\mu_2)] \triangleq \operatorname{Cov}(X,Y)$ 为随机变量 X 和 Y 的协方差. 关于矩, 我们有如下性质:

(1) 若 $\mathsf{E}|X|^p < \infty$, 则对任意 $r \in [0,p]$, $\mathsf{E}|X|^r < \infty$; 若 k 为不超过 p 的正整数, 则 $\mathsf{E}[X^k]$ 存在且有限.

证 当 $0 \leqslant r \leqslant p$ 时,

$$|X|^r = |X|^r I_{\{|X|\leqslant 1\}} + |X|^r I_{\{|X|>1\}} \leqslant 1 + |X|^p.$$

由此即得.

该性质说明 X 的绝对矩的有限性蕴涵了 X 的所有低阶矩的存在性和有限性.

(2) C_r 不等式

$$\mathsf{E}|X+Y|^r \leqslant C_r\left(\mathsf{E}|X|^r + \mathsf{E}|Y|^r\right),$$

其中

$$C_r = \begin{cases} 1, & 0 < r < 1, \\ 2^{r-1}, & r \geqslant 1. \end{cases}$$

证 当 $r \geqslant 1$ 时, 由 x^r 的凸性及 $|a+b|^r \leqslant (|a|+|b|)^r$ 可得

$$|a+b|^r \leqslant 2^{r-1}(|a|^r + |b|^r).$$

当 $0<r<1$ 时, 若 $0<x\leqslant 1$, 则 $(1+x)^r\leqslant 1+x\leqslant 1+x^r$. 设 $0<b\leqslant a$, 以 b/a 代 x, 经整理即得, 对任意实数 a 和 b, 有

$$|a+b|^r\leqslant C_r(|a|^r+|b|^r).$$

以随机变量 X 和 Y 分别代替 a 和 b, 然后两边取期望即得.

由 C_r 不等式知, 若 X 和 Y 的 p 阶绝对矩有限, 则 $X+Y$ 的 p 阶绝对矩也有限.

(3) Hölder 不等式

设 $p>1$, $1/p+1/q=1$, 则

$$\mathsf{E}|XY|\leqslant (\mathsf{E}|X|^p)^{1/p}\cdot(\mathsf{E}|Y|^q)^{1/q}.$$

(4) Minkowski 不等式

设 $p\geqslant 1$, 则

$$(\mathsf{E}|X+Y|^p)^{1/p}\leqslant (\mathsf{E}|X|^p)^{1/p}+(\mathsf{E}|Y|^p)^{1/p};$$

设 $X\geqslant 0$, $Y\geqslant 0$ 且 $0<p<1$, 则

$$(\mathsf{E}|X+Y|^p)^{1/p}\geqslant (\mathsf{E}|X|^p)^{1/p}+(\mathsf{E}|Y|^p)^{1/p}.$$

这两条性质的证明依赖于如下引理.

引理 2.7.1 (Jensen 不等式) 若 ϕ 是 $\mathbb{R}^n$ 中凸区域 D 上的一个连续凹 (concave) 函数, 则对任何满足 $(X_1,\cdots,X_n)\in D$, a.s. 的可积随机变量 $X_1,\cdots,X_n$, 有

$$\mathsf{E}[\phi(X_1,\cdots,X_n)]\leqslant\phi(\mathsf{E}[X_1],\cdots,\mathsf{E}[X_n]). \tag{2.41}$$

证 $(X_1,\cdots,X_n)\in D$, a.s. 及 D 为凸区域意味着 $(\mathsf{E}[X_1],\cdots,\mathsf{E}[X_n])\in D$. 由凸区域的性质, 存在超平面 π, 使 D 在 π 的一侧. 记 $y_0=\phi(\mathsf{E}[X_1],\cdots,\mathsf{E}[X_n])$, 设 $\lambda_1,\cdots,\lambda_n$ 为 $\mathbb{R}^{n+1}$ 中过点 $(\mathsf{E}[X_1],\cdots,\mathsf{E}[X_n],y_0)$ 且方向在曲面 ϕ 上方的超平面的方向余弦, 即曲面在切平面

$$y-y_0=\sum_{i=1}^n\lambda_i(x_i-\mathsf{E}[X_i])$$

的下方, 故在 D 上,

$$\phi(x_1,\cdots,x_n)\leqslant\phi(\mathsf{E}[X_1],\cdots,\mathsf{E}[X_n])+\sum_{i=1}^n\lambda_i(x_i-\mathsf{E}[X_i]).$$

以 X_i 替换两边的 x_i, 则右边是一个可积随机变量, 其积分为 $\phi(\mathsf{E}[X_1],\cdots,\mathsf{E}[X_n])$, 从而左边 $\phi(X_1,\cdots,X_n)$ 是拟可积的. 两边取期望, 即得式 (2.41). ∎

取

$$\phi(u,v) = u^{\alpha}v^{1-\alpha}, \quad (u,v) \in \mathbb{R}_+^2,\ 0 < \alpha < 1,$$
$$\psi(u,v) = (u^{1/p} + v^{1/p})^p, \quad (u,v) \in \mathbb{R}_+^2,\ p \geqslant 1.$$

易验证 ϕ 和 ψ 都是 $D = \mathbb{R}_+^2$ 上的凹函数. 因此, 对非负随机变量 U 和 V 有

$$\mathsf{E}[U^{\alpha}V^{1-\alpha}] \leqslant (\mathsf{E}[U])^{\alpha} \cdot (\mathsf{E}[V])^{1-\alpha}, \quad 0 < \alpha < 1, \tag{2.42}$$

$$\mathsf{E}\left[\left(U^{1/p} + V^{1/p}\right)^p\right] \leqslant \left[(\mathsf{E}[U])^{1/p} + (\mathsf{E}[V])^{1/p}\right]^p, \quad p \geqslant 1. \tag{2.43}$$

在式 (2.42) 中, 取 $\alpha = 1/p$, $1-\alpha = 1/q$, $U = |X|^p$, $V = |Y|^q$, 即得 Hölder 不等式. 在式 (2.43) 中, 取 $U = |X|^p$, $V = |Y|^p$, 然后两边开 p 次方, 得

$$(\mathsf{E}|X+Y|^p)^{1/p} \leqslant [\mathsf{E}[(|X|+|Y|)^p]]^{1/p} \leqslant (\mathsf{E}|X|^p)^{1/p} + (\mathsf{E}|Y|^p)^{1/p},$$

即 Minkowski 不等式的前半部分. 注意到当 $0 < p < 1$ 时, ψ 是 $D = \mathbb{R}_+^2$ 上的凸函数, 类似可得 Minkowski 不等式的后半部分.

当 $p = q = 2$ 时, Hölder 不等式即为 Schwarz 不等式:

$$(\mathsf{E}|XY|)^2 \leqslant \mathsf{E}[X^2] \cdot \mathsf{E}[Y^2].$$

(5) 设 $r > 0$, 则 $(\mathsf{E}|X|^r)^{1/r}$ 是 r 的非降函数.

证 在 Hölder 不等式中, 取 $Y = 1$, 则对 $p > 1$, 有 $\mathsf{E}|X| \leqslant (\mathsf{E}|X|^p)^{1/p}$. 设 $r_2 > r_1 > 0$, 令 $p = r_2/r_1 > 1$, 以 $|X|^{r_1}$ 替换上式中的 X, 得

$$\mathsf{E}|X|^{r_1} \leqslant (\mathsf{E}|X|^{r_2})^{r_1/r_2}.$$

于是

$$(\mathsf{E}|X|^{r_1})^{1/r_1} \leqslant (\mathsf{E}|X|^{r_2})^{1/r_2}.$$

(6) 设 g 是 $\mathbb{R}$ 上的非负 Borel 可测函数.

① 若 g 为偶函数, 且在 $[0,\infty)$ 上非降, 则对每个 $a \geqslant 0$,

$$\frac{\mathsf{E}[g(X)] - g(a)}{\text{a.s.}\sup g(X)} \leqslant \mathsf{P}(|X| \geqslant a) \leqslant \frac{\mathsf{E}[g(X)]}{g(a)}.$$

② 若 g 在 $\mathbb{R}$ 上非降, 则上式中间可换成 $\mathsf{P}(X \geqslant a)$.

注 这里 $\text{a.s.}\sup Y$ 是随机变量 Y 的几乎上确界, 即存在 $N \in \mathscr{A}$, $\mathsf{P}(N) = 0$, 在 N^{c} 上, $\text{a.s.}\sup Y$ 是随机变量 Y 的上确界.

证 因为 g 是 Borel 可测和非负的, 故 $g(X)$ 是拟可积的. 若 g 为偶函数且在 $[0,\infty)$ 上非降, 令 $A = \{|X| \geqslant a\}$, 则

$$\mathsf{E}[g(X)] = \int_A g(X) + \int_{A^{\mathrm{c}}} g(X),$$

但

$$g(a)\mathsf{P}(A) \leqslant \int_A g(X) \leqslant \text{a.s.}\sup g(X)\cdot\mathsf{P}(A),$$
$$0 \leqslant \int_{A^c} g(X) \leqslant g(a),$$

故

$$g(a)\mathsf{P}(A) \leqslant \mathsf{E}[g(X)] \leqslant \text{a.s.}\sup g(X)\cdot\mathsf{P}(A) + g(a).$$

这就证明了 ①. ② 可类似证明.

最常用的 $g(x)$ 有以下几种:

(a) $g(x) = \mathrm{e}^{tx}$ $(t > 0)$, 则

$$\frac{\mathsf{E}[\mathrm{e}^{tX}] - \mathrm{e}^{ta}}{\text{a.s.}\sup \mathrm{e}^{tX}} \leqslant \mathsf{P}(X \geqslant a) \leqslant \mathrm{e}^{-ta}\mathsf{E}[\mathrm{e}^{tX}].$$

(b) $g(x) = |x|^r$ $(r > 0)$, 则

$$\frac{\mathsf{E}|X|^r - a^r}{\text{a.s.}\sup |X|^r} \leqslant \mathsf{P}(|X| \geqslant a) \leqslant \frac{\mathsf{E}|X|^r}{a^r}.$$

其中右半边称为 Markov 不等式, 当 $r = 2$ 时称为 Chebyshev 不等式.

(c) $g(x) = \dfrac{|x|^r}{1+|x|^r}$ $(r > 0)$, 则由 $0 \leqslant g(x) \leqslant 1$ 知

$$\mathsf{E}\left[\frac{|X|^r}{1+|X|^r}\right] - \frac{a^r}{1+a^r} \leqslant \mathsf{P}(|X| \geqslant a) \leqslant \frac{1+a^r}{a^r}\,\mathsf{E}\left[\frac{|X|^r}{1+|X|^r}\right].$$

2.7.5 L_p 空间和 L_p 收敛定理

设 X 为概率空间 $(\Omega, \mathscr{A}, \mathsf{P})$ 上的随机变量. 对 $p \geqslant 0$, 令

$$\mathscr{L}_p \triangleq \mathscr{L}_p(\Omega, \mathscr{A}, \mathsf{P}) = \{X:\ \mathsf{E}|X|^p < \infty\},$$
$$L_p \triangleq L_p(\Omega, \mathscr{A}, \mathsf{P}) = \{\widetilde{X}:\ \mathsf{E}|X|^p < \infty\},$$

这里 $\widetilde{X}$ 表示 X 的等价类. 当 $p \geqslant 1$ 时, 定义

$$||X||_p = (\mathsf{E}|X|^p)^{1/p}. \tag{2.44}$$

由 Minkowski 不等式及 $||cX||_p = |c|\cdot||X||_p\ (\forall c \in \mathbb{R})$, 可知 $||\cdot||_p$ 是 L_p 上的范数. 定义

$$||X||_\infty = \sup\{x:\ \mathsf{P}(|X| > x) > 0\},$$
$$\mathscr{L}_\infty \triangleq \mathscr{L}_\infty(\Omega, \mathscr{A}, \mathsf{P}) = \{X:\ ||X||_\infty < \infty\},$$
$$L_\infty \triangleq L_\infty(\Omega, \mathscr{A}, \mathsf{P}) = \{\widetilde{X}:\ ||X||_\infty < \infty\},$$

由于对任意 $x>0$ 和 $y>0$,

$$\mathsf{P}(|X+Y|>x+y)\leqslant \mathsf{P}(|X|>x)+\mathsf{P}(|Y|>y),$$

故 $||\cdot||_\infty$ 为 L_∞ 上的范数, 因而当 $p\geqslant 1$ 时空间 L_p 为赋范线性空间. 当 $0<p<1$ 时, 在 L_p 上定义距离

$$d(X,Y)=\mathsf{E}|X-Y|^p;$$

当 $p\geqslant 1$ 时, 定义

$$d(X,Y)=||X-Y||_p.$$

因此, 当 $p>0$ 时, L_p 是线性度量空间.

由矩不等式性质 (5) 知

$$\mathscr{L}_0\supseteq\mathscr{L}_p\supseteq\mathscr{L}_q\supseteq\mathscr{L}_\infty,\quad 0\leqslant p<q\leqslant\infty,$$
$$L_0\supseteq L_p\supseteq L_q\supseteq\mathscr{L}_\infty,\quad 0\leqslant p<q\leqslant\infty.$$

注意到阶梯随机变量所构成的空间是 $\mathscr{L}_\infty$ 的一个子空间, 故是所有 $\mathscr{L}_p$ 的子空间. 其次, $\mathscr{L}_p$ 和 L_p 的差别就在于对应元素一个是随机变量, 另一个是随机变量的等价类, 而 $d(X,Y)=0$ 等价于 $X=Y$, a.s., 因此在同时研究不可数个随机变量时应注意 $\mathscr{L}_p$ 和 L_p 的区别.

下面我们研究 L_p 空间的完备性及收敛问题, 并设 $0<p<\infty$.

定义 2.7.7 设 $\{X_n,n\geqslant 1\}$ 是 L_p 中的随机变量序列, $X\in L_p$. 若

$$\mathsf{E}|X_n-X|^p\to 0,$$

则称 X_n 依 p 阶矩平均收敛于 X, 记为 $X_n\xrightarrow{L_p}X$.

由 C_r 不等式, 当 $X_n\in L_p$ 及 $X\in L_p$ 时, 有

$$\mathsf{E}|X_n-X|^p\leqslant C_p\left(\mathsf{E}|X_n|^p+\mathsf{E}|X|^p\right)<\infty,$$

因此 $\mathsf{E}|X_n-X|^p$ 有意义. 由定义可得 L_p 中依距离 $d(X_n,X)\to 0$ 可推出 $X_n\xrightarrow{L_p}X$. 若 $X_n\xrightarrow{L_p}X$, 则当 $0<p\leqslant 1$ 时, 由 C_r 不等式得

$$|\mathsf{E}|X_n|^p-\mathsf{E}|X|^p|\leqslant\mathsf{E}|X_n-X|^p\to 0;$$

当 $p>1$ 时, 由 Minkowski 不等式得

$$\left|(\mathsf{E}|X_n|^p)^{1/p}-(\mathsf{E}|X|^p)^{1/p}\right|\leqslant(\mathsf{E}|X_n-X|^p)^{1/p}\to 0.$$

因此

$$X_n\xrightarrow{L_p}X\quad\Rightarrow\quad\mathsf{E}|X_n|^p\to\mathsf{E}|X|^p.\tag{2.45}$$

定理 2.7.8 设 $X_n \in L_p$, 则 $X_n \xrightarrow{L_p} X$ 的充要条件是 $X_{n+\nu} - X_n \xrightarrow{L_p} 0$ (对 $\nu \in \mathbb{N}$ 一致成立).

证 (必要性) 设 $X_n \xrightarrow{L_p} X$. 由 C_r 不等式得

$$\mathsf{E}|X_{n+\nu} - X_n|^p \leqslant C_p \left[\mathsf{E}|X_{n+\nu} - X|^p + \mathsf{E}|X_n - X|^p\right] \to 0$$

对 $\nu \in \mathbb{N}$ 一致成立.

(充分性) 设 $X_{n+\nu} - X_n \xrightarrow{L_p} 0$ 对 $\nu \in \mathbb{N}$ 一致成立. 由 Markov 不等式得

$$\mathsf{P}(|X_{n+\nu} - X_n| > \epsilon) \leqslant \epsilon^{-p}\, \mathsf{E}|X_{n+\nu} - X_n|^p \to 0$$

对 $\nu \in \mathbb{N}$ 一致成立, 故 $X_{n+\nu} - X_n \xrightarrow{\mathrm{P}} 0$ 对 $\nu \in \mathbb{N}$ 一致成立. 由定理 2.7.4 和定理 2.7.5 知存在子序列 $\{n_k\}$, 使 $X_{n_k} \to X$, a.s., 于是对每个 m,

$$X_m - X_{n_k} \to X_m - X, \text{a.s.}, \quad k \to \infty.$$

由 Fatou-Lebesgue 引理有

$$\begin{aligned}\mathsf{E}|X_m - X|^p &= \mathsf{E}\left[\lim_{k\to\infty} |X_m - X_{n_k}|^p\right] \\ &\leqslant \liminf_{k\to\infty} \mathsf{E}|X_m - X_{n_k}|^p \to 0, \quad m \to \infty.\end{aligned}$$

于是存在某个 $m_0 > 0$, $\mathsf{E}|X_{m_0} - X|^p < \infty$, 从而由 C_r 不等式知 $X \in L_p$. 因此, $X_n \xrightarrow{L_p} X$. ∎

定理 2.7.8 说明了 L_p 是完备的赋范线性空间, 即 Banach 空间. 类似可证, L_∞ 关于模 $||\cdot||_\infty$ 也是 Banach 空间.

为证下面的 L_p 收敛定理, 我们需要如下改进的 Fatou-Lebesgue 引理和控制收敛定理.

定理 2.7.9 (Vitali 定理) (1) 设 $X_n \leqslant U_n$, $U_n \to U$, a.s., $\mathsf{E}[U_n] \to \mathsf{E}[U]$, 且 U 可积, 则

$$\limsup_{n\to\infty} \mathsf{E}[X_n] \leqslant \mathsf{E}\left[\limsup_{n\to\infty} X_n\right]. \tag{2.46}$$

若 $X_n \geqslant V_n$, $V_n \to V$, a.s., $\mathsf{E}[V_n] \to \mathsf{E}[V]$, 且 V 可积, 则

$$\liminf_{n\to\infty} \mathsf{E}[X_n] \geqslant \mathsf{E}\left[\liminf_{n\to\infty} X_n\right]. \tag{2.47}$$

(2) 设 $|X_n| \leqslant U_n$, a.s., $U_n \xrightarrow{\mathrm{P}} U$, $\mathsf{E}[U_n] \to \mathsf{E}[U]$, U 可积, 且 $X_n \xrightarrow{\mathrm{P}} X$, 则

$$X_n \xrightarrow{L_1} X,$$

特别地, 有 $\mathsf{E}[X_n] \to \mathsf{E}[X]$.

证 结论 (1) 中两个断言是对偶的, 故我们只证第二个断言. 注意到 $X_n - V_n \geqslant 0$, 由 Fatou-Lebesgue 引理有

$$\mathsf{E}\left[\liminf_{n\to\infty}(X_n - V_n)\right] \leqslant \liminf_{n\to\infty}\mathsf{E}[X_n - V_n]. \tag{2.48}$$

而利用条件 $V_n \to V$, a.s., $\mathsf{E}[V_n] \to \mathsf{E}[V]$ 及 V 可积, 得

$$\begin{aligned}
\mathsf{E}\left[\liminf_{n\to\infty}(X_n - V_n)\right] &= -\mathsf{E}\left[\limsup_{n\to\infty}(V_n - X_n)\right] \\
&\geqslant -\mathsf{E}\left[\limsup_{n\to\infty} V_n - \liminf_{n\to\infty} X_n\right] \\
&= -\mathsf{E}[V] + \mathsf{E}\left[\liminf_{n\to\infty} X_n\right], \\
\liminf_{n\to\infty}\mathsf{E}[X_n - V_n] &= -\mathsf{E}[V] + \liminf_{n\to\infty}\mathsf{E}[X_n].
\end{aligned}$$

把以上两式代入式 (2.48) 即可得式 (2.47) .

(2)① 根据定理 2.7.5, 由 $U_n \xrightarrow{\mathrm{P}} U$ 及 $X_n \xrightarrow{\mathrm{P}} X$ 知, 存在子列 $\{n'\}$, 使 $U_{n'} \to U$, a.s. 和 $X_{n'} \to X$, a.s.. 于是 $0 \leqslant U + U_{n'} - |X_{n'} - X|$, a.s.. 由 Fatou-Lebesgue 引理得

$$\begin{aligned}
2\,\mathsf{E}[U] &= \mathsf{E}\left[\liminf_{n\to\infty}(U + U_{n'} - |X_{n'} - X|)\right] \\
&\leqslant \liminf_{n\to\infty}\mathsf{E}[U + U_{n'} - |X_{n'} - X|] \\
&= 2\,\mathsf{E}[U] - \limsup_{n\to\infty}\mathsf{E}|X_{n'} - X|.
\end{aligned}$$

注意到 $\mathsf{E}[U] < \infty$, 所以

$$\limsup_{n\to\infty}\mathsf{E}|X_{n'} - X| \leqslant 0.$$

故 $\mathsf{E}|X_n - X| \to 0$, 即 $X_n \xrightarrow{L_1} X$. ∎

注 在定理 2.7.9 中, 取 $U_n = U$, 则 Vitali 定理即为前面的 Fatou-Lebesgue 引理 (定理 2.4.4) 和控制收敛定理 (定理 2.4.5).

定理 2.7.10 (L_p 收敛定理) 设 $X_n \in L_p\,(p > 0)$, 考虑以下条件:

(1) $X_n \xrightarrow{L_p} X$;

(2) $X_{n+\nu} - X_n \xrightarrow{L_p} X$ 对 $\nu \in \mathbb{N}$ 一致成立;

(3) $X_n \xrightarrow{\mathrm{P}} X$;

(4) $\mathsf{E}|X_n|^p \to \mathsf{E}|X|^p < \infty$;

(5) $\{|X_n|^p, n \geqslant 1\}$ 一致可积;

(6) $\{|X_n|^p, n \geqslant 1\}$ 一致绝对连续;

(7) $\{|X_n - X|^p, n \geqslant 1\}$ 一致绝对连续.

则 (1) $\Leftrightarrow$ (2) $\Leftrightarrow$ (3) + [(4) $\sim$ (7) 中的任一条].

① 本证明由赵林城教授提供.

证　(1) $\Leftrightarrow$ (2): 见定理 2.7.8.

(1) $\Rightarrow$ (3): 由 Markov 不等式可得.

(1) $\Rightarrow$ (4): 见式 (2.45) .

(3) + (4) $\Rightarrow$ (1): 由 C_r 不等式得

$$|X_n - X|^p \leqslant C_p\left[|X|^p + |X_n|^p\right] \triangleq U_n,$$

于是

$$|X_n - X|^p \xrightarrow{\mathrm{P}} 0, \quad U_n \xrightarrow{\mathrm{P}} 2C_p|X|^p, \quad \mathsf{E}[U_n] \to 2C_p\mathsf{E}|X|^p < \infty.$$

故由定理 2.7.9 知 $\mathsf{E}|X_n - X|^p \to 0$, 即 (1) 成立.

(1) $\Rightarrow$ (5): 对任意 $A \in \mathscr{A}$, 利用 C_r 不等式得

$$\int_A |X_n|^p \leqslant C_p\left[\int_A |X|^p + \int_A |X_n - X|^p\right]. \tag{2.49}$$

因为 $X_n \xrightarrow{L_p} X$, 所以对任意 $\epsilon > 0$, 存在 $N(\epsilon)$, 当 $n > N(\epsilon)$ 时, $\mathsf{E}|X_n - X|^p < \epsilon/2$. 又 $X \in L_p$, 故必存在 $\delta_1(\epsilon) > 0$, 当 $\mathsf{P}(A) < \delta_1(\epsilon)$ $(A \in \mathscr{A})$ 时, $\int_A |X|^p < \epsilon/2$. 故此时只要 $\mathsf{P}(A) < \delta_1(\epsilon)$, 就有

$$\sup_{n\geqslant 1}\int_A |X_n|^p \leqslant C_p\epsilon + \sup\left\{\int_A |X_k|^p,\ 1 \leqslant k \leqslant N(\epsilon)\right\}.$$

由于有限族 $\{|X_k|^p, 1 \leqslant k \leqslant N(\epsilon)\}$ 是一致可积的, 故存在 $\delta_2(\epsilon) > 0$, 只要 $\mathsf{P}(A) < \delta_2(\epsilon)$, 就有

$$\int_A |X_i|^p < \epsilon, \quad 1 \leqslant i \leqslant N(\epsilon).$$

取 $\delta(\epsilon) = \min\{\delta_1(\epsilon), \delta_2(\epsilon)\}$, 当 $A \in \mathscr{A}$ 且 $\mathsf{P}(A) < \delta(\epsilon)$ 时, 有

$$\sup_{n\geqslant 1}\int_A |X_n|^p < (C_p + 1)\epsilon,$$

即 $\{|X_n|^p, n \geqslant 1\}$ 一致绝对连续. 再由 $X_n \xrightarrow{L_p} X$, 必存在 N, 当 $n \geqslant N$ 时, $\mathsf{E}|X_n - X|^p \leqslant 1$. 在式 (2.49) 中取 $A = \Omega$, 得

$$\sup_{n\geqslant 1}\mathsf{E}|X_n|^p \leqslant C_p\left[\mathsf{E}|X|^p + 1 + \sup_{1\leqslant n\leqslant N}\mathsf{E}|X_n - X|^p\right] < \infty,$$

即 $\{|X_n|^p, n \geqslant 1\}$ 积分一致有界. 由定理 2.7.6 知 $\{|X_n|^p, n \geqslant 1\}$ 一致可积.

(3) + (5) $\Rightarrow$ (1): 先证 $X \in L_p$. 因为 $X_n \xrightarrow{\mathrm{P}} X$, 所以存在子列 $\{n'\}$, 使 $X_{n'} \to X$, a.s.. 由 Fatou-Lebesgue 引理知

$$\mathsf{E}|X|^p = \mathsf{E}\left[\liminf|X_{n'}|^p\right] \leqslant \liminf\mathsf{E}|X_{n'}|^p \leqslant \sup_{n\geqslant 1}\mathsf{E}|X_n|^p < \infty,$$

即 $X \in L_p$. 又 $\{|X_n|^p, n \geqslant 1\}$ 一致可积, 故也是一致绝对连续的, 即对任意给定的 $\epsilon > 0$, 存在 $\delta(\epsilon) > 0$, 只要 $\mathsf{P}(A) < \delta(\epsilon), \forall A \in \mathscr{A}$, 就有

$$\int_A |X|^p < \epsilon, \quad \int_A |X_n|^p < \epsilon, \quad \forall n \geqslant 1. \tag{2.50}$$

再由 $X_n \xrightarrow{\mathrm{P}} X$ 知必存在 $N(\epsilon)$, 当 $n > N(\epsilon)$ 时,

$$\mathsf{P}(|X_n - X| > \epsilon) < \delta(\epsilon). \tag{2.51}$$

因此, 当 $n > N(\epsilon)$ 时, 利用 C_r 不等式以及式 (2.50)、式 (2.51) 得

$$\begin{aligned}\mathsf{E}|X_n - X|^p &= \int_{\{|X_n - X| > \epsilon\}} |X_n - X|^p + \int_{\{|X_n - X| \leqslant \epsilon\}} |X_n - X|^p \\ &\leqslant C_p \left[\int_{\{|X_n - X| > \epsilon\}} |X_n|^p + \int_{\{|X_n - X| > \epsilon\}} |X|^p\right] + \epsilon^p \\ &\leqslant 2C_p\epsilon + \epsilon^p,\end{aligned}$$

故 $X_n \xrightarrow{L_p} X$.

(1) $\Rightarrow$ (6): 在 (1) $\Rightarrow$ (5) 中已证.

(3) + (6) $\Rightarrow$ (2): 任给 $\epsilon > 0$, 令

$$A_{n\nu} = \{|X_{n+\nu} - X_n| > \epsilon\}, \quad \nu \geqslant 1.$$

由 $X_n \xrightarrow{\mathrm{P}} X$ 知 $X_{n+\nu} - X_n \xrightarrow{\mathrm{P}} 0$ 对 $\nu \in \mathbb{N}$ 一致成立, 故 $\mathsf{P}(A_{n\nu}) \to 0$ 对 ν 一致成立. 再由 $\{|X_n|^p, n \geqslant 1\}$ 一致绝对连续性,

$$\int_{A_{n\nu}} |X_{n+\nu}|^p \to 0, \quad \int_{A_{n\nu}} |X_n|^p \to 0 \quad (\text{对 } \nu \text{ 一致成立}),$$

故先令 $n \to \infty$, 再令 $\epsilon \to 0$, 有

$$\begin{aligned}\mathsf{E}[|X_{n+\nu} - X_n|^p] &= \int_{A_{n\nu}} |X_{n+\nu} - X_n|^p + \int_{A_{n\nu}^{\mathrm{c}}} |X_{n+\nu} - X_n|^p \\ &\leqslant C_p \left[\int_{A_{n\nu}} |X_{n+\nu}|^p + \int_{A_{n\nu}} |X_n|^p\right] + \epsilon^p \\ &\longrightarrow 0 \quad (\text{对 } \nu \text{ 一致成立}),\end{aligned}$$

即 (2) 成立.

(1) $\Rightarrow$ (7): 记 $Y_n = |X_n - X|^p$. 由 $Y_n \xrightarrow{L_1} 0$ 知, 对任给的 $\epsilon > 0$, 存在 N, 当 $n > N$ 时, $\mathsf{E}[Y_n] < \epsilon$. 对于给定的 N, $\{Y_n, 1 \leqslant n \leqslant N\}$ 是一致可积的, 故存在 $\delta(\epsilon) > 0$, 当 $\mathsf{P}(A) < \delta(\epsilon)$ $(A \in \mathscr{A})$ 时,

$$\sup_{1 \leqslant n \leqslant N} \int_A Y_n < \epsilon.$$

因此, 只要 $\mathsf{P}(A)<\delta(\epsilon)$, 就有

$$\sup_{n\geqslant 1}\int_A Y_n \leqslant \sup_{1\leqslant n\leqslant N}\int_A Y_n+\epsilon<\epsilon+\epsilon=2\epsilon,$$

即条件 (7) 成立.

(3) + (7) ⇒ (1): 记 $Y_n=X_n-X$, 则 $\{|Y_n|^p, n\geqslant 1\}$ 一致绝对连续, 且 $Y_n\xrightarrow{\mathrm{P}}0$. 由于条件 (3) 和 (6) 蕴涵条件 (1), 故 $Y_n\xrightarrow{L_p}0$, 即 $X_n\xrightarrow{L_p}X$. ∎

推论 2.7.4　设 $p>0$, 若 $|X_n|\leqslant Y\ (n\geqslant 1)$, $Y\in L_p$, $X_n\xrightarrow{\mathrm{P}}X$, 则 $X_n\xrightarrow{L_p}X$.

证　由于 $|X_n|\leqslant Y$, $n\geqslant 1$, 故根据命题 2.7.1 知 $\{|X_n|^p, n\geqslant 1\}$ 是一致可积的. 从而由定理 2.7.10 中 (3) + (5) ⇒ (1) 得 $X_n\xrightarrow{L_p}X$. ∎

推论 2.7.5　设 $X_n\in L_p$, $p>0$, $\sup\limits_{n\geqslant 1}\mathsf{E}|X_n|^p=C<\infty$, $X_n\xrightarrow{\mathrm{P}}X$, 则对任意 $r\in(0,p)$, 有 $X_n\xrightarrow{L_r}X$.

证　对任意 $A\in\mathscr{A}$ 和 $n\geqslant 1$, 有

$$\begin{aligned}\int_A|X_n|^r&=\int_{A\cap\{|X_n|>a\}}|X_n|^r+\int_{A\cap\{|X_n|\leqslant a\}}|X_n|^r\\&\leqslant\int_{\{|X_n|>a\}}|X_n|^r+a^r\mathsf{P}(A)\\&\leqslant a^{-(p-r)}\int_{\{|X_n|>a\}}|X_n|^p+a^r\mathsf{P}(A)\\&\leqslant Ca^{-(p-r)}+a^r\mathsf{P}(A).\end{aligned}$$

任给 $\epsilon>0$, 取充分大的 a, 使得 $Ca^{-(p-r)}<\epsilon/2$. 取 $\delta(\epsilon)=\epsilon a^{-r}/2$, 只要 $\mathsf{P}(A)<\delta(\epsilon)$, 就有

$$\sup_{n\geqslant 1}\int_A|X_n|^r<\epsilon,$$

即 $\{|X_n|^r, n\geqslant 1\}$ 一致绝对连续. 再由定理 2.7.10 中 (3) + (6) ⇒ (1), 我们有 $X_n\xrightarrow{L_r}X$. ∎

推论 2.7.6　设 $X_n\xrightarrow{L_p}X$, 则对任意 $r\in(0,p)$ 有 $X_n\xrightarrow{L_r}X$.

证　由矩的性质 (5) 有

$$(\mathsf{E}|X_n-X|^r)^{1/r}\leqslant(\mathsf{E}|X_n-X|^p)^{1/p}\to 0.$$

所以 $X_n\xrightarrow{L_r}X$. ∎

习　题

1. 证明: 单调函数是可测的.

2. 设 $\mathscr{F}$ 为 $\mathbb{R}$ 中的一个 σ 代数. 证明: $\mathscr{B} \subseteq \mathscr{F}$ 的充要条件是每个连续函数都是 $\mathscr{F}$ 可测的. 由此说明 $\mathscr{B}$ 是关于所有连续函数都可测的最小 σ 代数.

3. 设 $(\Omega, \mathscr{A})$ 为一可测空间, $\mathscr{C}$ 是生成 $\mathscr{A}$ 的一个代数. 令 $\mathscr{H}$ 为 Ω 上的一族非负实值可测函数, 满足以下条件:

   (a) 若 $f, g \in \mathscr{H}$, $\alpha, \beta > 0$, 则 $\alpha f + \beta g \in \mathscr{H}$;

   (b) 若 $f_n \in \mathscr{H}$ $(n \geqslant 1)$, $f_n \uparrow f$ 且 f 有限 (有界) 或 $f_n \downarrow f$, 则 $f \in \mathscr{H}$;

   (c) 对任意 $A \in \mathscr{C}$, 有 $I_A \in \mathscr{H}$.

   证明: $\mathscr{H}$ 包含 Ω 上所有非负实值 (有界) 的 $\mathscr{A}$ 可测函数.

4. 设 $(\Omega, \mathscr{A})$ 为一个可测空间, $\mathscr{C} = \{A_n, n \geqslant 1\}$ 为 Ω 的一个可列分割, $\mathscr{T} = \sigma(\mathscr{A} \cup \mathscr{C})$. 若 g 为 Ω 上的一个 $\mathscr{T}$ 可测实值函数, 则存在一列 $\mathscr{A}$ 可测实函数 $\{f_n, n \geqslant 1\}$, 使得

$$g = \sum_{n=1}^{\infty} f_n I_{A_n}.$$

5. (Egorov(叶果洛夫) 定理) 设 f_n 和 f 是有限值的 $\mathscr{A}$ 可测函数, 满足对任意 $w \in A \in \mathscr{A}$, 有 $f_n(w) \to f(w)$, 其中 $\mu(A) < \infty$ (μ 为 $\mathscr{A}$ 上的测度). 证明: 对任意 $\epsilon > 0$, 存在 A 的子集 $B \in \mathscr{A}$, 使得 $\mu(B) < \epsilon$, 而在 $A - B$ 上 f_n 一致收敛于 f.

6. 设 $(\Omega, \overline{\mathscr{A}}, \overline{\mathsf{P}})$ 为 $(\Omega, \mathscr{A}, \mathsf{P})$ 的完备化概率空间. 试证: 对任意 $\overline{\mathscr{A}}$ 可测函数 f, 必存在一个 $\mathscr{A}$ 可测的函数 $\widetilde{f}$, 使得 $f = \widetilde{f}(\text{a.s.}\overline{\mathsf{P}})$.

7. 设 $\mathcal{H}$ 是定义在可测空间 $(\Omega, \mathscr{A})$ 上满足如下条件的有界可测函数所形成的向量空间:

   (a) $1 \in \mathcal{H}$;

   (b) 对 $\forall f, g \in \mathcal{H}$, 有 $\sup(f, g) \in \mathcal{H}$;

   (c) 若 $f_n \uparrow$, $f_n \in \mathcal{H}$ 且 $|f_n| \leqslant M < \infty$, 则 $\lim f_n \in \mathcal{H}$.

   证明: 存在 $\mathscr{A}$ 的一个子 σ 代数 $\mathscr{B}$, 使得 $\mathcal{H}$ 是所有有界 $\mathscr{B}$ 可测函数所组成的空间.

   提示: 令 $\mathscr{B} = \{B: I_B \in \mathcal{H}\}$. 对 $\forall f \in \mathcal{H}$, 为证 $\{f > a\} \in \mathscr{B}$, 只需注意到

$$I_{\{f>a\}} = \lim_{n \to \infty} \uparrow \inf\{1, n(f-a)_+\}.$$

8. 考虑概率空间 $([0,1], \mathscr{B}([0,1]), \lambda)$, 其中 λ 为 Lebesgue 测度, 定义随机变量 $X(w) = w$, $w \in [0,1]$. 证明: 不存在一个非退化的随机变量与 X 相互独立.

9. 设 $\{Z_n, n \geqslant 1\}$ 为独立同分布的 Bernoulli 随机变量, 满足 $\mathsf{P}(Z_1 = 1) = \mathsf{P}(X_1 = 0) = 1/2$. 定义

$$X = \sum_{n=1}^{\infty} \frac{Z_n}{2^n}.$$

   (1) 证明: $X \sim U(0,1)$.

   (2) 基于 $\{Z_n, n \geqslant 1\}$, 构造独立同分布的随机变量序列 $\{X_n, n \geqslant 1\}$, 使得 $X_1 \sim U(0,1)$.

10. 设随机变量 $X \sim F_X$, $g(x)$ 是一个单调不增且左连续的实可测函数. 证明:

$$F_{g(X)}^{-1}(p) = g\big(F_X^{-1}(p)\big), \quad p \in (0,1),$$

其中 F_X^{-1} 为 F_X 的左逆, 由式 (2.5) 定义.

11. 设随机变量 $X_1, X_2, \cdots, X_n$ 同单调, 记 $S = \sum\limits_{i=1}^{n} X_i$. 证明:

$$F_S^{-1}(p) = \sum_{i=1}^{n} F_{X_i}^{-1}(p), \quad p \in (0,1).$$

12. 设随机变量 X 和 Y 有有限的期望. 证明:

$$\mathsf{E}[Y] - \mathsf{E}[X] = \int_{-\infty}^{\infty} \big[\mathsf{P}(X < t \leqslant Y) - \mathsf{P}(Y < t \leqslant X)\big]\,\mathrm{d}t.$$

13. 设 $X_1, X_2, \cdots, X_n$ 独立同分布, X_1 的概率密度函数为

$$f(x) = \frac{1}{\pi(1+x^2)}, \quad \forall\, x \in \mathbb{R}.$$

记 $X_{1:n} \leqslant X_{2:n} \leqslant \cdots \leqslant X_{n:n}$ 为 $X_1, X_2, \cdots, X_n$ 的次序统计量. 证明: $\mathsf{E}[X_{1:n}]$ 和 $\mathsf{E}[X_{n:n}]$ 不存在, 但对 $j = 2, 3, \cdots, n-1$, $\mathsf{E}[X_{j:n}]$ 存在.

14. 用控制收敛定理, 证明: 若 $\sum\limits_{n=1}^{\infty} |b_n| < \infty$, $\lim\limits_{n\to\infty} a_{nk} = a_k$, $|a_{nk}| \leqslant M < \infty$, 则

$$\lim_{n\to\infty} \sum_{k=1}^{\infty} a_{nk} b_k = \sum_{k=1}^{\infty} a_k b_k.$$

15. 控制收敛定理中的条件 $|X_n| \leqslant Y$, 能否改为 $\mathsf{E}|X_n| \leqslant \mathsf{E}|Y|$?

16. 证明: 若 μ_n 是可测空间 $(\Omega, \mathscr{A})$ 上的一列非零有限测度, 则存在有限测度 μ, 使得 $\mu_n \ll \mu$.

17. 若 ν 为概率空间 $(\Omega, \mathscr{A}, \mathsf{P})$ 上的有限符号测度, 且 $\nu \ll \mathsf{P}$. 试用 Radon-Nikodym 定理和不用 Radon-Nikodym 定理证明: 对任意 $\epsilon > 0$, 存在 $\delta > 0$, 当 $\mathsf{P}(A) < \delta$ 时, 有 $|\nu(A)| < \epsilon$. 当然, 这一结论当用 σ 有限测度 μ 代替 P 时仍成立.

18. (Nikodym 微商) 说明以下诸式的精确含义 (可以以 (2) 为例), 然后证明:

(1) $\dfrac{\mathrm{d}(\nu_1+\nu_2)}{\mathrm{d}\mu} = \dfrac{\mathrm{d}\nu_1}{\mathrm{d}\mu} + \dfrac{\mathrm{d}\nu_2}{\mathrm{d}\mu}$;

(2) $\dfrac{\mathrm{d}\nu}{\mathrm{d}\lambda} = \dfrac{\mathrm{d}\nu}{\mathrm{d}\mu} \cdot \dfrac{\mathrm{d}\mu}{\mathrm{d}\lambda}$, 其中 $\nu \ll \mu \ll \lambda$;

(3) $\dfrac{\mathrm{d}\nu}{\mathrm{d}\mu} = \left(\dfrac{\mathrm{d}\mu}{\mathrm{d}\nu}\right)^{-1}$, 其中 ν 与 μ 等价 (即 $\nu \ll \mu$ 及 $\mu \ll \nu$).

(以上都假定所述测度和符号测度为 σ 有限的.)

19. 设 ν, μ 为 $(\Omega, \mathscr{F})$ 上的两个有限测度, $\nu \ll \mu$, $w = \mu + \nu$. 证明:

(1) $\nu \ll w$;

(2) 若 $\dfrac{\mathrm{d}\nu}{\mathrm{d}w} = f$, 则 $0 \leqslant f < 1$ a.e. (μ), 且 $\dfrac{\mathrm{d}\nu}{\mathrm{d}\mu} = \dfrac{f}{1-f}$.

20. 设 F 为 $\mathbb{R}$ 上的分布函数, F^* 为 F 对应的测度 (即 Lebesgue-Stieljes 测度), μ 为 L 测度. 证明: $F^* \ll \mu$ 的充要条件是 F 在任一有界区间 $[A,B]$ 上绝对连续, 即对任意 $\epsilon > 0$, 存在 $\delta > 0$, 只要 $(a_i,b_i] \subseteq [A,B]$ $(1 \leqslant i \leqslant m)$, 且两两不交, 就有 $\sum\limits_{i=1}^{m}(b_i - a_i) < \delta$, 则

$$\sum_{i=1}^{m}[F(b_i) - F(a_i)] < \epsilon.$$

21. 举例说明在 Radon-Nikodym 定理中 μ 的 σ 有限条件不能取消.
22. 设 f 是概率空间 $(\Omega, \mathscr{A}, \mathsf{P})$ 上的可测函数, f 关于 P 的不定积分存在. 令

$$\varphi(A) = \int_A f \,\mathrm{d}\mathsf{P}, \quad A \in \mathscr{A}.$$

证明:

$$\varphi^+(A) = \int_A f^+ \,\mathrm{d}\mathsf{P}, \quad \varphi^-(A) = \int_A f^- \,\mathrm{d}\mathsf{P}.$$

23. 设 $\mathsf{P}_1, \mathsf{P}_2$ 是可测空间 $(\Omega, \mathscr{A})$ 上的两个概率, 记 $\varphi = \mathsf{P}_1 - \mathsf{P}_2$, 且 φ^+, φ^- 为 φ 的 Jordan-Hahn 分解. 证明: $\varphi^+ \leqslant \mathsf{P}_1$, $\varphi^- \leqslant \mathsf{P}_2$.
24. 证明: 若 φ 为一个有限符号测度, A 为 $|\varphi|$ 的一个原子, 则 $|\varphi|(A) = |\varphi(A)|$.
25. 设 X 和 Y 为离散型随机变量, 其概率函数分别为 $p_i = \mathsf{P}(X = x_i) > 0$, $q_i = \mathsf{P}(Y = y_i) > 0$ $(i = 1, 2, \cdots)$. 证明:

$$\sum_{i=1}^{\infty} p_i \ln \frac{q_i}{p_i} \leqslant 0, \quad 2\sum_{i=1}^{\infty} p_i \ln \frac{p_i}{q_i} \geqslant \sum_{i=1}^{\infty} p_i (p_i - q_i)^2,$$

且等号成立当且仅当 $p_i = q_i$ $(i = 1, 2, \cdots)$, 即 X 与 Y 同分布.

提示: 用 $\ln x$ 在 $x = 1$ 处的 Taylor 展开.

26. 证明: 若 X 和 Y 为连续型随机变量, 其概率密度分别为 f 和 g, 则

$$\int_S f \ln \frac{f}{g} \geqslant 0,$$

其中 $S = \{f > 0\}$.

27. (Cantelli 不等式, 亦称单侧 Chebyshev 不等式) 设 X 为随机变量, $\mathsf{E}[X] = \mu$, $\operatorname{Var} X = \sigma^2$, 证明:

$$\mathsf{P}(X - \mu \leqslant \lambda) \leqslant \frac{\sigma^2}{\sigma^2 + \lambda^2}, \quad \forall \lambda < 0,$$

$$\mathsf{P}(X - \mu \leqslant \lambda) \geqslant \frac{\lambda^2}{\sigma^2 + \lambda^2}, \quad \forall \lambda \geqslant 0.$$

28. (二维 Chebyshev 不等式) 设 $\mathsf{E}[X_i] = \mu_i$, $\operatorname{Var} X_i = \sigma_i^2$, $\sigma_i > 0$ $(i = 1, 2)$, 且 $\operatorname{Cov}(X_1, X_2) = \rho\sigma_1\sigma_2$, 则

$$\mathsf{P}\left(\max\left\{\frac{|X_1 - \mu_1|}{\sigma_2}, \frac{|X_2 - \mu_2|}{\sigma_2}\right\} > \lambda\right) \leqslant \frac{1 + \sqrt{1 - \rho^2}}{\lambda^2}, \quad \lambda > 0.$$

29. (1) 设 X 和 Y 为相互独立的随机变量, 且 $\mathsf{E}|X| < \infty$, $\mathsf{E}|Y| < \infty$, 记 X 和 Y 的分布函数分别为 F 和 G. 证明:

$$\mathsf{E}|X+Y| - \mathsf{E}|X-Y| = 2\int_0^\infty [1-F(u)-F(-u)][1-G(u)-G(-u)]\,\mathrm{d}u.$$

(2) 设 X 和 Y 为独立同分布的随机变量, 且 $\mathsf{E}|X| < \infty$. 证明:

$$\mathsf{E}|X+Y| \geqslant \mathsf{E}|X-Y|, \quad \mathsf{E}|X+Y| \geqslant \mathsf{E}|X|.$$

(安鸿志, 2006)

30. 设 $e_1, e_2, \cdots, e_n$ 独立同分布, 满足 $\mathsf{E}[e_1] = 0$, 且 $h_1, h_2, \cdots, h_n$ 为实数. 证明:

$$\mathsf{E}\left|\sum_{i=1}^n h_i e_i\right| \leqslant 2\,\mathsf{E}\left|\sum_{i=1}^n |h_i| e_i\right|.$$

31. 设随机变量 $X_1, X_2, \cdots, X_n$ 相互独立, 皆服从参数为 1 的指数分布, 其次序统计量为 $X_{1:n} \leqslant X_{2:n} \leqslant \cdots \leqslant X_{n:n}$. 证明:

$$\mathsf{E}\left[\frac{1}{n}\sum_{i=1}^n X_{i:n}\mathrm{e}^{-X_i}\right] \leqslant \frac{\sqrt{6}}{3}.$$

32. 设 $X_1, X_2, \cdots, X_n$ 相互独立, 皆服从参数为 1 的指数分布, 其次序统计量为 $X_{1:n} \leqslant X_{2:n} \leqslant \cdots \leqslant X_{n:n}$; $Y_1, Y_2, \cdots, Y_n$ 相互独立, 皆服从 $(0,1)$ 上的均匀分布, 其次序统计量为 $Y_{1:n} \leqslant Y_{2:n} \leqslant \cdots \leqslant Y_{n:n}$. 证明:

$$\mathsf{E}\left[\frac{1}{n}\sum_{i=1}^n X_{i:n} Y_{n-i+1:n}\right] \leqslant \frac{\sqrt{6}}{3}.$$

33. (1) 证明:

$$X_n \xrightarrow{\mathrm{P}} X \quad \Leftrightarrow \quad \mathsf{E}\left[\frac{|X_n - X|^r}{1+|X_n - X|^r}\right] \to 0,\ r > 0.$$

(2) 设 $\mathcal{L}$ 为随机变量的全体, 对 $X, Y \in \mathcal{L}$, 令

$$d(X,Y) = \mathsf{E}\left[\frac{|X-Y|}{1+|X-Y|}\right],$$

证明: d 为 $\mathcal{L}$ 中的一个距离. 由 (1) 知, 在此距离下 $\mathcal{L}$ 是一个完备的距离空间, 并且依距离收敛等价于依概率收敛.

34. (1) 举例说明 $X_n \to X$, a.s. 不能保证 $\mathsf{E}[X_n] \to \mathsf{E}[X]$, 其中 X_n, X 均可积.

(2) 证明: 若 $X_n \geqslant 0$ $(\forall n \geqslant 1)$, 且 $X_n \xrightarrow{\mathrm{P}} X$ 及 $\mathsf{E}[X_n] \to \mathsf{E}[X]$, 则 $X_n \xrightarrow{L_1} X$.

35. 证明: 对概率空间 $(\Omega, \mathscr{A}, \mathsf{P})$ 上的任一随机变量序列 $\{X_n, n \geqslant 1\}$, 几乎处处收敛与依概率收敛等价的充要条件是概率空间 $(\Omega, \mathscr{A}, \mathsf{P})$ 是纯原子的.

36. 在非纯原子的概率空间上, 证明:

(1) 在随机变量之间无法引入距离, 使按此距离收敛与几乎处处收敛等价;

(2) 有限随机变量全体构成的空间无法赋范, 使在此范数下收敛与依概率收敛等价.

37. (1) 在定理 2.7.3 中, 若去掉 $\{\epsilon_n, n \geqslant 1\}$ 可和的条件, 问 $\{X_n\}$ 是否 a.s. 收敛?

(2) 若 $\epsilon_n \downarrow 0$, X 和 X_n 为随机变量, 且

$$\sum_{n=1}^{\infty} \mathsf{P}(|X_n - X| \geqslant \epsilon_n) < \infty,$$

证明: $X = \lim_{n\to\infty} X_n$, a.s..

38. 设 T 为非空集合, 一族随机变量 $\{X_t, t \in T\}$ 称为胎紧的, 若

$$\lim_{a\to\infty} \sup_{t\in T} \mathsf{P}(|X_t| > a) = 0.$$

证明: 一族随机变量 $\{X_t, t \in T\}$ 是胎紧的当且仅当存在一个单调增函数 $f : \mathbb{R}_+ \to \mathbb{R}_+$, $f(\infty) = \infty$, 使得

$$\sup_{t\in T} \mathsf{E}[f(|X_t|)] < \infty.$$

39. 证明: 若 $\{X_n, n \geqslant 1\}$ 为一致可积随机变量族, 则

$$\mathsf{E}\left[\frac{1}{n} \sup_{1\leqslant j\leqslant n} |X_j|\right] \to 0, \quad n \to \infty.$$

提示: 对任意随机变量 $U \geqslant 0$, $V \geqslant 0$, 若 U, V 可积, 则对任意 $a \geqslant 0$, 有

$$\int_{\{\sup(U,V)>a\}} \sup(U, V) \leqslant \int_{\{U>a\}} U + \int_{\{V>a\}} V.$$

40. 设 $\{X_i, i \in I\}$ 为随机变量族, f 为定义在 $[0, \infty)$ 上的实值正可测函数, 满足

$$\lim_{x\to\infty} \frac{f(x)}{x} = \infty \quad 且 \quad \sup_{i\in I} \mathsf{E}\left[f(|X_i|)\right] < \infty,$$

证明: $\{X_i, i \in I\}$ 一致可积.

41. (1) 设概率空间 $(\Omega, \mathscr{A}, \mathsf{P})$ 无原子. 证明: 随机变量族的一致可积性等价于一致绝对连续性.

(2) 设 $\{X_i, i \in I\}$ 为 $(\Omega, \mathscr{A}, \mathsf{P})$ 上一致绝对连续的随机变量族, $\{A_j, j \geqslant 1\}$ 为 Ω 的原子. 证明: $\{X_i, i \in I\}$ 是一致可积的当且仅当对每个 $j \geqslant 1$, 存在正数 M_j, 使

$$|X_i(w)| = a_{ij} \leqslant M_j, \quad w \in A_j.$$

42. 设 $X_n \to X$, a.s., 其中 X_n 和 X 为随机变量. 证明: 对任意 $\epsilon > 0$, 必存在 $M(\epsilon) > 0$, 使

$$\mathsf{P}\left(\sup_{n\geqslant 1} |X_n| \leqslant M(\epsilon)\right) > 1 - \epsilon.$$

43. 设 $\{X_n, n \geqslant 1\}$ 是一致可积随机变量族. 证明:

$$\mathsf{E}\left[\liminf_{n\to\infty} X_n\right] \leqslant \liminf_{n\to\infty} \mathsf{E}[X_n], \quad \mathsf{E}\left[\limsup_{n\to\infty} X_n\right] \geqslant \limsup_{n\to\infty} \mathsf{E}[X_n].$$

44. 设 $\{X_n, n \geqslant 1\}$ 为概率空间 $(\Omega, \mathscr{A}, \mathsf{P})$ 上的随机变量序列. 若对任意 $\epsilon > 0$, 存在 $N \in \mathscr{A}$, $\mathsf{P}(N) < \epsilon$, 在 N^c 上 $\{X_n\}$ 一致收敛于 X, 则称 X_n 几乎一致收敛于 X, 记作 $X_n \to X$, a.un (almost uniform). 证明: $X_n \to X$, a.un 的充要条件为, 对任意 $\epsilon > 0$, 有

$$\mathsf{P}\left(\bigcup_{v=1}^{\infty}\{|X_{n+v} - X| \geqslant \epsilon\}\right) \to 0, \quad n \to \infty.$$

从而说明 a.un 收敛与 a.s. 收敛是等价的. 若把 P 改为一般的测度, 试问两者是否等价?

45. 设 X 有分布函数 F. 证明:

(1) $\mathsf{E}[X^+] < \infty$ 当且仅当对某个 α, 有

$$\int_{\alpha}^{\infty}[-\log F(t)]\,\mathrm{d}t < +\infty.$$

(2) 更精确地, 若 α 和 $F(\alpha)$ 为正值, 则

$$\begin{aligned}\int_{\{X>\alpha\}} X\,\mathrm{d}\mathsf{P} &\leqslant \alpha[-\log F(\alpha)] + \int_{\alpha}^{\infty}[-\log F(t)]\,\mathrm{d}t \\ &\leqslant \frac{1}{F(\alpha)}\int_{\{X>\alpha\}} X\,\mathrm{d}\mathsf{P}.\end{aligned}$$

46. 设 $X_1, X_2, \cdots, X_n$ 独立同分布, 且有有限的二阶矩. 证明:

$$n\,\mathsf{P}\left(|X_1| \geqslant \epsilon n^{1/2}\right) \to 0, \quad n^{-1/2}\max_{1\leqslant k\leqslant n} X_k \xrightarrow{\mathrm{P}} 0.$$

第 3 章　乘积空间和随机函数

3.1　二维乘积空间和 Fubini 定理

3.1.1　乘积可测空间

设 Ω_1 和 Ω_2 为两个集合, 令

$$\Omega_1 \times \Omega_2 = \left\{ \boldsymbol{w} \triangleq (w_1, w_2):\ w_i \in \Omega_i,\ i = 1, 2 \right\},$$

称 $\Omega_1 \times \Omega_2$ 为 Ω_1 与 Ω_2 的乘积; $\Omega_1 \times \Omega_2$ 到 Ω_i 的映射 π_i:

$$\pi_i(\boldsymbol{w}) = w_i, \quad \boldsymbol{w} \in \Omega_1 \times \Omega_2$$

称为投影映射, w_i 称为 $\boldsymbol{w}$ 的第 i 个坐标, $i = 1, 2$.

设 $A \subseteq \Omega_1 \times \Omega_2$, A_{w_1} 表示 A 在 w_1 处的截口, 即

$$A_{w_1} = \{w_2:\ (w_1, w_2) \in A\}.$$

A_{w_1} 是 Ω_2 的子集. 对固定的 $w_1 \in \Omega_1$, 若 $A, A^i\ (i \in I)$ 为 $\Omega_1 \times \Omega_2$ 的子集, 则容易验证

$$\left(\bigcap_{i \in I} A^i \right)_{w_1} = \bigcap_{i \in I} A^i_{w_1}, \quad \left(\bigcup_{i \in I} A^i \right)_{w_1} = \bigcup_{i \in I} A^i_{w_1},$$
$$(A^{\mathrm{c}})_{w_1} = (A_{w_1})^{\mathrm{c}},$$

即截口在集合的并、交、余运算下是封闭的. 若 X 是 $\Omega_1 \times \Omega_2$ 到任一空间中的一个映射, 用 X_{w_1} 表示 X 在 w_1 处的截口, 即在 Ω_2 上由

$$X_{w_1}(w_2) = X(w_1, w_2)$$

定义的映射.

$\Omega_1 \times \Omega_2$ 中的矩形定义为 $A = A_1 \times A_2 = \{(w_1, w_2):\ w_1 \in A_1, w_2 \in A_2\}$. 矩形 $A = \emptyset$ 的充要条件是 $A_1 = \emptyset$ 或 $A_2 = \emptyset$. 矩形的截口 $(A_1 \times A_2)_{w_1}$ 按 $w_1 \in A_1$ 或 $w_1 \in A_1^{\mathrm{c}}$ 而分别为 A_2 和 $\emptyset$.

设 $\mathscr{A}_1$ 和 $\mathscr{A}_2$ 分别是 Ω_1 和 Ω_2 上的 σ 代数. 若 $A_i \in \mathscr{A}_i$ $(i = 1, 2)$, 则称矩形 $A_1 \times A_2$ 为可测的. 容易验证 $\Omega_1 \times \Omega_2$ 上所有可测矩形的全体构成一个半代数. 由该半代数生成的代数是由不交可测矩形的有限和. 由这个代数生成的 σ 代数记为 $\mathscr{A}_1 \times \mathscr{A}_2$, 并称之为 $\mathscr{A}_1$ 和 $\mathscr{A}_2$ 的乘积 σ 代数. 由此, 我们定义:

定义 3.1.1　可测空间 $(\Omega_1 \times \Omega_2, \mathscr{A}_1 \times \mathscr{A}_2)$ 称为可测空间 $(\Omega_1, \mathscr{A}_1)$ 和 $(\Omega_2, \mathscr{A}_2)$ 的乘积 (可测空间).

命题 3.1.1　对于每个固定的 $w_1 \in \Omega_1$, $(\Omega_1 \times \Omega_2, \mathscr{A}_1 \times \mathscr{A}_2)$ 中的可测集 A 在 w_1 处的截口 A_{w_1} 是 $(\Omega_2, \mathscr{A}_2)$ 中的可测集; 定义在 $(\Omega_1 \times \Omega_2, \mathscr{A}_1 \times \mathscr{A}_2)$ 上的每个随机变量 X 的截口 X_{w_1} 是 $(\Omega_2, \mathscr{A}_2)$ 上的随机变量.

证　令

$$\mathscr{C}_{w_1} = \{A:\ A \subseteq \Omega_1 \times \Omega_2,\ A_{w_1} \in \mathscr{A}_2\}.$$

易见每个可测矩形属于 $\mathscr{C}_{w_1}$, 且 $\mathscr{C}_{w_1}$ 在余运算和可列交、可列并运算下封闭, 故 $\mathscr{C}_{w_1} \supseteq \mathscr{A}_1 \times \mathscr{A}_2$.

设 B 为任一 Borel 集. 由于

$$\begin{aligned}\{w_2:\ X_{w_1}(w_2) \in B\} &= \{w_2:\ X(w_1, w_2) \in B\} \\ &= \{w_2:\ (w_1, w_2) \in X^{-1}(B)\} \\ &= (X^{-1}(B))_{w_1},\end{aligned}$$

因此由命题前半部分知 $(X^{-1}(B))_{w_1} \in \mathscr{A}_2$, 即 X_{w_1} 是 $(\Omega_2, \mathscr{A}_2)$ 上的随机变量. ∎

若 $\Omega_1 \times \Omega_2$ 的子集 $A = \Omega_1 \times A_2$, 则称 A 为 $\Omega_1 \times \Omega_2$ 中以 A_2 为底的柱集. 子集类 $\{\Omega_1 \times A_2 : A_2 \in \mathscr{A}_2\}$ 是 $\mathscr{A}_1 \times \mathscr{A}_2$ 中的一个子 σ 代数, 它同构于 Ω_2 中可测集的 σ 代数 $\mathscr{A}_2$. 如果不发生混淆的话, 我们就用 $\mathscr{A}_2$ 来记这个子 σ 代数. 上述命题允许我们用另一种方法来表征这个 σ 代数, 即:

推论 3.1.1　$\mathscr{A}_1 \times \mathscr{A}_2$ 的子 σ 代数

$$\mathscr{A}_2 = \{B:\ B \in \mathscr{A}_1 \times \mathscr{A}_2,\ B_{w_1} \text{ 与 } w_1 \text{ 无关}\}.$$

证　首先, 注意到若 $B \subseteq \Omega_1 \times \Omega_2$, B_{w_1} 不依赖于 w_1, 则必有 $B = \Omega_1 \times B_2$, $B_{w_1} = B_2$. 由命题知 $B \in \mathscr{A}_1 \times \mathscr{A}_2$ 等价于 $B_2 \in \mathscr{A}_2$. ∎

最后, 注意到 $\mathscr{A}_1 \times \mathscr{A}_2$ 是包含 $\Omega_1 \times \Omega_2$ 上子集 σ 代数 $\mathscr{A}_1$ 和 $\mathscr{A}_2$ 的最小 σ 代数, 即 $\mathscr{A}_1 \times \mathscr{A}_2$ 是使投影映射 π_1 和 π_2 皆为可测的 $\Omega_1 \times \Omega_2$ 上的最小 σ 代数.

3.1.2 转移概率和乘积概率

定义 3.1.2 设 $(\Omega_i,\mathscr{A}_i)$ $(i=1,2)$ 为两个可测空间, 映射 $\mathsf{P}_2^1:\Omega_1\times\mathscr{A}_2\to[0,1]$ 称为 $(\Omega_1,\mathscr{A}_1)$ 到 $(\Omega_2,\mathscr{A}_2)$ 上的转移概率 (简称为 $\Omega_1\times\mathscr{A}_2$ 上的转移概率), 若

(1) 对每个固定的 $B\in\mathscr{A}_2$, $\mathsf{P}_2^1(\cdot,B)$ 是 $\mathscr{A}_1$ 可测函数;

(2) 对每个固定的 $w_1\in\Omega_1$, $\mathsf{P}_2^1(w_1,\cdot)$ 是 $\mathscr{A}_2$ 上的概率.

例 3.1.1 设 P 是 $(\Omega_2,\mathscr{A}_2)$ 上的概率, 令

$$\mathsf{P}_2^1(w_1,B)=\mathsf{P}(B),\quad \forall\, w_1\in\Omega_1,\ B\in\mathscr{A}_2,$$

则 P_2^1 是 $\Omega_1\times\mathscr{A}_2$ 上的转移概率, 它与 w_1 无关, 即 $(\Omega_2,\mathscr{A}_2)$ 上的概率可看作转移概率的特例. ◁

例 3.1.2 设 $(\Omega_i,\mathscr{A}_i)$ $(i=1,2)$ 为两个可测空间, $f\in\mathscr{A}_1/\mathscr{A}_2$, 则

$$\mathsf{P}_2^1(w_1,B)=I_B(f(w_1)),\quad w_1\in\Omega_1,\ B\in\mathscr{A}_2$$

为 $\Omega_1\times\mathscr{A}_2$ 上的转移概率. ◁

例 3.1.3 新生入学体检的一个项目是测量身高和体重. 用 (H,W) 表示某个新生的这两个量. 身高和体重是相关的, 如果一个人的身高 $H=h$, 则他的体重落在区间 $B=(a,b]$ 中的概率可以用转移概率 $\mathsf{P}_2^1(h,B)$ 来描述. ◁

定理 3.1.1 设 $(\Omega_i,\mathscr{A}_i)$ $(i=1,2)$ 是两个可测空间, P_1 是 $(\Omega_1,\mathscr{A}_1)$ 上的概率, P_2^1 是 $\Omega_1\times\mathscr{A}_2$ 上的转移概率.

(1) 在 $(\Omega_1\times\Omega_2,\mathscr{A}_1\times\mathscr{A}_2)$ 上存在唯一的一个概率 P, 使

$$\mathsf{P}(A_1\times A_2)=\int_{A_1}\mathsf{P}_2^1(w_1,A_2)\,\mathsf{P}_1(\mathrm{d}w_1),\quad A_1\in\mathscr{A}_1,\ A_2\in\mathscr{A}_2;\tag{3.1}$$

(2) 对定义在 $(\Omega_1\times\Omega_2,\mathscr{A}_1\times\mathscr{A}_2)$ 上非负（拟可积）的随机变量 X, 函数

$$Y(w_1)=\int_{\Omega_2}X_{w_1}(w_2)\,\mathsf{P}_2^1(w_1,\,\mathrm{d}w_2)\tag{3.2}$$

是 Ω_1 上满足

$$\begin{aligned}\int_{\Omega_1\times\Omega_2}X\,\mathrm{d}\,\mathsf{P}&=\int_{\Omega_1}Y(w_1)\,\mathsf{P}_1(\,\mathrm{d}w_1)\\&=\int_{\Omega_1}\mathsf{P}_1(\,\mathrm{d}w_1)\int_{\Omega_2}X_{w_1}(w_2)\,\mathsf{P}_2^1(w_1,\,\mathrm{d}w_2)\end{aligned}\tag{3.3}$$

的逐点关于 P_1 几乎处处确定的非负 (拟可积) 可测函数.

注 在式 (3.2) 和式 (3.3) 中关于 $X(w_1,w_2)$ 的截口 $X_{w_1}(w_2)$ 的积分常写为 $\displaystyle\int_{\Omega_2}X(w_1,w_2)\,\mathsf{P}_2^1(w_1,\,\mathrm{d}w_2)$, 以后我们经常用这种形式.

证　(1) 令

$$\mathscr{C} = \{A_1 \times A_2 : \ A_1 \in \mathscr{A}_1, \ A_2 \in \mathscr{A}_2\}, \tag{3.4}$$

则 $\mathscr{C}$ 为半代数, 且 $\sigma(\mathscr{C}) = \mathscr{A}_1 \times \mathscr{A}_2$. 由第 1 章定理 1.4.3, 只要证明由式 (3.1) 所定义的集函 $\mathsf{P} : \mathscr{C} \to [0,1]$ 具有 σ 可加性且满足 $\mathsf{P}(\Omega_1 \times \Omega_2) = 1$ 即可. 为此, 设 I 为可数下标集,

$$A_1 \times A_2 = \sum_{i \in I} A_1^i \times A_2^i, \quad A_j \in \mathscr{A}_j, \ A_j^i \in \mathscr{A}_j, \ i \in I, \ j = 1,2, \tag{3.5}$$

其中 $\{A_1^i \times A_2^i, i \in I\}$ 两两不交. 由式 (2.1), 式 (3.5) 等价于

$$I_{A_1}(w_1) I_{A_2}(w_2) = \sum_{i \in I} I_{A_1^i}(w_1) I_{A_2^i}(w_2).$$

上式两边在 Ω_2 上按转移概率 $\mathsf{P}_2^1(w_1, \cdot)$ 积分, 由于两边非负, 故由单调收敛定理得

$$\begin{aligned} I_{A_1}(w_1) \mathsf{P}_2^1(w_1, A_2) &= \int_{\Omega_2} \sum_{i \in I} I_{A_1^i}(w_1) I_{A_2^i}(w_2)\, \mathsf{P}_2^1(w_1, \mathrm{d}w_2) \\ &= \sum_{i \in I} I_{A_1^i}(w_1)\, \mathsf{P}_2^1(w_1, A_2^i). \end{aligned} \tag{3.6}$$

式 (3.6) 两边再在 Ω_1 上按概率 P_1 积分, 由式 (3.1) 及单调收敛定理得

$$\begin{aligned} \mathsf{P}(A_1 \times A_2) &= \int_{\Omega_1} I_{A_1}(w_1)\, \mathsf{P}_2^1(w_1, A_2)\, \mathsf{P}_1(\mathrm{d}w_1) \\ &= \int_{\Omega_1} \sum_{i \in I} I_{A_1^i}(w_1)\, \mathsf{P}_2^1(w_1, A_2^i)\, \mathsf{P}_1(\mathrm{d}w_1) \\ &= \sum_{i \in I} \mathsf{P}(A_1^i \times A_2^i). \end{aligned}$$

另外, 由于 $\mathsf{P}_2^1(w_1, \cdot)$ 为 $\mathscr{A}_2$ 上的概率, 所以 $\mathsf{P}_2^1(w_1, \Omega_2) = 1$, 从而

$$\mathsf{P}(\Omega_1 \times \Omega_2) = \int_{\Omega_1} \mathsf{P}_2^1(w_1, \Omega_2)\, \mathsf{P}_1(\mathrm{d}w_1) = \int_{\Omega_1} \mathsf{P}_1(\mathrm{d}w_1) = 1.$$

因此, 集函 P 可以延拓为 $\mathscr{A}_1 \times \mathscr{A}_2$ 上的概率且具有唯一性.

(2) 设 X 为 $(\Omega_1 \times \Omega_2, \mathscr{A}_1 \times \mathscr{A}_2)$ 上的非负随机变量, 对任意 $w_1 \in \Omega_1$, 截口 $X_{w_1}(w_2)$ 为 $(\Omega_2, \mathscr{A}_2)$ 上的非负随机变量, 故 $Y(w_1)$ 有定义. 设 $\mathscr{C}$ 由式 (3.4) 定义, 再令

$$\mathscr{L} = \{X : \ X \text{ 为 } (\Omega_1 \times \Omega_2, \mathscr{A}_1 \times \mathscr{A}_2) \text{ 上的有界随机变量}\},$$

$$\mathscr{H} = \{X : \ X \in \mathscr{L}, \text{ 由式 (3.2) 定义的 } Y(w_1) \in \mathscr{A}_1 \text{ 且式 (3.3) 成立}\}.$$

首先我们推出 $\mathscr{H}$ 是 $\mathscr{L}$ 类. 由于对任意 $A_i \in \mathscr{A}_i \ (i = 1,2)$,

$$\int_{\Omega_2} I_{A_1 \times A_2}(w_1, w_2)\, \mathsf{P}_2^1(w_1, \mathrm{d}w_2) = I_{A_1}(w_1)\, \mathsf{P}_2^1(w_1, A_2) \in \mathscr{A}_1,$$

$$\int_{\Omega_1\times\Omega_2} I_{A_1\times A_2} d\,\mathsf{P} = \mathsf{P}(A_1\times A_2),$$

$$\begin{aligned}\int_{\Omega_1}\mathsf{P}_1(\mathrm{d}w_1)\int_{\Omega_2} I_{A_1\times A_2}(w_1,w_2)\,\mathsf{P}_2^1(w_1,\mathrm{d}w_2) &= \int_{\Omega_1} I_{A_1}(w_1)\,\mathsf{P}_2^1(w_1,A_2)\,\mathsf{P}_1(\mathrm{d}w_1)\\ &= \mathsf{P}(A_1\times A_2),\end{aligned}$$

故 $I_{A_1\times A_2}\in\mathscr{H}$. 取 $A_i=\Omega_i\ (i=1,2)$, 则 $1\in\mathscr{H}$. 由积分的线性性知 $\mathscr{H}$ 中元素的线性组合 (只要有意义) 仍在 $\mathscr{H}$ 中. 最后设 $0\leqslant X_n\uparrow X$, $X_n\in\mathscr{H}\,(n\geqslant 1)$, 且 X 有界. 由单调收敛定理得

$$\begin{aligned}\int_{\Omega_2} X(w_1,w_2)\,\mathsf{P}_2^1(w_1,\mathrm{d}w_2) &= \lim_{n\to\infty}\int_{\Omega_2} X_n(w_1,w_2)\,\mathsf{P}_2^1(w_1,\mathrm{d}w_2)\\ &= \lim_{n\to\infty} Y_n(w_1)\in\mathscr{A}_1,\end{aligned}$$

$$\begin{aligned}\int_{\Omega_1\times\Omega_2} X\,\mathrm{d}\,\mathsf{P} &= \lim_{n\to\infty}\int_{\Omega_1\times\Omega_2} X_n\,\mathrm{d}\,\mathsf{P}\\ &= \lim_{n\to\infty}\int_{\Omega_1}\mathsf{P}_1(\mathrm{d}w_1)\int_{\Omega_2} X_n(w_1,w_2)\,\mathsf{P}_2^1(w_1,\mathrm{d}w_2)\\ &= \int_{\Omega_1}\mathsf{P}_1(\mathrm{d}w_1)\int_{\Omega_2} X(w_1,w_2)\,\mathsf{P}_2^1(w_1,\mathrm{d}w_2),\end{aligned}$$

故 $\mathscr{H}$ 是 $\mathscr{L}$ 类. 由函数形式的单调类定理知, 当 X 为非负有界随机变量时结论成立. 如果 X 为非负随机变量, 由于对非负有界随机变量 $X_n = XI_{\{X\leqslant n\}}$ 等式 (3.3) 成立, 故由单调收敛定理知式 (3.3) 对非负随机变量也成立, 从而如果 X 关于 P 可积, 则可测函数 Y 关于 P_1 是可积的, 且在 Ω_1 上是几乎处处有限的. 由此知对几乎所有的 $w_1\in\Omega_1$, 截口 $X_{w_1}(w_2)$ 是 $\mathsf{P}_2^1(w_1,\cdot)$ 可积的. 对拟可积随机变量 X, 它可分解为 X^+-X^-. 又因为 $(X^+)_{w_1}=(X_{w_1})^+$, $(X_{w_1})^-=(X^-)_{w_1}$, 所以

$$X_{w_1}=(X^+)_{w_1}-(X^-)_{w_1},$$

从而结论 (2) 仍成立. ∎

该定理是微积分中把二重积分化为累次积分的推广.

推论 3.1.2 在定理 3.1.1 的假定下, 若 $X\geqslant 0$, 则

$$\int_{\Omega_1\times\Omega_2} X\,\mathrm{d}\,\mathsf{P}=0 \quad\Leftrightarrow\quad \int_{\Omega_2} X(w_1,w_2)\,\mathsf{P}_2^1(w_1,\mathrm{d}w_2)=0,\text{a.s.}\ (\mathsf{P}_1),$$

$$\int_{\Omega_1\times\Omega_2} X\,\mathrm{d}\,\mathsf{P}<\infty \quad\Leftrightarrow\quad \int_{\Omega_2} X(w_1,w_2)\,\mathsf{P}_2^1(w_1,\mathrm{d}w_2)<\infty,\text{a.s.}\ (\mathsf{P}_1).$$

这是不证自明的.

推论 3.1.3 在定理 3.1.1 的假定下, 在可测空间 $(\Omega_2,\mathscr{A}_2)$ 上存在唯一的概率 P_2, 使

$$\mathsf{P}_2(A_2)=\int_{\Omega_1}\mathsf{P}_2^1(w_1,A_2)\,\mathsf{P}_1(\mathrm{d}w_1),\quad \forall\ A_2\in\mathscr{A}_2,$$

对每个在 $(\Omega_2,\mathscr{A}_2,\mathsf{P}_2)$ 上定义的非负（拟可积）随机变量 Z,

$$Y(w_1)=\int_{\Omega_2} Z(w_2)\,\mathsf{P}_2^1(w_1,\,\mathrm{d}w_2)$$

是 Ω_1 上满足

$$\int_{\Omega_2} Z(w_2)\,\mathsf{P}_2(\,\mathrm{d}w_2)=\int_{\Omega_1} Y(w_1)\,\mathsf{P}_1(\,\mathrm{d}w_1)$$

的关于 P_1 几乎处处确定的 $\mathscr{A}_1$ 可测非负 (拟可积) 随机变量.

证　在式 (3.1) 中, 令 $A_1=\Omega_1$, $\mathsf{P}_2(A_2)=\mathsf{P}(\Omega_1\times A_2)$; 在式 (3.2) 和式 (3.3) 中, 令 $X(w_1,w_2)=Z(w_2)$, 可得

$$\int_{\Omega_1\times\Omega_2} Z(w_2)\,\mathrm{d}\mathsf{P}=\int_{\Omega_2} Z(w_2)\,\mathsf{P}_2(\,\mathrm{d}w_2).$$

最后经简单验证即得本推论. ∎

若转移概率 P_2^1 不依赖于变量 w_1, 例如, 可取 P_2^1 为 $(\Omega_2,\mathscr{A}_2)$ 上的概率 P_2, 由式 (3.1), 在 $(\Omega_1\times\Omega_2,\mathscr{A}_1\times\mathscr{A}_2)$ 上存在唯一的一个概率 P, 使

$$\mathsf{P}(A_1\times A_2)=\mathsf{P}_1(A_1)\,\mathsf{P}_2(A_2),\quad \forall\, A_i\in\mathscr{A}_i,\ i=1,2. \tag{3.7}$$

定义 3.1.3　由式 (3.7) 定义的概率称为 P_1 和 P_2 的乘积概率, 记为

$$\mathsf{P}=\mathsf{P}_1\times\mathsf{P}_2;$$

称 $(\Omega_1\times\Omega_2,\mathscr{A}_1\times\mathscr{A}_2,\mathsf{P}_1\times\mathsf{P}_2)$ 为乘积概率空间, 记为 $(\Omega_1,\mathscr{A}_1,\mathsf{P}_1)\times(\Omega_2,\mathscr{A}_2,\mathsf{P}_2)$.

在乘积概率空间 $(\Omega_1,\mathscr{A}_1,\mathsf{P}_1)\times(\Omega_2,\mathscr{A}_2,\mathsf{P}_2)$ 上, 由定理 3.1.1, 我们可得如下著名的 Fubini 定理.

定理 3.1.2　(Fubini 定理) 设 X 为乘积概率空间 $(\Omega_1,\mathscr{A}_1,\mathsf{P}_1)\times(\Omega_2,\mathscr{A}_2,\mathsf{P}_2)$ 上的非负 (拟可积) 随机变量, 则下列各积分有意义且下式成立:

$$\begin{aligned}\int_{\Omega_1\times\Omega_2} X\,\mathrm{d}\,\mathsf{P}&=\int_{\Omega_1}\mathsf{P}_1(\,\mathrm{d}w_1)\int_{\Omega_2} X(w_1,w_2)\,\mathsf{P}_2(\,\mathrm{d}w_2)\\&=\int_{\Omega_2}\mathsf{P}_2(\,\mathrm{d}w_2)\int_{\Omega_1} X(w_1,w_2)\,\mathsf{P}_1(\,\mathrm{d}w_1).\end{aligned} \tag{3.8}$$

证　先取 P_1 及 $\mathsf{P}_2^1=\mathsf{P}_2$, 再取 P_2 及 $\mathsf{P}_1^2=\mathsf{P}_1$. 由定理 3.1.1, 分别在乘积可测空间上构造乘积测度, 显然它们是一致的, 由式 (3.3) 即得. ∎

推论 3.1.4　设 X 为乘积概率空间 $(\Omega_1,\mathscr{A}_1,\mathsf{P}_1)\times(\Omega_2,\mathscr{A}_2,\mathsf{P}_2)$ 上的随机变量, 则

(1) X 关于 $\mathsf{P}_1\times\mathsf{P}_2$ 几乎处处为零的充要条件是它的几乎每个 w_1 截口 X_{w_1} 在 $(\Omega_2,\mathscr{A}_2,\mathsf{P}_2)$ 上关于 P_2 几乎处处为零.

(2) 若

$$\left|\int_{\Omega_1\times\Omega_2} X\,\mathrm{d}\,\mathsf{P}\right|<\infty,$$

则几乎处处确定的截口 X_{w_1} 在 $(\Omega_2,\mathscr{A}_2,\mathsf{P}_2)$ 上可积.

推论 3.1.5 设 $\overline{\mathscr{A}_1\times\mathscr{A}_2}$ 表示 $\mathscr{A}_1\times\mathscr{A}_2$ 关于 $\mathsf{P}=\mathsf{P}_1\times\mathsf{P}_2$ 的完备化扩张, $\overline{\mathscr{A}_2}$ 为 $\mathscr{A}_2$ 关于 P_2 的完备化扩张. 若 $X\in\overline{\mathscr{A}_1\times\mathscr{A}_2}$, 则 $X_{w_1}\in\overline{\mathscr{A}_2}$. 又若 $X\geqslant 0$ 或拟可积, 则 Fubini 定理成立.

证 由定义, 可取 $X'\in\mathscr{A}_1\times\mathscr{A}_2$, 使 $\mathsf{P}(X\neq X')=0$. 由命题 3.1.1, $X'_{w_1}\in\mathscr{A}_2$, 且对几乎所有的 w_1, $\mathsf{P}(X'_{w_1}\neq X_{w_1})=0$, 因此推论成立. ∎

在 Fubini 定理中, 把概率测度换成 σ 有限测度, 结论仍成立. 由此, 我们有如下的结论.

定理 3.1.3 (部积分公式) 设 f 和 g 是有限闭区间 $[a,b]$ 上右连续的有界非减函数, 由 f 和 g 产生的 Lebesgue-Stieltjes 测度仍分别用 f 和 g 表示, 则

$$\int_{(a,b]} f(x)\,\mathrm{d}g(x)=f(b)g(b)-f(a)g(a)-\int_{(a,b]} g(x-)\,\mathrm{d}f(x),\tag{3.9}$$

$$\int_{(a,b]} f(x-)\,\mathrm{d}g(x)=f(b)g(b)-f(a)g(a)-\int_{(a,b]} g(x-)\,\mathrm{d}f(x)-\sum_{a<x\leqslant b}\Delta g(x)\,\Delta f(x),\tag{3.10}$$

其中 $\Delta f(x)=f(x)-f(x-)$, $\Delta g(x)=g(x)-g(x-)$.

证 若 f 或 g 为常数, 式 (3.9) 显然成立, 故不失一般性, 可设 $f(a)=g(a)=0$. 在 $(a,b]\times(a,b]$ 上, 令 $\mu=f\times g$, 在式 (3.8) 中分别取 $X(x,y)=I_{\{a<x\leqslant y\leqslant b\}}(x,y)$ 及 $X(x,y)=I_{\{a<y<x\leqslant b\}}(x,y)$, 则

$$\begin{aligned}f(b)g(b)&=\iint_{(a,b]\times(a,b]}\mathrm{d}\mu\\&=\iint I_{\{a<x\leqslant y\leqslant b\}}(x,y)\,\mathrm{d}f(x)\,\mathrm{d}g(y)+\iint I_{\{a<y<x\leqslant b\}}(x,y)\,\mathrm{d}f(x)\,\mathrm{d}g(y)\\&=\int_{(a,b]} f(y)\,\mathrm{d}g(y)+\int_{(a,b]} g(x-)\,\mathrm{d}f(x),\end{aligned}$$

即式 (3.9) 成立. 类似地, 由分解式

$$(a,b]\times(a,b]=\{a<x<y\leqslant b\}+\{a<x=y\leqslant b\}+\{a<y<x\leqslant b\},$$

可得式 (3.10) 成立. ∎

例 3.1.4 设 ϕ 为非负可测函数, X 为非负随机变量, $\varPhi(x)=\int_0^x\phi(t)\,\mathrm{d}t$, 则

$$\mathsf{E}[\varPhi(X)]=\int_0^\infty\phi(x)\,\mathsf{P}(X>x)\,\mathrm{d}x.$$

这是因为, 若记 X 的分布函数为 F, 则由 Fubini 定理得

$$\begin{aligned}\mathsf{E}[\Phi(X)] &= \int_0^\infty \Phi(x)\,\mathrm{d}F(x) = \int_0^\infty \int_0^x \phi(t)\ \mathrm{d}t\ \mathrm{d}F(x)\\ &= \int_0^\infty \phi(t)\,\mathrm{d}t \int_t^\infty\ \mathrm{d}F(x) = \int_0^\infty \phi(t)\,\mathsf{P}(X > t)\,\mathrm{d}t.\end{aligned}$$

在本例中, 若取 $\Phi(x) = x^p\ (x > 0)$, 则对任意非负随机变量 X, 有

$$\mathsf{E}[X^p] = \int_0^\infty px^{p-1}[1 - F(x)]\,\mathrm{d}x.$$

特别地, 取 $p = 1$, 即得

$$\mathsf{E}[X] = \int_0^\infty [1 - F(x)]\,\mathrm{d}x. \qquad \triangleleft$$

容易把乘积空间的概念推广到有限个可测空间的乘积. 设 $\Omega_1, \cdots, \Omega_n$ 为 n 个集合, $\mathscr{A}_i$ 为 Ω_i 上的 σ 代数, 其中 $i = 1, \cdots, n$. 记

$$A_1 \times A_2 \times \cdots \times A_n = \Big\{(w_1, w_2, \cdots, w_n):\ w_i \in A_i \subseteq \Omega_i,\ i = 1, \cdots, n\Big\},$$

简记为 $\prod\limits_{i=1}^n A_i$.

定义 3.1.4　设 $(\Omega_i, \mathscr{A}_i)\ (i = 1, \cdots, n)$ 为 n 个可测空间, 称由半代数

$$\mathscr{C} = \Big\{A_1 \times \cdots \times A_n:\ A_i \in \mathscr{A}_i,\ i = 1, \cdots, n\Big\}$$

生成的 σ 代数为 $\mathscr{A}_i\ (i = 1, \cdots, n)$ 的乘积 σ 代数, 记为 $\mathscr{A}_1 \times \cdots \times \mathscr{A}_n$ 或 $\prod\limits_{i=1}^n \mathscr{A}_i$, 称 $(\prod\limits_{i=1}^n \Omega_i, \prod\limits_{i=1}^n \mathscr{A}_i)$ 为 $(\Omega_i, \mathscr{A}_i)\ (i = 1, \cdots, n)$ 的乘积可测空间 (简称乘积空间).

由归纳法, 不难把定理 3.1.1 推广到有限乘积空间上.

定理 3.1.4　设 $(\Omega_i, \mathscr{A}_i)\,(i = 1, \cdots, n)$ 为可测空间, P_1 是 $(\Omega_1, \mathscr{A}_1)$ 上的概率, P_k^{k-1} 是 $\prod\limits_{j=1}^{k-1} \Omega_j \times \mathscr{A}_k$ 上的转移概率, 其中 $k = 2, \cdots, n$, 则在乘积可测空间 $(\prod\limits_{i=1}^n \Omega_i, \prod\limits_{i=1}^n \mathscr{A}_i)$ 上存在唯一的概率 P, 满足对任意 $A_i \in \mathscr{A}_i\ (i = 1, \cdots, n)$, 有

$$\begin{aligned}&\mathsf{P}(A_1 \times \cdots \times A_n)\\ &\quad = \int_{\Omega_1} \cdots \int_{\Omega_n} I_{A_1 \times \cdots \times A_n}(w_1, \cdots, w_n)\,\mathsf{P}_n^{n-1}(w_1, \cdots, w_{n-1}, \mathrm{d}w_n) \cdots \mathsf{P}_2^1(w_1, \mathrm{d}w_2)\,\mathsf{P}_1(\mathrm{d}w_1).\end{aligned}$$

若 X 为乘积空间 $(\prod\limits_{i=1}^n \Omega_i, \prod\limits_{i=1}^n \mathscr{A}_i)$ 上的非负 (拟可积) 随机变量, 则

$$\begin{aligned}&\int_{\prod\limits_{i=1}^n \Omega_i} X\,\mathrm{d}\mathsf{P}\\ &\quad = \int_{\Omega_1} \cdots \int_{\Omega_n} X(w_1, \cdots, w_n)\,\mathsf{P}_n^{n-1}(w_1, \cdots, w_{n-1}, \mathrm{d}w_n) \cdots \mathsf{P}_2^1(w_1, \mathrm{d}w_2)\,\mathsf{P}_1(\mathrm{d}w_1).\end{aligned}$$

如果转移概率 P_k^{k-1} 与 $(w_1,\cdots,w_{k-1})$ 无关, 且记 $\mathsf{P}_k^{k-1}=\mathsf{P}_k$, 则在乘积空间 $(\prod\limits_{i=1}^n \Omega_i, \prod\limits_{i=1}^n \mathscr{A}_i)$ 上存在唯一的概率 P, 使对一切 $A_i\in\mathscr{A}_i\ (i=1,\cdots,n)$, 有

$$\mathsf{P}(A_1\times\cdots\times A_n)=\mathsf{P}_1(A_1)\cdots\mathsf{P}_n(A_n). \tag{3.11}$$

由上述定理, 我们给出如下定义:

定义 3.1.5 设 $(\Omega_i,\mathscr{A}_i,\mathsf{P}_i)\ (i=1,\cdots,n)$ 为 n 个概率空间, 在乘积空间 $(\prod\limits_{i=1}^n \Omega_i, \prod\limits_{i=1}^n \mathscr{A}_i)$ 上由式 (3.11) 定义的概率 P 称为 $\mathsf{P}_1,\cdots,\mathsf{P}_n$ 的乘积概率, 记为

$$\mathsf{P}=\mathsf{P}_1\times\mathsf{P}_2\times\cdots\times\mathsf{P}_n=\prod_{i=1}^n\mathsf{P}_i,$$

称 $(\prod\limits_{i=1}^n \Omega_i, \prod\limits_{i=1}^n \mathscr{A}_i, \prod\limits_{i=1}^n \mathsf{P}_i)$ 为乘积概率空间, 记为 $\prod\limits_{i=1}^n(\Omega_i,\mathscr{A}_i,\mathsf{P}_i)$.

3.2 无穷维乘积可测空间和随机函数

设 T 为任一指标集 (不必可数), $\{(\Omega_t,\mathscr{A}_t),\ t\in T\}$ 为一族可测空间, 记

$$\Omega_T\triangleq\prod_{t\in T}\Omega_t=\left\{\boldsymbol{w}_T=(w_t,\ t\in T):\ w_t\in\Omega_t,\ t\in T\right\}.$$

当 $\Omega_t=\Omega\ (\forall\ t\in T)$ 时, 常用 Ω^T 表示 Ω_T. 空间 Ω_T 是研究随机函数 (或随机过程) 的基本工具. 如果一个随机函数在“时刻 t” $(t\in T)$ 时用空间 Ω_t 中的一个点 (称为状态)w_t 来表示, 则空间 Ω_T 就是根据“时间” t 的变化而得到的所有轨道所形成的空间. 通常情况 (如研究随机过程时) 下 t 可以理解为时间, 而空间 Ω_t 常取为离散空间或欧氏空间, 而且往往不依赖于 t.

由 Ω_T 到 Ω_s 中的映射 π_s, $\pi_s(\boldsymbol{w})=w_s$, 称为投影映射, 其中 w_s 称为第 s 个坐标. 为方便起见, 下面定义一些记号. 设 $S\subset T$, 记

$$\Omega_S=\prod_{t\in S}\Omega_t,\quad \boldsymbol{w}_S=(w_t,t\in S),\quad \boldsymbol{w}_T=\boldsymbol{w}.$$

若 $J\subset S\subseteq T$, 定义 Ω_S 到 Ω_J 的投影映射 π_J^S 为

$$\pi_J^S(\boldsymbol{w}_S)=\boldsymbol{w}_J=(w_t,t\in J).$$

设 $A\subseteq\Omega_T$, 则 A 的 $\boldsymbol{w}_J$ 截口定义为 $\Omega_{T\setminus J}$ 中的集合

$$A_{w_J}=\left\{\boldsymbol{w}_{T\setminus J}:\ (\boldsymbol{w}_J,\boldsymbol{w}_{T\setminus J})\in A\right\}.$$

Ω_T 上的函数 $Z(w)$ 的 $\boldsymbol{w}_J$ 截口为 $Z_{\boldsymbol{w}_J}(\boldsymbol{w}_{T\setminus J})$. 设 $J\subset T$, $\mathscr{A}_t$ 为 Ω_t 上的 σ 代数, $t\in T$, $B_J\in\prod\limits_{j\in J}\mathscr{A}_j$, 称 $B_J\times\Omega_{T\setminus J}$ 为 Ω_T 中以 B_J 为底的柱集. 若

$$B_J=\prod_{j\in J}A_j,\quad A_j\in\mathscr{A}_j\,(j\in J),\quad |J|<\infty,$$

则称 $B_J\times\Omega_{T\setminus J}$ 为 Ω_T 中以可测矩形 B_J 为底的柱集, 其中 $|J|$ 表示集合 J 的基数, 即 J 所含元素的个数. 令

$$\mathscr{C}=\left\{B_I\times\Omega_{T\setminus I}:\ B_I\in\prod_{i\in I}\mathscr{A}_i,\ I\subset T,\ |I|<\infty\right\},\tag{3.12}$$

其中约定: 当 $I=\emptyset$ 时, $B_I\times\Omega_{T\setminus I}=\Omega_T$.

引理 3.2.1 由式 (3.12) 定义的子集族 $\mathscr{C}$ 是 Ω_T 上的代数.

证 显然, $\emptyset$ 及 $\Omega_T\in\mathscr{C}$. 设

$$C_i=B_{I_i}\times\Omega_{T\setminus I_i}\in\mathscr{C}\,(i=1,2),\quad I=I_1\cup I_2,$$

则 $C_i=(B_{I_i}\times\Omega_{I\setminus I_i})\times\Omega_{T\setminus I}\ (i=1,2)$, 故

$$\begin{aligned}&C_1\cap C_2=\big((B_{I_1}\times\Omega_{I\setminus I_1})\cap(B_{I_2}\times\Omega_{I\setminus I_2})\big)\times\Omega_{T\setminus I}\in\mathscr{C},\\&C_1^{\mathrm{c}}=B_{I_1}^{\mathrm{c}}\times\Omega_{T\setminus I_1}\in\mathscr{C},\end{aligned}$$

即 $\mathscr{C}$ 在交运算和余运算下封闭, 从而 $\mathscr{C}$ 为代数. ∎

由引理 3.2.1, 式 (3.12) 中的代数 $\mathscr{C}$ 生成的 σ 代数 $\sigma(\mathscr{C})$ 称为 $\{\mathscr{A}_t,t\in T\}$ 的乘积 σ 代数, 记为

$$\mathscr{A}_T=\prod_{t\in T}\mathscr{A}_t.$$

如果 $\mathscr{A}_t$ 与 t 无关, 即 $\mathscr{A}_t=\mathscr{A}$, 则记 $\mathscr{A}_T$ 为 $\mathscr{A}^T$. 我们把可测空间 $(\Omega_T,\mathscr{A}_T)$ 称为可测空间 $(\Omega_t,\mathscr{A}_t)$ $(t\in T)$ 的乘积可测空间.

由定义容易验证, 若 $\{S_i,i\in I\}$ 是 $S\subset T$ 的一个分割, 则可测空间 $(\Omega_{S_i},\mathscr{A}_{S_i})$ $(i\in I)$ 的乘积可测空间

$$\left(\prod_{i\in I}\Omega_{S_i},\prod_{i\in I}\mathscr{A}_{S_i}\right)=(\Omega_S,\mathscr{A}_S).$$

特别地, $(\Omega_S,\mathscr{A}_S)$ 和 $(\Omega_{T\setminus S},\mathscr{A}_{T\setminus S})$ 的乘积可测空间就是 $(\Omega_T,\mathscr{A}_T)$. 由命题 3.1.1 知, 若 $A\in\mathscr{A}_T$, $S\subset T$, 则 A 的 $\boldsymbol{w}_S$ 截口 $A_{\boldsymbol{w}_S}\in\mathscr{A}_{T\setminus S}$. 若 X 为乘积空间 $(\Omega_T,\mathscr{A}_T)$ 上的随机变量, 则 X 的 $\boldsymbol{w}_S$ 截口 $X_{\boldsymbol{w}_S}\in\mathscr{A}_{T\setminus S}$. 特别地, 若集合 $A=B_S\times\Omega_{T\setminus S}$, $B_S\subseteq\Omega_S$, $S\subset T$, S 有限 (即 A 是以 B_s 为底的柱集), 则 $A\in\mathscr{A}_T$ 的充要条件是 $B_S\in\mathscr{A}_S$. 当给定 S 时, 由柱集

$$\mathscr{G}_S=\{B_S\times\Omega_{T\setminus S},B_S\in\mathscr{A}_S\}$$

生成的 σ 代数与 $\mathscr{A}_S$ 同构, 所以我们就用 $\mathscr{A}_S$ 来表示 $\mathscr{A}_T$ 的子 σ 代数 $\sigma(\mathscr{G}_S)$, 有时也记为 $\mathscr{A}_S\times\Omega_{T\setminus S}$. 当 S 为 T 的可列子集时, 上面的表达式仍适用.

关于有限乘积空间上的定理 3.1.4, 我们自然希望能推广到无穷维乘积可测空间. 由下面的讨论知道这是可行的. 先讨论 T 为可数的情况, 不失一般性, 设 $T=\mathbb{N}$.

定理 3.2.1 (Tulcea) 设 $\{(\Omega_n,\mathscr{A}_n),n\geqslant 1\}$ 为一列可测空间, P_1 是 $\mathscr{A}_1$ 上的概率. 当 $n\geqslant 2$ 时, $\mathsf{P}_n^{n-1}(w_1,\cdots,w_{n-1},A_n)$ 是 $\prod\limits_{i=1}^{n-1}\Omega_i\times\mathscr{A}_n$ 上的转移概率, 其中 $(w_1,\cdots,w_{n-1},A_n)\in\prod\limits_{i=1}^{n-1}\Omega_i\times\mathscr{A}_n$, 则在 $\prod\limits_{n=1}^{\infty}\mathscr{A}_n$ 上存在唯一的概率 P, 使对任意柱集

$$C=B_n\times\prod_{k=n+1}^{\infty}\Omega_k,\quad B_n\in\prod_{i=1}^{n}\mathscr{A}_i,$$

有

$$\mathsf{P}(C)=\mathsf{P}^{(n)}(B_n),\tag{3.13}$$

其中 $\mathsf{P}^{(n)}$ 是 $(\prod\limits_{i=1}^{n}\Omega_i,\prod\limits_{i=1}^{n}\mathscr{A}_i)$ 上的一个概率, 满足

$$\mathsf{P}^{(n)}(B_n)=\int_{\Omega_1}\cdots\int_{\Omega_n}I_{B_n}(w_1,\cdots,w_n)\,\mathsf{P}_n^{n-1}(w_1,\cdots,w_{n-1},\mathrm{d}w_n)\cdots\mathsf{P}_2^1(w_1,\mathrm{d}w_2)\,\mathsf{P}_1(\mathrm{d}w_1).\tag{3.14}$$

证 设 $\Omega^{(n)}=\prod\limits_{k=n+1}^{\infty}\Omega_k$,

$$\mathscr{C}=\left\{B_n\times\Omega^{(n)}:\ B_n\in\prod_{i=1}^{n}\mathscr{A}_i,\ n\in\mathbb{N}\right\}.$$

由引理 3.2.1, $\mathscr{C}$ 是 $\prod\limits_{n=1}^{\infty}\Omega_n$ 上的一个代数. 由概率扩张定理 (定理 1.4.2), 我们只需要证明由式 (3.13) 定义的集函 P 是 $\mathscr{C}$ 上的概率. 我们分以下几步来证.

(1) P 的定义是不含混的. 若柱集 $C\in\mathscr{C}$ 有两种不同的表示方法:

$$C=B_m\times\Omega^{(m)}=B_n\times\Omega^{(n)}.$$

不妨设 $m<n$, 则 $B_n=B_m\times\prod\limits_{k=m+1}^{n}\Omega_k$. 由式 (3.13) 和式 (3.14) ,

$$\begin{aligned}\mathsf{P}^{(n)}(B_n)&=\mathsf{P}^{(n)}\left(B_m\times\prod_{k=m+1}^{n}\Omega_k\right)\\&=\int_{\Omega_1}\cdots\int_{\Omega_n}I_{B_m}(w_1,\cdots,w_m)\prod_{k=m+1}^{n}I_{\Omega_k}(w_k)\\&\quad\times\mathsf{P}_n^{n-1}(w_1,\cdots,w_{n-1},\mathrm{d}w_n)\cdots\mathsf{P}_2^1(w_1,\mathrm{d}w_2)\,\mathsf{P}_1(\mathrm{d}w_1)\end{aligned}$$

$$
\begin{aligned}
&= \int_{\Omega_1}\cdots\int_{\Omega_m} I_{B_m}(w_1,\cdots,w_m)\,\mathsf{P}_m^{m-1}(w_1,\cdots,w_{m-1},\mathrm{d}w_m)\cdots \\
&\quad\times \mathsf{P}_2^1(w_1,\mathrm{d}w_2)\,\mathsf{P}_1(\mathrm{d}w_1)\cdot\prod_{k=m+1}^{n}\int_{\Omega_k}\mathsf{P}_k^{k-1}(w_1,\cdots,w_{k-1},\mathrm{d}w_k) \\
&= \int_{\Omega_1}\cdots\int_{\Omega_m} I_{B_m}(w_1,\cdots,w_m)\,\mathsf{P}_m^{m-1}(w_1,\cdots,w_{m-1},\mathrm{d}w_m)\cdots \\
&\quad\times \mathsf{P}_2^1(w_1,\mathrm{d}w_2)\,\mathsf{P}_1(\mathrm{d}w_1) \\
&= \mathsf{P}^{(m)}(B_m),
\end{aligned}
$$

即 $\mathsf{P}(C)$ 的值与 C 的表示方法无关.

(2) 显然有 $\mathsf{P}(\prod\limits_{n=1}^{\infty}\Omega_n)=1$ 以及 $\mathsf{P}(C)\in[0,1]$ $(\forall C\in\mathscr{C})$.

(3) 注意到上述两条性质, 为证 P 是 $\mathscr{C}$ 上的概率, 只要证明 P 具有 σ 可加性即可. 这又等价于证明 P 在 $\emptyset$ 处的连续性, 即若 $D_n\downarrow\emptyset$, $D_n\in\mathscr{C}$ $(n\geqslant 1)$, 则 $\mathsf{P}(D_n)\downarrow 0$. 用反证法. 否则, 存在 $\epsilon>0$ 及 $D_n\downarrow\emptyset$, $D_n\in\mathscr{C}$, 但 $\mathsf{P}(D_n)\geqslant\epsilon$ $(\forall n\geqslant 1)$. 设

$$
D_n = B_{N_n}^{(n)}\times\Omega^{(N_n)},\quad B_{N_n}^{(n)}\in\prod_{k=1}^{N_n}\mathscr{A}_k,
$$

必要时在 $B_{N_n}^{(n)}$ 前添加若干个 Ω 与之相乘以及在 D_n 与 D_{n+1} 之间适当重复若干项 $B_{N_n}^{(n)}$. 不失一般性, 我们可以假定 $N_n=n$, 然后重新定义 D_n', 而不改变原事件序列 D_n 的单调性及收敛于 $\emptyset$ 的性质. 例如, 设

$$
D_1 = B_2^{(1)}\times\Omega^{(2)},\quad D_2 = B_4^{(2)}\times\Omega^{(4)},\quad D_3 = B_4^{(3)}\times\Omega^{(4)},\quad \cdots,
$$

我们可重新定义 D_n':

$$
\begin{aligned}
&D_1' = \Omega_1\times\Omega^{(1)},\quad D_2' = B_2^{(1)}\times\Omega^{(2)},\quad D_3 = (B_2^{(1)}\times\Omega_3)\times\Omega^{(3)},\\
&D_4' = B_4^{(2)}\times\Omega^{(4)},\quad D_5 = (B_4^{(3)}\times\Omega_5)\times\Omega^{(5)},\quad \cdots,
\end{aligned}
$$

则在 D_n' 中, $B_{N_n}^{(n)}\in\prod\limits_{k=1}^{n}\mathscr{A}_k$, 且 $D_n'\downarrow\emptyset$. 以下简记 $B_n^{(n)}$ 为 B_n. 当 $n>m$ 时, $B_m\supset B_n$ 是指 $B_m\times\prod\limits_{k=m+1}^{n}\Omega_k\supset B_n$, 令

$$
\begin{aligned}
&Y_n^{(k)}(w_1,\cdots,w_k)\\
&\quad= \int_{\Omega_{k+1}}\cdots\int_{\Omega_n} I_{B_n}(w_1,\cdots,w_n)\,\mathsf{P}_n^{n-1}(w_1,\cdots,w_{n-1},\mathrm{d}w_n)\cdots\mathsf{P}_{k+1}^{k}(w_1,\cdots,w_k,\mathrm{d}w_{k+1}).
\end{aligned}
\tag{3.15}
$$

由定义知 B_n 单调下降, 因此对固定的 $(w_1,\cdots,w_k)$, 非负有界的序列 $Y_n^{(k)}(w_1,\cdots,w_k)$ 关于 n 单调非增, 故当 $n\to\infty$ 时 $Y_n^{(k)}$ 有极限, 记为 $Y^{(k)}(w_1,\cdots,w_k)$. 由控制收敛定理得

$$
\mathsf{P}(D_n) = \int_{\Omega_1} Y_n^{(1)}(w_1)\,\mathsf{P}_1(\mathrm{d}w_1)\to\int_{\Omega_1} Y^{(1)}(w_1)\,\mathsf{P}_1(\mathrm{d}w_1)\geqslant\epsilon,
\tag{3.16}
$$

因而存在 $w_1^0 \in \Omega_1$, 使 $Y^{(1)}(w_1^0) \geqslant \epsilon$, 从而

$$Y_n^{(1)}(w_1^0) \geqslant \epsilon, \quad \forall\ n \geqslant 1.$$

但

$$Y_n^{(1)}(w_1^0) = \int_{\Omega_2} Y_n^{(2)}(w_1^0, w_2)\, \mathsf{P}_2^1(w_1^0, \mathrm{d}w_2) \geqslant \epsilon. \tag{3.17}$$

用类似于式 (3.15) 和式 (3.16) 相同的讨论方法知, 存在 w_2^0, 使

$$Y_n^{(2)}(w_1^0, w_2^0) = \int_{\Omega_3} Y_n^{(3)}(w_1^0, w_2^0, w_3)\, \mathsf{P}_3^2(w_1^0, w_2^0, \mathrm{d}w_3) \geqslant \epsilon.$$

重复上述步骤, 得 $w_1^0, w_2^0, \cdots$, 使

$$Y_n^{(k)}(w_1^0, \cdots, w_k^0) \geqslant \epsilon, \quad \forall\, k < n.$$

令 $\boldsymbol{w}_0 = (w_1^0, w_2^0, \cdots) \in \prod\limits_{n=1}^{\infty} \Omega_n$. 下面证明 $\boldsymbol{w}_0 \in \bigcap\limits_{n=1}^{\infty} D_n$. 先证 $\boldsymbol{w}_0 \in D_1$. 由于

$$\epsilon \leqslant Y_2^{(1)}(w_1^0) = \int_{\Omega_2} I_{B_2}(w_1^0, w_2)\, \mathsf{P}_2^1(w_1^0, \mathrm{d}w_2),$$

故存在 w_2', 使 $I_{B_2}(w_1^0, w_2') > 0$, 即 $(w_1^0, w_2') \in B_2$, 但 $D_1 \supseteq D_2$, 故 $B_1 \times \Omega_1 \supseteq B_2$, 因此 $w_1^0 \in B_1$. 由此知 $\boldsymbol{w}_0 \in D_1$. 设 k 为任意一个正整数. 由于

$$\epsilon \leqslant Y_{k+1}^{(k)}(w_1^0, \cdots, w_k^0) = \int_{\Omega_{k+1}} I_{B_{k+1}}(w_1^0, \cdots, w_k^0, w_{k+1})\, \mathsf{P}_{k+1}^k(w_1^0, \cdots, w_k^0, \mathrm{d}w_{k+1}),$$

故存在 $w_{k+1}' \in \Omega_{k+1}$, 使 $(w_1^0, \cdots, w_k^0, w_{k+1}') \in B_{k+1} \subseteq B_k \times \Omega_{k+1}$, 因此, $(w_1^0, \cdots, w_k^0) \in B_k$, 即对任意正整数 k, $\boldsymbol{w}_0 \in D_k$, 于是 $\boldsymbol{w}_0 \in \bigcap\limits_{n=1}^{\infty} D_n$. 这与 $\bigcap\limits_{n=1}^{\infty} D_n = \emptyset$ 矛盾. 由此证得 P 为 $\mathscr{C}$ 上的概率. ∎

在 Tulcea 定理中, 取转移概率 P_n^{n-1} 为 $(\Omega_n, \mathscr{A}_n)$ 上的概率 P_n, 我们有:

推论 3.2.1 (Kolmogorov) 设 $(\Omega_n, \mathscr{A}_n, \mathsf{P}_n)\,(n \geqslant 1)$ 为一列概率空间, 则在它们的乘积空间 $\left(\prod\limits_{n=1}^{\infty} \Omega_n, \prod\limits_{n=1}^{\infty} \mathscr{A}_n\right)$ 上存在唯一的概率 P, 使对一切 $n \geqslant 1$ 及 $A_j \in \mathscr{A}_j\,(1 \leqslant j \leqslant n)$, 有

$$\mathsf{P}\left(\prod_{j=1}^{n} A_j \times \Omega^{(n)}\right) = \prod_{j=1}^{n} \mathsf{P}_j(A_j).$$

推论 3.2.1 中的 P 为乘积概率, 记为 $\prod\limits_{n=1}^{\infty} \mathsf{P}_n$, 而称

$$\left(\prod_{n=1}^{\infty} \Omega_n, \prod_{n=1}^{\infty} \mathscr{A}_n, \prod_{n=1}^{\infty} \mathsf{P}_n\right)$$

为乘积概率空间, 简记为 $\prod\limits_{n=1}^{\infty} (\Omega_n, \mathscr{A}_n, \mathsf{P}_n)$. 如果 $\Omega_n = \Omega$, $\mathscr{A}_n = \mathscr{A}\,(n \geqslant 1)$, 则乘积概率空间也记为 $(\Omega^\infty, \mathscr{A}^\infty, \prod\limits_{n=1}^{\infty} \mathsf{P}_n)$.

推论 3.2.2 设 $\{F_n, n \geqslant 1\}$ 为一列分布函数, 则必存在一个概率空间 $(\Omega, \mathscr{A}, \mathsf{P})$ 及其上的一列独立随机变量序列 $\{X_n, n \geqslant 1\}$, 使得 $X_n \sim F_n$.

证 取 $\Omega_n = \mathbb{R}, \mathscr{A}_n = \mathscr{B}(\mathbb{R}), \mathsf{P}_n$ 为 F_n 对应的概率, 取它们的乘积概率空间 $(\mathbb{R}^\infty, \mathscr{B}^\infty, \prod\limits_{n=1}^{\infty} \mathsf{P}_n)$, 在其上定义随机变量 X_n 如下:

$$X_n(\boldsymbol{x}) = x_n \ (n \geqslant 1), \quad \boldsymbol{x} = (x_1, x_2, \cdots) \in \mathbb{R}^\infty,$$

即 X_n 是 $\mathbb{R}^\infty$ 中的一个坐标投影映射. 对任一 $B \in \mathscr{B}, n \geqslant 1$, 由乘积概率定义得

$$\begin{aligned}\mathsf{P}(X_n \in B) &= \mathsf{P}(\{\boldsymbol{x} \in \mathbb{R}^\infty: \ x_n \in B\}) = \mathsf{P}^{(n)}(\mathbb{R}^{n-1} \times B) \\ &= \prod_{k=1}^{n-1} \mathsf{P}_k(\mathbb{R}) \cdot \mathsf{P}_n(B) = \mathsf{P}_n(B).\end{aligned}$$

因此, X_n 的分布函数为 F_n. 又对任意 n 及 $B_i \in \mathscr{B}\ (i = 1, \cdots, n)$, 有

$$\begin{aligned}\mathsf{P}(X_1 \in B_1, \cdots, X_n \in B_n) &= \mathsf{P}\left(\{\boldsymbol{x} \in \mathbb{R}^\infty: \ x_1 \in B_1, \cdots, x_n \in B_n\}\right) \\ &= \mathsf{P}^{(n)}\left(\prod_{k=1}^{n} B_k\right) = \prod_{k=1}^{n} \mathsf{P}_k(B_k),\end{aligned}$$

即 $X_1, \cdots, X_n$ 相互独立. ∎

下面讨论 T 为不可数的情况.

定理 3.2.2 设 $\{(\Omega_t, \mathscr{A}_t), t \in T\}$ 为一族可测空间, S 表示 T 的任一有限子集, 则

$$\mathscr{G} = \bigcup_{S \subset T, |S| < \infty} \mathscr{A}_S$$

是乘积空间 Ω_T 上的代数. 若 S 为 T 的可数子集, 则

$$\mathscr{F} = \bigcup_{S \subset T, |S| \leqslant \aleph_0} \mathscr{A}_S = \mathscr{A}_T.$$

证 (1) 证明 $\mathscr{G}$ 为 Ω_T 上的代数. 若 $B \in \mathscr{G}$, 即存在 T 的有限子集 S, 使 $B \in \mathscr{A}_S$, 故 $B^{\mathrm{c}} \in \mathscr{A}_S$, 从而 $B^{\mathrm{c}} \in \mathscr{G}$. 再设 $B_1, B_2 \in \mathscr{G}$, 则存在 T 的两个有限子集 S_1 和 S_2, 使 $B_i \in \mathscr{A}_{S_i}\ (i = 1, 2)$, 取 $S = S_1 \cup S_2$, 则 S 仍为 T 的有限子集, 且 $B_1, B_2 \in \mathscr{A}_S$, 从而 $B_1 \cup B_2 \in \mathscr{A}_S$, $B_1 \cap B_2 \in \mathscr{A}_S$, 即 $\mathscr{G}$ 是一个代数.

(2) 证明 $\mathscr{F}$ 为 Ω_T 上的 σ 代数 $\mathscr{A}_T$. 首先验证 $\mathscr{F}$ 为 σ 代数. 设 $B \in \mathscr{F}$, 则存在 T 的可数子集 S, 使 $B \in \mathscr{A}_S$, 从而 $B^{\mathrm{c}} \in \mathscr{A}_S$. 若 $B_n \in \mathscr{F}\ (n \geqslant 1)$, 则存在 T 的一列可数子集序列 $\{S_n, n \geqslant 1\}$, 使得 $B_n \in \mathscr{A}_{S_n}\ (n \geqslant 1)$. 取 $S = \bigcup\limits_{n=1}^{\infty} S_i$, 则 S 仍为 T 的可数子集, 且对一切 n 有 $B_n \in \mathscr{A}_S$, 因此 $\bigcup\limits_{n=1}^{\infty} B_n \in \mathscr{A}_S$. 由此知 $\mathscr{F}$ 是 σ 代数.

由于对 T 的任一有限子集 I, 有 $\mathscr{A}_I \subset \mathscr{F}$, 所以代数

$$\mathscr{C} = \{B_I \times \Omega_{T\setminus I}:\ B_I \in \mathscr{A}_I,\ I \subset T,\ |I| < \infty\}$$

为 $\mathscr{F}$ 的一个子代数, 从而 $\mathscr{A}_T = \sigma(\mathscr{C}) \subseteq \mathscr{F}$. 另外, 若 $A \in \mathscr{F}$, 则存在 T 的可数子集 S, 使 $A \in \mathscr{A}_S$, 但 $\mathscr{A}_S \subset \mathscr{A}_T$, 故 $\mathscr{F} \subseteq \mathscr{A}_T$. 因此 $\mathscr{F} = \mathscr{A}_T$. ∎

推论 3.2.3 (1) 设 $\mathscr{B}$ 为 $\mathscr{A}_T$ 中的可数型子 σ 代数, 则存在 T 的可数子集 S, 使 $\mathscr{B} \subset \mathscr{A}_S$.

(2) 在可测空间 $(\Omega_T, \mathscr{A}_T)$ 上定义的每个随机变量 X 只依赖于可数个坐标.

证 (1) 设 $\mathscr{B} = \sigma(A_n, n \geqslant 1)$, 其中 $A_n \in \mathscr{A}_T\,(n \geqslant 1)$. 由定理 3.2.2 知, 存在 T 的可数子集 S_n, 使 $A_n \in \mathscr{A}_{S_n}$. 取 $S = \bigcup\limits_{n=1}^{\infty} S_n$, 则 S 仍为 T 的可数子集, 且对一切 $n \geqslant 1$, $A_n \in \mathscr{A}_S$, 从而 $\mathscr{B} \subset \mathscr{A}_S$.

(2) 设随机变量 $X \in \mathscr{A}_T$. 由第 1 章知 $\mathbb{R}$ 上的 Borel 域 $\mathscr{B}$ 是可数型的. 设 $\mathscr{B} = \sigma(B_n, n \geqslant 1)$ (例如可设 B_n 是以有理数 r_n 为右端点、$-\infty$ 为左端点的左开右闭区间), 故 $X^{-1}(\mathscr{B}) = \sigma(X^{-1}(B_n), n \geqslant 1)$ 为 $\mathscr{A}_T$ 的可数型子 σ 代数. 由结论 (1) 知 X 只依赖于可数个坐标. ∎

定理 3.2.3 (无穷乘积概率的存在唯一定理) 设 $\{(\Omega_t, \mathscr{A}_t, \mathsf{P}_t), t \in T\}$ 为一族概率空间, 则在乘积空间 $(\Omega_T, \mathscr{A}_T)$ 上存在唯一的一个概率 P_T, 满足: 对 T 的任一有限子集 T_N 及 $A_t \in \mathscr{A}_t\ (t \in T_N)$, 有

$$\mathsf{P}_T\left(\prod_{t\in T_N} A_t \times \Omega_{T\setminus T_N}\right) = \prod_{t\in T_N} \mathsf{P}_t(A_t). \tag{3.18}$$

此概率称为 $\mathsf{P}_t\ (t \in T)$ 的乘积概率, 记为 $\prod\limits_{t\in T} \mathsf{P}_t$. $(\Omega_T, \mathscr{A}_T, \mathsf{P}_T) = \prod\limits_{t\in T}(\Omega_t, \mathscr{A}_t, \mathsf{P}_t)$ 称为 $(\Omega_t, \mathscr{A}_t, \mathsf{P}_t)\ (t \in T)$ 的乘积概率空间. 若 $(\Omega_t, \mathscr{A}_t, \mathsf{P}_t) = (\Omega, \mathscr{A}, \mathsf{P})$, 则乘积概率空间简记为 $(\Omega^T, \mathscr{A}^T, \mathsf{P}^T)$.

证 设 T_{c} 为 T 的任一可数子集. 由推论 3.2.1, 在乘积空间 $(\Omega_{T_{\mathrm{c}}}, \mathscr{A}_{T_{\mathrm{c}}})$ 上存在概率 $\mathsf{P}_{T_{\mathrm{c}}}$. 由定理 3.2.2, 对任一 $A \in \mathscr{A}_T$, 存在 T 的可数子集 T_{c} 及 $A_{T_{\mathrm{c}}} \in \mathscr{A}_{T_{\mathrm{c}}}$, 使 $A = A_{T_{\mathrm{c}}} \times \Omega_{T\setminus T_{\mathrm{c}}}$. 令

$$\mathsf{P}_T(A) = \mathsf{P}_{T_{\mathrm{c}}}(A_{T_{\mathrm{c}}}). \tag{3.19}$$

往证 P_T 是 $\mathscr{A}_T$ 上的概率. 首先验证 P_T 是 $\mathscr{A}_T$ 上的集函, 即若 A 有两个不同表示

$$A = A_{T_{\mathrm{c}}} \times \Omega_{T\setminus T_{\mathrm{c}}} = A_{S_{\mathrm{c}}} \times \Omega_{T\setminus S_{\mathrm{c}}}, \tag{3.20}$$

其中 T_{c} 和 S_{c} 分别为 T 的可数子集, 要证 $\mathsf{P}_{T_{\mathrm{c}}}(A_{T_{\mathrm{c}}}) = \mathsf{P}_{S_{\mathrm{c}}}(A_{S_{\mathrm{c}}})$. 由式 (3.20) , 存在 $A_{T_{\mathrm{c}}\cap S_{\mathrm{c}}} \in \mathscr{A}_{T_{\mathrm{c}}\cap S_{\mathrm{c}}}$, 使

$$A_{T_{\mathrm{c}}} = A_{T_{\mathrm{c}}\cap S_{\mathrm{c}}} \times \Omega_{T_{\mathrm{c}}\setminus S_{\mathrm{c}}}, \quad A_{S_{\mathrm{c}}} = A_{T_{\mathrm{c}}\cap S_{\mathrm{c}}} \times \Omega_{S_{\mathrm{c}}\setminus T_{\mathrm{c}}},$$

故只要证明

$$\mathsf{P}_{T_c}(A_{T_c}) = \mathsf{P}_{T_c\cap S_c}(A_{T_c\cap S_c}) = \mathsf{P}_{S_c}(A_{S_c}).$$

为此, 我们可以证明一个包含该结论的一般命题: 若 $T_1 \subset T_2 \subset T$, T_1 和 T_2 为可数的, 则对一切 $A_{T_1} \in \mathscr{A}_{T_1}$, 有

$$\mathsf{P}_{T_1}(A_{T_1}) = \mathsf{P}_{T_2}(A_{T_1} \times \Omega_{T_2\setminus T_1}). \tag{3.21}$$

事实上, 令

$$\mathscr{H} = \{A_{T_1}:\ A_{T_1} \in \mathscr{A}_{T_1} \text{ 且式 (3.21) 成立}\},$$

则 $\mathscr{H}$ 是包含 π 系

$$\mathscr{C} = \{A_{s_1} \times \cdots \times A_{s_N} \times \Omega_{T_1\setminus \boldsymbol{S}_N}:\ \boldsymbol{S}_N = \{s_1, \cdots, s_N\} \subset T_1, N \in \mathbb{N}\}$$

的 λ 系. 又 $\sigma(\mathscr{C}) = \mathscr{A}_{T_1}$, 从而式 (3.21) 成立. 由此知 P_T 是 $\mathscr{A}_T$ 上的集函.

下面证明 P_T 是概率. 显然, $\mathsf{P}(\Omega_T) = 1$. 若 $A_n \in \mathscr{A}_T$ $(n \geqslant 1)$, 且两两不交, 由定理 3.2.2 的证明可知, 存在 T 的可数子集 T_c, 使对一切 $n \geqslant 1$, 存在 $A'_n \in \mathscr{A}_{T_c}$, 使

$$A_n = A'_n \times \Omega_{T\setminus T_c}, \quad n \geqslant 1.$$

由于 $A_n(n \geqslant 1)$ 两两不交, 故 $A'_n(n \geqslant 1)$ 也两两不交, 且 $\sum\limits_{n=1}^{\infty} A'_n \in \mathscr{A}_{T_c}$, 因而

$$\begin{aligned}\mathsf{P}_T\left(\sum_{n=1}^{\infty} A_n\right) &= \mathsf{P}_T\left(\left(\sum_{n=1}^{\infty} A'_n\right) \times \Omega_{T\setminus T_c}\right)\\ &= \mathsf{P}_{T_c}\left(\sum_{n=1}^{\infty} A'_n\right) = \sum_{n=1}^{\infty} \mathsf{P}_{T_c}(A'_n) = \sum_{n=1}^{\infty} \mathsf{P}_T(A_n).\end{aligned}$$

由式 (3.19) 定义的 P_T 显然满足式 (3.18) , 因此为完成定理的证明, 只要证明满足式 (3.18) 的 P_T 唯一即可. 但由于以可测矩形为底的一切可测柱集的全体是生成 $\mathscr{A}_T$ 的半代数 $\mathscr{C}$, 而任何满足式 (3.18) 的 $\mathscr{A}_T$ 上的概率在 $\mathscr{C}$ 上具有相同的值, 因此由概率扩张定理知满足式 (3.18) 的概率 P_T 唯一. ∎

习　题

1. (1) $\Omega_1 \times \Omega_2$ 上非空矩形 $B_1 \times B_2 \in \mathscr{A}_1 \times \mathscr{A}_2$ 的充要条件是 $B_1 \in \mathscr{A}_1$, $B_2 \in \mathscr{A}_2$.

   (2) 若 $X_1(w_1)X_2(w_2)$ 是 $\Omega_1 \times \Omega_2$ 上不恒为零的实值函数, 则 $X_1(w_1)X_2(w_2)$ 为 $\mathscr{A}_1 \times \mathscr{A}_2$ 可测的充要条件是 X_i 为 $\mathscr{A}_i$ 可测, $i = 1, 2$.

2. 设 $\overline{\mathscr{A}_1 \times \mathscr{A}_2}$ 为 $\mathscr{A}_1 \times \mathscr{A}_2$ 关于 $\mathsf{P} = \mathsf{P}_1 \times \mathsf{P}_2$ 的完备化. 证明:

$$\overline{\mathscr{A}_1 \times \mathscr{A}_2} \supseteq \overline{\mathscr{A}_1} \times \overline{\mathscr{A}_2}.$$

3. 设 $X \in L_p$, 实数 α, β, γ 满足

$$\frac{\alpha+1}{\beta} + \gamma = p, \quad \alpha > -1, \quad \beta, \gamma > 0. \tag{3.22}$$

求证:

$$\sum_{n=1}^{\infty} n^{\alpha} \int_{\{|x|>n^{\beta}\}} |x|^{\gamma} \, \mathrm{d}F(x) < \infty; \tag{3.23}$$

反之, 若对某组满足式 (3.22) 的 (α, β, γ), 式 (3.23) 成立, 则 $X \in L_p$.

4. 设 $(X, \mathscr{A})$ 及 $(Y, \mathscr{F})$ 为可测空间, μ_1 和 ν_1 为 $(X, \mathscr{A})$ 上的 σ 有限测度, μ_2 和 ν_2 为 $(Y, \mathscr{F})$ 上的 σ 有限测度. 若 $\nu_1 \ll \mu_1, \nu_2 \ll \mu_2$, 证明: $\nu_1 \times \nu_2 \ll \mu_1 \times \mu_2$, 且有

$$\frac{\mathrm{d}(\nu_1 \times \nu_2)}{\mathrm{d}(\mu_1 \times \mu_2)}(x, y) = \frac{\mathrm{d}\nu_1}{\mathrm{d}\mu_1}(x) \cdot \frac{\mathrm{d}\nu_2}{\mathrm{d}\mu_2}(y).$$

5. 设 λ 为 $(\mathbb{R}, \mathscr{B}(\mathbb{R}))$ 上的 Lebesgue 测度, f 及 g 属于 $L_1(\mathbb{R}, \mathscr{B}(\mathbb{R}), \lambda)$. 证明:

(1) $(x, t) \to f(x-t)g(t) \in \mathscr{B}(\mathbb{R}^2)$ 且 $f(x-t)g(t) \in L_1(\mathbb{R}^2, \mathscr{B}(\mathbb{R}^2), \lambda \times \lambda)$;

(2) 令

$$f * g(x) = \begin{cases} \displaystyle\int_{\mathbb{R}} f(x-t)g(t) \, \mathrm{d}t, & \text{积分有限}, \\ 0, & \text{其他}, \end{cases}$$

则 $f * g \in L_1(\mathbb{R}, \mathscr{B}(\mathbb{R}), \lambda)$ 且 $||f * g||_1 \leqslant ||f||_1 \cdot ||g||_1$;

(3) 若 g 有界, 则 $f * g$ 连续.

提示: (2) 的证明利用 Lebesgue 测度的平移不变性, 由此证明

$$\int_{\mathbb{R}^2} |f(x-t)g(t)| \lambda \times \lambda(\,\mathrm{d}s, \mathrm{d}t) = ||f||_1 \cdot ||g||_1.$$

(3) 的证明利用当 $x \to x_0$ 时,

$$\int_{\mathbb{R}} |f(x-t) - f(x_0 - t)| \, \mathrm{d}t \to 0.$$

6. (Steinhaus 引理) 设 E 为 $\mathbb{R}$ 的一个 Borel 集, $D(E) = \{x - y: \ x, y \in E\}$. 若 E 的 Lebesgue 测度 $\lambda(E) > 0$, 证明: $D(E)$ 包含一个含原点的开区间.

提示: 不妨设 $\lambda(E) < \infty$, 记 $x + E = \{x + y : y \in E\}$, $-E = \{-x : x \in E\}$, $F(x) = \lambda(E \cap (x + E))$, 则 $F(x) = I_{-E} * I_E(x)$, 从而 $F(x)$ 连续.

7. 设 P_1 和 P_2 是可测空间 $(\mathbb{R}, \mathscr{B}(\mathbb{R}))$ 上的两个概率, 且 P_1 是无原子的. 证明: 存在可测函数 $T: \mathbb{R} \to \mathbb{R}$, 使得 P_2 是由 P_1 通过 T 诱导的概率.

8. 设 f 和 g 为 $\mathbb{R}$ 上非降右连续函数, 且 $f(-\infty)=0$, g 为有界的. 证明: 对任意 $x_0\in\mathbb{R}$, 有

$$\begin{aligned}\int_{-\infty}^{+\infty} f(x)\,\mathrm{d}g(x) &= f(x_0-)\operatorname{Var} g - \int_{(-\infty,x_0)} [g(x-)-g(-\infty)]\,\mathrm{d}f(x)\\ &\quad + \int_{[x_0,\infty)} [g(\infty)-g(x-)]\,\mathrm{d}f(x)\\ &= f(x_0-)\operatorname{Var} g - \int_{(-\infty,x_0)} [g(x)-g(-\infty)]\,\mathrm{d}f(x)\\ &\quad + \int_{[x_0,\infty)} [g(\infty)-g(x)]\,\mathrm{d}f(x) + \sum_{x\in\mathbb{R}} \Delta f(x)\Delta g(x),\end{aligned}$$

其中 $\operatorname{Var} g = g(\infty)-g(-\infty)$.

9. 设 $\Omega=[0,1]$, $\mathscr{A}=\sigma\{\{x\},x\in\Omega\}$. 证明: $\Omega\times\Omega$ 的子集 $A=\{(x,x):x\in\Omega\}$ 不属于 $\mathscr{A}\times\mathscr{A}$, 但 A_x 及 A_y 属于 $\mathscr{A}$.

10. 设 X 是定义在 $(\Omega,\mathscr{A},\mathsf{P})$ 上而取值于 $[0,1]$ 的一个随机变量, $\Omega\times[0,1]$ 中的子集

$$G(X)=\{(w,x):\ 0\leqslant x\leqslant X(w)\}$$

称为 X 的下方图形. 证明: $G(X)$ 是 $\mathscr{A}\times\mathscr{B}([0,1])$ 可测的. 若 λ 表示 $[0,1]$ 上的 Lebesgue 测度, 证明: $\mathsf{E}[X]=\mathsf{P}\times\lambda(G(X))$.

11. 在 Fubini 定理中, 试说明: 若不假定 $\int_{\Omega_1\times\Omega_2} X\,\mathrm{d}\mathsf{P}$ 存在, 而仅假定 $\int_{\Omega_1}\mathrm{d}\mathsf{P}_1\int_{\Omega_2} X\,\mathrm{d}\mathsf{P}_2$ 存在, 则 Fubini 定理不必成立.

提示: 设 Z 是定义在 $(\Omega_1,\mathscr{A}_1,\mathsf{P}_1)$ 上的正随机变量, 且 $\int_{\Omega_1} Z\,\mathrm{d}\mathsf{P}_1=\infty$. 取 $\Omega_2=\{0,1\}$, $\mathsf{P}_2(\{0\})=\mathsf{P}_2(\{1\})=1/2$, 在乘积空间 $(\Omega_1\times\Omega_2,\mathscr{A}_1\times\mathscr{A}_2,\mathsf{P}_1\times\mathsf{P}_2)$ 上定义随机变量 X 如下: $X(w_1,0)=Z(w_1)$, $X(w_1,1)=-Z(w_1)$.

12. 设随机变量 X 和 Y 相互独立, $p\geqslant 1$. 证明:

(1) 若 $\mathsf{E}[X]=\mathsf{E}[Y]=0$, 则 $\mathsf{E}|X+Y|^p\geqslant\max\{\mathsf{E}|X|^p,\mathsf{E}|Y|^p\}$;

(2) 若 $\mathsf{E}|X+Y|^p<\infty$, 则 $\mathsf{E}|X|^p<\infty$, $\mathsf{E}|Y|^p<\infty$.

13. 设 F 为分布函数. 证明:

(1) $\int_{\mathbb{R}}[F(x+c)-F(x)]\,\mathrm{d}x=c$;

(2) 若 F 连续, 则 $\int_{\mathbb{R}} F(x)\,\mathrm{d}F(x)=1/2$.

14. 设 X 和 Y 为非负随机变量, $r>1$, 且

$$\mathsf{P}(Y>t)\leqslant\frac{1}{t}\int_{\{Y>t\}} X\,\mathrm{d}\mathsf{P},\quad \forall\, t>0.$$

用 Fubini 定理和 Hölder 不等式, 证明:

$$\mathsf{E}[Y^r]\leqslant\left(\frac{r}{r-1}\right)^r\mathsf{E}[X^r].$$

第 4 章　条件期望和鞅序列

4.1　条件期望的定义

设 $(\Omega, \mathscr{A}, \mathsf{P})$ 是一个概率空间, $A, B \in \mathscr{A}$ 且 $\mathsf{P}(B) > 0$, 则在给定事件 B 发生的条件下, 事件 A 发生的条件概率定义为

$$\mathsf{P}(A|B) = \frac{\mathsf{P}(AB)}{\mathsf{P}(B)}. \tag{4.1}$$

若固定 B, 则由式 (4.1) 定义的集函 $\mathsf{P}(\cdot|B)$ 是 $(\Omega, \mathscr{A})$ 上的概率, 因此, $(\Omega, \mathscr{A}, \mathsf{P}(\cdot|B))$ 是一个概率空间.

设 X 是 $(\Omega, \mathscr{A}, \mathsf{P})$ 上的一个随机变量, 我们可以讨论 X 关于 $\mathsf{P}(\cdot|B)$ 的积分问题.

定义 4.1.1　若随机变量 X 关于 $\mathsf{P}(\cdot|B)$ 的积分 $\int X(w)\mathsf{P}(\mathrm{d}w|B)$ 存在, 则称它是 X 在给定事件 B 条件下的条件期望, 记为 $\mathsf{E}[X|B]$.

取 $X = I_A$ $(A \in \mathscr{A})$, 则

$$\int_\Omega X(w)\mathsf{P}(\mathrm{d}w|B) = \int_\Omega I_A(w)\mathsf{P}(\mathrm{d}w|B) = \mathsf{P}(A|B),$$

即为条件概率. 因此下面我们仍将致力于条件期望的研究, 而把条件概率作为其特例来处理.

命题 4.1.1　若 X 是 $(\Omega, \mathscr{A}, \mathsf{P})$ 上的拟可积随机变量, $B \in \mathscr{A}$, $\mathsf{P}(B) > 0$, 则 $\mathsf{E}[X|B]$ 存在, 且

$$\mathsf{E}[X|B] = \frac{1}{\mathsf{P}(B)} \int_B X \,\mathrm{d}\mathsf{P}. \tag{4.2}$$

证　令 $\mathscr{L}$ 为 $(\Omega, \mathscr{A}, \mathsf{P})$ 上的拟可积随机变量的全体, 且

$$\mathscr{H} = \{X:\ \mathsf{E}[X|B] \text{ 存在且式 (4.2) 成立}\}.$$

我们先来证明 $\mathscr{H}$ 是 $\mathscr{L}$ 类. 首先, 由 $\mathsf{E}[I_\Omega|B] = \mathsf{P}(\Omega|B) = 1$ 知 $I_\Omega \in \mathscr{H}$; 由期望的线性性知 $\mathscr{H}$ 是线性空间. 最后, 若 $0 \leqslant X_n \uparrow X$, 则由单调收敛定理即知 $X \in \mathscr{H}$. 因此 $\mathscr{H}$ 是 $\mathscr{L}$

类. 若 $A \in \mathscr{A}$, 则由

$$\mathsf{E}[I_A|B] = \mathsf{P}(A|B) = \frac{\mathsf{P}(AB)}{\mathsf{P}(B)} = \frac{1}{\mathsf{P}(B)} \int_B I_A \,\mathrm{d}\mathsf{P}$$

知 $I_A \in \mathscr{H}$ $(A \in \mathscr{A})$. 再由函数形式的单调类定理知, 对一切拟可积随机变量结论成立. ∎

为方便起见, 我们把用函数形式单调类定理来证明的方法称为常规方法.

在条件期望 $\mathsf{E}[X|B]$ 中, 考虑在由 $B \in \mathscr{A}$ 所生成的子 σ 代数 $\mathscr{C} = \{\emptyset, B, B^{\mathrm{c}}, \Omega\}$ 上条件期望的取值, 并令

$$\mathsf{E}[X|\mathscr{C}](w) = \mathsf{E}[X|B]\, I_B(w) + \mathsf{E}[X|B^{\mathrm{c}}]\, I_{B^{\mathrm{c}}}(w),$$

则易见 $\mathsf{E}[X|\mathscr{C}]$ 是个具有两点分布的随机变量. 由式 (4.2) 知

$$\begin{aligned}\int_\Omega \mathsf{E}[X|\mathscr{C}]\,\mathrm{d}\mathsf{P} &= \mathsf{P}(B)\,\mathsf{E}[X|B] + \mathsf{P}(B^{\mathrm{c}})\,\mathsf{E}[X|B^{\mathrm{c}}] \\ &= \int_B X\,\mathrm{d}\mathsf{P} + \int_{B^{\mathrm{c}}} X\,\mathrm{d}\mathsf{P} = \int_\Omega X\,\mathrm{d}\mathsf{P}.\end{aligned}$$

我们把上面的 $\mathscr{C}$ 可测函数 $\mathsf{E}[X|\mathscr{C}]$ 称为在给定子 σ 代数 $\mathscr{C}$ 下随机变量 X 的条件期望, 其中 $\mathscr{C}$ 表明集合 B 的取值范围. 把上面的结论再推广一步, 设 $\{B_i, B_i \in \mathscr{A}, i \in I\}$ 为 Ω 的一个有限分割, 且 $\mathsf{P}(B_i) > 0$ $(i \in I)$, 随机变量 X 的期望存在. 由命题 4.1.1, $\mathsf{E}[X|B_i]$ 存在. 设 $\mathscr{C} = \sigma(B_i, i \in I)$, 定义 $\mathscr{C}$ 可测的阶梯随机变量

$$\mathsf{E}[X|\mathscr{C}](w) = \sum_{i\in I} \mathsf{E}[X|B_i]\, I_{B_i}(w), \tag{4.3}$$

则称 $\mathsf{E}[X|\mathscr{C}]$ 为在给定子 σ 代数 $\mathscr{C}$ 之下的随机变量 X 的条件期望. 在式 (4.3) 两边取期望, 并注意到式 (4.2), 我们有

$$\int_\Omega \mathsf{E}[X|\mathscr{C}]\,\mathrm{d}\mathsf{P} = \sum_{i\in I} \mathsf{P}(B_i)\,\mathsf{E}[X|B_i] = \sum_{i\in I} \int_{B_i} X\,\mathrm{d}\mathsf{P} = \int_\Omega X\,\mathrm{d}\mathsf{P}. \tag{4.4}$$

在式 (4.4) 中取 $X = I_A$ $(A \in \mathscr{A})$, 则得到全概率公式:

$$\mathsf{P}(A) = \int_\Omega I_A\,\mathrm{d}\mathsf{P} = \sum_{i\in I} \mathsf{P}(A|B_i)\,\mathsf{P}(B_i).$$

例 4.1.1　一工厂用某种原料生产一种产品, 原料来自 $|I|$ 个不同的地方, 第 i 个产地的原料所占比例为 $p_i\,(i \in I)$. 如果用第 i 个产地的原料进行生产, 其平均合格品数为 a_i, 则该工厂用这 $|I|$ 种原料进行生产后, 其总平均合格品数为这 $|I|$ 个平均值的加权平均, 权数即为 p_i.

在这个例子中, 分割 $\{B_i, i \in I\}$ 即为产地, $\mathscr{C} = \sigma(B_i, i \in I)$ 表达了产品由各种不同产地原料的所有可能组合情况. 若以 X 表示产品中的合格品数, 则随机变量 $\mathsf{E}[X|\mathscr{C}]$ 表达了在各种不同产地原料组合下合格品数的平均值. ◁

一般地, 若试验有 $|I|$ 个不同结果 $\{B_i, i \in I\}$, 以随机变量 X 表示试验中我们所关心的一个量, 则 $\mathsf{E}[X|B_i]$ 表达了在结果 B_i 发生条件下随机变量 X 的平均值, 而 $\mathsf{E}[X|\mathscr{C}]$ 则表达了在不同试验结果下 X 的各种平均值. 这就是我们需引入随机变量 $\mathsf{E}[X|\mathscr{C}]$ 的原因, 它使我们能全面了解在不同试验结果下 X 均值的取值情况. 由式 (4.4), 我们还发现为求 X 的均值, 我们可以分两步走: 第一步是求在试验结果 B_i 下的平均值 a_i; 第二步对这些 a_i 求概率平均.

再仔细比较一下 X 的条件期望 $\mathsf{E}[X|\mathscr{C}](w)$ 与 $X(w)$ 的差别. 我们发现条件期望是把 X 在 B_i 上的值做了一个平均, 然后把这个平均值作为在 B_i 的每个点 w 上的取值, 构造了一个阶梯随机变量. 换句话说, $\mathsf{E}[X|\mathscr{C}]$ 在 $\mathscr{C}$ 的原子上把 X 平滑化了.

以上讨论的结果可以进一步推广到 $\{B_i \in \mathscr{A}, i \in I\}$ 为 Ω 的可数分割的场合, 这里 $\mathsf{P}(B_i) > 0$ $(i \in I)$, $\mathscr{C} = \sigma(B_i, i \in I)$. 设 X 为 $(\Omega, \mathscr{A}, \mathsf{P})$ 上的拟可积随机变量, 则由

$$\mathsf{E}[X|\mathscr{C}](w) = \sum_{i \in I} \mathsf{E}[X|B_i]\, I_{B_i}(w) \tag{4.5}$$

定义的随机变量称为在给定子 σ 代数 $\mathscr{C}$ 下随机变量 X 的条件期望. 若 $X \geqslant 0$ 且 $\mathsf{E}[X] < \infty$, 则由单调收敛定理知

$$\begin{aligned}\int_\Omega \mathsf{E}[X|\mathscr{C}]\, \mathrm{d}\mathsf{P} &= \mathsf{E}\left(\sum_{i \in I} \mathsf{E}[X|B_i]\, I_{B_i}\right) = \sum_{i \in I} \mathsf{E}[X|B_i]\, \mathsf{P}(B_i) \\ &= \sum_{i \in I} \int_{B_i} X\, \mathrm{d}\mathsf{P} = \int_\Omega X\, \mathrm{d}\mathsf{P} < \infty.\end{aligned} \tag{4.6}$$

若 X 拟可积, 则由命题 4.1.1 得

$$\begin{aligned}\mathsf{E}[X|B_i] &= \frac{1}{\mathsf{P}(B_i)} \int_{B_i} X\, \mathrm{d}\mathsf{P} = \frac{1}{\mathsf{P}(B_i)} \left(\int_{B_i} X^+\, \mathrm{d}\mathsf{P} - \int_{B_i} X^-\, \mathrm{d}\mathsf{P}\right) \\ &= \mathsf{E}[X^+|B_i] - \mathsf{E}[X^-|B_i],\end{aligned}$$

故式 (4.6) 仍成立.

以 $\mathsf{P}^{\mathscr{C}}$ 记 $(\Omega, \mathscr{A})$ 上的概率 P 限制在 $\mathscr{A}$ 的子 σ 代数 $\mathscr{C}$ 上生成的概率 ($\mathsf{P}^{\mathscr{C}}$ 是 $\mathscr{C}$ 上的概率很容易推出, 读者自证之). 由于 $\mathsf{E}[X|\mathscr{C}]$ 是 $\mathscr{C}$ 可测的, 因此, 若随机变量 X 本身就是 $\mathscr{C}$ 可测的, 即在 $\mathscr{C}$ 的每个原子 B_i 上几乎处处 (关于 P) 取常值, 则 $\mathsf{E}[X|\mathscr{C}]$ 和 X 是几乎处处 (关于 $\mathsf{P}^{\mathscr{C}}$) 相等的.

在以上随机变量 X 的条件期望定义中, 我们都假定了所涉及的原子的概率为正值, 但我们经常会遇到在 $\mathsf{P}(B) = 0$ 的情况下如何定义 X 的条件期望 $\mathsf{E}[X|B]$ 的问题. 例如, 若 Y 为连续型随机变量, 如何定义 $\mathsf{E}[X|Y = y]$? 为此, 我们必须把随机变量条件期望的定义推广到 $\mathscr{A}$ 的任一子 σ 代数上. 先看一个例子.

例 4.1.2　设 (X,Y) 为连续型随机向量, X,Y 和 (X,Y) 的概率密度函数分别为 $f_1(x)$, $f_2(y)$ 和 $f(x,y)$. 初等概率论给出在给定 $X=x$ 条件下, 随机变量 Y 的条件概率密度函数为 $f(y|x)=f(x,y)/f_1(x)$, 故在给定 $X=x$ 条件下, Y 的条件期望是

$$g(x)=\mathsf{E}[Y|X=x]=\int_{-\infty}^{\infty} yf(y|x)\,\mathrm{d}y=\int_{-\infty}^{\infty}\frac{yf(x,y)}{f_1(x)}\,\mathrm{d}y.$$

两边乘以 $f_1(x)$ 再对 x 积分, 得

$$\begin{aligned}\int_{-\infty}^{\infty} g(x)f_1(x)\,\mathrm{d}x&=\int_{-\infty}^{\infty}\int_{-\infty}^{\infty} yf(x,y)\,\mathrm{d}y\,\mathrm{d}x\\&=\int_{-\infty}^{\infty} yf_2(y)\,\mathrm{d}y=\mathsf{E}[Y],\end{aligned}\tag{4.7}$$

即求 Y 的期望可以分两步: 首先求出给定 $X=x$ 条件下 Y 的条件期望; 然后对它做概率平均. ◁

式 (4.6) 和式 (4.7) 启发我们, 在关于随机变量 X 的条件期望的定义中, 最重要的是应该保证 X 的期望等于 X 的条件期望的平均. 为此, 引入如下定义.

定义 4.1.2　设 $(\Omega,\mathscr{A},\mathsf{P})$ 是概率空间, $\mathscr{C}$ 是 $\mathscr{A}$ 的一个子 σ 代数, Y 是 $(\Omega,\mathscr{A},\mathsf{P})$ 上的随机变量, 且 $\mathsf{E}[Y]$ 存在 (不必有限), $\mathsf{P}^{\mathscr{C}}$ 是 P 在 $\mathscr{C}$ 上的导出概率, 则 Y 在 $\mathscr{C}$ 下关于 $\mathsf{P}^{\mathscr{C}}$ 的条件期望, 记为 $\mathsf{E}[Y|\mathscr{C}]$, 是指满足以下条件的 Ω 上 $\mathscr{C}$ 可测函数的等价类中的任一个:

$$\int_B \mathsf{E}[Y|\mathscr{C}]\,\mathrm{d}\mathsf{P}^{\mathscr{C}}=\int_B Y\,\mathrm{d}\mathsf{P},\quad \forall B\in\mathscr{C}.\tag{4.8}$$

记

$$\varphi(B)=\int_B Y\,\mathrm{d}\mathsf{P},\quad B\in\mathscr{C}.$$

由 Radon-Nikodym 定理 (推论 2.6.2 后面的注 7) 知

$$\mathsf{E}[Y|\mathscr{C}]=\frac{\mathrm{d}\varphi}{\mathrm{d}\mathsf{P}^{\mathscr{C}}}$$

存在, 且在 $\mathscr{C}$ 可测函数等价的意义下唯一. 由式 (4.8) 定义的等价类中任一成员称为条件期望的一个版本 (version).

关于条件期望, 请读者注意如下几点:

(1) 在定义中, 我们仅要求随机变量 Y 是拟可积的, 因而可以保证 $\varphi(B)$ 在 $\mathscr{A}$ 上是 σ 有限的, 这是因为

$$\varphi(B)=\int_B Y\,\mathrm{d}\mathsf{P}=\sum_{n=1}^{\infty}\int_{B\cap\{n-1<|Y|\leqslant n\}} Y\,\mathrm{d}\mathsf{P},$$

但 $\varphi(B)$ 未必在子 σ 代数 $\mathscr{C}$ 上是 σ 有限的. 例如, 取平凡 σ 代数 $\mathscr{C}=\{\emptyset,\Omega\}$ 及 $\varphi(\Omega)=\mathsf{E}[Y]=\infty$. 由此可见, 虽然 Y 是随机变量, 但 $\mathsf{E}[Y|\mathscr{C}]$ 未必是 $(\Omega,\mathscr{A},\mathsf{P}^{\mathscr{C}})$ 中几乎处处有限

的随机变量. 当然, 如果假定 $\mathsf{E}|Y| < \infty$, 则 φ 在 $\mathscr{C}$ 上为有限的符号测度, 因而 $\mathsf{E}[Y|\mathscr{C}]$ 是几乎处处有限的.

(2) 如果 $\mathscr{C}$ 是由 $(\Omega, \mathscr{A}, \mathsf{P})$ 上的随机变量 X 所生成的 σ 代数, 即 $\mathscr{C} = \sigma(X)$, 其中 $\mathscr{C}$ 的原子是 $\{X = x\}$ $(x \in \mathbb{R})$, 则我们常把随机变量 Y 在 $\sigma(X)$ 下关于 $\mathsf{P}^{\sigma(X)}$ 的条件期望 $\mathsf{E}[Y|\mathscr{C}]$ 记为 $\mathsf{E}[Y|X]$, 它关于 $\sigma(X)$ 可测. 由定理 2.2.4, 存在 Borel 可测函数 g, 使 $\mathsf{E}[Y|X] = g(X)$. 对给定的 $\{X = x\}$, 条件期望也常记为 $\mathsf{E}[Y|X = x] = g(x)$. 类似地, 若 $\mathscr{C} = \sigma(X_i, i \in I)$, 则 $\mathsf{E}[Y|\mathscr{C}]$ 记为 $\mathsf{E}[Y|X_i, i \in I]$.

(3) 在定义 4.1.2 中, 我们可以只要求 Y 是可积的可测函数 (即不必要求 Y 几乎处处有限), 则满足式 (4.8) 的 $\mathscr{C}$ 可测函数仍然存在且是几乎处处唯一确定的. 因此可以把条件期望的定义拓展为可积的可测函数类上, 这时把 $\mathsf{E}[Y]$ 理解为 $\int Y \,\mathrm{d}\mathsf{P}$.

(4) 本节以及以下各节涉及条件期望和条件概率时均指对概率 $\mathsf{P}^{\mathscr{C}}$ 而言, 由于 $\mathsf{P}^{\mathscr{C}}$ 是 P 在 $\mathscr{C}$ 上的导出概率, 故有时也称为“关于 P”的条件期望. 同时, 为了叙述简单起见, 常常省去“关于 $\mathsf{P}^{\mathscr{C}}$”或“关于 P”等字眼.

(5) 条件期望 $\mathsf{E}[Y|\mathscr{C}]$ 只有在 $\mathsf{E}[Y]$ 存在时才有定义, 因此以后出现条件期望时, 总假定 $\mathsf{E}[Y]$ 的存在.

(6) 在讨论条件期望 $\mathsf{E}[Y|\mathscr{C}]$ 的几乎处处性质时, 例外集均指 $\mathscr{C}$ 可测集, 即存在 $N \in \mathscr{C}$, $\mathsf{P}(N) = 0$, 在 N^{c} 上, $\mathsf{E}[Y|\mathscr{C}]$ 有某种性质.

(7) 一般情况下, 条件期望没有显式表达式, 所以为了注明 (或说明) 某个函数是可测函数 Y 的条件期望时, 我们需要验证两条: 第一, 它是 $\mathscr{C}$ 可测函数; 第二, 它在 $\mathscr{C}$ 中任一集合 B 上的积分等于 Y 在 B 上的积分.

例 4.1.3 设 $\Omega = (0,1)$, $\mathscr{A}$ 为 $(0,1)$ 上的 Borel 域 $\mathscr{B}(0,1)$, λ 为 $\mathscr{B}(0,1)$ 上的 Lebesgue 测度. 令

$$X(w) = 2\, I_{(0,1/4)}(w) + 3\, I_{[1/4,1)}(w),$$

则

$$\mathscr{C} = \sigma(X) = \left\{\emptyset,\ \Omega,\ \left(0, \frac{1}{4}\right),\ \left[\frac{1}{4}, 1\right)\right\}.$$

于是, $\mathscr{C}$ 可测函数只能是在 $1/4$ 处有跳的阶梯随机变量. 设 $Y(w) = w$ $(0 < w < 1)$, 则

$$\mathsf{E}[Y|X] = \frac{1}{8} I_{\{2\}}(X) + \frac{5}{8} I_{\{3\}}(X) = \frac{1}{8} + \frac{1}{2}(X - 2), \quad \text{a.s.}. \qquad \triangleleft$$

例 4.1.4 设 $A \subseteq \mathbb{R}^n$, 称 A 为对称的 Borel 集, 若 $A \in \mathscr{B}^{(n)}$ 且对任意 $(x_1, \cdots, x_n) \in A$ 以及 $(1, \cdots, n)$ 的任意置换 $(i_1, \cdots, i_n)$, 有 $(x_{i_1}, \cdots, x_{i_n}) \in A$. 记 $\mathscr{B}_s^{(n)}$ 为 $\mathscr{B}^{(n)}$ 中对称的 Borel 集的全体, 则 $\mathscr{B}_s^{(n)}$ 必为 $\mathscr{B}^{(n)}$ 的一个子 σ 代数. 定义于 $\mathscr{B}^{(n)}$ 上的测度 μ 称为对称的, 若

$$\mu(A_{i_1,\cdots,i_n}) = \mu(A), \quad \forall\, A \in \mathscr{B}^{(n)},$$

其中 $(i_1,\cdots,i_n)$ 是 $(1,\cdots,n)$ 的任意置换, 且

$$A_{i_1,\cdots,i_n}=\{(x_{i_1},\cdots,x_{i_n}):\ (x_1,\cdots,x_n)\in A\}.$$

现考虑概率空间 $(\mathbb{R}^n,\mathscr{B}^{(n)},\mathsf{P})$, 设 $\mathsf{P}^{\mathscr{B}_s^{(n)}}$ 是 P 在 $\mathscr{B}_s^{(n)}$ 上的限制, 则 $\mathsf{P}^{\mathscr{B}_s^{(n)}}$ 为 $\mathscr{B}_s^{(n)}$ 上的对称概率测度. 设 Y 为 $\mathscr{B}^{(n)}$ 可测的且 $\mathsf{E}|Y|<\infty$, 下面求 $\mathsf{E}[Y|\mathscr{B}_s^{(n)}]$.

令

$$Y_0(x_1,\cdots,x_n)=\frac{1}{n!}\sum Y(x_{i_1},\cdots,x_{i_n}),\quad \forall\,(x_1,\cdots,x_n)\in\mathbb{R}^n,$$

其中 $\sum$ 是指对所有置换 $(i_1,\cdots,i_n)$ 求和, 则 Y_0 是对称的且为对称的 Borel 可测函数. 注意到一个函数 f 为 $\mathscr{B}_s^{(n)}$ 可测的当且仅当 f 是 $\mathscr{B}^{(n)}$ 可测的且对称, 所以 Y_0 为 $\mathscr{B}_s^{(n)}$ 可测的. 由对称性知, 对任意 $B\in\mathscr{B}_s^{(n)}$, 有

$$\int_B Y_0\ \mathrm{d}\mathsf{P}^{\mathscr{B}_s^{(n)}}=\int_B Y\ \mathrm{d}\mathsf{P},$$

故 $\mathsf{E}[Y|\mathscr{B}_s^{(n)}]=Y_0$, a.s.. ◁

4.2　条件期望的性质

本节研究由式 (4.8) 定义的 $\mathscr{C}$ 可测函数 $\mathsf{E}[Y|\mathscr{C}]$ 的性质. 如果没有特殊说明, 我们总假定 X,Y,Z 等 (或带下标) 是给定的概率空间 $(\Omega,\mathscr{A},\mathsf{P})$ 上的随机变量, 而 $\mathscr{C}\subseteq\mathscr{A}$.

下面, 我们还经常要用到如下的引理 (证明留给读者作为练习).

引理 4.2.1　设 X 和 Y 为 $(\Omega,\mathscr{A},\mathsf{P})$ 上的两个拟可积随机变量, $\mathscr{C}$ 为生成 $\mathscr{A}$ 的 π 系, 且 $\Omega\in\mathscr{C}$. 若对每个 $B\in\mathscr{C}$, 有

$$\int_B X\ \mathrm{d}\mathsf{P}=\int_B Y\ \mathrm{d}\mathsf{P},$$

则 $X=Y$, a.s. (P).

定理 4.2.1　设 Y 拟可积.

(1) 若 $Y\in\mathscr{C}$, 则 $\mathsf{E}[Y|\mathscr{C}]=Y$, a.s. $(\mathsf{P}^{\mathscr{C}})$;

(2) 若 $Y=c$, a.s. (P), 则 $\mathsf{E}[Y|\mathscr{C}]=c$, a.s. $(\mathsf{P}^{\mathscr{C}})$;

(3) 若 $Y\geqslant 0$, a.s. (P), 则 $\mathsf{E}[Y|\mathscr{C}]\geqslant 0$, a.s. $(\mathsf{P}^{\mathscr{C}})$;

(4) 设 $a,b\in\mathbb{R}$, 若 $\mathsf{E}[X],\mathsf{E}[Y]$ 及 $a\,\mathsf{E}[X]+b\,\mathsf{E}[Y]$ 存在, 则

$$\mathsf{E}[aX+bY|\mathscr{C}]=a\,\mathsf{E}[X|\mathscr{C}]+b\,\mathsf{E}[Y|\mathscr{C}],\quad \text{a.s. }(\mathsf{P}^{\mathscr{C}});$$

(5) $\mathsf{E}[\mathsf{E}[Y|\mathscr{C}]]=\mathsf{E}[Y]$;

(6) 条件期望的定义式 (4.8) 等价于对任意 $\mathscr{C}$ 可测的非负有界随机变量 Z, 有

$$\int_{\Omega} YZ \, \mathrm{dP} = \int_{\Omega} \mathsf{E}[Y|\mathscr{C}]Z \, \mathrm{dP}^{\mathscr{C}}. \tag{4.9}$$

证 (1)~(5) 立即可由条件期望及期望的性质得出, 下面证 (6). 设式 (4.9) 成立, 取 $Z = I_B$ $(B \in \mathscr{C})$, 可得式 (4.8) ; 反之, 设式 (4.8) 对 $\mathscr{C}$ 中任一集合 B 成立, 首先设 $Y \geqslant 0$, 若 $Z = I_B$ $(B \in \mathscr{C})$, 则式 (4.9) 成立, 由条件期望的线性性知对阶梯随机变量 Z, 式 (4.9) 成立, 再由单调收敛定理知对一切非负有界随机变量式 Z, 式 (4.9) 成立; 如果 $\mathsf{E}[Y]$ 存在, 则由性质 (4), $\mathsf{E}[Y|\mathscr{C}] = \mathsf{E}[Y^+|\mathscr{C}] - \mathsf{E}[Y^-|\mathscr{C}]$, 从而由上面的结论推知在此场合下式 (4.9) 仍成立. ∎

定理 4.2.2 条件期望的收敛性质:

(7) (条件单调收敛定理) 若 $0 \leqslant Y_n \uparrow Y$, a.s., 则

$$0 \leqslant \mathsf{E}[Y_n|\mathscr{C}] \uparrow \mathsf{E}[Y|\mathscr{C}], \quad \text{a.s.}.$$

(8) (条件 Fatou-Lebesgue 定理) 设 X, Z 可积, 且对一切 $n \geqslant 1$, $X \leqslant Y_n$, a.s., 则

$$\mathsf{E}\left[\liminf_{n\to\infty} Y_n \middle| \mathscr{C}\right] \leqslant \liminf_{n\to\infty} \mathsf{E}[Y_n|\mathscr{C}], \quad \text{a.s.}.$$

若对一切 $n \geqslant 1$, $Y_n \leqslant Z$, a.s., 则

$$\limsup_{n\to\infty} \mathsf{E}[Y_n|\mathscr{C}] \leqslant \mathsf{E}\left[\limsup_{n\to\infty} Y_n \middle| \mathscr{C}\right], \quad \text{a.s.}.$$

(9) (条件控制收敛定理) 设 X, Z 可积, 若 $X \leqslant Y_n \uparrow Y$, a.s., 或对一切 $n \geqslant 1$, $X \leqslant Y_n \leqslant Z$, 且 $Y_n \to Y$, a.s., 则

$$\mathsf{E}[Y_n|\mathscr{C}] \to \mathsf{E}[Y|\mathscr{C}], \quad \text{a.s.}.$$

证 (7) 显然对每个 n, $\mathsf{E}[Y_n]$ 都存在, 故 $\mathsf{E}[Y_n|\mathscr{C}]$ 有定义. 由性质 (3), $\mathsf{E}[Y_n|\mathscr{C}]$ 关于 $\mathsf{P}^{\mathscr{C}}$ 几乎处处非降且非负, 于是存在 $Y' \in \mathscr{C}$, 使 $\mathsf{E}[Y_n|\mathscr{C}] \uparrow Y'$, a.s., 从而对 $\mathscr{C}$ 中任一集合 B, 有 $I_B\mathsf{E}[Y_n|\mathscr{C}] \uparrow I_B Y'$, a.s.. 再由单调收敛定理知

$$\int_B \mathsf{E}[Y_n|\mathscr{C}] \, \mathrm{dP}^{\mathscr{C}} \uparrow \int_B Y' \, \mathrm{dP}^{\mathscr{C}}.$$

另外, 由定义式 (4.8) 及单调收敛定理,

$$\int_B \mathsf{E}[Y_n|\mathscr{C}] \, \mathrm{dP}^{\mathscr{C}} = \int_B Y_n \, \mathrm{dP} \uparrow \int_B Y \, \mathrm{dP} = \int_B \mathsf{E}[Y|\mathscr{C}] \, \mathrm{d} \, \mathsf{P}^{\mathscr{C}}.$$

因为 Y' 和 $\mathsf{E}[Y|\mathscr{C}]$ 都是 $\mathscr{C}$ 可测函数, 由引理 4.2.1 知 $Y' = \mathsf{E}[Y|\mathscr{C}]$, a.s., 即性质 (7) 得证.

(8) 设 $Y_n \geqslant X$. 先考虑 $X = 0$. 记 $Z_n = \inf\limits_{k\geqslant n} Y_k$ $(n \geqslant 1)$, 则 $Z_n \leqslant Y_n$, 且

$$0 \leqslant Z_n \uparrow \lim_{n\to\infty} \inf_{k\geqslant n} Y_k = \liminf_{n\to\infty} Y_n, \quad \text{a.s.},$$

因此, 由性质 (3) 和 (7) 有

$$\liminf_{n\to\infty} \mathsf{E}[Y_n|\mathscr{C}] \geqslant \lim_{n\to\infty} \mathsf{E}[Z_n|\mathscr{C}] = \mathsf{E}\left[\liminf_{n\to\infty} Y_n \middle| \mathscr{C}\right], \quad \text{a.s..} \tag{4.10}$$

若 $X \neq 0$, 用 $Y_n' = Y_n - X$ 代替上面的 Y_n, 然后由性质 (4) 和式 (4.10) 即得. 至于性质 (8) 的第二个结论, 分别用 $-Y_n$ 和 $-Z$ 代替 Y_n 和 X, 即由第一个结论推出.

性质 (9) 是性质 (8) 的直接推论. ∎

性质 (7)~(9) 说明了单调收敛定理、Fatou-Lebesgue 定理和控制收敛定理可以推广到条件期望. 值得注意的是, 在单调收敛定理等三个著名定理中, 处理的是数列 (随机变量的期望) 的收敛性问题, 而条件单调收敛定理等处理的是随机变量序列的几乎处处收敛性问题.

注 1 在定理 4.2.2 性质 (9) 中, 将条件 $Y_n \xrightarrow{\text{a.s.}} Y$ 改为 $Y_n \xrightarrow{\text{P}} Y$, 则结论不成立 (见例 4.2.1). 但是, 利用 Markov 不等式我们有如下的结论:

$$\mathsf{E}[Y_n|\mathscr{C}] \xrightarrow{\text{P}} \mathsf{E}[Y|\mathscr{C}].$$

例 4.2.1 ($|Y_n| \leqslant 1,\ Y_n \xrightarrow{\text{P}} Y \not\Rightarrow \mathsf{E}[Y_n|\mathscr{C}] \not\to \mathsf{E}[Y|\mathscr{C}]$, a.s.) 设 $\{Y_n, n \geqslant 1\}$ 是独立的随机变量序列, 满足

$$\mathsf{P}(Y_n = 1) = \frac{1}{n} = 1 - \mathsf{P}(Y_n = 0), \quad \forall\, n \geqslant 1.$$

显然, $|Y_n| \leqslant 1$, $\mathsf{E}[Y_n] = 1/n \to 0$, 于是 $Y_n \xrightarrow{\text{P}} 0$. 注意到 $\sum\limits_{n=1}^{\infty} \mathsf{P}(Y_n = 1) = \infty$, 由 Borel-Cantelli 引理知 $\mathsf{P}(Y_n = 1, \text{ i.o.}) = 1$. 类似地, $\mathsf{P}(Y_n = 0, \text{ i.o.}) = 1$, 因此, Y_n 不是几乎处处收敛序列. 取子 σ 代数 $\mathscr{C} = \sigma(Y_n, n \geqslant 1)$, 则

$$\mathsf{E}[Y_n|\mathscr{C}] = Y_n \not\to 0, \quad \text{a.s..} \qquad \triangleleft$$

注 2 设 $\{X_n, n \geqslant 1\}$ 为一致可积的随机变量序列, 且 $X_n \xrightarrow{\text{a.s.}} X$ 或 $X_n \xrightarrow{\text{P}} X$, 则由 L_p 收敛定理知 $\mathsf{E}|X_n| \to \mathsf{E}|X|$. 但是对 $\mathscr{A}$ 的任意子 σ 代数 $\mathscr{C}$, 并不能推出 $\mathsf{E}[X_n|\mathscr{C}] \xrightarrow{\text{a.s.}} \mathsf{E}[X|\mathscr{C}]$. 反例如下[29]137:

例 4.2.2 ($\{X_n, n \geqslant 1\}$ 一致可积, $X_n \xrightarrow{\text{a.s.}} X \not\Rightarrow \mathsf{E}[X_n|\mathscr{C}] \xrightarrow{\text{a.s.}} \mathsf{E}[X|\mathscr{C}]$) 设 $\{Y_n, Z_n, n \geqslant 1\}$ 是独立的随机变量序列, 满足

$$\mathsf{P}(Y_n = 1) = \frac{1}{n} = 1 - \mathsf{P}(Y_n = 0),$$
$$\mathsf{P}(Z_n = n^2) = \frac{1}{n^2} = 1 - \mathsf{P}(Z_n = 0).$$

定义 $X_n = Y_n Z_n$. 因为 $\sum\limits_{n=1}^{\infty} \mathsf{P}(Z_n \neq 0) = \sum\limits_{n=1}^{\infty} n^{-2} < \infty$, 所以由 Borel-Cantelli 引理得 $\mathsf{P}(Z_n \neq 0, \text{ i.o.}) = 0$, 于是 $Z_n \xrightarrow{\text{a.s.}} 0$, 进而有 $X_n \xrightarrow{\text{a.s.}} X \equiv 0$. 记

$$\mathscr{C} = \sigma(Y_n, n \geqslant 1).$$

注意到 $\mathsf{E}|X_n - X| = \mathsf{E}|X_n| = 1/n \to 0$, 于是由 L_p 收敛定理知 $\{X_n, n \geqslant 1\}$ 一致可积, 但是 $\mathsf{E}[X_n|\mathscr{C}] \not\to 0$, a.s., 这是因为由下面的引理 4.2.2 得

$$\mathsf{E}[X_n|\mathscr{C}] = Y_n \mathsf{E}[Z_n|\mathscr{C}] = Y_n \mathsf{E}[Z_n] = Y_n,$$

以及由 Borel-Cantelli 引理可得 $\mathsf{P}(Y_n = 1, \text{i.o.}) = 1$. ◁

引理 4.2.2 设 Y 和 Z 为两个随机变量, 且 $\mathsf{E}[YZ]$ 和 $\mathsf{E}[Y]$ 都存在. 若 Z 为 $\mathscr{C}$ 可测的, 则

$$\mathsf{E}[YZ|\mathscr{C}] = Z\,\mathsf{E}[Y|\mathscr{C}], \quad \text{a.s.}. \tag{4.11}$$

证 设 $Z = I_A$ $(A \in \mathscr{C})$, 则对任意 $B \in \mathscr{C}$, 有

$$\begin{aligned}\int_B \mathsf{E}[I_A Y|\mathscr{C}]\, \mathrm{d}\mathsf{P}^{\mathscr{C}} &= \int_{A\cap B} Y\, \mathrm{d}\mathsf{P} = \int_{AB} \mathsf{E}[Y|\mathscr{C}]\, \mathrm{d}\mathsf{P}^{\mathscr{C}} \\ &= \int_B I_A \mathsf{E}[Y|\mathscr{C}]\, \mathrm{d}\mathsf{P}^{\mathscr{C}}.\end{aligned}$$

由引理 4.2.1 知式 (4.11) 成立, 再用常规方法 (即函数形式的单调类定理) 即可证明当 Z 为 $\mathscr{C}$ 可测的可积函数时结论成立. ∎

定理 4.2.3 (条件期望的平滑公式) 设 $\mathscr{C}_1$ 和 $\mathscr{C}_2$ 是 $\mathscr{A}$ 的两个子 σ 代数, 且 $\mathscr{C}_1 \subseteq \mathscr{C}_2 \subseteq \mathscr{A}$, Y 和 Z 是满足 $\mathsf{E}[YZ]$ 和 $\mathsf{E}[Y]$ 都存在的两个随机变量, 且 Z 为 $\mathscr{C}_2$ 可测的, 则

$$\mathsf{E}[YZ|\mathscr{C}_1] = \mathsf{E}\{Z\,\mathsf{E}[Y|\mathscr{C}_2]\,|\mathscr{C}_1\}, \quad \text{a.s.}.$$

证 由引理 4.2.1, 只要证明上面等式两边 $\mathscr{C}_1$ 可测的两个随机变量在 $\mathscr{C}_1$ 的任一集合 B 上的积分相等即可. 设 $B \in \mathscr{C}_1$, 则

$$\begin{aligned}\int_B \mathsf{E}[Z\,\mathsf{E}[Y|\mathscr{C}_2]\,|\mathscr{C}_1]\, \mathrm{d}\mathsf{P}^{\mathscr{C}_1} &= \int_B Z\,\mathsf{E}[Y|\mathscr{C}_2]\, \mathrm{d}\mathsf{P}^{\mathscr{C}_2} = \int_B \mathsf{E}[YZ|\mathscr{C}_2]\, \mathrm{d}\mathsf{P}^{\mathscr{C}_2} \\ &= \int_B YZ\, \mathrm{d}\mathsf{P} = \int_B \mathsf{E}[YZ|\mathscr{C}_1]\, \mathrm{d}\mathsf{P}^{\mathscr{C}_1},\end{aligned}$$

其中第二个等号用了引理 4.2.2, 其余由条件期望的定义可得. ∎

推论 4.2.1 设 $\mathscr{C}_1 \subset \mathscr{C}_2$ 是 $\mathscr{A}$ 的两个子 σ 代数. 若 $\mathsf{E}[Y]$ 存在, 则

$$\mathsf{E}[Y|\mathscr{C}_1] = \mathsf{E}[\mathsf{E}[Y|\mathscr{C}_1]\,|\mathscr{C}_2] = \mathsf{E}[\mathsf{E}[Y|\mathscr{C}_2]\,|\mathscr{C}_1], \quad \text{a.s.}$$

证 注意到 $\mathscr{C}_1 \subset \mathscr{C}_2$, 故 $\mathsf{E}[Y|\mathscr{C}_1]$ 也是 $\mathscr{C}_2$ 可测的, 从而由条件期望的性质 (1) 即得本推论的前半部分. 在定理 4.2.3 中, 取 $Z = 1$ 即得本推论的后半部分. ∎

注 3 若 $\mathscr{C}_1$ 和 $\mathscr{C}_2$ 没有包含关系, 则推论 4.2.1 不必成立.

例 4.2.3 设 $\Omega = \{0, 1, 2\}$, $\mathscr{A} = \sigma(\{0\}, \{1\}, \{2\}) = \mathscr{P}(\Omega)$,

$$\mathscr{C}_1 = \{\emptyset, \{0, 1\}, \{2\}, \Omega\}, \quad \mathscr{C}_2 = \{\emptyset, \{0, 2\}, \{1\}, \Omega\},$$

$\mathsf{P}(\{0\})=1/2$, $\mathsf{P}(\{1\})=1/3$, $\mathsf{P}(\{2\})=1/6$, 且 $Y=I_{\{2\}}$, 则

$$\begin{aligned}\frac{1}{4}I_{\{0,2\}}&=\mathsf{E}[\mathsf{E}[Y|\mathscr{C}_1]|\mathscr{C}_2]\\&\neq \mathsf{E}[\mathsf{E}[Y|\mathscr{C}_2]|\mathscr{C}_1]=\frac{3}{20}I_{\{0,1\}}+\frac{1}{4}I_{\{2\}}.\end{aligned}$$

条件期望可以用来刻画两个子 σ 代数的独立性.

定理 4.2.4　$\mathscr{A}$ 的两个子 σ 代数 $\mathscr{C}_1$ 和 $\mathscr{C}_2$ 相互独立的充要条件是, 对每个 $\mathscr{C}_1$ 可测的非负随机变量 Y, 有

$$\mathsf{E}[Y|\mathscr{C}_2]=\mathsf{E}[Y],\quad \text{a.s.}. \tag{4.12}$$

证　(必要性) 设 $A\in\mathscr{C}_1$, $B\in\mathscr{C}_2$, $Y=I_A$. 由 $\mathscr{C}_1$ 和 $\mathscr{C}_2$ 的独立性有

$$\int_B \mathsf{E}[I_A|\mathscr{C}_2]\,\mathrm{d}\mathsf{P}^{\mathscr{C}_2}=\int_B I_A\,\mathrm{d}\mathsf{P}=\mathsf{P}(AB)=\mathsf{P}(A)\,\mathsf{P}(B)=\int_B \mathsf{E}[I_A]\,\mathrm{d}\mathsf{P}^{\mathscr{C}_2}.$$

由引理 4.2.1 知 $\mathsf{E}[I_A|\mathscr{C}_2]=\mathsf{E}[I_A]$, a.s., 由积分线性性推知, 当 Y 为 $\mathscr{C}_1$ 可测的阶梯随机变量时成立, 再由单调收敛定理及常规方法即知式 (4.12) 对 $\mathscr{C}_1$ 可测的非负随机变量 Y 成立.

(充分性) 设 Y 为 $\mathscr{C}_1$ 可测的非负随机变量, 且 $\mathsf{E}[Y|\mathscr{C}_2]=\mathsf{E}[Y]$, a.s., X 为 $\mathscr{C}_2$ 可测的非负随机变量, 则由条件期望定义及引理 4.2.2, 有

$$\begin{aligned}\mathsf{E}[XY]&=\mathsf{E}[\mathsf{E}[XY|\mathscr{C}_2]]=\mathsf{E}[X\,\mathsf{E}[Y|\mathscr{C}_2]]\\&=\mathsf{E}[X\,\mathsf{E}[Y]]=\mathsf{E}[X]\cdot\mathsf{E}[Y].\end{aligned}$$

由定理 2.4.6 知 $\mathscr{C}_1$ 和 $\mathscr{C}_2$ 独立. ∎

推论 4.2.2　若 X 与 Y 独立, $\mathsf{E}[Y]$ 存在, 则

$$\mathsf{E}[Y|X]=\mathsf{E}[Y],\quad \text{a.s.}.$$

这是由于 Y^+ 和 Y^- 与 X 独立, 由定理 4.2.4 即可推出.

为把 Hölder 不等式推广到条件期望上来, 我们需要如下的条件 Jensen 不等式.

引理 4.2.3　设 ϕ 是 $\mathbb{R}^k$ 中开凸区域 D 上的连续凹 (concave) 函数, 随机向量 $(X_1,\cdots,X_k)$ 几乎处处属于 D, $\mathscr{C}$ 为 $\mathscr{A}$ 的一个子 σ 代数. 若 $X_1,\cdots,X_k$ 以及 $\phi(X_1,\cdots,X_k)$ 可积, 则

$$\mathsf{E}[\phi(X_1,\cdots,X_k)|\mathscr{C}]\leqslant\phi(\mathsf{E}[X_1|\mathscr{C}],\cdots,\mathsf{E}[X_k|\mathscr{C}]),\quad \text{a.s.}. \tag{4.13}$$

证　令 $y=\phi(x_1,\cdots,x_k)$ 为开凸区域 D 上的连续凹函数, 则 $\lambda_i=\partial\phi/\partial x_i$ (为确定起见, 这里指右偏导数) 为 Borel 可测函数, $i=1,\cdots,k$. 显然, 由 $(X_1,\cdots,X_k)\in D$, a.s. 可推出 $(\mathsf{E}[X_1|\mathscr{C}],\cdots,\mathsf{E}[X_k|\mathscr{C}]))\in D$, a.s.. 记 $X_{i0}=\mathsf{E}[X_i|\mathscr{C}]$ $(i=1,\cdots,k)$, $Y_0=\phi(X_{10},\cdots,X_{k0})$, 则过 $(X_{10},\cdots,X_{k0},Y_0)$ 的切平面方程为

$$y-Y_0=\sum_{i=1}^{k}\lambda_i(x_i-X_{i0}),$$

且曲面 $y=\phi(x_1,\cdots,x_k)$ 在该切平面下方, 即

$$\phi(x_1,\cdots,x_k)\leqslant\phi(X_{10},\cdots,X_{k0})+\sum_{i=1}^{k}\lambda_i(x_i-X_{i0}). \tag{4.14}$$

注意到 ϕ 和 λ_i $(i=1,\cdots,k)$ 均为 Borel 可测函数, 故 $\phi(X_{10},\cdots,X_{k0})$ 和 $\lambda_i(X_{10},\cdots,X_{k0})$ 均为 $\mathscr{C}$ 可测函数. 用随机向量 $(X_1,\cdots,X_k)$ 代替式 (4.14) 中的 $(x_1,\cdots,x_k)$ 并在给定 $\mathscr{C}$ 下求条件期望. 由条件期望性质 (1), (3) 和引理 4.2.2, 有

$$\begin{aligned}\mathsf{E}[\phi(X_1,\cdots,X_k)|\mathscr{C}]&\leqslant\phi(\mathsf{E}[X_1|\mathscr{C}],\cdots,\mathsf{E}[X_k|\mathscr{C}])+\sum_{i=1}^{k}\mathsf{E}[\lambda_i(X_i-\mathsf{E}[X_i|\mathscr{C}])|\mathscr{C}]\\&=\phi(\mathsf{E}[X_1|\mathscr{C}],\cdots,\mathsf{E}[X_k|\mathscr{C}])+\sum_{i=1}^{k}\lambda_i\mathsf{E}[X_i-\mathsf{E}[X_i|\mathscr{C}]|\mathscr{C}]\\&=\phi(\mathsf{E}[X_1|\mathscr{C}],\cdots,\mathsf{E}[X_k|\mathscr{C}]),\quad\text{a.s..}\end{aligned} \tag{4.15}$$

这里我们假定了 $\lambda_i(X_i-\mathsf{E}[X_i|\mathscr{C}])$ 的可积性. 若其不可积, 令

$$A_{ni}=\{w:\ |\mathsf{E}[X_i|\mathscr{C}](w)|\leqslant n\},\quad i=1,\cdots,k,$$

用 $X_iI_{A_{ni}}$ 代替 X_i. 当 n 充分大时, $(X_1I_{A_{n1}},\cdots,X_kI_{A_{nk}})\in D$, a.s., 因此, 对 $(X_1I_{A_{n1}},\cdots,X_kI_{A_{nk}})$, 式 (4.15) 成立, 然后再由 ϕ 的连续性及条件约束收敛定理可推出, 当 $n\to\infty$ 时式 (4.15) 仍成立, 从而证明了本引理. ∎

推论 4.2.3 若 X 可积, 则

$$(\mathsf{E}[X|\mathscr{C}])^+\leqslant\mathsf{E}[X^+|\mathscr{C}],\quad\text{a.s.,}$$

$$(\mathsf{E}[X|\mathscr{C}])^-\leqslant\mathsf{E}[X^-|\mathscr{C}],\quad\text{a.s..}$$

证 因为 $\phi(x)=x^+$ 和 $\psi(x)=x^-$ 为凸 (convex) 函数, 故 $-\phi(x)$ 和 $-\psi(x)$ 为凹函数. 由式 (4.13) 即得本推论. ∎

定理 4.2.5 (1) (条件 Hölder 不等式) 若 $p>1$ 且 $1/p+1/q=1$, 则

$$\mathsf{E}[\,|XY|\,|\mathscr{C}]\leqslant\left(\mathsf{E}[\,|X|^p\,|\mathscr{C}]\right)^{1/p}\left(\mathsf{E}[\,|Y|^q\,|\mathscr{C}]\right)^{1/q},\quad\text{a.s.;} \tag{4.16}$$

(2) (条件 Minkowski 不等式) 当 $p\geqslant1$ 时, 有

$$\left(\mathsf{E}[\,|X+Y|^p\,|\mathscr{C}]\right)^{1/p}\leqslant\left(\mathsf{E}[\,|X|^p\,|\mathscr{C}]\right)^{1/p}+\left(\mathsf{E}[\,|Y|^p\,|\mathscr{C}]\right)^{1/p},\quad\text{a.s.;} \tag{4.17}$$

(3) 当 $r>0$ 时, $\big(\mathsf{E}[\,|X|^r\,|\mathscr{C}]\big)^{1/r}$ 几乎处处是 r 的非降函数;

(4) (条件 C_r 不等式) 设 $r>0$, 则

$$\mathsf{E}[\,|X+Y|^r\,|\mathscr{C}]\leqslant C_r\big(\mathsf{E}[\,|X|^r\,|\mathscr{C}]+\mathsf{E}[\,|Y|^r\,|\mathscr{C}]\big),\quad \text{a.s.},$$

其中

$$C_r=\begin{cases}1, & 0<r<1,\\ 2^{r-1}, & r\geqslant 1.\end{cases}$$

证　在引理 4.2.3 中, 取

$$\phi(u,v)=u^{\alpha}v^{1-\alpha}\ \ (0<\alpha<1),\quad \psi(u,v)=(u^{1/p}+v^{1/p})^p\ \ (p\geqslant 1),$$

则 $\phi(u,v)$ 和 $\psi(u,v)$ 是连续凹函数. 类似于引理 2.7.1 下面关于无条件 Hölder 不等式、Minkowski 不等式的证明方法, 可得本定理 (1) ~ (4) 的证明. ∎

推论 4.2.4　设 $p\geqslant 1$, $\mathsf{E}|X|^p<\infty$, 则

$$\big|\mathsf{E}[X|\mathscr{C}]\,\big|^p\leqslant \mathsf{E}[|X|^p\,|\mathscr{C}],\quad \text{a.s.}.$$

证　在式 (4.16) 中, 取 $Y=1$, 并注意到 $|\mathsf{E}[X|\mathscr{C}]|\leqslant \mathsf{E}[\,|X|\,|\mathscr{C}]$, a.s. 即得. ∎

推论 4.2.5　设 $X_n\xrightarrow{L_p}X\,(p\geqslant 1)$, $\mathscr{C}$ 是 $\mathscr{A}$ 的一个子 σ 代数, 则

$$\mathsf{E}[X_n|\mathscr{C}]\xrightarrow{L_p}\mathsf{E}[X|\mathscr{C}].$$

证　利用 $X_n\xrightarrow{L_p}X$ 知 $\mathsf{E}|X_n|^p<\infty$, $\mathsf{E}|X|^p<\infty$, 因此

$$\mathsf{E}|\,\mathsf{E}[X_n|\mathscr{C}]\,|^p\leqslant \mathsf{E}[\mathsf{E}[\,|X_n|^p|\mathscr{C}]]=\mathsf{E}|X_n|^p<\infty.$$

类似地, $\mathsf{E}\,|\,\mathsf{E}[X|\mathscr{C}]\,|^p<\infty$. 又

$$\big|\mathsf{E}[X_n|\mathscr{C}]-\mathsf{E}[X|\mathscr{C}]\big|\leqslant \mathsf{E}[|X_n-X|\,|\mathscr{C}]\leqslant \big(\mathsf{E}[|X_n-X|^p|\mathscr{C}]\big)^{1/p},\quad \text{a.s.},$$

故

$$\mathsf{E}\big|\mathsf{E}[X_n|\mathscr{C}]-\mathsf{E}[X|\mathscr{C}]\big|^p\leqslant \mathsf{E}\big(\mathsf{E}[|X_n-X|^p|\mathscr{C}]\big)=\mathsf{E}|X_n-X|^p\to 0,$$

即得证本推论. ∎

注 4　推论 4.2.5 的逆命题不成立, 反例如下: 设 $\{X_n,n\geqslant 1\}$ 是独立同分布的随机变量序列, 满足 $\mathsf{P}(X_n=0)=\mathsf{P}(X_n=1)=1/2$, 子 σ 代数 $\mathscr{C}=\{\emptyset,\Omega\}$, 则

$$\mathsf{E}[X_n|\mathscr{C}]=\frac{1}{2}=\mathsf{E}[X|\mathscr{C}],$$

其中 $X=1/2$, 可见对任意 $p\geqslant 1$, 有 $\mathsf{E}[X_n|\mathscr{C}]\xrightarrow{L_p}\mathsf{E}[X|\mathscr{C}]$. 但是

$$\mathsf{E}[|X_n-X|^p]=\left(\frac{1}{2}\right)^p\not\to 0.$$

定理 4.2.6 设 Y 是二阶矩有限的随机变量, $\mathscr{C}$ 为 $\mathscr{A}$ 的一个子 σ 代数, Z 为 $\mathscr{C}$ 可测的随机变量, 且 $\mathsf{E}[Z^2]<\infty$, 则

$$\mathsf{E}[(Y-Z)^2]\geqslant \mathsf{E}[(Y-\mathsf{E}[Y|\mathscr{C}])^2], \tag{4.18}$$

等号成立当且仅当 $Z=\mathsf{E}[Y|\mathscr{C}]$, a.s..

证 首先, 有

$$\begin{aligned}\mathsf{E}[(Y-Z)^2]=&\,\mathsf{E}[(Y-\mathsf{E}[Y|\mathscr{C}])^2]+\mathsf{E}[(Z-\mathsf{E}[Y|\mathscr{C}])^2]\\&-2\,\mathsf{E}[(Y-\mathsf{E}[Y|\mathscr{C}])(Z-\mathsf{E}[Y|\mathscr{C}])].\end{aligned}$$

注意到 Z 是 $\mathscr{C}$ 可测的, 以及

$$\begin{aligned}&\mathsf{E}|(Z-\mathsf{E}[Y|\mathscr{C}])|<\infty,\\&\mathsf{E}|(Y-\mathsf{E}[Y|\mathscr{C}])(Z-\mathsf{E}[Y|\mathscr{C}])|<\infty,\end{aligned}$$

故由引理 4.2.2 得

$$\mathsf{E}[(Y-\mathsf{E}[Y|\mathscr{C}])(Z-\mathsf{E}[Y|\mathscr{C}])|\mathscr{C}]=(Z-\mathsf{E}[Y|\mathscr{C}])\mathsf{E}[(Y-\mathsf{E}[Y|\mathscr{C}])|\mathscr{C}]=0.$$

因此, 有

$$\mathsf{E}[(Y-Z)^2]=\mathsf{E}[(Y-\mathsf{E}[Y|\mathscr{C}])^2]+\mathsf{E}[(Z-\mathsf{E}[Y|\mathscr{C}])^2]. \tag{4.19}$$

式 (4.18) 中等号成立显然等价于 $Z=\mathsf{E}[Y|\mathscr{C}]$, a.s.. ∎

推论 4.2.6 若 $\mathsf{E}[Y^2]<\infty$, 则

$$\operatorname{Var}Y\geqslant \operatorname{Var}(\mathsf{E}[Y|\mathscr{C}]), \tag{4.20}$$

且等号成立当且仅当 $Y=\mathsf{E}[Y|\mathscr{C}]$, a.s..

证 在定理 4.2.6 中, 取 $Z=\mathsf{E}[Y]$. 注意到 $\mathsf{E}[Y]=\mathsf{E}[\mathsf{E}[Y|\mathscr{C}]]$, 则由式 (4.19) 得

$$\begin{aligned}\operatorname{Var}Y&=\mathsf{E}[(Y-\mathsf{E}[Y|\mathscr{C}])^2]+\mathsf{E}[(\mathsf{E}Y-\mathsf{E}[Y|\mathscr{C}])^2]\\&=\mathsf{E}[\operatorname{Var}(Y|\mathscr{C})]+\operatorname{Var}(\mathsf{E}[Y|\mathscr{C}]),\end{aligned}$$

其中 $\operatorname{Var}(Y|\mathscr{C})=\mathsf{E}[(Y-\mathsf{E}[Y|\mathscr{C}])^2|\mathscr{C}]$, 称之为给定 $\mathscr{C}$ 下 Y 的条件方差. 由此立得本推论. ∎

式 (4.20) 的直观解释是, 当我们附加知道了信息 $\mathscr{C}$ 后, 对 Y 的了解更多了一点, 因此波动的程度要比不知道信息 $\mathscr{C}$ 时小一点.

在随机变量的二阶矩存在时, 条件期望有一个很好的几何解释. 在 $L_2(\Omega,\mathscr{A},\mathsf{P})$ 中, 设随机变量 $X,Y\in L_2$, 定义内积 $\langle X,Y\rangle=\operatorname{Cov}(X,Y)$. 若 $\mathsf{E}[X]=0$, 定义 X 的模 $||X||=$

$\langle X, X\rangle^{1/2}$; 若 $\mathsf{E}[X] \neq 0$, 考虑 $X - \mathsf{E}[X]$, 这相当于在欧氏空间中把向量起点平移到原点. 为方便起见, 以下我们都假定随机变量 X, Y 的均值为零. 若 X 和 Y 不相关, 我们称 X 和 Y 正交 (或垂直). 显然, 若随机变量 X 和 Y 独立, 则 X 和 Y 必正交. 在内积的上述定义下, L_2 是一个 Hilbert 内积空间. 随机变量 Z 作为 L_2 中的一个向量, 可以考虑 Z 在某个子空间上的投影. 回忆一下在 $\mathbb{R}^k$ 中, 向量 Z 在子空间 $\mathscr{M}$ 上的投影是指存在 $\mathscr{M}$ 中的一个向量 X, 它使

$$||Z - X||^2 = \min\{||Z - Y||^2,\ Y \in \mathscr{M}\}.$$

在 L_2 中, 若记 $\mathscr{H}$ 为 L_2 中关于 $\sigma(X)$ 可测的随机变量的全体, 则易证 $\mathscr{H}$ 是 L_2 中的一个子空间. 由定理 4.2.6, 我们可以把条件期望看成随机变量 Z 在子空间 $\mathscr{H}$ 上的投影. 一般地, 若 $\mathscr{C}$ 为 $\mathscr{A}$ 的一个子 σ 代数, $\mathscr{H}$ 为关于 $\mathscr{C}$ 可测的 L_2 中随机变量的全体, 则 $\mathscr{H}$ 为 L_2 中的一个子空间, 而条件期望 $\mathsf{E}[Z|\mathscr{C}]$ 可以看成随机变量 Z 在子空间 $\mathscr{H}$ 上的投影.

条件期望的定义没有给我们提供条件期望 $\mathsf{E}[Y|\mathscr{C}]$ 的显式表达, 在一般情况下, 也无法给出. 但当 $\mathscr{C}$ 由随机变量 X 或随机向量 $(X_1, \cdots, X_n)$ 生成时, 有可能给出条件期望的显式表达. 这在数理统计中是非常重要的. 由定理 2.2.4, 存在 Borel 可测函数 g, 使

$$\mathsf{E}[Y|X_1, \cdots, X_n] = g(X_1, \cdots, X_n).$$

记 $\boldsymbol{X} = (X_1, \cdots, X_n)$, 由定理 2.5.1 (积分变换定理), 对任意 $B \in \mathscr{B}^{(n)}$, 有

$$\int_{\boldsymbol{X}^{-1}(B)} \mathsf{E}[Y|\boldsymbol{X}]\, \mathrm{d}\mathsf{P}^{\mathscr{C}} = \int_B g(x_1, \cdots, x_n)\, \mathsf{P}'(\mathrm{d}x_1, \cdots, \mathrm{d}x_n), \tag{4.21}$$

其中 $\mathsf{P}^{\mathscr{C}}$ 是 P 在 $\mathscr{C} = \sigma(\boldsymbol{X})$ 上的限制, $\mathsf{P}'(B) = \mathsf{P}^{\mathscr{C}}(\boldsymbol{X}^{-1}(B))$ 是 $\mathsf{P}^{\mathscr{C}}$ 在 $\mathscr{B}^{(n)}$ 上的导出概率, 因此 P' 对应的分布函数就是随机向量 $\boldsymbol{X}$ 的联合分布 $F_n(x_1, \cdots, x_n)$.

另外, 由条件期望的定义和积分变换定理得

$$\begin{aligned}\int_{\boldsymbol{X}^{-1}(B)} \mathsf{E}[Y|\boldsymbol{X}]\, \mathrm{d}\mathsf{P}^{\mathscr{C}} &= \int_{\boldsymbol{X}^{-1}(B)} Y\, \mathrm{d}\mathsf{P} = \int_\Omega Y(w) I_B(\boldsymbol{X}(w))\, \mathsf{P}(\mathrm{d}w) = \mathsf{E}[Y I_B(\boldsymbol{X})] \\ &= \int \cdots \int_{\mathbb{R}^{n+1}} y\, I_B(x_1, \cdots, x_n) F(\mathrm{d}x_1, \cdots, \mathrm{d}x_n, \mathrm{d}y),\end{aligned} \tag{4.22}$$

其中 F 为 $(\boldsymbol{X}, Y)$ 的联合分布. 因此对任意 $B \in \mathscr{B}^{(n)}$, 我们有

$$\int_B g(x_1, \cdots, x_n)\, F_n(\mathrm{d}x_1, \cdots, \mathrm{d}x_n) = \mathsf{E}[Y I_B(\boldsymbol{X})] = \int_{\mathbb{R}} y \int_B F(\mathrm{d}x_1, \cdots, \mathrm{d}x_n, \mathrm{d}y). \tag{4.23}$$

由常规方法知, 若对一切形如 $B = \prod_{k=1}^{n} (-\infty, x_k]$ 或 $B = \prod_{k=1}^{n} (x_k, \infty)$ 的集合, 式 (4.23) 成立, 则对 $\mathbb{R}^n$ 中的一切 Borel 集 B, 式 (4.23) 仍成立. 因此只要求出 $g(x_1, \cdots, x_n)$, 使之对这些特殊的可测矩形而言式 (4.23) 成立, 则 g 就是我们所求的条件期望显式表达. 这是以下我们能够求出条件期望显式表达的出发点.

例 4.2.4 设 $X_1,\cdots,X_n$ 是独立同分布的随机变量, 令 $S_n=\sum\limits_{i=1}^n X_i$. 求 $\mathsf{E}[X_j|S_n]$ $(j=1,\cdots,n)$.

解 设 $B\in\mathscr{B}$, F 为 $X_1,\cdots,X_n$ 共同的分布函数, 则由 Fubini 定理, 对任意 $j\neq k$, 由同分布及相互独立性有

$$\begin{aligned}\int_{\{S_n\in B\}}X_j\,\mathrm{d}\mathsf{P}&=\int\cdots\int_{\mathbb{R}^n}x_jI_B(x_1+\cdots+x_n)\prod_{i=1}^nF(\mathrm{d}x_i)\\&=\int\cdots\int_{\mathbb{R}^n}x_kI_B(x_1+\cdots+x_n)\prod_{i=1}^nF(\mathrm{d}x_i)\\&=\int_{\{S_n\in B\}}X_k\,\mathrm{d}\mathsf{P},\end{aligned}$$

即 $\mathsf{E}[X_jI_{\{S_n\in B\}}]$ 与 j 无关, 故对任意 $B\in\mathscr{B}$, 有

$$n\int_{\{S_n\in B\}}X_j\,\mathrm{d}\mathsf{P}=\sum_{j=1}^n\int_{\{S_n\in B\}}X_j\,\mathrm{d}\mathsf{P}=\int_{\{S_n\in B\}}S_n\,\mathrm{d}\mathsf{P}.$$

由此得到

$$\mathsf{E}[X_j|S_n]=\frac{1}{n}S_n,\quad \text{a.s..}$$ ◁

例 4.2.5 设 X 和 Y 相互独立, 有共同的概率密度函数 f. 求 $\mathsf{E}[X|X\wedge Y]$.

解 令 $\mathsf{E}[X|X\wedge Y=u]=g(u)$, F 和 $\overline{F}$ 分别为 X 对应的分布函数和生存函数, 则

$$\mathsf{P}(X\wedge Y>u)=[\overline{F}(u)]^2\triangleq 1-F_{\min}(u),$$

即 $X\wedge Y$ 的概率密度函数为 $2f(u)\overline{F}(u)$. 由式 (4.23) 得

$$\begin{aligned}\int_u^\infty g(x)F_{\min}(\mathrm{d}x)&=\int_u^\infty 2g(x)f(x)\overline{F}(x)\,\mathrm{d}x\\&=\mathsf{E}[XI_{\{X\wedge Y>u\}}]=\mathsf{E}[XI_{\{X>u\}}]\cdot\mathsf{E}[I_{\{Y>u\}}]\\&=\overline{F}(u)\int_u^\infty xf(x)\,\mathrm{d}x.\end{aligned}$$

由于两边关于 Lebesgue 测度都是绝对连续的, 故由求导得

$$g(u)=\frac{u}{2}+\frac{1}{2\overline{F}(u)}\int_u^\infty xf(x)\,\mathrm{d}x.$$

因此

$$\mathsf{E}[X|X\wedge Y]=\frac{X\wedge Y}{2}+\frac{1}{2\overline{F}(X\wedge Y)}\int_{X\wedge Y}^\infty xf(x)\,\mathrm{d}x,\quad \text{a.s..}$$ ◁

例 4.2.6 设 X 服从参数 $\lambda=1$ 的指数分布, $t>0$. 求 $\mathsf{E}[X|X\wedge t]$.

解 令 $\mathsf{E}[X|X\wedge t=u]=g(u)$ $(u>0)$. 注意到

$$\mathsf{P}(X\wedge t>u)=\mathsf{P}(X>u,t>u)=\mathrm{e}^{-u}I_{(0,t)}(u)\triangleq 1-F_t(u),$$

所以 $X\wedge t$ 的分布函数 F_t 在点 $u=t$ 处有跳, 跳跃度为 e^{-t}, F_t 的绝对连续部分对 Lebesgue 测度的 R-N 导数为 $\mathrm{e}^{-u}I_{(0,t)}(u)$.

另外,

$$\begin{aligned}\mathsf{E}[XI_{(u,\infty)}(X\wedge t)]&=\mathsf{E}[XI_{\{X>u\}}]\cdot I_{(0,t)}(u)\\&=I_{(0,t)}(u)\int_u^\infty x\mathrm{e}^{-x}\,\mathrm{d}x=(1+u)\mathrm{e}^{-u}I_{(0,t)}(u).\end{aligned}$$

该函数在 $u=t$ 时有跳, 跳跃度为 $-(1+t)\mathrm{e}^{-t}$, 其绝对连续部分对 Lebesgue 测度的 R-N 导数为 $-u\mathrm{e}^{-u}$. 因此, 由式 (4.23) 知, 对一切 $u>0$, 有

$$\begin{aligned}\int_u^\infty g(x)F_t(\,\mathrm{d}x)&=\int_u^\infty g(x)\mathrm{e}^{-x}I_{(0,t)}(x)\,\mathrm{d}x+g(t)\mathrm{e}^{-t}I_{(0,t)}(u)\\&=(1+u)\mathrm{e}^{-u}I_{(0,t)}(u).\end{aligned}$$

由此知上式两边绝对连续部分和跳跃部分分别相等, 故

$$-g(u)\mathrm{e}^{-u}I_{(0,t)}(u)=-u\mathrm{e}^{-u}I_{(0,t)}(u),\quad g(t)\mathrm{e}^{-t}=(1+t)\mathrm{e}^{-t}.$$

解之得

$$g(u)=\begin{cases}u, & u<t,\\ 1+t, & u=t,\end{cases}$$

因此, 有

$$\begin{aligned}\mathsf{E}[X|X\wedge t]&=(X\wedge t)I_{\{X\wedge t<t\}}+(1+t)I_{\{X\wedge t=t\}}\\&=(X\wedge t)I_{\{X<t\}}+(1+t)I_{\{X\geqslant t\}},\quad \text{a.s.}.\end{aligned}$$ ◁

例 4.2.7 设 X,Y 相互独立, $X\sim B(2,p)$, Y 服从参数为 1 的指数分布. 求 $\mathsf{E}[Y|X\wedge Y]$.

解 设 $\mathsf{E}[Y|X\wedge Y=u]=g(u)$, 则 $g(u)$ 至多只有第一类间断点. 注意到

$$\begin{aligned}\mathsf{P}(X\wedge Y>u)&=\mathsf{P}(X>u)\,\mathsf{P}(Y>u)\\&=I_{(-\infty,0)}(u)+\mathrm{e}^{-u}p(2-p)I_{[0,1)}(u)+p^2\mathrm{e}^{-u}I_{[1,2)}(u),\end{aligned}$$

故 $X\wedge Y$ 的分布函数 F 在 $u=0,1,2$ 处分别有 $(1-p)^2$, $2p(1-p)\mathrm{e}^{-1}$ 和 $p^2\mathrm{e}^{-2}$ 的跳跃, F 的绝对连续部分 $F_1(u)$ 有密度函数 $f_1(u)$:

$$f_1(u)=p(2-p)\mathrm{e}^{-u}I_{[0,1)}(u)+p^2\mathrm{e}^{-u}I_{[1,2)}(u),$$

F 的纯跳跃部分

$$F_2(u)=(1-p)^2I_{[0,\infty)}(u)+2p(1-p)\mathrm{e}^{-1}I_{[1,\infty)}(u)+p^2\mathrm{e}^{-2}I_{[2,\infty)}(u).$$

因此, 有

$$\int_{(u,\infty)} g(x)F(\mathrm{d}x) = \int_{(u,\infty)} g(x)f_1(x)\,\mathrm{d}x + g(0)(1-p)^2 I_{(-\infty,0)}(u) + 2p(1-p)\mathrm{e}^{-1}g(1)I_{(-\infty,1)}(u) + p^2\mathrm{e}^{-2}g(2)I_{(-\infty,2)}(u).$$

注意到函数

$$\begin{aligned}\mathsf{E}[YI_{\{X\wedge Y>u\}}] &= \mathsf{E}[YI_{\{Y>u\}}]\cdot\mathsf{E}[I_{\{X>u\}}]\\ &= I_{(-\infty,0)}(u) + p(2-p)(1+u)\mathrm{e}^{-u}I_{[0,1)}(u) + p^2(1+u)\mathrm{e}^{-u}I_{[1,2)}(u)\end{aligned}$$

在点 $u=0,1,2$ 处的跳跃度分别为 $-(1-p)^2$, $-4p(1-p)\mathrm{e}^{-1}$ 和 $-3p^2\mathrm{e}^{-2}$. 由式 (4.23) 得

$$\int_{(u,\infty)} g(x)F(\mathrm{d}x) = \mathsf{E}[YI_{\{X\wedge Y>u\}}], \quad u\in\mathbb{R}.$$

由该式两边跳跃部分相等得

$$\begin{aligned} g(0)(1-p)^2 = (1-p)^2 &\quad\Rightarrow\quad g(0)=1,\\ 2p(1-p)\mathrm{e}^{-1}g(1) = 4p(1-p)\mathrm{e}^{-1} &\quad\Rightarrow\quad g(1)=2,\\ p^2\mathrm{e}^{-2}g(2) = 3p^2\mathrm{e}^{-2} &\quad\Rightarrow\quad g(2)=3.\end{aligned}$$

当 $u\in(0,1)\cup(1,2)$ 时, 再由两边绝对连续部分相等得

$$g(u)=u, \quad \forall\, u\in(0,1)\cup(1,2).$$

因而

$$\begin{aligned}\mathsf{E}[Y|X\wedge Y=u] &= uI_{(0,1)\cup(1,2)}(u) + (u+1)[I_{\{0\}}(u)+I_{\{1\}}(u)+I_{\{2\}}(u)]\\ &= uI_{(0,2]}(u) + I_{\{0,1,2\}}(u).\end{aligned}$$ ◁

4.3 条件独立性

由推论 4.2.2 知, 若 Z 与 X 独立, 则 $\mathsf{E}[Z|X]=\mathsf{E}[Z]$, a.s., 一个自然的问题是: 如果仍假定 Z 与 X 独立, 是否有

$$\mathsf{E}[Z|X,Y] = \mathsf{E}[Z|Y], \quad \text{a.s.?} \tag{4.24}$$

回答是否定的.

例 4.3.1 设 $\Omega=[0,1]$, $\mathscr{C}=\mathscr{B}([0,1])$, 概率 P 为 $\mathscr{C}$ 上的 Lebesgue 测度. 令

$$Z(w)=I_{[0,1/2]}(w), \quad Y(w)=I_{[0,3/4]}(w), \quad X(w)=I_{[1/4,3/4]}(w),$$

则容易验证随机变量 Z 与 X 是独立的, 但由式 (4.3) 可算出

$$\begin{aligned}\mathsf{E}[Z|Y](w) &= \frac{2}{3}\,I_{[0,3/4]}(w) = \frac{2}{3}Y(w),\\ \mathsf{E}[Z|X,Y](w) &= \frac{1}{2}\,I_{[1/4,3/4]}(w) + I_{[0,1/4]}(w) = -\frac{1}{2}\,X(w) + Y(w),\end{aligned}$$

因此 $\mathsf{E}[Z|X,Y] \neq \mathsf{E}[Z|Y]$, a.s.. ◁

人们自然我们会问, 在什么情况下式 (4.24) 成立? 为回答这个问题, 让我们先引入条件独立的定义.

定义 4.3.1 在概率空间 $(\Omega,\mathscr{A},\mathsf{P})$ 中, $\mathscr{A}$ 的一族子 σ 代数 $\{\mathscr{C}_i, i\in I\}$ 称为关于子 σ 代数 $\mathscr{C}$ 条件独立, 若对任一有限事件族 $\{B_j, B_j\in\mathscr{C}_j, j\in J\subset I\}$, 有

$$\mathsf{P}\left(\bigcap_{j\in J} B_j\middle|\mathscr{C}\right) = \prod_{j\in J}\mathsf{P}(B_j|\mathscr{C}),\quad \text{a.s.},\tag{4.25}$$

或等价地, 对使 X_j 为 $\mathscr{C}_j$ 可测的非负随机变量的任一有限族 $\{X_j, j\in J\}$, 有

$$\mathsf{E}\left[\prod_{j\in J} X_j\middle|\mathscr{C}\right] = \prod_{j\in J}\mathsf{E}[X_j|\mathscr{C}],\quad \text{a.s..}\tag{4.26}$$

随机变量族 $\{X_i, i\in I\}$ 称为在给定子 σ 代数 $\mathscr{C}$ 下条件独立, 若 $\{\sigma(X_i), i\in I\}$ 在给定 $\mathscr{C}$ 下条件独立.

与独立性判别准则 (定理 1.6.1) 的证明相仿, 我们可以得到如下条件独立的判别准则 (证明请读者自行补出).

定理 4.3.1 (条件独立性的判别准则) 若 $\{\mathscr{C}_i, i\in I\}$ 是 $(\Omega,\mathscr{A},\mathsf{P})$ 中的一族子 σ 代数, 且对每个 $i\in I$, 存在 π 系 $\mathscr{D}_i$, 使 $\mathscr{C}_i=\sigma(\mathscr{D}_i)$, 则 $\{\mathscr{D}_i, i\in I\}$ 在给定 σ 代数 $\mathscr{C}$ 下的条件独立性保证了 $\{\mathscr{C}_i, i\in I\}$ 在 $\mathscr{C}$ 下的条件独立性.

由于 $\{X^{-1}((-\infty,x]), x\in\mathbb{R}\}$ 是生成 $\sigma(X)$ 的 π 系, 故有:

推论 4.3.1 概率空间 $(\Omega,\mathscr{A},\mathsf{P})$ 上的随机变量族 $\{X_i, i\in I\}$ 在给定 σ 代数 $\mathscr{C}$ 下条件独立的充要条件是, 对 I 的任一有限子集 J 及 $\mathbb{R}^{|J|}$ 中任意点 $(x_1,\cdots,x_{|J|})$, 有

$$\mathsf{P}\left(\bigcap_{j\in J}\{X_j\leqslant x_j\}\middle|\mathscr{C}\right) = \prod_{j\in J}\mathsf{P}(X_j\leqslant x_j|\mathscr{C}).$$

我们再来考察两种极端情形下的条件独立性. 如果 $\mathscr{C}$ 为平凡 σ 代数, 即 $\mathscr{C}=\{\emptyset,\Omega\}$, 则在给定 $\mathscr{C}$ 下的条件独立性相当于无条件独立性; 如果 $\mathscr{C}=\mathscr{A}$, 则 $\mathscr{A}$ 中的任意两个子集类 $\mathscr{C}_1$ 和 $\mathscr{C}_2$ 在给定 $\mathscr{C}$ 下条件独立, 这是由于若 $B_i\in\mathscr{C}_i$ $(i=1,2)$, 则

$$\mathsf{P}(B_1B_2|\mathscr{A}) = I_{B_1B_2} = I_{B_1}I_{B_2} = \mathsf{P}(B_1|\mathscr{A}_1)\,\mathsf{P}(B_2|\mathscr{A}),\quad \text{a.s..}$$

独立和条件独立是两个不同的概念. 例如, 随机变量序列 $\{X_n, n \geqslant 1\}$ 的独立性在条件下可能会失去它们的独立性; 另外, 相依随机变量序列在给定条件下可能是条件独立的.

例 4.3.2 设 $\{X_n, n \geqslant 1\}$ 是一列独立同分布的 Bernoulli 随机变量,

$$\mathsf{P}(X_n = 1) = p = 1 - \mathsf{P}(X_n = 0),$$

其中 $p > 0$. 令 $S_n = \sum\limits_{i=1}^{n} X_i$, 我们有

$$\mathsf{P}(X_i = 1 | S_2 = 1) = \frac{1}{2}, \quad i = 1, 2.$$

但 $\mathsf{P}(X_1 = 1, X_2 = 1 | S_2 = 1) = 0 \neq \mathsf{P}(X_1 = 1 | S_2 = 1) \cdot \mathsf{P}(X_2 = 1 | S_2 = 1)$, 故 X_1 和 X_2 在给定 S_2 下不是条件独立的. 另外, 相依随机变量序列 $\{S_n, n \geqslant 1\}$ 在给定 $S_2 = k$ $(k = 0, 1, 2)$ 时,

$$\begin{aligned}
\mathsf{P}(S_1 = i, S_3 = j | S_2 = k) &= \frac{\mathsf{P}(S_1 = i, S_2 = k, S_3 = j)}{\mathsf{P}(S_2 = k)} \\
&= \mathsf{P}(S_1 = i | S_2 = k) \cdot \mathsf{P}(X_3 = j - k) \\
&= \mathsf{P}(S_1 = i | S_2 = k) \cdot \frac{\mathsf{P}(X_3 = j - k, S_2 = k)}{\mathsf{P}(S_2 = k)} \\
&= \mathsf{P}(S_1 = i | S_2 = k) \cdot \mathsf{P}(S_3 = j | S_2 = k),
\end{aligned}$$

即 S_1 与 S_3 是条件独立的. 同样可以证明: 对 $n \geqslant 2$, $j, k \geqslant 1$, S_{n-j} 和 S_{n+k} 在给定 S_n 下是条件独立的. 如果把下标解释为时间, 而把随机变量 $\{S_1, \cdots, S_{n-1}\}$, $\{S_n\}$, $\{S_{n+1}, S_{n+2}, \cdots\}$ 分别看作过去、现在和将来时刻发生的事件, 则上述关系可以形象地叙述为在给定现在时刻下, 过去和将来是条件独立的. 随机过程把它称为 Markov 性. $\triangleleft$

利用条件期望 $\mathsf{E}[Y|\mathscr{C}]$ 可直观解释为 Y 在 $\mathscr{C}$ 上投影, 我们也可以从几何直观上来理解条件独立和独立是两个不同的概念. 例如图 4.1 中, 设 X 和 Y 都是标准正态随机变量, 且相互垂直, 故 X 和 Y 独立, 但 X 和 Y 在 $S = X + Y$ 上的投影重合, 因此不可能独立. 在图 4.2 中, 设 X, Y 和 Z 是三个相互独立的标准正态随机变量, $V = X + Z$, $W = Y + Z$, 容易算得 V 与 W 的相关系数 $\rho_{V,W} = 1/2$, 即 V 和 W 成 60° 角, 不互相垂直. 但 W 和 V 在平面 xOy 上的投影分别为 Y 和 X, 它们互相垂直, 即 $\mathsf{E}[V|X, Y]$ 垂直于 $\mathsf{E}[W|X, Y]$.

下面我们将叙述一个关于条件独立的重要结果, 其中多次用到的一个结果以引理形式单独列出来, 因为它本身就是一个有用的结论.

引理 4.3.1 (1) 设 $\mathscr{C}_1$ 和 $\mathscr{C}_2$ 是 $\mathscr{A}$ 的两个子 σ 代数, 则

$$\mathscr{D} = \{A_1 \cap A_2 : \ A_i \in \mathscr{C}_i, \ i = 1, 2\}$$

是一个半代数, 且 $\sigma(\mathscr{D}) = \sigma(\mathscr{C}_1 \cup \mathscr{C}_2)$.

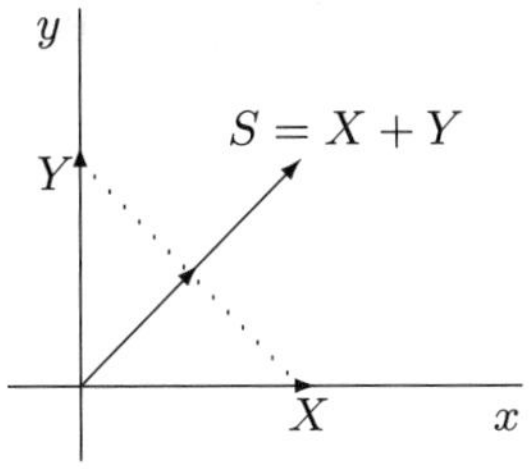

图 4.1　独立但不条件独立的几何直观

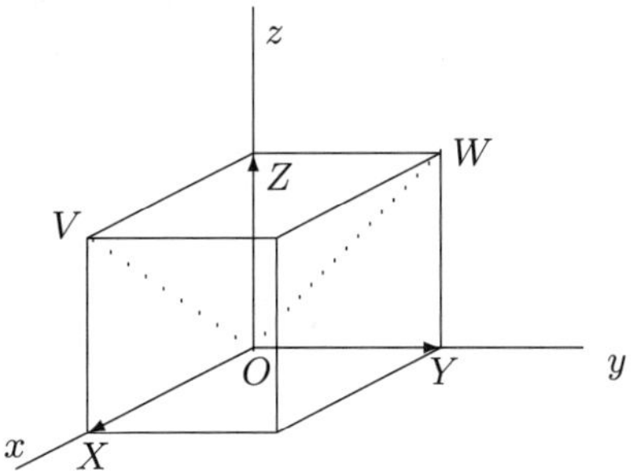

图 4.2　不独立但条件独立的几何直观

(2) 设 Z 为 $\sigma(\mathscr{C}_1 \cup \mathscr{C}_2)$ 可测函数, Y 为 $(\Omega, \mathscr{A}, \mathsf{P})$ 上的可积随机变量. 若对 $\mathscr{D}$ 中的任一集合 A, 有

$$\int_A Y \, \mathrm{d}\mathsf{P} = \int_A Z \, \mathrm{d}\mathsf{P},$$

则 $Z = \mathsf{E}[Y|\sigma(\mathscr{C}_1 \cup \mathscr{C}_2)]$, a.s..

证　引理的第一部分可直接验证, 第二部分用引理 4.2.1 即得. ∎

定理 4.3.2　设 $\mathscr{C}_1, \mathscr{C}_2, \mathscr{C}_3$ 是 $(\Omega, \mathscr{A}, \mathsf{P})$ 上的三个子 σ 代数, 则下列叙述等价:

(1) $\mathscr{C}_1$ 和 $\mathscr{C}_2$ 在给定 $\mathscr{C}_3$ 下条件独立;

(2) 对所有 $A_1 \in \mathscr{C}_1$,

$$\mathsf{P}(A_1|\sigma(\mathscr{C}_2 \cup \mathscr{C}_3)) = \mathsf{P}(A_1|\mathscr{C}_3), \quad \text{a.s.};$$

(3) 设 $\mathscr{D}$ 为 π 系, 且 $\sigma(\mathscr{D}) = \mathscr{C}_1$, 对每个 $D \in \mathscr{D}$, 有

$$\mathsf{P}(D|\sigma(\mathscr{C}_2 \cup \mathscr{C}_3)) = \mathsf{P}(D|\mathscr{C}_3), \quad \text{a.s.};$$

(4) 设 $\mathscr{D}_i$ 为 π 系, 且 $\sigma(\mathscr{D}_i) = \mathscr{C}_i$ $(i = 1, 2)$, 对每个 $D_i \in \mathscr{D}_i$, 有

$$\mathsf{P}(D_1 D_2|\mathscr{C}_3) = \mathsf{P}(D_1|\mathscr{C}_3)\,\mathsf{P}(D_2|\mathscr{C}_3), \quad \text{a.s.};$$

(5) 对每个积分存在的 $\mathscr{C}_1$ 可测函数 X,

$$\mathsf{E}[X|\sigma(\mathscr{C}_2 \cup \mathscr{C}_3)] = \mathsf{E}[X|\mathscr{C}_3], \quad \text{a.s..} \tag{4.27}$$

证　(1) ⇒ (2): 设 $A_i \in \mathscr{C}_i$ $(i = 1, 2, 3)$. 由条件期望的定义得

$$\begin{aligned}\int_{A_2 A_3} \mathsf{P}(A_1|\sigma(\mathscr{C}_2 \cup \mathscr{C}_3)) \, \mathrm{d}\mathsf{P} &= \int_{A_2 A_3} I_{A_1} \, \mathrm{d}\mathsf{P} = \int_{A_3} I_{A_1 A_2} \, \mathrm{d}\mathsf{P} \\ &= \int_{A_3} \mathsf{P}(A_1 A_2|\mathscr{C}_3) \, \mathrm{d}\mathsf{P}^{\mathscr{C}_3} = \int_{A_3} \mathsf{P}(A_1|\mathscr{C}_3)\,\mathsf{P}(A_2|\mathscr{C}_3) \, \mathrm{d}\mathsf{P}^{\mathscr{C}_3}\end{aligned}$$

$$
\begin{aligned}
&= \int_{A_3} \mathsf{E}[I_{A_2} \mathsf{P}(A_1|\mathscr{C}_3)|\mathscr{C}_3]\ \mathrm{d}\mathsf{P}^{\mathscr{C}_3} \\
&= \int_{A_3} I_{A_2} \mathsf{P}(A_1|\mathscr{C}_3)\ \mathrm{d}\mathsf{P} = \int_{A_2 A_3} \mathsf{P}(A_1|\mathscr{C}_3)\ \mathrm{d}\mathsf{P}, \quad \text{a.s..}
\end{aligned}
$$

由引理 4.3.1 即得 (2).

(2) $\Rightarrow$ (1): 设 $A_i \in \mathscr{C}_i$ $(i=1,2)$. 由条件期望的平滑性, 并注意到 I_{A_2} 是 $\sigma(\mathscr{C}_2 \cup \mathscr{C}_3)$ 可测的, 可得

$$
\begin{aligned}
\mathsf{P}(A_1 A_2|\mathscr{C}_3) &= \mathsf{E}\big[\mathsf{E}[I_{A_1 A_2}|\sigma(\mathscr{C}_2 \cup \mathscr{C}_3)]\,|\mathscr{C}_3\big] \\
&= \mathsf{E}\big[I_{A_2}\,\mathsf{E}[I_{A_1}|\sigma(\mathscr{C}_2 \cup \mathscr{C}_3)]\,|\mathscr{C}_3\big] \\
&= \mathsf{E}\big[I_{A_2}\,\mathsf{P}(A_1|\mathscr{C}_3)\,|\mathscr{C}_3\big] \\
&= \mathsf{P}(A_1|\mathscr{C}_3)\,\mathsf{P}(A_2|\mathscr{C}_3), \quad \text{a.s..}
\end{aligned}
$$

(2) $\Rightarrow$ (3): 显然.

(3) $\Rightarrow$ (2): 令

$$
\mathscr{C} = \Big\{A:\ A \in \mathscr{A}, \mathsf{P}(A|\sigma(\mathscr{C}_2 \cup \mathscr{C}_3)) = \mathsf{P}(A|\mathscr{C}_3),\ \text{a.s.}\Big\},
$$

则 $\mathscr{D} \subseteq \mathscr{C}$. 又由概率的单调序列连续性, 可验证 $\mathscr{C}$ 是 λ 系, 所以由定理 1.3.3 (集合形式的单调类定理) 得 $\mathscr{C} \supseteq \lambda(\mathscr{D}) = \mathscr{C}_1$.

(4) $\Leftrightarrow$ (1): 即为条件独立性判别准则.

(5) $\Rightarrow$ (2): 取 $X = I_{A_1}$ $(A_1 \in \mathscr{C}_1)$, 可得 (2).

(2) $\Rightarrow$ (5): 若 $X = I_{A_1}$ $(A_1 \in \mathscr{C}_1)$, 则 (5) 成立. 由常规方法即知, 当 X 为阶梯随机变量和非负随机变量时 (5) 成立, 从而 (5) 当 $\mathsf{E}[X]$ 存在时也成立. ∎

推论 4.3.2 若随机变量 X_1 和 X_2 在给定 X_3 之下是条件独立的, 且 $\mathsf{E}[X_1]$ 存在, 则

$$
\mathsf{E}[X_1|X_2, X_3] = \mathsf{E}[X_1|X_3], \quad \text{a.s..} \tag{4.28}
$$

证 这是因为 $\sigma(X_1)$ 和 $\sigma(X_2)$ 在给定 $\sigma(X_3)$ 之下是条件独立的, 故由定理 4.3.2 (5) 可得. ∎

推论 4.3.3 设 $\mathscr{C}_i$ $(i=1,2,3)$ 是 $\mathscr{A}$ 的三个子 σ 代数. 若 $\sigma(\mathscr{C}_1 \cup \mathscr{C}_3)$ 与 $\mathscr{C}_2$ 独立, 则在给定 $\mathscr{C}_3$ 下, $\mathscr{C}_1$ 和 $\mathscr{C}_2$ 是条件独立的 (同时也是无条件独立的). 如果 X 是任一 $\mathscr{C}_1$ 可测的随机变量, 且 $\mathsf{E}[X]$ 存在, 则

$$
\mathsf{E}[X|\sigma(\mathscr{C}_2 \cup \mathscr{C}_3)] = \mathsf{E}[X|\mathscr{C}_3], \quad \text{a.s..}
$$

证 无条件独立性可直接由独立性的定义得出, 下证条件独立性. 设 $A_i \in \mathscr{C}_i$ $(i=1,2)$, 我们有

$$
\mathsf{P}(A_1 A_2|\mathscr{C}_3) = \mathsf{E}\big[\mathsf{E}[I_{A_1 A_2}|\sigma(\mathscr{C}_1 \cup \mathscr{C}_3)]\,|\mathscr{C}_3\big]
$$

$$
\begin{aligned}
&= \mathsf{E}\big[I_{A_1}\,\mathsf{E}[I_{A_2}|\sigma(\mathscr{C}_1\cup\mathscr{C}_3)]\,|\mathscr{C}_3\big]\\
&= \mathsf{E}\big[I_{A_1}\,\mathsf{P}(A_2)|\mathscr{C}_3\big]\\
&= \mathsf{P}(A_2)\,\mathsf{E}[I_{A_1}|\mathscr{C}_3] = \mathsf{P}(A_2|\mathscr{C}_3)\,\mathsf{P}(A_1|\mathscr{C}_3),\quad \text{a.s.},
\end{aligned}
$$

其中第一个等号是由于条件期望的平滑性, 第二个等号根据引理 4.2.2, 最后两个等号是由于 $\mathscr{C}_2$ 与 $\sigma(\mathscr{C}_1\cup\mathscr{C}_3)$ 独立. 再由定理 4.3.2 (5) 即得推论. ∎

当 $\mathscr{C}_2$ 和 $\mathscr{C}_3$ 由随机变量 Y 和 Z 所生成时, X 和 Y 在 Z 下条件独立等价于 $\mathsf{E}[X|Y,Z]=\mathsf{E}[X|Z]$. 设 $\mathsf{E}[X|Y,Z]$ 是 Y 和 Z 的线性函数 (当 X,Y 和 Z 联合正态时假设成立), 上式有一个直观的几何解释. $\mathsf{E}[X|Y,Z]$ 可看作随机变量 X 在 Y 和 Z 张成的平面上的投影, 但此投影不一定落在 Y 或 Z 上. 推论 4.3.2 指出条件独立的几何意义就是 X 在 YZ 平面上的投影等于 X 在 Z 上的投影. 而推论 4.3.3 则指出, 若 Y 垂直于 XZ 平面, 则 X 在 YZ 平面上的投影就等于 X 在 Z 上的投影. 这从几何观点看是最明显不过的了 (见图 4.3).

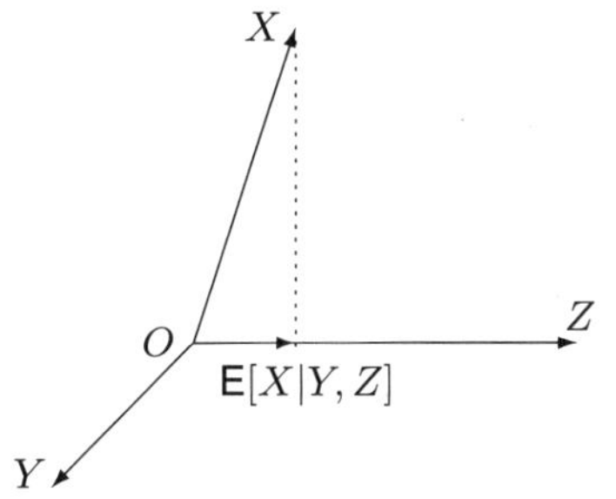

图 4.3　$Y\perp$ 平面 XOZ, X 在 YOZ 上的投影在 Z 轴上

例 4.3.3　设 $\{X_n, n\geqslant 1\}$ 为一列独立同分布的随机变量, $S_n=\sum\limits_{i=1}^{n}X_i$ $(n\geqslant 1)$. 设 $\mathscr{C}_n=\sigma(S_n,S_{n+1},\cdots)$, 求 $\mathsf{E}[S_{n-1}|\mathscr{C}_n]$ $(n\geqslant 2)$.

解　首先注意到 $S_{n+k}=S_n+X_{n+1}+\cdots+X_{n+k}$ 及 $X_{n+k}=S_{n+k}-S_{n+k-1}$, 故 $\sigma(S_n,S_{n+1},\cdots)=\sigma(S_n,X_{n+1},X_{n+2},\cdots)$, 因此

$$\mathsf{E}[S_{n-1}|\mathscr{C}_n]=\mathsf{E}[S_{n-1}|S_n,X_{n+1},X_{n+2},\cdots].$$

但 (S_{n-1},S_n) 与 $(X_{n+1},X_{n+2},\cdots)$ 独立, 由推论 4.3.3 知, 当 $n\geqslant 2$ 时,

$$\mathsf{E}[S_{n-1}|S_n,X_{n+1},X_{n+2},\cdots]=\mathsf{E}[S_{n-1}|S_n]=\sum_{k=1}^{n-1}\mathsf{E}[X_k|S_n]=\frac{n-1}{n}S_n,\quad \text{a.s.}.$$

故当 $n\geqslant 2$ 时, $\mathsf{E}[S_{n-1}|\mathscr{C}_n]=(n-1)S_n/n$, a.s.. ◁

4.4 条件概率

设 $(\Omega, \mathscr{A}, \mathsf{P})$ 是概率空间, $\mathscr{C} \subset \mathscr{A}$ 为 σ 代数, 对每个 $A \in \mathscr{A}$, I_A 在给定 $\mathscr{C}$ 下的条件期望 $\mathsf{E}[I_A|\mathscr{C}]$ 有定义, 且是 $\mathscr{C}$ 可测的.

定义 4.4.1 设 $A \in \mathscr{A}$, $\mathscr{C}$ 为 $\mathscr{A}$ 的子 σ 代数, 则 $\mathsf{E}[I_A|\mathscr{C}]$ 称为事件 A 在给定 $\mathscr{C}$ 下的条件概率, 记为 $\mathsf{P}(A|\mathscr{C})$.

显然, 对每个 $B \in \mathscr{C}$,

$$\int_B \mathsf{P}(A|\mathscr{C})\,\mathrm{d}\mathsf{P}^{\mathscr{C}} = \int_B I_A\,\mathrm{d}\mathsf{P} = \mathsf{P}(A \cap B). \tag{4.29}$$

若 $\mathscr{C} = \sigma(X)$, $X = \{X_t, t \in T\}$, 记 X 的分布为 F, $\mathsf{P}(A|\mathscr{C}) = \mathsf{E}[I_A|X] \triangleq g(X)$, 则由式 (4.23), 对任意 $B \in \mathscr{B}^T$, 有

$$\int_B g(x)\,\mathrm{d}F(x) = \mathsf{E}\big[I_A I_B(X)\big] = \mathsf{P}(A \cap X^{-1}(B)). \tag{4.30}$$

我们再次强调, 由条件期望的定义, 条件概率 $\mathsf{P}(A|\mathscr{C})$ 是 $\mathscr{C}$ 可测的, 它是一个等价类. 该等价类中的每一个函数称为在给定 $\mathscr{C}$ 下事件 A 的条件概率的一个版本, 也就是说, 条件概率只能在关于 $\mathsf{P}^{\mathscr{C}}$ 几乎处处的意义下唯一确定. 容易验证条件概率有如下性质:

(1) $0 \leqslant \mathsf{P}(A|\mathscr{C}) \leqslant 1$, a.s., $\mathsf{P}(\Omega|\mathscr{C}) = 1$, a.s..

(2) 若 $\{A_n, n \geqslant 1\}$ 为 $\mathscr{A}$ 中的一列两两不交集合, 则

$$\mathsf{P}\left(\bigcup_{n=1}^{\infty} A_n \middle| \mathscr{C}\right) = \sum_{n=1}^{\infty} \mathsf{P}(A_n|\mathscr{C}), \quad \text{a.s..} \tag{4.31}$$

由于上面两式都关于 $\mathsf{P}^{\mathscr{C}}$ 几乎处处成立, 因此并不能得出集函 $\mathsf{P}(\cdot|\mathscr{C}) : A \to \mathsf{P}(A|\mathscr{C})$ 是 $\mathscr{A}$ 上的概率这一结论. 困难在于 (1) 和 (2) 中零测集分别依赖于 A 和序列 $\{A_n, n \geqslant 1\}$, 但不可数个零测集的并一般不是零测集, 故如果 $\mathscr{A}$ 不是可数 σ 代数, 则不可能找到一个公共的 $\mathsf{P}^{\mathscr{C}}$ 零测集 N, 在 N^{c} 上 (1) 和 (2) 成立. 因此我们自然提出如下问题: 能否适当选择条件概率的一个版本 $\mathsf{P}(\cdot|\mathscr{C})(w)$, 使上述 (2) 对一切 $\{A_n, n \geqslant 1\}$ 及 $w \in \Omega$ 成立? 容易设想, 如果能选出一个具有这种性质的条件概率的一个版本, 则在理论和应用上会有极大的方便. 以后我们会看到, 在一定的意义下, 这种选择确有可能. 上述说明导致如下的定义.

定义 4.4.2 定义在 $\Omega \times \mathscr{A}$ 上的函数 $\widetilde{\mathsf{P}}(\cdot|\mathscr{C})(\cdot)$ 称为在给定 $\mathscr{C}$ 下的一个正则条件概率, 若:

(1) 对每个固定的 $w \in \Omega$, 定义在 $\mathscr{A}$ 上的集函 $\mathsf{P}^{\mathscr{C}}(w, \cdot) \triangleq \widetilde{\mathsf{P}}(\cdot|\mathscr{C})(w)$ 是 $\mathscr{A}$ 上的概率;

(2) 对每个固定的 $A \in \mathscr{A}$, Ω 上的函数 $\mathsf{P}^{\mathscr{C}}(\cdot, A) \triangleq \widetilde{\mathsf{P}}(A|\mathscr{C})(\cdot)$ 是 $\mathscr{C}$ 可测的;

(3) 对每个 $A \in \mathscr{A}$ 及 $B \in \mathscr{C}$, 成立如下关系式:

$$\int_B \widetilde{\mathsf{P}}(A|\mathscr{C})(w)\,\mathsf{P}^{\mathscr{C}}(\mathrm{d}w) = \mathsf{P}(A \cap B).$$

由 (1) 和 (2), 我们得出正则条件概率 $\widetilde{\mathsf{P}}(\cdot|\mathscr{C})(\cdot)$ 是 $(\Omega,\mathscr{C})$ 到 $(\Omega,\mathscr{A})$ 的转移概率. 由 (3) 知正则条件概率 $\widetilde{\mathsf{P}}(A|\mathscr{C})=\mathsf{P}(A|\mathscr{C})$, a.s., 即为条件概率的一个版本.

在正则条件概率存在时, 我们有如下结果.

定理 4.4.1　若 $\widetilde{\mathsf{P}}(\cdot|\mathscr{C})(\cdot)$ 是在 $\mathscr{C}$ 下的正则条件概率, X 是 $(\Omega,\mathscr{A},\mathsf{P})$ 上的一个随机变量且 $\mathsf{E}[X]$ 存在, 则

$$\mathsf{E}[X|\mathscr{C}](w)=\int_{\Omega}X(w')\,\widetilde{\mathsf{P}}(\,\mathrm{d}w'|\mathscr{C})(w),\quad \text{a.s.}. \tag{4.32}$$

由于正则条件概率是条件概率的一个版本, 故只要不发生混淆, 我们就把上式右边写作 $\int_{\Omega}X(w')\,\mathsf{P}(\,\mathrm{d}w'|\mathscr{C})$.

证　设 $X=I_A\ (A\in\mathscr{A})$, 则对 $w\in\Omega$, 有

$$\begin{aligned}\mathsf{E}[I_A|\mathscr{C}](w)&=\mathsf{P}(A|\mathscr{C})(w)=\widetilde{\mathsf{P}}(A|\mathscr{C})(w)\\&=\int_{\Omega}I_A(w')\,\widetilde{\mathsf{P}}(\,\mathrm{d}w'|\mathscr{C})(w),\quad \text{a.s.},\end{aligned}$$

即式 (4.32) 成立. 对一般情况可用常规方法得到. ∎

本定理说明在正则条件概率存在时, 条件期望可以通过对正则条件概率的积分得到, 就如同在非条件场合. 因此, 正则条件概率和条件期望之间的关系变得非常简单. 由此很自然会产生这样的问题: 什么情况下正则条件概率存在? 分析正则条件概率不存在的原因是 $\mathscr{A}$ 中集合太多, 以至于非得考虑不可数个零测集的并. 如果 $\mathscr{A}$ 是可数型的 σ 代数, 则我们有可能只需考虑可数个零测集之并 N, 从而在 N^{c} 上条件概率是概率. 从这点出发, 很自然想到 n 维欧氏空间中的 Borel 域是可数型 σ 代数, 因此定义在 $(\Omega,\mathscr{A},\mathsf{P})$ 上的 n 维随机向量所生成的 σ 代数是可数型的. 利用这一点, 我们可以部分地回答正则条件概率是否存在这一问题.

以下设 T 为正整数, $\mathscr{B}^T$ 为 $\mathbb{R}^T$ 上的 Borel 域.

定义 4.4.3　定义在 $\Omega\times\mathscr{B}^T$ 上的映射 $\mathsf{P}_{\boldsymbol{X}}(\cdot|\mathscr{C})(\cdot)$ 称为在给定 $\mathscr{C}$ 下随机向量 $\boldsymbol{X}=(X_1,\cdots,X_T)$ 的正则条件分布(简称 $\boldsymbol{X}$ 的正则条件分布), 若它满足:

(1) 对每个 $w\in\Omega$, 定义在 $\mathscr{B}^T$ 上的集函 $\mathsf{P}_{\boldsymbol{X}}(\cdot|\mathscr{C})(w)$ 是概率;

(2) 对每个固定的 Borel 集 $B\in\mathscr{B}^T$, 函数 $\mathsf{P}_{\boldsymbol{X}}(B|\mathscr{C})(\cdot)$ 是 Ω 上的 $\mathscr{C}$ 可测函数;

(3) 对每个 $A\in\mathscr{B}^T$ 和 $B\in\mathscr{C}$, 有

$$\int_B\mathsf{P}_{\boldsymbol{X}}(A|\mathscr{C})(w)\,\mathsf{P}^{\mathscr{C}}(\,\mathrm{d}w)=\mathsf{P}\big(B\cap\boldsymbol{X}^{-1}(A)\big).$$

如果 $A=(-\infty,\boldsymbol{x}]=\prod\limits_{i=1}^{T}(-\infty,x_i]$, $\boldsymbol{x}\in\mathbb{R}^T$, 则称

$$F_X(\boldsymbol{x}|\mathscr{C})=F_X(\boldsymbol{x}|\mathscr{C})(w)\triangleq\mathsf{P}_{\boldsymbol{X}}((-\infty,\boldsymbol{x}]\,|\mathscr{C})(w),\quad \text{a.s.}$$

为在给定 $\mathscr{C}$ 下随机向量 $\boldsymbol{X}$ 的条件分布函数(简称 $F_{\boldsymbol{X}}$ 是 $\boldsymbol{X}$ 的条件分布函数).

由定义中的 (1) 和 (2) 知 $\boldsymbol{X}$ 的正则条件分布是 $(\Omega,\mathscr{C})$ 到 $(\mathbb{R}^T,\mathscr{B}^T)$ 的一个转移概率, 由 (3) 可把它视为在给定 $\mathscr{C}$ 下局限在 $\sigma(\boldsymbol{X})$ 中事件 $\boldsymbol{X}^{-1}(A)$ 的条件概率的一个版本. 这里首先要注意的是 $\sigma(\boldsymbol{X})$ 和 $\mathscr{C}$ 都是 $\mathscr{A}$ 的子 σ 代数, 但不必有包含关系; 其次, 若在给定 $\mathscr{C}$ 下的正则条件概率存在, 则对一切 $A\in\mathscr{B}^T$, $w\in\Omega$, 有

$$\mathsf{P}_{\boldsymbol{X}}(A|\mathscr{C})(w)=\widetilde{\mathsf{P}}(\boldsymbol{X}^{-1}(A)|\mathscr{C})(w),\quad \text{a.s.}.$$

定理 4.4.2 设 $\boldsymbol{X}$ 是 $(\Omega,\mathscr{A},\mathsf{P})$ 上的 T 维随机向量, $\mathscr{C}$ 为 $\mathscr{A}$ 的子 σ 代数, 则在给定 $\mathscr{C}$ 下随机向量 $\boldsymbol{X}$ 的正则条件分布存在.

证 由于

$$\sigma(\boldsymbol{X})=\sigma(\boldsymbol{X}^{-1}(B),B\in\mathscr{B}^T)=\sigma(\boldsymbol{X}^{-1}((-\infty,\boldsymbol{x}]),\ \boldsymbol{x}\in\mathbb{R}^T\},$$

故只要证明在给定 $\mathscr{C}$ 下随机向量 $\boldsymbol{X}$ 的条件分布函数存在即可. 设

$$\mathbb{Q}^T=\{\boldsymbol{r}_n=(r_{n1},\cdots,r_{nT}),\ n\geqslant 1\}$$

为 $\mathbb{R}^T$ 中有理点的全体. 对每个 n, 取定条件概率 $\mathsf{P}(\boldsymbol{X}\leqslant\boldsymbol{r}_n|\mathscr{C})$ 的一个版本, 令

$$A_{mn}=\Big\{w:\ \mathsf{P}(\boldsymbol{X}\leqslant\boldsymbol{r}_n|\mathscr{C})(w)<\mathsf{P}(\boldsymbol{X}\leqslant\boldsymbol{r}_m|\mathscr{C})(w)\Big\},$$
$$A=\bigcup_{\boldsymbol{r}_n>\boldsymbol{r}_m}A_{mn},$$

其中 $\boldsymbol{r}_n>\boldsymbol{r}_m$ 是指 $r_{nj}\geqslant r_{mj}$ $(j=1,\cdots,T)$, 且存在某个 j_0, 使得 $r_{nj_0}>r_{mj_0}$. 因为 $\boldsymbol{r}_m<\boldsymbol{r}_n$ 蕴含 $\mathsf{P}(\boldsymbol{X}\leqslant\boldsymbol{r}_m|\mathscr{C})\leqslant\mathsf{P}(\boldsymbol{X}\leqslant\boldsymbol{r}_n|\mathscr{C})$, a.s., 故 $\mathsf{P}(A)=0$. 再设

$$B_n=\left\{w:\ \lim_{\boldsymbol{r}_j\downarrow\boldsymbol{r}_n}\mathsf{P}(\boldsymbol{X}\leqslant\boldsymbol{r}_j|\mathscr{C})(w)\neq\mathsf{P}(\boldsymbol{X}\leqslant\boldsymbol{r}_n|\mathscr{C})(w)\right\},$$
$$B=\bigcup_{n=1}^{\infty}B_n.$$

由条件单调收敛定理, 对一切 $n\geqslant 1$, 有 $\mathsf{P}(B_n)=0$, 从而 $\mathsf{P}(B)=0$. 类似地, 定义

$$C_1=\left\{w:\ \lim_{\boldsymbol{r}_n\uparrow\infty}\mathsf{P}(\boldsymbol{X}\leqslant\boldsymbol{r}_n|\mathscr{C})(w)\neq 1\right\},$$
$$C_2=\left\{w:\ \text{对某个 } j,\text{ 有 }\lim_{r_{nj}\downarrow-\infty}\mathsf{P}(\boldsymbol{X}\leqslant\boldsymbol{r}_n|\mathscr{C})(w)\neq 0\right\},$$

其中 $r_{nj}\to-\infty$ 是指 $\boldsymbol{r}_n$ 的第 j 个分量单调下降趋于 $-\infty$, 其余分量不变. 再记

$$C_3=\Big\{w:\ \Delta_{\boldsymbol{r}_n-\boldsymbol{r}_m}\mathsf{P}(\boldsymbol{X}\leqslant\boldsymbol{r}_m|\mathscr{C})(w)<0,\ \text{对某对 }\boldsymbol{r}_m<\boldsymbol{r}_n,\boldsymbol{r}_m,\boldsymbol{r}_n\in\mathbb{Q}^T\Big\},$$

$C = C_1 \cup C_2 \cup C_3.$

也易推知 $\mathrm{P}(C) = 0$. 令 $N = A \cup B \cup C$, 则 $\mathrm{P}(N) = 0$. 若 $w \in N^c$, 对任意 $\boldsymbol{x} \in \mathbb{R}^T$, 设 $\boldsymbol{r}_n \downarrow \boldsymbol{x}$, $\boldsymbol{r}_n \in \mathbb{Q}^T$, 定义

$$\mathrm{P}(\boldsymbol{X} \leqslant \boldsymbol{x}|\mathscr{C}) = \lim_{n\to\infty} \mathrm{P}(\boldsymbol{X} \leqslant \boldsymbol{r}_n|\mathscr{C}),$$

则 T 元函数 $\mathrm{P}(\boldsymbol{X} \leqslant \cdot|\mathscr{C})$ 是 $\mathbb{R}^T$ 上的分布函数. 设 G 为 $\mathbb{R}^T$ 上的任一分布函数, 定义 $\mathbb{R}^T \times \Omega$ 上的函数 $F_{\boldsymbol{X}}$:

$$F_{\boldsymbol{X}}(\boldsymbol{x}|\mathscr{C})(w) = \begin{cases} G(\boldsymbol{x}), & w \in N, \\ \mathrm{P}(\boldsymbol{X} \leqslant \boldsymbol{x}|\mathscr{C})(w), & w \in N^c. \end{cases} \tag{4.33}$$

容易验证, $F_{\boldsymbol{X}}(\cdot|\mathscr{C})(w)$ 满足定义 4.4.3 中的条件, 因此它是在给定 $\mathscr{C}$ 下随机向量 $\boldsymbol{X}$ 的条件分布函数. ∎

推论 4.4.1　在概率空间 $(\mathbb{R}^n, \mathscr{B}^{(n)}, \mathrm{P})$ 上, 若 $\mathscr{C}$ 为 $\mathscr{B}^{(n)}$ 的子 σ 代数, 则正则条件概率存在.

证　令 $\boldsymbol{X} = (X_1, \cdots, X_n)$, 其中 $X_i(\boldsymbol{x}) = x_i, 1 \leqslant i \leqslant n, \boldsymbol{x} \in \mathbb{R}^n$, 则 $\boldsymbol{X}$ 是 $(\mathbb{R}^n, \mathscr{B}^{(n)}, \mathrm{P})$ 上的一个 n 维随机向量. 故由定理 4.4.2 知 $\boldsymbol{X}$ 在 $\mathscr{C}$ 下的正则条件概率分布 $\mathrm{P}_{\boldsymbol{X}}(\cdot|\mathscr{C})(\cdot)$ 存在, 但 $\sigma(\boldsymbol{X}) = \mathscr{B}^{(n)}$. 因此, 由正则条件分布的定义知 $\mathrm{P}_{\boldsymbol{X}}(\cdot|\mathscr{C})(\cdot)$ 就是在给定 $\mathscr{C}$ 下的一个正则条件概率. ∎

当 $\mathscr{C}$ 由随机变量 X 生成时, 给定 $X = x$, 随机变量 Y 的正则条件分布常记为 $F_{Y|X}(\cdot|x)$, 其对应的条件分布函数记为 $F_{Y|X}(y|x) = \mathrm{P}(Y \leqslant y|X = x)$.

命题 4.4.1　设 (X, Y) 的联合分布为 F, X 和 Y 的边缘分布分别记为 F_X 和 F_Y, 则

$$F(x, y) = \int_{-\infty}^{x} F_{Y|X}(y|u) F_X(\mathrm{d}u), \quad (x, y) \in \mathbb{R}^2,$$

且随机变量 X 和 Y 独立的充要条件是, 对一切 $y \in \mathbb{R}$,

$$F_{Y|X}(y|x) = F_Y(y), \quad \text{a.s.}\, (\mathrm{P}^{\sigma(X)}). \tag{4.34}$$

证　首先, 由条件期望的定义及积分变换公式 (定理 2.5.1), 有

$$\begin{aligned} F(x, y) &= \mathrm{P}(X \leqslant x, Y \leqslant y) \\ &= \int_{\Omega} I_{(-\infty, x]}(X) I_{(-\infty, y]}(Y)\, \mathrm{dP} = \int_{\{X \leqslant x\}} I_{(-\infty, y]}(Y)\, \mathrm{dP} \\ &= \int_{\{X \leqslant x\}} \mathrm{P}(Y \leqslant y|X)\, \mathrm{dP}^{\sigma(X)} = \int_{\{X \leqslant x\}} F_{Y|X}(y|X)\, \mathrm{dP}^{\sigma(X)} \\ &= \int_{(-\infty, x]} F_{Y|X}(y|u) F_X(\mathrm{d}u). \end{aligned}$$

其次, 若式 (4.34) 成立, 则对一切 $(x,y)\in\mathbb{R}^2$, 有

$$\begin{aligned}F(x,y)&=\int_{(-\infty,x]}F_{Y|X}(y|u)F_X(\mathrm{d}u)\\&=\int_{(-\infty,x]}F_Y(y)F_X(\mathrm{d}u)=F_X(x)F_Y(y),\end{aligned}$$

即随机变量 X 和 Y 相互独立. 反之, 若 X 和 Y 相互独立, 则对一切 $(x,y)\in\mathbb{R}^2$, 有

$$\begin{aligned}\int_{(-\infty,x]}F_Y(y)F_X(\mathrm{d}u)&=F_X(x)F_Y(y)=F(x,y)\\&=\int_{(-\infty,x]}F_{Y|X}(y|u)F_X(\mathrm{d}u),\end{aligned}$$

最后, 由引理 4.2.1 得式 (4.34). ∎

命题 4.4.2 设 X 和 Y 为 $(\Omega,\mathscr{A},\mathsf{P})$ 上的两个随机变量, g 和 h 分别是 $\mathbb{R}$ 和 $\mathbb{R}^2$ 上的 Borel 可测函数, 满足 $\mathsf{E}|g(Y)|<\infty$, $\mathsf{E}|h(X,Y)|<\infty$, 则

$$\mathsf{E}[g(Y)|X=x]=\int_{\mathbb{R}}g(y)F_{Y|X}(\mathrm{d}y|x),\quad \text{a.s.},\tag{4.35}$$

$$\mathsf{E}[h(X,Y)|X=x]=\int_{\mathbb{R}}h(x,y)F_{Y|X}(\mathrm{d}y|x),\quad \text{a.s.}.\tag{4.36}$$

若随机变量 X 和 Y 相互独立, 则

$$\mathsf{E}[h(X,Y)|X=x]=\mathsf{E}[h(x,Y)],\quad \text{a.s.},$$

其中 $F_{Y|X}$ 为条件分布函数.

证 由常规方法, 只要对示性函数来证明上面两式即可. 设 $g(y)=I_{(-\infty,b]}(y)$, 则

$$\begin{aligned}\int_{\mathbb{R}}I_{(-\infty,b]}(v)F_{Y|X}(\mathrm{d}v|x)&=\int_{(-\infty,b]}F_{Y|X}(\mathrm{d}v|x)\\&=F_{Y|X}(b|x)=\mathsf{P}(Y\leqslant b|X=x)\\&=\mathsf{E}[I_{(-\infty,b]}(Y)|X=x],\quad \text{a.s.},\end{aligned}$$

即式 (4.35) 对示性函数成立. 设 $h(x,y)=I_{(-\infty,a]}(x)I_{(-\infty,b]}(y)$, 由命题 4.4.1 及积分变换公式 (定理 2.5.1) 知, 对任意 $x\in\mathbb{R}$, 有

$$\begin{aligned}&\int_{(-\infty,x]}\mathsf{E}[h(X,Y)|X=u]F_X(\mathrm{d}u)\\&=\int_{\{X\leqslant x\}}I_{(-\infty,a]}(X)I_{(-\infty,b]}(Y)\,\mathrm{d}\mathsf{P}\\&=\mathsf{P}(X\leqslant\min\{x,a\},Y\leqslant b)=F(x\wedge a,b)\\&=\int_{(-\infty,x\wedge a]}F_{Y|X}(b|u)F_X(\mathrm{d}u)\end{aligned}$$

$$= \int_{(-\infty,x\wedge a]} F_X(\mathrm{d}u) \int_{(-\infty,b]} F_{Y|X}(\mathrm{d}y|u)$$
$$= \int_{(-\infty,x]} F_X(\mathrm{d}u) \int_{\mathbb{R}} I_{(-\infty,a]}(u) I_{(-\infty,b]}(y) F_{Y|X}(\mathrm{d}y|u),$$

故由引理 4.2.1 得

$$\mathsf{E}[h(X,Y)|X=u] = \int_{\mathbb{R}} I_{(-\infty,a]}(u) I_{(-\infty,b]}(y) F_{Y|X}(\mathrm{d}y|u), \quad \text{a.s.},$$

即式 (4.36) 对示性函数成立.

若随机变量 X 和 Y 相互独立, 则式 (4.34) 成立. 于是由式 (4.36) 得

$$\mathsf{E}[h(X,Y)|X=x] = \int_{\mathbb{R}} h(x,y) F_Y(\mathrm{d}y) = \mathsf{E}[h(x,Y)], \quad \text{a.s..}$$

命题证毕. ∎

由证明不难看出, 当 X 和 Y 为随机向量时命题仍成立.

命题 4.4.2 使条件期望的计算类似于无条件期望的计算, 这在实际应用中是非常方便的.

例 4.4.1 设 (X,Y) 有概率密度函数 $f(x,y)$, 以 $f_1(x)$ 和 $f_2(y)$ 分别表示 X 和 Y 的边际概率密度函数, 则对任意 $B \in \mathscr{B}$, 有

$$\mathsf{P}(Y \in B|X=x) = \int_B \frac{f(x,y)}{f_1(x)}\,\mathrm{d}y, \quad \text{a.s..}$$

证 令 $g(y|x) = f(x,y)/f_1(x)$, 我们来证明 $\int_B g(y|x)\,\mathrm{d}y$ 是条件概率 $\mathsf{P}(Y \in B|X=x)$ 的一个版本. 注意到 $g(y|x)$ 只在 $f_1(x) > 0$ 时有定义, 但 $A = \{(x,y):\ f_1(x) = 0\}$ 的概率为 0, 这是因为

$$\mathsf{P}((X,Y) \in A) = \iint_A f(x,y)\,\mathrm{d}x\,\mathrm{d}y = \int_{\{x:f_1(x)=0\}} \mathrm{d}x \int_{\mathbb{R}} f(x,y)\,\mathrm{d}y$$
$$= \int_{\{x:f_1(x)=0\}} f_1(x)\,\mathrm{d}x = 0.$$

对给定的 $B \in \mathscr{B}$, $\int_B g(y|x)\,\mathrm{d}y$ 作为 x 的函数是 Borel 可测的, 故对任意 $C \in \mathscr{B}$, 有

$$\int_C \mathsf{P}(Y \in B|X=x) F_1(\mathrm{d}x) = \int_\Omega I_{C\times B}(X,Y)\,\mathsf{P}(\mathrm{d}w)$$
$$= \mathsf{P}((X,Y) \in C \times B) = \int_C \int_B f(x,y)\,\mathrm{d}x\,\mathrm{d}y$$
$$= \int_C f_1(x)\,\mathrm{d}x \int_B g(y|x)\,\mathrm{d}y$$
$$= \int_C \left(\int_B g(y|x)\,\mathrm{d}y\right) \mathsf{P}_1(\mathrm{d}x).$$

于是, 由引理 4.2.1得

$$\mathsf{P}(Y\in B|X=x)=\int_B \frac{f(x,y)}{f_1(x)}\,\mathrm{d}y,\quad \text{a.s..}$$

特别地, 取 $B=(-\infty,y]$ $(y\in\mathbb{R})$, 则

$$F_{Y|X}(y|x)=\int_{(-\infty,y]}\frac{f(x,t)}{f_1(x)}\,\mathrm{d}t,\quad \text{a.s..}$$

因此, $g(y|x)=f(x,y)/f_1(x)$ 可以理解为, 在给定 $X=x$ 下随机变量 Y 的条件概率密度. 交换 X 与 Y, 令

$$h(x|y)=\frac{f(x,y)}{f_2(y)}I_{\{f_2(y)>0\}},$$

则

$$h(x|y)=\frac{f_1(x)g(y|x)}{f_2(y)}=\frac{f_1(x)g(y|x)}{\displaystyle\int_{\mathbb{R}}f_1(u)g(y|u)\,\mathrm{d}u}.$$

这是众所周知的 Bayes 公式的翻版. 若 X 与 Y 独立, 则

$$g(y|x)=f_2(y),\quad h(x|y)=f_1(x).$$ ◁

定理 4.4.3 设 $\boldsymbol{X}=(X_1,\cdots,X_n)$ 为概率空间 $(\Omega,\mathscr{A},\mathsf{P})$ 上的一个 n 维随机向量, $\mathsf{P}^{\sigma(\boldsymbol{X})}(w,A)$ 为在 $\sigma(\boldsymbol{X})$ 之下关于 P 的正则条件概率, 则存在 $C\in\mathscr{B}^{(n)}$, 使 $\mathsf{P}^*(C)=0$, 其中 P^* 为 P 由 $\boldsymbol{X}$ 在 $(\mathbb{R}^n,\mathscr{B}^{(n)})$ 上导出的概率测度, 满足: 当 $\boldsymbol{X}(w)=\boldsymbol{x}$ 且 $\boldsymbol{x}\notin C$ 时,

$$\mathsf{P}^{\sigma(\boldsymbol{X})}(w,A_{\boldsymbol{x}})=1,$$

其中 $A_{\boldsymbol{x}}=\{w:\boldsymbol{X}(w)=\boldsymbol{x}\}$.

证 首先, 证明对任意 $B\in\mathscr{B}^{(n)}$, 有

$$\mathsf{P}^{\sigma(\boldsymbol{X})}(w,\boldsymbol{X}^{-1}(B))=I_{\boldsymbol{X}^{-1}(B)}(w),\quad \text{a.s. }(\mathsf{P}^{\sigma(\boldsymbol{X})}).\tag{4.37}$$

事实上, 对任意 $D\in\sigma(\boldsymbol{X})$, 有

$$\begin{aligned}\int_D \mathsf{P}^{\sigma(\boldsymbol{X})}(w,\boldsymbol{X}^{-1}(B))\,\mathsf{P}^{\sigma(\boldsymbol{X})}(\mathrm{d}w)&=\mathsf{P}(D\cap\boldsymbol{X}^{-1}(B))\\&=\int_D I_{\boldsymbol{X}^{-1}(B)}(w)\,\mathsf{P}^{\sigma(\boldsymbol{X})}(\mathrm{d}w),\end{aligned}$$

故由引理 4.2.1 得式 (4.37). 记 $\mathbb{Q}^n$ 为 $\mathbb{R}^n$ 中各分量皆为有理数的点的全体,

$$B_{\boldsymbol{a}}^{\boldsymbol{b}}=(\boldsymbol{a},\boldsymbol{b}]=\prod_{i=1}^n(a_i,b_i],\quad \boldsymbol{a}=(a_1,\cdots,a_n),\quad \boldsymbol{b}=(b_1,\cdots,b_n),$$

$$\mathscr{C}=\left\{B_{\boldsymbol{a}}^{\boldsymbol{b}}:\ \forall\,\boldsymbol{a},\boldsymbol{b}\in\mathbb{Q}^n\right\}.$$

对任意 $B_{\boldsymbol{a}}^{\boldsymbol{b}} \in \mathscr{C}$, 必存在 $N_{\boldsymbol{a}}^{\boldsymbol{b}} \in \sigma(X)$, 使 $\mathsf{P}(N_{\boldsymbol{a}}^{\boldsymbol{b}})=0$, 满足: 对任意 $w \notin N_{\boldsymbol{a}}^{\boldsymbol{b}}$, 有

$$\mathsf{P}^{\sigma(\boldsymbol{X})}\left(w, \boldsymbol{X}^{-1}(B_{\boldsymbol{a}}^{\boldsymbol{b}})\right) = I_{\boldsymbol{X}^{-1}(B_{\boldsymbol{a}}^{\boldsymbol{b}})}(w).$$

记

$$N = \bigcup_{\boldsymbol{a},\boldsymbol{b}\in\mathbb{Q}^n} N_{\boldsymbol{a}}^{\boldsymbol{b}},$$

则 $N \in \sigma(X)$ 且 $\mathsf{P}(N)=0$. 由于 $N \in \sigma(\boldsymbol{X})$, 必存在 $C \in \mathscr{B}^{(n)}$, 使 $N = \boldsymbol{X}^{-1}(C)$, 满足 $\mathsf{P}^*(C) = \mathsf{P}(N) = 0$. 当 $w \notin N$ 时,

$$\mathsf{P}^{\sigma(\boldsymbol{X})}(w, \boldsymbol{X}^{-1}(B)) = I_{\boldsymbol{X}^{-1}(B)}(w), \quad \forall\, B \in \mathscr{C},$$

即此时 $\mathsf{P}^{\sigma(\boldsymbol{X})}(w,\cdot)$ 和 $I_{\cdot}(w)$ 限制在半代数 $\boldsymbol{X}^{-1}(\mathscr{C})$ 上相等. 注意到 $\mathsf{P}^{\sigma(\boldsymbol{X})}(w,\cdot)$ 和 $I_{\cdot}(w)$ 为 $\sigma(\boldsymbol{X})$ 上的概率, 故由概率扩张定理知

$$\mathsf{P}^{\sigma(\boldsymbol{X})}(w, \boldsymbol{X}^{-1}(B)) = I_{\boldsymbol{X}^{-1}(B)}(w), \quad \forall\, B \in \mathscr{B}^{(n)}.$$

特别地, 当 $w \notin N$ 即 $\boldsymbol{X}(w) = \boldsymbol{x} \notin C$ 时, 取 $B = \{\boldsymbol{x}\}$, 由上式得 $\mathsf{P}^{\sigma(\boldsymbol{X})}(w, A_{\boldsymbol{x}}) = 1$. ∎

利用定理 4.4.3, 我们可以给出一个反例, 说明正则条件概率可以不存在.

例 4.4.2 在给定 σ 代数 $\mathscr{C}$ 下, 正则条件概率不必一定存在. 以下反例见 [12] (问题 6.6.4) 或 [29] (138 页).

设 $\Omega = [0,1]$, $\mathscr{C} = \mathscr{B}([0,1])$, P_0 为 Ω 上的 Lebesgue 测度. 将 Ω 中的点按 $x \sim y \Leftrightarrow x-y \in \mathbb{Q}$ 划分等价类, 且在每个等价类中选取一个代表元素, 所有这些代表元素所组成的集合 D 不是 Lebesgue 可测集, 且满足

$$\mu_*(D) \equiv \sup\left\{\mathsf{P}_0(B):\ B \subset D, B \in \mathscr{C}\right\} = 0,$$
$$\mu^*(D) \equiv \inf\left\{\mathsf{P}_0(B):\ B \supset D, B \in \mathscr{C}\right\} = 1,$$

其证明见 [29] (例 1.29) 或 [8] (例 7.2.32). 令

$$\mathscr{A} = \sigma(D \cup \mathscr{C}) = \{(C_1 \cap D) \cup (C_2 \cap D^{\mathrm{c}}) : C_1, C_2 \in \mathscr{C}\}.$$

在 $\mathscr{A}$ 上定义集函 P:

$$\mathsf{P}((C_1 \cap D) \cup (C_2 \cap D^{\mathrm{c}})) = \frac{1}{2}\,[\mathsf{P}_0(C_1) + \mathsf{P}_0(C_2)], \quad \forall C_1, C_2 \in \mathscr{C},$$

则利用 $\mu_*(D) = 0$ 和 $\mu^*(D) = 1$, 可以证明 $\mathsf{P}(A)$ 与 $A \in \mathscr{A}$ 的表达方式无关, 且 P 是 $\mathscr{A}$ 上的一个概率. 在 $\mathscr{C}$ 上, 设 $C \in \mathscr{C}$,

$$\mathsf{P}(C) = \mathsf{P}((C \cap D) \cup (C \cap D^{\mathrm{c}})) = \mathsf{P}_0(C),$$

即 $\mathsf{P}_0 = \mathsf{P}^{\mathscr{C}}$. P 在 D 上的值为

$$\mathsf{P}(D) = \mathsf{P}((\Omega \cap D) \cup (\emptyset \cap D^{\mathrm{c}}) = \frac{1}{2}.$$

下面证明在概率空间 $(\Omega, \mathscr{A}, \mathsf{P})$ 上, 正则条件概率 $\widetilde{P}(\cdot|\mathscr{C})(\cdot)$ 不存在. 用反证法, 假设正则条件概率 $\widetilde{P}(\cdot|\mathscr{C})(\cdot)$ 存在, 则对任意 $C \in \mathscr{C}$, 有

$$\begin{aligned}\int_C \widetilde{\mathsf{P}}(D|\mathscr{C})\, d\mathsf{P}^{\mathscr{C}} &= \mathsf{P}(C \cap D) = \mathsf{P}((C \cap D) \cup (\emptyset \cap D^{\mathrm{c}})) \\ &= \frac{1}{2}\,\mathsf{P}_0(C) = \int_C \frac{1}{2}\,\mathrm{d}\mathsf{P}^{\mathscr{C}},\end{aligned}$$

于是, 由引理 4.2.1 得 $\widetilde{\mathsf{P}}(D|\mathscr{C}) = 1/2$, a.s.. 同理可得 $\widetilde{\mathsf{P}}(D^{\mathrm{c}}|\mathscr{C}) = 1/2$, a.s.. 因此, 存在 $N_1 \in \mathscr{C}$, $\mathsf{P}(N_1) = 0$, 使得

$$\widetilde{\mathsf{P}}(D|\mathscr{C})(w) = \frac{1}{2}, \quad \widetilde{\mathsf{P}}(D^{\mathrm{c}}|\mathscr{C})(w) = \frac{1}{2}, \quad \forall\, w \in N_1^{\mathrm{c}}.$$

令 $X(w) = w \in \Omega$, 则 $\mathscr{C} = \sigma(X)$. 由定理 4.4.3 知, 存在 $N_2 \in \mathscr{C}$, $\mathsf{P}(N_2) = 0$, 使得

$$\widetilde{\mathsf{P}}(\{w\}|\mathscr{C})(w) = 1, \quad \forall\, w \in N_2^{\mathrm{c}}.$$

记 $N = N_1 \cup N_2$, 则 $N \in \mathscr{C}$, $\mathsf{P}(N) = 0$. 对任意固定的 $w \in N^{\mathrm{c}}$, 注意到 $\widetilde{\mathsf{P}}(\cdot|\mathscr{C})(w)$ 为 $\mathscr{A}$ 上的概率, 我们有

$$\begin{aligned}1 = \widetilde{\mathsf{P}}(\{w\}|\mathscr{C})(w) \leqslant \widetilde{\mathsf{P}}(D|\mathscr{C})(w) = \frac{1}{2}, \quad w \in D, \\ 1 = \widetilde{\mathsf{P}}(\{w\}|\mathscr{C})(w) \leqslant \widetilde{\mathsf{P}}(D^{\mathrm{c}}|\mathscr{C})(w) = \frac{1}{2}, \quad w \in D^{\mathrm{c}},\end{aligned}$$

矛盾! 这说明在上述 $\mathscr{C}$ 下在 $\Omega \times \mathscr{C}$ 上不存在正则条件概率. ◁

下面, 我们来证明著名的 Kolmogorov 相容性定理.

引理 4.4.1 设 $\mathsf{P}^{(n)}$ 是 $(\mathbb{R}^n, \mathscr{B}^{(n)})$ 上的概率, 则存在 $\mathscr{B}_1$ 上的概率 P_1 及 $\mathbb{R}^{k-1} \times \mathscr{B}_k$ 上的转移概率 $\mathsf{P}_k^{k-1}(x_1, \cdots, x_{k-1}, B_k)$, $(x_1, \cdots, x_{k-1}, B_k) \in \mathbb{R}^{k-1} \times \mathscr{B}_k (k = 2, \cdots, n)$, 使得对一切 $B \in \mathscr{B}^{(n)}$, 有

$$\mathsf{P}^{(n)}(B) = \int_{\mathbb{R}_1} \cdots \int_{\mathbb{R}_n} I_B(x_1, \cdots, x_n)\, \mathsf{P}_n^{n-1}(x_1, \cdots, x_{n-1}, \mathrm{d}x_n) \cdots \mathsf{P}_2^1(x_1, \mathrm{d}x_2)\, \mathsf{P}_1(\mathrm{d}x_1), \tag{4.38}$$

其中 $(\mathbb{R}_k, \mathscr{B}_k) = (\mathbb{R}, \mathscr{B})$ 为第 k 个分量的值域及其上的 Borel 域.

证 令

$$\mathscr{C}_{k-1} = \left\{B^{(k-1)} \times \mathbb{R}_k :\ B^{(k-1)} \in \mathscr{B}^{(k-1)}\right\} \triangleq \mathscr{B}^{(k-1)} \times \mathbb{R}_k, \quad k = 2, \cdots, n.$$

由推论 4.4.1 知, 在概率空间 $(\mathbb{R}^n, \mathscr{B}^{(n)}, \mathsf{P}^{(n)})$ 上存在一个在 $\mathscr{C}_{n-1}$ 之下的正则条件概率 $\widetilde{\mathsf{P}}(\cdot|\mathscr{C}_{n-1})(\cdot)$. 由 $\mathscr{C}_{n-1}$ 的构造知, 对任意 $B^{(n)} \in \mathscr{B}^{(n)}$, $\widetilde{\mathsf{P}}(B^{(n)}|\mathscr{C}_{n-1})(\cdot)$ 只与前 $n-1$ 个坐标有关. 定义

$$\mathsf{P}_n^{n-1}(x_1, \cdots, x_{n-1}, B_n) = \widetilde{\mathsf{P}}(\mathbb{R}^{n-1} \times B_n|\mathscr{C}_{n-1})(x_1, \cdots, x_n), \quad B_n \in \mathscr{B}_n,$$

则由正则条件概率的定义知, P_n^{n-1} 是 $\mathbb{R}^{n-1} \times \mathscr{B}_n$ 上的转移概率. 记 $\mathsf{P}^{(n)}$ 在 $\mathscr{C}_{n-1}$ 上的限制为 $\mathsf{P}^{(n-1)}$. 设 $B_k \in \mathscr{B}_k$, $C_k = \prod\limits_{j=1}^{k} B_j$ $(1 \leqslant k \leqslant n)$, 则

$$\begin{aligned}
&\int_{C_{n-1}\times\mathbb{R}_n} \mathsf{P}_n^{n-1}(x_1, \cdots, x_{n-1}, B_n)\, \mathrm{d}\mathsf{P}^{(n-1)} \\
&= \int_{C_{n-1}\times\mathbb{R}_n} \widetilde{\mathsf{P}}(\mathbb{R}^{n-1} \times B_n|\mathscr{C}_{n-1})(x_1, \cdots, x_n)\, \mathrm{d}\mathsf{P}^{(n-1)} \\
&= \int_{C_{n-1}\times\mathbb{R}_n} I_{\mathbb{R}^{n-1}\times B_n}(x_1, \cdots, x_n)\, \mathrm{d}\mathsf{P}^{(n)} \\
&= \mathsf{P}^{(n)}(C_n).
\end{aligned} \tag{4.39}$$

对 $\mathsf{P}^{(k)}$ $(k = n-1, \cdots, 2)$ 重复以上讨论, 则有

$$\int_{C_{k-1}\times\mathbb{R}_k} \mathsf{P}_k^{k-1}(x_1, \cdots, x_{k-1}, B_k)\, \mathrm{d}\mathsf{P}^{(k-1)} = \mathsf{P}^{(k)}(C_k), \tag{4.40}$$

以及

$$\mathsf{P}^{(k)}(C_k) = \mathsf{P}^{(k+1)}(C_k \times \mathbb{R}_{k+1}), \quad k = 1, \cdots, n-1,$$

其中 $\mathsf{P}_k^{k-1}(x_1, \cdots, x_{k-1}, B_k)$ 是 $\mathbb{R}^{k-1} \times \mathscr{B}_k$ 上的转移概率, 由下式定义:

$$\mathsf{P}_k^{k-1}(x_1, \cdots, x_{k-1}, B_k) = \widetilde{\mathsf{P}}(\mathbb{R}^{k-1} \times B_k|\mathscr{C}_{k-1})(x_1, \cdots, x_k), \quad B_k \in \mathscr{B}_k.$$

由定理 3.1.4 得

$$\mathsf{P}^{(n)}(C_n) = \int_{\mathbb{R}_1} \cdots \int_{\mathbb{R}_n} I_{C_n}(x_1, \cdots, x_n)\, \mathsf{P}_n^{n-1}(x_1, \cdots, x_{n-1}, \mathrm{d}x_n) \cdots \mathsf{P}_2^1(x_1, \mathrm{d}x_2)\, \mathsf{P}_1(\mathrm{d}x_1). \tag{4.41}$$

由于可测矩形 C_n 的全体是生成 $\mathscr{B}^{(n)}$ 的半代数, 因此由常规方法易知, 对一切 $B \in \mathscr{B}^{(n)}$, 式 (4.38) 成立. ∎

为建立 Kolmogorov 相容性定理, 先给出如下定义.

定义 4.4.4　设 $\{(\Omega_t, \mathscr{A}_t), t \in T\}$ 为一族可测空间, T 为无穷下标集, $S \subset T$ 为 T 的任一有限子集. 如果对 $T_N \subseteq S$, 在乘积空间 $(\Omega_{T_N}, \mathscr{A}_{T_N}) = \prod\limits_{t \in T_N} (\Omega_t, \mathscr{A}_t)$ 上可定义概率 P_{T_N}, 满足: 对 $T_N \subset T_{N'} \subseteq S$ 的 $T_{N'}$, 有

$$\mathsf{P}_{T_N}(A_{T_N}) = \mathsf{P}_{T_{N'}}\left(A_{T_N} \times \prod_{t \in T_{N'} \setminus T_N} \Omega_t\right), \quad \forall A_{T_N} \in \mathscr{A}_{T_N},$$

则称诸概率空间 $\{(\Omega_{T_N}, \mathscr{A}_{T_N}, \mathsf{P}_{T_N}), T_N \subset T, |T_N| < \infty\}$ 是相容的.

以下设 $R_t \subseteq \mathbb{R}$, $\mathscr{B}_t$ 为直线 $\mathbb{R}$ 上的 Borel 域 $\mathscr{B}$ 在 R_t 上导出的 σ 代数, 即 $\mathscr{B}_t = R_t \cap \mathscr{B}$.

定理 4.4.4 (Kolmogorov 相容性定理) 设 $\{(R_t, \mathscr{B}_t), t \in T\}$ 为一族可测空间, 对 T 的任一有限子集 T_N, 在乘积空间 $(R_{T_N}, \mathscr{B}_{T_N}) = \prod\limits_{t \in T_N} (R_t, \mathscr{B}_t)$ 上可定义概率 P_{T_N}. 若这些概率空间是相容的, 则在 $(R_T, \mathscr{B}_T) = \prod\limits_{t \in T} (R_t, \mathscr{B}_t)$ 上存在唯一的概率 P_T, 使对 T 的任一有限子集 T_N, 有

$$\mathsf{P}_T\left(B_{T_N} \times \prod_{t \in T \setminus T_N} R_t\right) = \mathsf{P}_{T_N}(B_{T_N}), \quad \forall\, B_{T_N} \in \mathscr{B}_{T_N}.$$

证 (1) 考虑 T 为可数集的情形. 不妨设 $T = \mathbb{N}$, 记 $I_n = \{1, \cdots, n\}$, 则概率空间 $\{(R_{I_n}, \mathscr{B}_{I_n}, \mathsf{P}_{I_n}), n \geqslant 1\}$ 是相容的. 因此, 由引理 4.4.1 知, 它们决定了一个转移概率序列 $\mathsf{P}_1, \mathsf{P}_2^1, \cdots, \mathsf{P}_n^{n-1}, \cdots$, 使得对任意 $B_n \in \mathscr{B}_n$, $\mathsf{P}_n^{n-1}(x_1, \cdots, x_{n-1}, B_n)$ 就等于在 $\mathscr{C}_{n-1} = \mathscr{B}_{I_{n-1}} \times R_n$ 下事件 $R_{I_{n-1}} \times B_n$ 关于 P_{I_n} 的正则条件概率. 由 Tulcea 定理知, 在 $(R_T, \mathscr{B}_T)$ 上存在唯一确定的概率 P_T, 使对每个 $B^{(n)} \in \mathscr{B}_{I_n}$, 有

$$\begin{aligned}
&\mathsf{P}_T\left(B^{(n)} \times \prod_{k \in T \setminus I_n} R_k\right) \\
&\quad = \int_{R_{I_n}} I_{B^{(n)}}(x_1, \cdots, x_n)\, \mathsf{P}_n^{n-1}(x_1, \cdots, x_{n-1}, \mathrm{d}x_n) \cdots \mathsf{P}_2^1(x_1, \mathrm{d}x_2)\, \mathsf{P}_1(\mathrm{d}x_1).
\end{aligned}$$

由引理 4.4.1 知上式等号右端即为 $\mathsf{P}_{I_n}(B^{(n)})$. 对定理而言, 还需证明对 T 的任一有限子集 T_N, 有

$$\mathsf{P}_T\left(B_{T_N} \times \prod_{k \in T \setminus T_N} R_k\right) = \mathsf{P}_{T_N}(B_{T_N}), \quad B_{T_N} \in \mathscr{B}_{T_N}. \tag{4.42}$$

事实上, 对给定的 T_N, 存在 m, 使 $T_N \subseteq I_m$. 由于

$$B_{T_N} \times \prod_{k \in T \setminus T_N} R_k = \left(B_{T_N} \times \prod_{k \in I_m \setminus T_N} R_k\right) \times \prod_{k \in T \setminus I_m} R_k,$$

故

$$\mathsf{P}_T\left(B_{T_N} \times \prod_{k \in T \setminus T_N} R_k\right) = \mathsf{P}_{I_m}\left(B_{T_N} \times \prod_{k \in I_m \setminus T_N} R_k\right) = \mathsf{P}_{T_N}(B_{T_N}),$$

其中最后一步是因为这些概率空间是相容的.

(2) 设 T 不可数. 任取 T 的一个可数子集 T_{c}, 由情形 (1) 知在 $\mathscr{B}_{T_{\mathrm{c}}}$ 上存在唯一的概率 $\mathsf{P}_{T_{\mathrm{c}}}$, 使对任一有限的 $T_N \subset T_{\mathrm{c}}$, 有

$$\mathsf{P}_{T_{\mathrm{c}}}\left(B_{T_N} \times \prod_{t \in T_{\mathrm{c}} \setminus T_N} R_t\right) = \mathsf{P}_{T_N}(B_{T_N}), \quad \forall\, B_{T_N} \in \mathscr{B}_{T_N}.$$

由推论 3.2.3 知, 若 $B_T \in \mathscr{B}_T$, 则存在 T 的可数子集 T_c, 使 $B_T \in \mathscr{B}_{T_c}$, 即 $B_T = B_{T_c} \times \prod_{t \in T \setminus T_c} R_t$. 令

$$\mathsf{P}_T(B_T) = \mathsf{P}_{T_c}(B_{T_c}).$$

重复定理 3.2.3 的证明, 可知上式定义的 P_T 是有意义的, 且是 $(R_T, \mathscr{B}_T)$ 上唯一满足式 (4.42) 的概率. ∎

设 $\boldsymbol{X}_T = \{X_t, t \in T\}$ 为 $(\Omega, \mathscr{A}, \mathsf{P})$ 上的一族随机变量, 则称 $\boldsymbol{X}_T$ 为一个随机过程. 特别地, 当 $(\Omega, \mathscr{A}, \mathsf{P}) = (R_T, \mathscr{B}_T, \mathsf{P}_T)$ 时, 定义随机过程 (也称为随机函数或随机元) $\widetilde{\boldsymbol{X}}_T = \{\widetilde{X}_t, t \in T\}$,

$$\widetilde{\boldsymbol{X}}_t(\boldsymbol{x}_T) = x_t, \quad t \in T, \tag{4.43}$$

其中 $\boldsymbol{x}_T = \{x_t, t \in T\} \in R_T$, 则对任意 $B_T \in \mathscr{B}_T$, 有

$$\mathsf{P}_T\big(\widetilde{\boldsymbol{X}}_T \in B_T\big) = \mathsf{P}_T(B_T).$$

若 T_N 为 T 的有限子集, 则称

$$\mathsf{P}_{T_N}(B_{T_N}) = \mathsf{P}_T\left(B_{T_N} \times \prod_{t \in T \setminus T_N} R_t\right), \quad \forall\, B_{T_N} \in \mathscr{B}_{T_N}$$

为 P_T 在 $\mathscr{B}_{T_N}$ 上的边际概率 (或称为在 $\mathscr{B}_{T_N}$ 上的投影). 显然, 随机向量 $\widetilde{\boldsymbol{X}}_{T_N} = (\widetilde{X}_{t_1}, \cdots, \widetilde{X}_{t_N})$ 的分布律 $\mathsf{P}_{\boldsymbol{X}_{T_N}}$ 为 P_T 在 $\mathscr{B}_{T_N}$ 上的边际概率. 当 $\boldsymbol{X}_T$ 为一般随机过程时, 令 $\mathsf{P}_{\boldsymbol{X}_T}$ 表示 P 由随机过程 $\boldsymbol{X}_T$ 在 $\mathscr{B}_T$ 上的导出概率, 即

$$\mathsf{P}_{\boldsymbol{X}_T}(B_T) = \mathsf{P}(\boldsymbol{X}_T \in B_T), \quad B_T \in \mathscr{B}_T,$$

则 $\mathsf{P}_{\boldsymbol{X}_T}(B_T)$ 称为随机过程 $\boldsymbol{X}_T$ 的概率分布, 称 $\{\mathsf{P}_{\boldsymbol{X}_{T_N}}, T_N \subset T, |T_N| < \infty\}$ 为 $\boldsymbol{X}_T$ 的有限维分布族. 易见, 它们是相容的, 因此由 Kolmogorov 相容性定理, $\mathsf{P}_{\boldsymbol{X}_T}$ 由 $\{\mathsf{P}_{\boldsymbol{X}_{T_N}}, T_N \subset T\}$ 唯一确定. 这一点在研究随机过程中有非常重要的意义. 从概率角度来讨论随机过程 $\boldsymbol{X}_T$ 的性质时, $\boldsymbol{X}_T$ 与由 $\boldsymbol{X}_T$ 导出的概率空间 $(R_T, \mathscr{B}_T, \mathsf{P}_{\boldsymbol{X}_T})$ 上的随机函数 $\widetilde{\boldsymbol{X}}_T$ 有相同的概率性质. 因此, 讨论 $(R_T, \mathscr{B}_T, \mathsf{P}_T)$ 是有普遍意义的, 其中 $\mathsf{P}_T = \mathsf{P}_{\boldsymbol{X}_T}$.

定义 4.4.5 设 T 为任一指标集, $T_N = \{t_1, \cdots, t_N\} \subset T$ 是 T 的有限子集, 且 $F_{t_1, \cdots, t_N}(x_1, \cdots, x_{t_N})$ 为 $(\mathbb{R}^{T_N}, \mathscr{B}^{T_N})$ 上的概率分布函数. 若 $F_{t_1, \cdots, t_N}$ 满足如下条件:

(1) 若 $(i_1, \cdots, i_N)$ 是 $\{1, 2, \cdots, N\}$ 的任一排列, 则

$$F_{t_1, \cdots, t_N}(x_1, \cdots, x_N) = F_{t_{i_1}, \cdots, t_{i_N}}(x_{i_1}, \cdots, x_{i_N});$$

(2) 当 $m < n$ 时, 有

$$F_{t_1, \cdots, t_m}(x_1, \cdots, x_m) = \lim_{x_{m+1} \to \infty, \cdots, x_n \to \infty} F_{t_1, \cdots, t_n}(x_1, \cdots, x_n),$$

则称分布函数族 $\{F_{t_1,\cdots,t_N}:\{t_1,\cdots,t_N\}\subset T\}$ 是相容的.

由 Kolmogorov 相容性定理不难得出:

推论 4.4.2 设分布函数族 $\{F_{t_1,\cdots,t_N}:\{t_1,\cdots,t_N\}\subset T\}$ 是相容的, 其中 T 为任一指标集, 则在 $(\mathbb{R}^T,\mathscr{B}^T)$ 上存在唯一的概率 P_T 及随机函数 $\widetilde{\boldsymbol{X}}_T=\{\widetilde{X}_t,t\in T\}$ 满足式 (4.43), 使得 $\widetilde{\boldsymbol{X}}_T$ 的任一有限维分量 $\widetilde{\boldsymbol{X}}_{T_N}=(\widetilde{X}_{t_1},\cdots,\widetilde{X}_{t_N})$ 的分布函数为 $F_{t_1,\cdots,t_N}$.

本推论可由分布函数与概率的一一对应及 Kolmogorov 相容性定理得到.

推论 4.4.3 若 $\boldsymbol{X}_T=\{X_t,t\in T\}$, T 为可数下标集合, 则在给定 $\mathscr{A}$ 的子 σ 代数 $\mathscr{C}$ 下 $\boldsymbol{X}_T$ 的正则条件分布存在.

证 不妨设 $T=\{1,2,\cdots\}$, 对一切正整数 k 及有理数 $r_1,\cdots,r_k$, 取定 $\mathsf{P}(X_i\leqslant r_i,1\leqslant i\leqslant k|\mathscr{C})$ 的一个版本, 记为 $F_k(r_1,\cdots,r_k|\mathscr{C})(w)$. 由定理 4.4.2, 可选取零测集 $N_k\in\mathscr{C}$, 使式 (4.33) 对一切 $(x_1,\cdots,x_k)\in\mathbb{R}^k$ 成立以及

$$\lim_{x_{k+1}\to\infty}F_{k+1}(x_1,\cdots,x_k,x_{k+1}|\mathscr{C})(w)=F_k(x_1,\cdots,x_k|\mathscr{C})(w),\quad k\geqslant 1.$$

令 $N=\bigcup\limits_{k\in T}N_k$, 则 $\mathsf{P}(N)=0$. 在 N 上, 对每个 k 定义 $F_k(x_1,\cdots,x_k|\mathscr{C})(w)$ 为指定的 $\mathbb{R}^T$ 上的分布函数 G. 由于 $F_k(x_1,\cdots,x_k)$ 是相容的, 由 Kolmogorov 相容性定理即知本推论成立. ∎

4.5 鞅列和停时

鞅 (martingale) 论是近代概率论的一个重要分支. 这一随机过程是由 Lévy (1937), Ville (1939) 和 Doob (1940) 等人提出并加以研究的. 在 Meyer (1962) 解决了上鞅分解问题后, 鞅论有了很大的发展, 并且引发了关于一般过程论的研究. 本节的目的是对离散时间鞅 (即鞅列) 和停时进行简单介绍, 为进一步学习随机过程打下基础.

以下总假设 $(\Omega,\mathscr{F},\mathsf{P})$ 是一个固定的完备概率空间, 我们的讨论都是在这个空间上进行的, 并设 $\mathscr{F}_0$ 为平凡的 σ 代数, 即 $\mathscr{F}_0=\{\emptyset,\Omega\}$.

定义 4.5.1 设 $\{\mathscr{F}_n,n\geqslant 0\}$ 为一族满足下列条件的 $\mathscr{F}$ 的子 σ 代数:

$$\mathscr{F}_n\subseteq\mathscr{F}_{n+1},\quad\forall n\geqslant 0,\tag{4.44}$$

则称 $\mathbb{F}=\{\mathscr{F}_n,n\geqslant 0\}$ 为一族单调上升的子 σ 代数, 记为 $\mathscr{F}_n\uparrow$ (也称为 σ 代数流), 而 $(\Omega,\mathscr{F},\mathbb{F},\mathsf{P})$ 称为带流的概率空间.

通常记 $\mathscr{F}_\infty=\sigma(\mathscr{F}_n,n\geqslant 0)$. $\mathscr{F}_n$ 这个事件族在直观上表示到时刻 n 为止时所获得的全部信息.

例 4.5.1　在公平赌博游戏 (即甲、乙两人每局赢的概率都是 1/2) 中, $\mathscr{F}_n$ 表示到第 n 局为止甲、乙两人赌博输赢的全部可能情况. 显然, $\mathscr{F}_n$ 是单调上升的. ◁

例 4.5.2　设 $\{X_n, n \geqslant 1\}$ 为 $(\Omega, \mathscr{F}, \mathsf{P})$ 上的一列随机变量. 令 $\mathscr{F}_n = \sigma(X_1, \cdots, X_n)$, 则 $\{\mathscr{F}_n, n \geqslant 1\}$ 构成一个 σ 代数流, 称此 σ 代数流为 $\{X_n, n \geqslant 1\}$ 的一个自然流. ◁

定义 4.5.2　设 $\{X_n, n \geqslant 1\}$ 为 $(\Omega, \mathscr{F}, \mathbb{F}, \mathsf{P})$ 上的一列随机变量. 若对每个 n 有 $X_n \in \mathscr{F}_n$, 则称 $\{X_n, n \geqslant 1\}$ 关于 $\mathbb{F}$ 是适应的. 以后把适应序列简记为 $\{X_n, \mathscr{F}_n, n \geqslant 1\}$.

显然, 若 $\{X_n, n \geqslant 1\}$ 为随机变量序列, 令 $\mathscr{F}_n = \sigma(X_1, \cdots, X_n)$, 则 $\{X_n, \mathscr{F}_n, n \geqslant 1\}$ 为适应序列.

定义 4.5.3　可积适应随机变量序列 $\{X_n, \mathscr{F}_n, n \geqslant 1\}$ 称为鞅 (上鞅、下鞅) (martingale, super-martingale, sub-martingale), 若对每个自然数对 $m < n$, 都有

$$\mathsf{E}[X_n | \mathscr{F}_m] = (\leqslant, \geqslant)\ X_m, \quad \text{a.s.}. \tag{4.45}$$

在上述定义中, 如果 $\{\mathscr{F}_n, n \geqslant 1\}$ 为 $\{X_n, n \geqslant 1\}$ 的自然 σ 代数流, 则简称 $\{X_n, n \geqslant 1\}$ 是鞅 (上鞅, 下鞅) 列.

命题 4.5.1　$\{X_n, \mathscr{F}_n, n \geqslant 1\}$ 是鞅 (上鞅、下鞅) 的充要条件是

$$\mathsf{E}[X_{n+1} | \mathscr{F}_n] = (\leqslant, \geqslant)\ X_n, \ \text{a.s.}, \quad n \geqslant 1. \tag{4.46}$$

证　显然式 (4.45) 蕴涵式 (4.46). 反之, 设式 (4.46) 中等号成立, 则对任意 $m < n$, 由于 $\mathscr{F}_m \subseteq \mathscr{F}_n$, 故由条件期望平滑公式 (推论 4.2.1) 得

$$\begin{aligned}\mathsf{E}[X_n | \mathscr{F}_m] &= \mathsf{E}[\mathsf{E}[X_n | \mathscr{F}_{n-1}] \,|\mathscr{F}_m] \\ &= \mathsf{E}[X_{n-1} | \mathscr{F}_m] = \cdots = \mathsf{E}[X_{m+1} | \mathscr{F}_m] = X_m, \quad \text{a.s.}.\end{aligned}$$

对上鞅或下鞅, 只要把上式第二个及之后的等号改成相应的不等号即可. ∎

该命题使我们能比较容易地判断一个可积适应随机变量序列是否构成鞅 (上鞅、下鞅) 列.

例 4.5.3　在公平赌博中, 以 $\{X_i = 1\}$ 和 $\{X_i = -1\}$ 分别表示在第 i 局中甲赢和乙赢事件, 那么 $\{X_n, n \geqslant 1\}$ 为独立同分布的随机变量序列, 其分布为 $\mathsf{P}(X_n = \pm 1) = 1/2$ $(n \geqslant 1)$. 设赌徒甲根据前 $n-1$ 局的输赢情况来决定第 n 局的赌注 b_{n-1}, 即 $b_{n-1} = b_{n-1}(X_1, \cdots, X_{n-1})$, 其中 b_0 为常数, 则他在第 n 局的所获为 $b_{n-1}X_n$. 记 $S_0 = 1$ (赌徒甲开始时的赌本), $S_n = 1 + \sum\limits_{i=1}^{n} b_{i-1}X_i$ 表示到第 n 局结束时甲的赌金大小, $\mathscr{F}_n = \sigma(X_1, \cdots, X_n)$ $(n \geqslant 1)$. 由于

$$\mathsf{E}[S_{n+1} | \mathscr{F}_n] = \mathsf{E}[S_n + b_n(X_1, \cdots, X_n)X_{n+1} | X_1, \cdots, X_n]$$

$$= S_n + b_n(X_1, \cdots, X_n)\,\mathsf{E}[X_{n+1}] = S_n, \quad \text{a.s.},$$

所以 $\{S_n, n \geqslant 1\}$ 构成鞅列. ◁

例 4.5.4 设 $\{X_n, n \geqslant 1\}$ 为独立随机变量序列, 且 $\mathsf{E}[X_n] = 0\ (n \geqslant 1)$. 令 $S_n = \sum_{i=1}^{n} X_i$ $(n \geqslant 1)$. 因为 $\mathsf{E}|S_n| \leqslant \sum_{i=1}^{n} \mathsf{E}|X_i| < \infty$, 故 S_n 可积. 又

$$\begin{aligned}\mathsf{E}[S_{n+1}|S_1, \cdots, S_n] &= \mathsf{E}[S_{n+1}|X_1, \cdots, X_n] \\ &= S_n + \mathsf{E}[X_{n+1}|X_1, \cdots, X_n] = S_n, \quad \text{a.s.},\end{aligned}$$

故 $\{S_n, n \geqslant 1\}$ 构成鞅列. ◁

例 4.5.5 设 X 为可积随机变量, $\{\mathscr{F}_n, n \geqslant 1\}$ 为 σ 代数流. 令 $X_n = \mathsf{E}[X|\mathscr{F}_n]$, 则 $\{X_n, \mathscr{F}_n, n \geqslant 1\}$ 为鞅. ◁

定义 4.5.4 *设 $\{X_n, \mathscr{F}_n, n \geqslant 1\}$ 为适应序列, 且*

$$\mathsf{E}[X_n|\mathscr{F}_{n-1}] = 0, \ \text{a.s.}, \quad n \geqslant 2,$$

则称之为鞅差 (martingale difference) 序列.

关于鞅差序列和鞅序列, 我们容易得出如下关系:

(1) 若 $\{X_n, \mathscr{F}_n\}$ 为鞅差序列, 则 $\{S_n, \mathscr{F}_n\}$ 为鞅序列, 其中 $S_n = \sum_{i=1}^{n} X_i$;

(2) 若 $\{X_n, \mathscr{F}_n\}$ 为鞅序列, 则 $\{X_n - X_{n-1}, \mathscr{F}_n\}$ 为鞅差序列;

(3) 若 $\{X_n, \mathscr{F}_n\}$ 为鞅差或鞅序列, 则 $\{X_n, \sigma(X_1, \cdots, X_n), n \geqslant 1\}$ 为鞅差或鞅序列.

鞅差这一性质描述了随机变量序列的某种相依关系, 这种相依关系介于不相关性和独立性之间. 设 $\{X_n, \sigma(X_1, \cdots, X_n), n \geqslant 1\}$ 为鞅差序列, 则当 $m < n$ 时,

$$\mathsf{E}[X_m X_n] = \mathsf{E}[\mathsf{E}[X_m X_n|X_1, \cdots, X_m]] = \mathsf{E}[X_m\,\mathsf{E}[X_n|X_1, \cdots, X_m]] = 0,$$

即鞅差性质强于不相关性; 其次, 它弱于独立性. 事实上, 若 $\{X_n, n \geqslant 1\}$ 为独立零均值的随机变量序列, 则对 $m < n$, 有

$$\mathsf{E}[X_n|X_1, \cdots, X_m] = 0,$$

即独立性蕴涵鞅差性质.

从几何直观看, 我们知道条件期望 $\mathsf{E}[Y|X]$ 可以看成随机变量 Y 在 $\sigma(X)$ 上的投影. 鞅差和独立则说明任取 $A \in \sigma(X)$, 则 $\mathsf{E}[YI_A] = 0$ 或"Y 垂直 I_A", 或者说与任一 X 的 Borel 可测函数 $f(X)$ 垂直, 而不相关仅仅是 Y 与 X 的线性函数 $aX + b$"垂直". 在鞅差与独立性之间也有较大差别, 主要差别是独立性仅与 σ 代数上的概率结构有关, 而与随机变量在原子上的取值无关, 而鞅差与随机变量在原子上的取值有关, 因而在 σ 代数上对概率结构的要求比独立性要弱. 请看下面的例子.

例 4.5.6　设 $X_1 = aI_{A_1} - I_{A_2}$, $X_2 = bI_{B_1} - I_{B_2}$, 其中 A_1, A_2 及 B_1, B_2 均属于 $\mathscr{A}$. 记 $p_{ij} = \mathsf{P}(A_iB_j) > 0\ (1 \leqslant i, j \leqslant 2)$. 设 $p_{11} + p_{12} + p_{21} + p_{22} < 1$(图 4.4), 且

$$\begin{aligned} a(p_{11} + p_{12}) &= p_{21} + p_{22} \quad (\text{保证 } \mathsf{E}[X_1] = 0), \\ b(p_{11} + p_{21}) &= p_{12} + p_{22} \quad (\text{保证 } \mathsf{E}[X_2] = 0). \end{aligned}$$

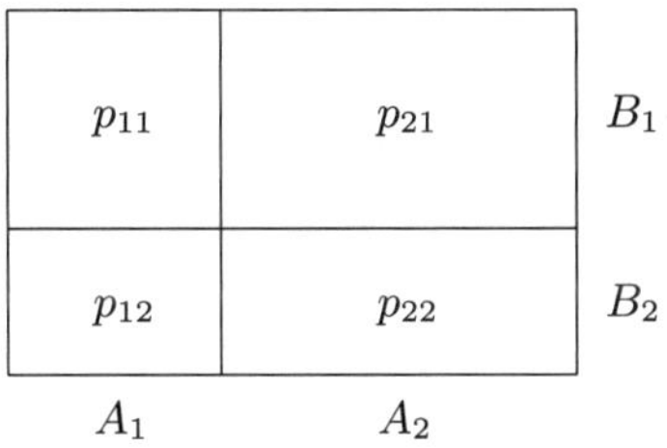

图 4.4　A_1, A_2, B_1, B_2 **及概率** p_{ij} **示意图**

若要求 X_1 和 X_2 不相关, 即

$$0 = \mathsf{E}[X_1X_2] = a(bp_{11} - p_{12}) - (bp_{21} - p_{22}),$$

也即

$$a(bp_{11} - p_{12}) = bp_{21} - p_{22}. \tag{4.47}$$

如果要求 X_1, X_2 为鞅差, 即 $\mathsf{E}[X_2|X_1] = 0$, 则只需 $\mathsf{E}[X_2I_{A_1}] = 0$ 及 $\mathsf{E}[X_2I_{A_2}] = 0$, 这导致

$$bp_{11} - p_{12} = 0, \quad bp_{21} - p_{22} = 0. \tag{4.48}$$

进一步, 如果要求 X_1 和 X_2 独立, 即 $\mathsf{P}(A_iB_j) = \mathsf{P}(A_i)\mathsf{P}(B_j)\ (1 \leqslant i, j \leqslant 2)$, 则要求

$$p_{12} = (p_{11} + p_{12})(p_{12} + p_{22}), \quad p_{21} = (p_{21} + p_{22})(p_{11} + p_{21}).$$

由后两式得

$$\begin{aligned} p_{12} &= p_{21}, \\ p_{11} &= (p_{11} + p_{12})^2, \\ p_{22} &= (p_{22} + p_{12})^2. \end{aligned} \tag{4.49}$$

由式 (4.49) 结合 $\mathsf{E}[X_1] = \mathsf{E}[X_2] = 0$ 的条件可推出式 (4.48) 成立, 而由式 (4.48) 可推出式 (4.47) 成立.　$\lhd$

关于下鞅, 我们有如下的判别法, 这主要利用了条件期望的 Jensen 不等式.

定理 4.5.1 (1) 若 $\{X_n,\mathscr{F}_n,n\geqslant 1\}$ 为鞅, f 为 $\mathbb{R}$ 上的有限凸函数, 则 $\{f(X_n),\mathscr{F}_n,n\geqslant 1\}$ 为下鞅.

(2) 若 $\{X_n,\mathscr{F}_n,n\geqslant 1\}$ 为下鞅, f 为 $\mathbb{R}$ 上的有限非降凸函数, 则 $\{f(X_n),\mathscr{F}_n, n\geqslant 1\}$ 仍为下鞅.

在定理 4.5.1 中, 分别取

$$\begin{aligned}
&f(x)=|x|^p,\quad p\geqslant 1,\\
&f(x)=|x|\ln|x|\cdot I_{\{|x|\geqslant 1\}}\triangleq|x|\ln^+|x|,\\
&f(x)=x^+,
\end{aligned}$$

则当 $\{X_n,\mathscr{F}_n,n\geqslant 1\}$ 为鞅时, $\{|X_n|^p,\mathscr{F}_n,n\geqslant 1\}$, $\{|X_n|\ln^+|X_n|,\mathscr{F}_n,n\geqslant 1\}$ 和 $\{X_n^+,\mathscr{F}_n, n\geqslant 1\}$ 皆为下鞅.

下面介绍另一个重要的概念——停时.

定义 4.5.5 设 T 为 $(\Omega,\mathscr{F},\mathbb{F},\mathsf{P})$ 上的只取非负整值的可测函数 (可取 ∞). 若对每个 $n\in\overline{\mathbb{N}}\equiv\mathbb{N}\cup\{\infty\}$, 有

$$\{w:T(w)=n\}\in\mathscr{F}_n, \tag{4.50}$$

则称 T 为 $\mathbb{F}$ 的一个随机时间. 若 $\mathsf{P}(T<\infty)=1$, 则称随机时间 T 为停时 (stopping time).

如果 $\mathbb{F}$ 是由随机变量序列 $\{X_n,n\geqslant 1\}$ 所生成的自然流, 则 $\mathbb{F}$ 的随机时间 (停时) 又称为 $\{X_n,n\geqslant 1\}$ 的随机时间 (停时). 由定义, 事件 $\{T=n\}$ 只与到时刻 n 为止时的全部信息 $\mathscr{F}_n$ 有关, 而与以后的信息无关. 容易验证, 随机时间的定义等价于对每个 $n\in\overline{\mathbb{N}}$,

$$\{w:T(w)\leqslant n\}\in\mathscr{F}_n. \tag{4.51}$$

例 4.5.7 设 B 为直线上的 Borel 集, $\{X_n,\mathscr{F}_n,n\geqslant 1\}$ 为适应序列, 称

$$T_B=\inf\{n:\ X_n(w)\in B\}$$

为初遇, 则 T_B 为一个随机时间. 又若 T 为停时, 则

$$S=\inf\{n:n>T,X_n\in B\}$$

也是随机时间. 这是因为 $\mathscr{F}_n\uparrow$,

$$\begin{aligned}
&\{T_B=n\}=\left(\bigcap_{m=1}^{n-1}\{X_m\in B^{\mathrm{c}}\}\right)\cap\{X_n\in B\}\in\mathscr{F}_n,\\
&\{S=n\}=\left(\bigcup_{k=0}^{n-1}\bigcap_{m=k+1}^{n-1}\{T=k\}\cap\{X_m\in B^{\mathrm{c}}\}\right)\cap\{X_n\in B\}\in\mathscr{F}_n.
\end{aligned}$$ ◁

例 4.5.8　设 $\{X_n, n \geqslant 1\}$ 为零均值独立随机变量序列, $S_n = \sum\limits_{i=1}^{n} X_i$, 则 $\{S_k, k = 1, \cdots, n\}$ 为鞅. 令 T 为首次部分和不小于 ϵ 的时刻, 即

$$T = \begin{cases} \inf\{k : k \in K\}, & K \neq \emptyset, \\ n+1, & K = \emptyset, \end{cases}$$

其中 $K = \{k : S_k \geqslant \epsilon, 1 \leqslant k \leqslant n\}$, 则类似于例 4.5.7 的讨论, 可知 T 为停时. ◁

例 4.5.9　设 $\{X_n, n \geqslant 1\}$ 为独立同分布的随机变量序列, 且 $\mathsf{P}(X_n = \pm 1) = 1/2$, 记 $S_n = \sum\limits_{i=1}^{n} X_i$, 定义

$$T = \begin{cases} \inf\{k : k \in K\}, & K \neq \emptyset, \\ \infty, & K = \emptyset, \end{cases}$$

其中 $K = \{k : S_k = 1, k \geqslant 1\}$, 则 T 为随机时间. 下面来求 T 的分布. 由于

$$\{T \leqslant n\} = \left\{ \max_{1 \leqslant k \leqslant n} S_k \geqslant 1 \right\}, \quad \{S_n \geqslant 1\} \subseteq \{T \leqslant n\},$$

故

$$\begin{aligned} \{T \leqslant n\} &= \{T \leqslant n, S_n \geqslant 1\} + \{T \leqslant n, S_n < 1\} \\ &= \{S_n \geqslant 1\} + \{T \leqslant n, S_n < 1\}. \end{aligned}$$

由于 X_n 和 $-X_n$ 同分布, 故

$$\begin{aligned} \mathsf{P}(T \leqslant n, S_n < 1) &= \sum_{k=1}^{n} \mathsf{P}(T = k, S_n < 1) \\ &= \sum_{k=1}^{n} \mathsf{P}(T = k, S_n - S_k < 0) \\ &= \sum_{k=1}^{n} \mathsf{P}(T = k)\ \mathsf{P}(S_n - S_k < 0) \\ &= \sum_{k=1}^{n} \mathsf{P}(T = k)\ \mathsf{P}(S_n - S_k > 0) \\ &= \sum_{k=1}^{n} \mathsf{P}(T = k, S_n - S_k > 0) \\ &= \sum_{k=1}^{n} \mathsf{P}(T = k, S_n > 1) = \mathsf{P}(T \leqslant n, S_n > 1) \\ &= \mathsf{P}(S_n > 1) = \mathsf{P}(S_n < -1). \end{aligned}$$

因此, 有

$$\begin{aligned} \mathsf{P}(T > n) &= 1 - \mathsf{P}(S_n \geqslant 1) - \mathsf{P}(S_n < -1) \\ &= \mathsf{P}(S_n = 0) + \mathsf{P}(S_n = -1). \end{aligned}$$

当 $n=2m$ 时,

$$\mathsf{P}(T>n)=\mathsf{P}(S_n=0)=\binom{2m}{m}\left(\frac{1}{2}\right)^{2m}\sim\sqrt{\frac{2}{n\pi}};$$

当 $n=2m-1$ 时,

$$\mathsf{P}(T>n)=\mathsf{P}(S_n=-1)=\binom{2m-1}{m}\left(\frac{1}{2}\right)^{2m-1}\sim\sqrt{\frac{2}{n\pi}}.$$

由此可知 $\mathsf{P}(T<\infty)=1$, 即 T 为几乎处处有限的. 但因 $\sum\limits_{n=1}^{\infty}\mathsf{P}(T>n)=\infty$, 故 $\mathsf{E}[T]=\infty$. 这说明部分和 S_n 首次达到 1 的时间是几乎处处有限的, 但平均到达时间是 ∞. ◁

定理 4.5.2 (Wald 等式) 设 $\{X_n, n\geqslant 1\}$ 为独立同分布的随机变量序列, $\mathsf{E}|X_1|<\infty$, T 为 $\{X_n, n\geqslant 1\}$ 的一个停时, 满足 $\mathsf{E}[T]<\infty$, 则

$$\mathsf{E}\left[\sum_{n=1}^{T}X_n\right]=\mathsf{E}[T]\cdot\mathsf{E}[X_1].$$

证 注意到对任意 $n\geqslant 1$, $I_{\{T\geqslant n\}}=1-I_{\{T<n\}}$ 与 X_n 独立, 由推论 2.4.1 得

$$\begin{aligned}\mathsf{E}\left[\sum_{n=1}^{T}|X_n|\right]&=\mathsf{E}\left[\sum_{n=1}^{\infty}|X_n|I_{\{T\geqslant n\}}\right]=\sum_{n=1}^{\infty}\mathsf{E}\left[|X_n|I_{\{T\geqslant n\}}\right]\\&=\sum_{n=1}^{\infty}\mathsf{E}|X_1|\cdot\mathsf{P}(T\geqslant n)=\mathsf{E}|X_1|\cdot\mathsf{E}[T]<\infty.\end{aligned}$$

由 Fubini 定理知, 在如上的表达式中用 X_n 替换 $|X_n|$ 后期望与求和号的顺序交换依然是可行的. 从而本定理得证. ▮

利用 Wald 等式可以给出例 4.5.9 中停时 T 满足 $\mathsf{E}[T]=\infty$ 的另外一种证明. 我们可以反证. 若 $\mathsf{E}[T]<\infty$, 则利用 Wald 等式得

$$1=\mathsf{E}\left[\sum_{n=1}^{T}X_i\right]=\mathsf{E}[X_1]\cdot\mathsf{E}[T]=0,$$

矛盾, 故 $\mathsf{E}[T]=\infty$.

下面讨论随机 σ 代数的一些问题. 比如说, 在公平赌博中, 如果规定甲赢 10 元后游戏停止, 由前面例子知道甲首次赢 10 元的时间是停时. 现要研究到时刻 T 为止的全部信息, 记为 $\mathscr{F}_T$. 我们有如下的结果.

定理 4.5.3 设 $\{Y_n, \mathscr{F}_n, n\geqslant 1\}$ 为适应序列, T 为停时. 令

$$\begin{aligned}&Y_T=\sum_{n=1}^{\infty}Y_nI_{\{T=n\}},\\&\mathscr{F}_T=\{A:\ A\in\mathscr{F},\ A\cap\{T=n\}\in\mathscr{F}_n,\ \forall n\geqslant 1\},\end{aligned}$$

则 (1) Y_T 为可测函数; (2) $\mathscr{F}_T$ 为 $\mathscr{F}$ 的一个子 σ 代数; (3) Y_T 和 T 关于 $\mathscr{F}_T$ 可测.

证　(1) 设 $B \in \mathscr{B}$. 由于 $\mathscr{F}_n \uparrow$, 所以

$$\{Y_T \in B\} = \bigcup_{n=1}^{\infty} \{Y_n \in B\} \cap \{T = n\} \in \mathscr{F}_\infty \subset \mathscr{F},$$

从而 Y_T 为可测函数.

(2) 对每个 n, $\Omega \cap \{T = n\} \in \mathscr{F}_n$, 故 $\Omega \in \mathscr{F}_T$. 若 $A_k \in \mathscr{F}_T$ $(k \geqslant 1)$, 则

$$\left(\bigcup_{k=1}^{\infty} A_k\right) \cap \{T = n\} = \bigcup_{k=1}^{\infty} (A_k \cap \{T = n\}) \in \mathscr{F}_n,$$

即 $\mathscr{F}_T$ 在可列并运算下是封闭的. 若 $A \in \mathscr{F}_T$, 则

$$A^{\mathrm{c}} \cap \{T = n\} = \{T = n\} - A \cap \{T = n\} \in \mathscr{F}_n,$$

即 $\mathscr{F}_T$ 对余运算封闭. 因此, $\mathscr{F}_T$ 为 $\mathscr{F}$ 的一个子 σ 代数, 通常称之为停时 T 前事件 σ 代数, 它表示到时刻 T 为止, 我们所知道的全部信息.

(3) 显然, $T \in \mathscr{F}_T$. 下证 $Y_T \in \mathscr{F}_T$. 对任意 $B \in \mathscr{B}$ 及每个 $n \in \overline{\mathbb{N}}$, 有

$$\{Y_n \in B, T = n\} \in \mathscr{F}_n \quad \Rightarrow \quad \{Y_n \in B, T = n\} \in \mathscr{F}_T.$$

又由 (2) 知 $\mathscr{F}_T$ 为 σ 代数, 故

$$\{Y_T \in B\} = \bigcup_{n=1}^{\infty} \{Y_n \in B, T = n\} \in \mathscr{F}_T,$$

即 Y_T 关于 $\mathscr{F}_T$ 可测. ∎

定理 4.5.4　设 S 和 T 为 $(\Omega, \mathscr{F}, \mathbb{F}, \mathsf{P})$ 上的两个停时, 且 $S \leqslant T$, 则 $\mathscr{F}_S \subseteq \mathscr{F}_T$, $\{S \leqslant T\} \in \mathscr{F}_S$.

证　设 $A \in \mathscr{F}_S$, 则对每个 n, $A \cap \{S \leqslant n\} \in \mathscr{F}_n$,

$$A \cap \{T \leqslant n\} = (A \cap \{S \leqslant n\}) \cap \{T \leqslant n\} \in \mathscr{F}_n,$$

于是 $A \in \mathscr{F}_T$. 由此得 $\mathscr{F}_S \subseteq \mathscr{F}_T$. 又

$$\{S \leqslant T\} = \sum_{k=1}^{\infty} \{S = k\} \cap \{T \geqslant k\} \in \mathscr{F}_S,$$

这是因为 $\{T \geqslant k\} = \{T \leqslant k - 1\}^{\mathrm{c}} \in \mathscr{F}_{k-1} \subset \mathscr{F}_k$, $\{S = k\} \in \mathscr{F}_k$. 所以由 $\mathscr{F}_S$ 的定义得 $\{T \geqslant k\} \cap \{S = k\} \in \mathscr{F}_S$. ∎

定理 4.5.5　设 $\{X_n, \mathscr{F}_n, n \geqslant 1\}$ 为鞅 (下鞅), S 和 T 是两个有界停时, 且 $S \leqslant T$, 则

$$\mathsf{E}[X_T | \mathscr{F}_S] = (\geqslant)\ X_S, \quad \text{a.s..}$$

证 以下仅证明下鞅情形, 即证: 对任意 $A \in \mathscr{F}_S$,

$$\int_A X_T \, \mathrm{dP} \geqslant \int_A X_S \, \mathrm{dP}. \tag{4.52}$$

因为 S 和 T 有界, 所以不妨设 m 为其上界, 使 $S \leqslant m$, $T \leqslant m$. 记 $A_j = A \cap \{S = j\}$ $(j = 1, \cdots, m)$, 则 $A_j \in \mathscr{F}_j$, 且对任意 $k \geqslant j$, $A_j \cap \{T > k\} \in \mathscr{F}_k$. 由下鞅的定义可得

$$\int_{A_j \cap \{T > k\}} X_{k+1} \, \mathrm{dP} \geqslant \int_{A_j \cap \{T > k\}} X_k \, \mathrm{dP}, \quad k \geqslant j,$$

即

$$\int_{A_j \cap \{T \geqslant k\}} X_k \, \mathrm{dP} - \int_{A_j \cap \{T \geqslant k+1\}} X_{k+1} \, \mathrm{dP} \leqslant \int_{A_j \cap \{T = k\}} X_k \, \mathrm{dP} = \int_{A_j \cap \{T = k\}} X_T \, \mathrm{dP}.$$

上式两边对 k 从 j 到 m 求和, 并在 A_j 上用 X_S 替代 X_j, 得

$$\int_{A_j \cap \{T \geqslant j\}} X_j \, \mathrm{dP} - \int_{A_j \cap \{T \geqslant m+1\}} X_{m+1} \, \mathrm{dP} \leqslant \int_{A_j \cap \{j \leqslant T \leqslant m\}} X_T \, \mathrm{dP},$$

即

$$\int_{A_j} X_S \, \mathrm{dP} \leqslant \int_{A_j} X_T \, \mathrm{dP}. \tag{4.53}$$

在式 (4.53) 两边对 j 从 1 到 m 求和, 即得式 (4.52), 从而得证定理. ∎

鞅 (下鞅) 和停时有许多重要的应用, 特别是在处理最大值的概率不等式时. 下面的两个定理在处理下鞅的有关问题时是重要的.

定理 4.5.6 (Hajek-Renyi-Chow 不等式) 设 $\{S_n, \mathscr{F}_n, n \geqslant 1\}$ 为下鞅, $\mathscr{F}_0 = \{\emptyset, \Omega\}$, a_n 为 $\mathscr{F}_{n-1}$ 可测的随机变量, 且 $0 < a_1(w) \leqslant a_2(w) \leqslant \cdots$ (a.s.), 则对任意 $\epsilon > 0$, 有

$$\epsilon \mathrm{P}\left(\max_{1 \leqslant k \leqslant n} \frac{S_k}{a_k} \geqslant \epsilon\right) \leqslant \mathrm{E}\left[\frac{S_1^+}{a_1}\right] + \sum_{k=2}^{n} \mathrm{E}\left[\frac{S_k^+ - S_{k-1}^+}{a_k}\right].$$

证 由于 $\{\max\limits_{1 \leqslant k \leqslant n} S_k / a_k \geqslant \epsilon\} = \{\max\limits_{1 \leqslant k \leqslant n} S_k^+ / a_k \geqslant \epsilon\}$, 且根据定理 4.5.1 知 $\{S_n^+, \mathscr{F}_n, n \geqslant 1\}$ 仍为下鞅, 故不失一般性, 可设 $S_k \geqslant 0$. 令

$$Y_1 = \frac{S_1}{a_1},$$

$$Y_k = \frac{S_1}{a_1} + \sum_{j=2}^{k} \frac{S_j - S_{j-1}}{a_j}, \quad k \geqslant 2,$$

则 $Y_k \in \mathscr{F}_k$ $(k \geqslant 1)$. 由 $a_k \in \mathscr{F}_{k-1}$ 知

$$\mathrm{E}[Y_k | \mathscr{F}_{k-1}] = \frac{S_1}{a_1} + \sum_{j=2}^{k-1} \frac{S_j - S_{j-1}}{a_j} + \mathrm{E}\left[\frac{S_k - S_{k-1}}{a_k} | \mathscr{F}_{k-1}\right]$$

$$= Y_{k-1} + \frac{1}{a_k}(\mathsf{E}[S_k|\mathscr{F}_{k-1}] - S_{k-1}) \geqslant Y_{k-1}, \quad \text{a.s..}$$

又由于 a_k 非降, 故

$$Y_k = \frac{S_k}{a_k} + \sum_{j=1}^{k-1}\left(\frac{1}{a_j} - \frac{1}{a_{j+1}}\right)S_j \geqslant 0, \quad k \geqslant 1.$$

因此, $\{Y_k, \mathscr{F}_k, k \geqslant 1\}$ 为非负下鞅. 定义停时

$$T = \begin{cases} \inf\{k : k \in K\}, & K \neq \emptyset, \\ n+1, & K = \emptyset, \end{cases}$$

其中 $K = \{k : S_k/a_k \geqslant \epsilon, 1 \leqslant k \leqslant n\}$, 则在集合 $\{T = k\}$ 上, $\epsilon \leqslant S_k/a_k \leqslant Y_k$. 故在 $\{T \leqslant n\}$ 上, $Y_T \geqslant \epsilon$, 从而

$$\begin{aligned}\epsilon \mathsf{P}\left(\max_{1\leqslant k\leqslant n} \frac{S_k}{a_k} \geqslant \epsilon\right) &= \epsilon \mathsf{P}(T \leqslant n) \leqslant \mathsf{E}[Y_T I_{\{T\leqslant n\}}] \\ &= \sum_{k=1}^{n} \mathsf{E}[Y_k I_{\{T=k\}}] \leqslant \sum_{k=1}^{n} \mathsf{E}[Y_n I_{\{T=k\}}] \\ &= \mathsf{E}[Y_n I_{\{T\leqslant n\}}] \leqslant \mathsf{E}[Y_n],\end{aligned}$$

其中的不等式利用了 $\{Y_k, \mathscr{F}_k\}$ 的下鞅性质以及 $\{T = k\} \in \mathscr{F}_k$. 证毕. ∎

推论 4.5.1 (Kolmogorov 不等式) 设 $X_1, \cdots, X_n$ 为独立的随机变量, 满足 $\mathsf{E}[X_k] = 0$, $\mathsf{E}[X_k^2] < \infty$ $(k = 1, \cdots, n)$, 则对任意 $\epsilon > 0$,

$$\mathsf{P}\left(\max_{1\leqslant k\leqslant n} |S_k| \geqslant \epsilon\right) \leqslant \frac{1}{\epsilon^2}\sum_{k=1}^{n} \mathsf{E}[X_k^2],$$

其中 $S_n = \sum\limits_{i=1}^{n} X_i$.

证 由于 $\{S_k, k \geqslant 1\}$ 为鞅, 注意到 x^2 为凸函数, 故 $\{S_k^2, k \geqslant 1\}$ 为下鞅. 在定理 4.5.6 中取 $a_1 = a_2 = \cdots = a_n = 1$, 即得本推论. ∎

定理 4.5.7 设 $\{X_n, \mathscr{F}_n, n \geqslant 1\}$ 为鞅或下鞅, 记

$$B_n = \left\{\max_{1\leqslant k\leqslant n} X_k \geqslant \epsilon\right\}, \qquad B = \left\{\sup_{k\geqslant 1} X_k \geqslant \epsilon\right\},$$

则对任意 $\epsilon > 0$ 和 $n \geqslant 1$, 有

$$\epsilon \mathsf{P}\left(\max_{1\leqslant k\leqslant n} X_k \geqslant \epsilon\right) \leqslant \int_{B_n} X_n \, \mathrm{d}\mathsf{P}. \tag{4.54}$$

若存在随机变量 Y, 使 $\mathsf{E}|Y| < \infty$, $\mathsf{E}[Y|\mathscr{F}_n] \geqslant X_n$, a.s., $n \geqslant 1$, 则

$$\epsilon \mathsf{P}\left(\sup_{k\geqslant 1} X_k \geqslant \epsilon\right) \leqslant \int_{B} Y \, \mathrm{d}\mathsf{P}. \tag{4.55}$$

证 (1) 定义停时

$$T=\begin{cases}\inf\{k:k\in K\}, & K\neq\emptyset,\\ n+1, & K=\emptyset,\end{cases}$$

其中 $K=\{k:X_k\geqslant\epsilon,1\leqslant k\leqslant n\}$. 注意到当 $k\leqslant n$ 时, 在 $\{T=k\}$ 上, $X_k\geqslant\epsilon$. 于是, 由下鞅的定义得

$$\begin{aligned}\epsilon\mathsf{P}\left(\max_{1\leqslant k\leqslant n}X_k\geqslant\epsilon\right)&=\epsilon\mathsf{P}(T\leqslant n)=\epsilon\sum_{k=1}^n\mathsf{P}(T=k)\\&\leqslant\sum_{k=1}^n\mathsf{E}[X_kI_{\{T=k\}}]\leqslant\sum_{k=1}^n\mathsf{E}[X_nI_{\{T=k\}}]\\&=\mathsf{E}[X_nI_{\{T\leqslant n\}}]=\int_{B_n}X_n\ \mathrm{d}\mathsf{P}.\end{aligned}$$

(2) 定义

$$Z_n=\max_{1\leqslant k\leqslant n}X_k,\quad Z=\sup_{k\geqslant1}X_k,$$

则 $Z_n\uparrow Z$. 于是, 对任意 $0<\epsilon'<\epsilon$, 由式 (4.54) 及已知条件得

$$\begin{aligned}\mathsf{P}(Z\geqslant\epsilon)&\leqslant\lim_{n\to\infty}\mathsf{P}(Z_n\geqslant\epsilon')\leqslant\frac{1}{\epsilon'}\limsup_{n\to\infty}\mathsf{E}\left[X_nI_{\{Z_n\geqslant\epsilon'\}}\right]\\&\leqslant\frac{1}{\epsilon'}\limsup_{n\to\infty}\mathsf{E}\left[YI_{\{Z_n\geqslant\epsilon'\}}\right]\leqslant\frac{1}{\epsilon'}\limsup_{n\to\infty}\mathsf{E}\left[YI_{\{Z\geqslant\epsilon'\}}\right].\end{aligned}$$

令 $\epsilon'\uparrow\epsilon$, 即得式 (4.55). ∎

习　　题

1. 设 $\Omega=\{0,1,2\}$, $\mathscr{A}=\sigma(\{0\},\{1\},\{2\})$,

$$\mathsf{P}(\{0\})=\frac{1}{2},\quad\mathsf{P}(\{1\})=\frac{1}{3},\quad\mathsf{P}(\{2\})=\frac{1}{6},$$
$$\mathscr{C}_1=\{\emptyset,\{0,1\},\{2\},\Omega\},\quad\mathscr{C}_2=\{\emptyset,\{0,2\},\{1\},\Omega\},$$

取 $Y=I_{\{2\}}(w)$. 证明: $\mathsf{E}[\mathsf{E}[Y|\mathscr{C}_1]|\mathscr{C}_2]\neq\mathsf{E}[\mathsf{E}[Y|\mathscr{C}_2]|\mathscr{C}_1]$.

2. 设 $\Omega=\{1,2,3,4\}$, $\mathscr{A}=\mathscr{P}(\Omega)$, $\mathscr{A}$ 上的概率 P 满足 $\mathsf{P}(\{k\})=1/4$ $(k\in\Omega)$. 定义随机变量 X 和 Y 如下:

$$X(k)=k\quad(k=1,\cdots,4);\quad Y(1)=Y(2)=1,\quad Y(3)=Y(4)=4.$$

设 X' 和 Y' 也是同一概率空间 $(\Omega,\mathscr{A},\mathsf{P})$ 上的两个随机变量, 满足 X' 与 X 同分布, Y' 与 Y 同分布. 求 $\mathsf{E}[Y'|X']$ 的分布函数; 问该分布函数与 $\mathsf{E}[Y|X]$ 的分布函数相同吗?

3. 设随机变量 X 服从参数为 1 的 Poisson 分布, $t>0$. 求 $\mathsf{E}[X|X\vee t]$.

4. 设随机变量 X,Y iid $\sim U(-1,1)$. 求 $\mathsf{E}[X|X\vee Y]$ 及 $\mathsf{E}[X|X+Y]$.

5. 设随机变量 X,Y,Z,U,V,W iid $\sim N(0,1)$. 求 T 的分布, 其中

$$T=\frac{(XU+YV+ZW)^2}{U^2+V^2+W^2}.$$

6. 设 $V_1,\cdots,V_n$ iid $\sim U(0,1)$, 记 $V_{1:n}\leqslant V_{2:n}\leqslant\cdots\leqslant V_{n:n}$ 为其次序统计量. 证明: 对任意 $\alpha\in(0,1)$, 有

$$\mathsf{P}\left(\min_{1\leqslant k\leqslant n}\frac{n}{k}V_{k:n}\leqslant\alpha\right)=\alpha. \tag{4.56}$$

7. 设 $X\sim U(0,1)$, $Y_i\sim U(\beta,1)$, $Z_i\sim U(0,\beta)$ $(i=1,\cdots,n)$, 其中 $\beta\in(0,1)$ 为任意一个常数, 且假设所有的随机变量 $X,Y_1,\cdots,Y_n,Z_1,\cdots,Z_n$ 相互独立. 定义 n 个新的随机变量如下:

$$V_i=I_{\{X\leqslant\beta\}}Z_i+I_{\{X>\beta\}}Y_i,\quad i=1,\cdots,n.$$

(1) 证明: $V_i\sim U(0,1)$ $(i=1,\cdots,n)$.

(2) 证明: 当 $0<\alpha\leqslant\beta<1$ 时, 式(4.56) 成立; 当 $0<\beta<\alpha<1$ 时,

$$\mathsf{P}\left(\min_{1\leqslant k\leqslant n}\frac{n}{k}V_{k:n}\leqslant\alpha\right)<\alpha.$$

8. 设 X 和 Y 是概率空间 $(\Omega,\mathscr{A},\mathsf{P})$ 上的两个随机变量, X 与 Y 同分布. 问由 X 与 Y 生成的子 σ 代数 $\sigma(X)$ 与 $\sigma(Y)$ 是否相同?

9. 在乘积空间 $(\Omega_1\times\Omega_2,\mathscr{A}_1\times\mathscr{A}_2,\mathsf{P}_1\times\mathsf{P}_2)$ 中, 考虑坐标映射 $f(w_1,w_2)=w_1$. 证明: 对任意 $B\in\mathscr{A}_1\times\mathscr{A}_2$,

$$\mathsf{P}(B|f=w_1)=\mathsf{P}_2(B_{w_1}),\quad \text{a.s. }(\mathsf{P}_1).$$

10. 设 X,Y iid $\sim N(0,1)$, 且 (R,θ) 表示 (X,Y) 的极坐标.

(1) 证明: $X+Y$ 与 $X-Y$ 相互独立, 且 $R^2=[(X+Y)^2+(X-Y)^2]/2$. 从而得出在给定 $X-Y=0$ 下 R^2 的条件分布是自由度为 1 的 χ^2 分布.

(2) 证明: 在给定 θ 下 R^2 的条件分布是自由度为 2 的 χ^2 分布.

(3) 给定 $X-Y=0$, 则 R^2 的条件分布是自由度为 1 的 χ^2 分布; 而给定 $\theta=\pi/4$ 或 $5\pi/4$, R^2 的条件分布是自由度为 2 的 χ^2 分布. 但事件 $\{X-Y=0\}$ 和 $\{\theta=\pi/4\}\cup\{\theta=5\pi/4\}$ 是相同的, 试解决该矛盾.

11. 设 X,Y 为 $(\Omega,\mathscr{A},\mathsf{P})$ 上的拟可积随机变量, 满足: 对任意 $B\in\mathscr{A}$,

$$\int_B X\,\mathrm{d}\mathsf{P}=\int_B Y\,\mathrm{d}\mathsf{P}.$$

证明: $X=Y$, a.s..

12. (1) 证明: 设 $X \geqslant 0$, 则

$$\mathsf{E}[X|\mathscr{C}] = \int_0^\infty \mathsf{P}(X > t|\mathscr{C})\,\mathrm{d}t, \quad \text{a.s. } (\mathsf{P}^{\mathscr{C}}).$$

(2) 证明推广的 Markov 不等式:

$$\mathsf{P}(|X| \geqslant \epsilon|\mathscr{C}) \leqslant \epsilon^{-k}\mathsf{E}(|X|^k|\mathscr{C}), \quad \text{a.s.}.$$

13. 设 $\{\mathscr{F}_n, n \geqslant 1\}$ 为一个子 σ 域族, Y 是一个随机变量, 满足 $\mathsf{E}|Y| < \infty$, 定义 $X_n = \mathsf{E}[Y|\mathscr{F}_n]$ $(n \geqslant 1)$. 证明: $\{X_n, n \geqslant 1\}$ 为一致可积随机变量.
14. 设 $X_1, X_2, \cdots, X_n$ 和 $Y_1, Y_2, \cdots, Y_n$ 分别为两组相互独立的 iid 随机变量序列, 记 $Y_{1:n}$, $Y_{2:n}$, $\cdots$, $Y_{n:n}$ 为 $Y_1, Y_2, \cdots, Y_n$ 的次序统计量. 证明:

$$\sum_{i=1}^n X_i Y_i \overset{\mathrm{d}}{=} \sum_{i=1}^n X_i Y_{i:n}.$$

15. 设 $\mathscr{C} = \{A_n, n \geqslant 1\}$ 为 Ω 的一个可数分割, $\mathscr{A} = \sigma(\mathscr{C})$. 证明: 若 $\mathscr{G}$ 为 $\mathscr{A}$ 的任一子 σ 代数, 则在给定 $\mathscr{G}$ 下的正则条件概率存在.
16. 设 $X = \{X_n, n \geqslant 1\}$ 为 $(\Omega, \mathscr{A}, \mathsf{P})$ 上的随机变量序列, $\mathscr{C}$ 为 $\mathscr{A}$ 的子 σ 代数. 证明: 在给定 $\mathscr{C}$ 下 X 的正则条件分布存在.
17. 设 $\{A_n, n \geqslant 1\}$ 是 $(\Omega, \mathscr{A}, \mathsf{P})$ 上的一列事件, 称它们关于 $\mathscr{A}$ 是 α 混合的, 若

$$\lim_{n\to\infty} \mathsf{P}(A_n \cap B) = \alpha\,\mathsf{P}(B), \quad \forall B \in \mathscr{A}. \tag{4.57}$$

(1) 证明: $\{A_n, n \geqslant 1\}$ 关于 $\mathscr{A}$ 是 α 混合的充要条件是, 对每个可积随机变量 X, 有

$$\lim_{n\to\infty} \int_{A_n} X\,\mathrm{d}\mathsf{P} = \alpha \int_\Omega X\,\mathrm{d}\mathsf{P}. \tag{4.58}$$

(2) 设式 (4.57) 对任意 $B \in \mathscr{J}$ 成立, 其中 $\mathscr{J}$ 为 π 系, $\Omega \in \mathscr{J}$, 且对 $n \geqslant 1$, $A_n \in \sigma(\mathscr{J})$. 证明: $\{A_n, n \geqslant 1\}$ 关于 $\mathscr{A}$ 是 α 混合的.

提示: 先对 $\sigma(\mathscr{J})$ 上的可测函数 X 验证式 (4.58) 成立, 然后取给定 $\sigma(\mathscr{J})$ 下的条件期望.

(3) 设 $\{A_n, n \geqslant 1\}$ 在概率 P 下是 α 混合的. 如果 P_0 是 $(\Omega, \mathscr{A})$ 上的另一概率测度, 且 $\mathsf{P}_0 \ll \mathsf{P}$, 则把 P 换成 P_0 后, $\{A_n, n \geqslant 1\}$ 在概率 P_0 下仍是 α 混合的.

18. 设 $(\Omega_1, \mathscr{A}_1, \mathsf{P}_1)$ 和 $(\Omega_2, \mathscr{A}_2, \mathsf{P}_2)$ 是两个概率空间, $(\Omega, \mathscr{A}, \mathsf{P})$ 为它们的乘积概率空间. 令 $\mathscr{C} = \{A_1 \times \Omega_2 : A_1 \in \mathscr{A}_1\}$, 设 X 为 $(\Omega, \mathscr{A}, \mathsf{P})$ 上拟可积的随机变量, 记

$$Y(w_1, w_2) = \int_{\Omega_2} X(w_1, w_2')\,\mathsf{P}_2(\mathrm{d}w_2'), \quad (w_1, w_2) \in \Omega,$$

试用 Fubini 定理证明: Y 是条件期望 $\mathsf{E}[X|\mathscr{C}]$ 的一个版本.

19. 若 $\mathscr{C}_1, \mathscr{C}_2$ 为 $\mathscr{A}$ 的子 σ 代数, $X \in L_1$, $f(X) \in L_1$, 其中 f 为凹函数. 设 $Y = \mathsf{E}[X|\mathscr{C}_1]$, $X = \mathsf{E}[Y|\mathscr{C}_2]$. 证明:

$$f(X) = \mathsf{E}[f(Y)|\mathscr{C}_2], \quad \text{a.s.}.$$

20. (1) 若 $X \in L_2$, Y 为随机变量, 满足 $\mathsf{E}[X|Y] = Y$, a.s. 及 $\mathsf{E}[Y|X] = X$, a.s., 证明: $X = Y$, a.s.;

(2) 设 $\mathscr{C}_1, \mathscr{C}_2$ 为 $\mathscr{A}$ 的子 σ 代数, $X \in L_1$, $X_1 = \mathsf{E}[X|\mathscr{C}_1]$, $X_2 = \mathsf{E}[X_1|\mathscr{C}_2]$. 若 $X = X_2$, a.s., 证明: $X_1 = X_2$, a.s.;

(3) 若 $X, Y \in L_1$ 且 $\mathsf{E}[X|Y] = Y$, a.s. 及 $\mathsf{E}[Y|X] = X$, a.s., 则 $X = Y$, a.s..

21. 在概率空间 $(\Omega, \mathscr{A}, \mathsf{P})$ 上, 设 $\mathscr{C}$ 为 $\mathscr{A}$ 的一个子 σ 代数,

$$B = \{w:\ \mathsf{P}(A|\mathscr{C})(w) > 0\},$$

其中 $A \in \mathscr{A}$. 证明: $B \in \mathscr{C}$ 且 $\mathsf{P}(A - B) = 0$; 若事件 $B' \in \mathscr{C}$ 及 $\mathsf{P}(A - B') = 0$, 则 $\mathsf{P}(B - B') = 0$.

22. 设 X 和 Y 为有界随机变量, $\mathscr{C}$ 为 $\mathscr{A}$ 的一个子 σ 代数. 证明:

$$\mathsf{E}[X\mathsf{E}[Y|\mathscr{C}]] = \mathsf{E}[Y\mathsf{E}[X|\mathscr{C}]].$$

23. 设 X 为概率空间 $(\Omega, \mathscr{A}, \mathsf{P})$ 上的可积随机变量, $\mathscr{C}_1$ 和 $\mathscr{C}_2$ 为 $\mathscr{A}$ 的两个子 σ 代数, $A \in \mathscr{C}_1 \cap \mathscr{C}_2$. 证明: 若 $A \cap \mathscr{C}_1 = A \cap \mathscr{C}_2$, 则

$$\mathsf{E}[X|\mathscr{C}_1]\, I_A = \mathsf{E}[X|\mathscr{C}_2]\, I_A, \quad \text{a.s.}.$$

24. 设 $\{X_n, n \geqslant 1\}$ 为独立随机变量序列, $S_n = \sum\limits_{i=1}^{n} X_i$. 证明: 若 $\{a_n, n \geqslant 1\}$ 为常数序列, 使 $\mathsf{P}(S_n < a_n) > 0$, $n \geqslant 1$, 且

$$\mathsf{P}\left(\bigcup_{n=1}^{\infty} \{S_n \geqslant a_n\}\right) = 1,$$

则 $\mathsf{P}(S_n \geqslant a_n,\ \text{i.o.}) = 1$.

提示: 对任意给定的 m, 令

$$h(x) = \mathsf{P}\left(\bigcup_{n=m+1}^{\infty} \{S_n - S_m \geqslant a_n - x\}\right),$$

则 $h \uparrow, h(S_m) = \mathsf{P}(A_{m+1}|S_m)$, a.s., 其中 $A_m = \bigcup\limits_{n=m}^{\infty} \{S_n \geqslant a_n\}$, 再证明 $\mathsf{P}(A_{m+1}|S_m) = 1$, a.s..

25. 设 X, Y, Z, W 为概率空间 $\{\Omega, \mathscr{A}, \mathsf{P}\}$ 上的随机变量, (X, Z) 与 (Y, W) 有相同的联合分布, f 为非负的 Borel 可测函数. 证明: $\mathsf{E}[f(X)|Z]$ 与 $\mathsf{E}[f(Y)|W]$ 同分布; 若 $Z = W$, 则 $\mathsf{E}[f(X)|Z] = \mathsf{E}[f(Y)|W]$, a.s..

26. 设 $\boldsymbol{X} = (X_1,\cdots,X_n)$ 为 $(\Omega,\mathscr{A},\mathsf{P})$ 上的随机向量, 且关于 $\sigma(\boldsymbol{X})$ 的正则条件概率 $\mathsf{P}^{\sigma(\boldsymbol{X})}(\cdot,\cdot)$ 存在, $\boldsymbol{Y}$ 为 $(\Omega,\mathscr{A},\mathsf{P})$ 上的随机变量, $Z(\boldsymbol{x}) \in \mathscr{B}^{(n)}$, 且 $\mathsf{E}[\boldsymbol{Y}]$, $\mathsf{E}[Z(\boldsymbol{X})\boldsymbol{Y}]$ 存在. 证明: 存在 $N \in \mathscr{B}^{(n)}$, 使得 $\mathsf{P}^*(N) = 0$, 这里 P^* 是 $\boldsymbol{X}$ 在 $\mathscr{B}^{(n)}$ 上导出的概率测度, 可选取 $\mathsf{E}[\boldsymbol{Y}|\boldsymbol{X}]$ 和 $\mathsf{E}[Z(\boldsymbol{X})\boldsymbol{Y}|\boldsymbol{X}]$ 的一个版本, 使得

$$\mathsf{E}[Z(\boldsymbol{X})\boldsymbol{Y}|\boldsymbol{X}](w) = Z(\boldsymbol{X}(w))\,\mathsf{E}[\boldsymbol{Y}|\boldsymbol{X}](w), \quad \boldsymbol{X}(w) \in N^{\mathrm{c}},$$

此处的零测集 N 与可测函数 $Z(\boldsymbol{x})$ 无关. 注意本结论与引理 4.2.2 的对比, 那里的零测集是与 Z 有关的.

27. 设 $\mathscr{C} \subset \mathscr{C}' \subset \mathscr{A}$, $\mathsf{P}^{\mathscr{C}}(w,A)$ 和 $\mathsf{P}^{\mathscr{C}'}(w,A)$ 分别是在 $\mathscr{C}$ 和 $\mathscr{C}'$ 下关于 P 的正则条件概率, 这里 $(w,A) \in \Omega \times \mathscr{A}$. 设 $Y \in \mathscr{A}$, $Z \in \mathscr{C}'$, 且 $\mathsf{E}[YZ]$ 和 $\mathsf{E}[Y]$ 存在. 证明: 存在 $N \in \mathscr{C}$, $\mathsf{P}(N) = 0$, 当 $w \in N^{\mathrm{c}}$ 时,

$$\int_{\Omega} Z(w')Y(w')\,\mathsf{P}^{\mathscr{C}}(w,\mathrm{d}w') = \int_{\Omega}\left[\int_{\Omega} Y(w')\,\mathsf{P}^{\mathscr{C}'}(w'',\mathrm{d}w')\right] Z(w'')\,\mathsf{P}^{\mathscr{C}}(w,\mathrm{d}w'').$$

28. 举例说明 $\mathsf{E}[X|Y] = \mathsf{E}[X]$, a.s. 不必蕴涵 X 与 Y 独立或不相关.

29. (条件 Vitali 定理) 设 $\{X_n, n \geqslant 1\}$, $\{U_n, n \geqslant 1\}$ 和 U 皆为 $(\Omega,\mathscr{A},\mathsf{P})$ 上的随机变量, $\mathscr{C}$ 为 $\mathscr{A}$ 的子 σ 代数.

(1) 如果 $X_n \leqslant U_n$, $U_n \xrightarrow{\text{a.s.}} U$, $\mathsf{E}[U_n|\mathscr{C}] \xrightarrow{\text{a.s.}} \mathsf{E}[U|\mathscr{C}]$, 且 U 可积, 则

$$\limsup_{n\to\infty} \mathsf{E}[X_n|\mathscr{C}] \leqslant \mathsf{E}\left[\limsup_{n\to\infty} X_n \middle| \mathscr{C}\right], \quad \text{a.s.}.$$

(2) 如果 $X_n \geqslant U_n$, $U_n \xrightarrow{\text{a.s.}} U$, $\mathsf{E}[U_n|\mathscr{C}] \xrightarrow{\text{a.s.}} \mathsf{E}[U|\mathscr{C}]$, 且 U 可积, 则

$$\liminf_{n\to\infty} \mathsf{E}[X_n|\mathscr{C}] \geqslant \mathsf{E}\left[\liminf_{n\to\infty} X_n \middle| \mathscr{C}\right], \quad \text{a.s.}.$$

(3) 如果 $|X_n| \leqslant U_n$, $X_n \xrightarrow{\text{a.s.}} X$, $U_n \xrightarrow{\text{a.s.}} U$, $\mathsf{E}[U_n|\mathscr{C}] \xrightarrow{\text{a.s.}} \mathsf{E}[U|\mathscr{C}]$, 且 U 可积, 则

$$\lim_{n\to\infty} \mathsf{E}[X_n|\mathscr{C}] = \mathsf{E}[X|\mathscr{C}], \quad \text{a.s.}.$$

30. (Doob 不等式) 设 $1/p + 1/q = 1$ $(p > 1)$, $\{X_n, n \geqslant 1\}$ 是鞅. 证明:

$$\mathsf{E}\left(\max_{1\leqslant i\leqslant n} |X_i|\right)^p \leqslant q^p\,\mathsf{E}|X_n|^p.$$

31. (Wald 定理) 设 $\{X_n, n \geqslant 1\}$ 是独立同分布的随机变量序列, $\mathsf{E}[X_n] = 0$, $\mathsf{E}[X_n^2] = 1$, 令 $S_n = \sum\limits_{i=1}^{n} X_i$. 证明: 若 T 是 $\{X_n, n \geqslant 1\}$ 的可积停时, 则 $\mathsf{E}[S_T^2] = \mathsf{E}[T]$.

32. 设随机变量序列 $\{X_n\}$ 满足 $X_n \xrightarrow{\text{a.s.}} X$, 且存在可积随机变量 Y, 使得 $|X_n| \leqslant Y$ $(n \geqslant 1)$. 再设 $\{\mathscr{F}_n, n \geqslant 1\}$ 是一列递增的子 σ 域. 证明:

$$\mathsf{E}[X_n|\mathscr{F}_n] \to \mathsf{E}[X|\mathscr{F}], \quad \text{a.s.},$$

其中 $\mathscr{F} = \sigma(\mathscr{F}_n, n \geqslant 1)$.

第 5 章　分布函数和特征函数

在第 1 章中, 我们已经知道 $(\mathbb{R}^n, \mathscr{B}^{(n)})$ 上的概率 P 可以和 $\mathbb{R}^n$ 上的数值函数 —— 分布函数一一对应; 与此同时, 我们也将看到 $(\mathbb{R}^n, \mathscr{B}^{(n)})$ 上的概率 P 还可以和 $\mathbb{R}^n$ 上的另一种数值函数 —— 特征函数建立一一对应关系. 本章我们将研究分布函数和特征函数的性质以及它们之间的相互关系.

5.1　分 布 函 数

$\mathbb{R}^n$ 上的分布函数已经在第 1 章中定义过, 在本章中若无特别说明, 我们总假定分布函数 F 单调非减、右连续, 满足 $F(-\infty) \geqslant 0$ 及 $F(\infty) \leqslant 1$ (多数场合下假定 $F(-\infty) = 0$). 以下介绍几个基本概念.

定义 5.1.1　设 F 为 $\mathbb{R}^n$ 上的分布函数, 令

$$S = \{\boldsymbol{x}:\ \boldsymbol{x} \in \mathbb{R}^n, \text{且对 } \forall \boldsymbol{\epsilon} > 0, \boldsymbol{\epsilon} \in \mathbb{R}^n,\ \Delta_{2\boldsymbol{\epsilon}} F(\boldsymbol{x} - \boldsymbol{\epsilon}) > 0\},$$

则称 S 为分布函数 F 的支撑 (support), S 中的点称为 F 的支撑点.

$\mathbb{R}^2$ 中的支撑可做如下直观理解: 假设总单位为 1 的质量散布在平面上, 但不必每点都有质量. 支撑 S 就是有质量散布的那些点或区域.

以下以 $\operatorname{Var} F$ 记 F 的全变差, 即

$$\operatorname{Var} F = F(\infty) - F(-\infty).$$

由第 2 章知, 如果 F 为 $\mathbb{R}$ 上的分布函数, 满足 $\operatorname{Var} F = 1$, 则 F 有如下的 Lebesgue 分解:

$$F(x) = a_1 F_{\mathrm{ac}}(x) + a_2 F_{\mathrm{s}}(x) + a_3 F_{\mathrm{d}}(x), \tag{5.1}$$

其中 $F_{\mathrm{ac}}, F_{\mathrm{s}}$ 和 F_{d} 分别为 F 的绝对连续、奇异连续和阶梯函数部分,

$$\operatorname{Var} F_{\mathrm{ac}} = \operatorname{Var} F_{\mathrm{s}} = \operatorname{Var} F_{\mathrm{d}} = 1,$$

而 $a_i \geqslant 0$, $a_1 + a_2 + a_3 = 1$. 更一般地, 如果 $a_i \geqslant 0$, $\sum\limits_{i=1}^{n} a_i = 1$, 则 $\sum\limits_{i=1}^{n} a_i f_i$ 就是函数 $\{f_i, 1 \leqslant i \leqslant n\}$ 的凸组合. 关于分布函数, 我们有:

命题 5.1.1 若 $F_1, \cdots, F_n$ 为 $\mathbb{R}^k$ 上的分布函数, 则它们的凸组合仍是 $\mathbb{R}^k$ 上的分布函数.

证 设 $F = \sum\limits_{i=1}^{n} a_i F_i$, 其中 $a_i \geqslant 0$, $\sum\limits_{i=1}^{n} a_i = 1$. 首先, 有

$$F(-\infty) \geqslant 0, \quad F(\infty) = \sum_{i=1}^{n} a_i F_i(\infty) \leqslant \sum_{i=1}^{n} a_i = 1;$$

其次, F 的右连续性和对每个分量的非减性保持不变; 最后

$$F(\boldsymbol{x}, \boldsymbol{y}] = \sum_{i=1}^{n} a_i \Delta_{\boldsymbol{y}-\boldsymbol{x}} F_i(\boldsymbol{x}) \geqslant 0.$$

因而, F 仍是分布函数. ∎

下面研究分布函数的收敛性. 为方便起见, 设其为 $\mathbb{R}$ 上的分布函数.

5.1.1 随机变量对应的分布函数收敛性

记随机变量 X 的分布函数为 F_X, 则 $\operatorname{Var} F_X = 1$. 以 $C(F_X)$ 表示 F_X 的全体连续点集合. 我们已经考虑过随机变量序列收敛性中最弱的一种 —— 依概率收敛. 显然, 我们也可以研究相应分布函数 F_X 的收敛性问题.

定义 5.1.2 如果随机变量序列 X_n 的分布函数 F_{X_n} 在随机变量 X 分布函数的连续点集 $C(F_X)$ 上收敛于 F_X, 则称 X_n 依分布收敛于 X, 记为 $X_n \xrightarrow{\mathrm{d}} X$, 有时也记为 $F_n \xrightarrow{\mathrm{d}} F$ 或 $X_n \xrightarrow{\mathscr{L}} X$.

依分布收敛是最弱的一种收敛性, 即对 $\forall x \in C(F_X)$, 由 $F_{X_n}(x) \to F_X(x)$, 一般推不出 $X_n \xrightarrow{\mathrm{P}} X$. 此外, 由 $X_n \xrightarrow{\mathrm{d}} X$ 和 $Y_n \xrightarrow{\mathrm{d}} Y$ 也不能推出 $X_n + Y_n \xrightarrow{\mathrm{d}} X + Y$ (假定对任意 n, 变量 X_n 与 Y_n 相互独立, 则结论成立, 见本章习题第 15 题).

引理 5.1.1 设 X_n, X 为随机变量, 则对任意 $\epsilon > 0$ 和 $x \in \mathbb{R}$, 有

$$\mathsf{P}(X \leqslant x - \epsilon) - \mathsf{P}(|X_n - X| > \epsilon) \leqslant \mathsf{P}(X_n \leqslant x) \leqslant \mathsf{P}(X \leqslant x + \epsilon) + \mathsf{P}(|X_n - X| > \epsilon).$$

证 由于对任意 $\epsilon > 0$ 和 $x \in \mathbb{R}$,

$$\begin{aligned}\{X_n \leqslant x\} &= \{X_n \leqslant x, X \leqslant x + \epsilon\} + \{X_n \leqslant x, X > x + \epsilon\} \\ &\subseteq \{X \leqslant x + \epsilon\} \cup \{|X_n - X| > \epsilon\},\end{aligned}$$

所以

$$\mathsf{P}(X_n \leqslant x) \leqslant \mathsf{P}(X \leqslant x + \epsilon) + \mathsf{P}(|X_n - X| > \epsilon).$$

同理可证左半边不等式. ∎

由引理 5.1.1, 我们可直接推得:

命题 5.1.2　若 $X_n \xrightarrow{\text{P}} X$, 则 $X_n \xrightarrow{\text{d}} X$.

推论 5.1.1　设 X_n 为随机变量, a 为常数, 则 $X_n \xrightarrow{\text{P}} a$ 当且仅当 $X_n \xrightarrow{\text{d}} a$.

证　必要性由命题 5.1.2 直接得到. 下证充分性, 设 $X_n \xrightarrow{\text{d}} a$. 注意到取常数 a 的退化随机变量的分布函数为 $F_a(x) = I_{[a,\infty)}(x)$, $C(F_a) = \{a\}^{\text{c}}$. 于是对任意 $\epsilon > 0$,

$$\begin{aligned}\mathsf{P}(|X_n - a| > \epsilon) &= \mathsf{P}(X_n > a + \epsilon) + \mathsf{P}(X_n < a - \epsilon)\\ &= 1 - F_{X_n}(a + \epsilon) + F_{X_n}(a - \epsilon-)\\ &\to 0,\end{aligned}$$

即 $X_n \xrightarrow{\text{P}} a$. ∎

注 1　命题 5.1.2 对随机向量的分布函数也成立.

5.1.2　分布函数的收敛性

由命题 5.1.2 可以想到, 一列分布函数 F_n 向分布函数 F 的收敛性定义中只能在 F 的连续点集 $C(F)$ 上有意义, 而在 $C(F)$ 的余集中的点上是否收敛不在考虑之列. 为此, 我们给出如下定义:

定义 5.1.3　设 F_n 和 F 是分布函数. 若在 $C(F)$ 上, $F_n \to F$, 则称 F_n 弱收敛于 F, 记为 $F_n \xrightarrow{\text{w}} F$.

此定义是合理的, 即若弱极限 F 存在, 则必唯一. 这是因为, 若 $F_n \xrightarrow{\text{w}} F$, $F_n \xrightarrow{\text{w}} F'$, 则 F 与 F' 在 $C(F) \cap C(F')$ 上相等. 但 $C(F) \cap C(F')$ 的余集是可数集合, 所以由右连续性知 F 和 F' 在 $\mathbb{R}$ 上相等.

定义 5.1.4　若 $F_n \xrightarrow{\text{w}} F$, 且 $\operatorname{Var} F_n \to \operatorname{Var} F$, 则称分布函数序列 F_n 完全收敛于分布函数 F, 记为 $F_n \xrightarrow{\text{c}} F$.

注意, $F_n \xrightarrow{\text{w}} F$ 并不能保证 $\operatorname{Var} F_n \to \operatorname{Var} F$. 例如, 令 $F_0(x) = I_{[0,\infty)}(x)$, $F_n(x) = F_0(x+n) = I_{[-n,\infty)}(x)$, 则 $F_n(x) \to F_0(\infty) = 1$. 若令 $F \equiv 1$, 则 $F_n \xrightarrow{\text{w}} F$, 但 $F_n(-\infty) = 0$, 而 $F(-\infty) = 1$, 所以 $\operatorname{Var} F_n = 1 \neq 0 = \operatorname{Var} F$. 但我们有:

命题 5.1.3　若 $F_n \xrightarrow{\text{w}} F$, 则

$$\begin{aligned}&\limsup F_n(-\infty) \leqslant F(-\infty) \leqslant F(\infty) \leqslant \liminf F_n(\infty),\\ &\operatorname{Var} F \leqslant \liminf \operatorname{Var} F_n.\end{aligned}$$

特别地, 若 $F_n \xrightarrow{\text{c}} F$, 则 $F_n(\infty) \to F(\infty)$, $F_n(-\infty) \to F(-\infty)$. 此外, $F_n \xrightarrow{\text{c}} F$ 的充要条

件是, 当 $a\to\infty$ 时,

$$\sup_{n\geqslant 1}\int_{\{|x|>a\}}\mathrm{d}F_n(x)\to 0. \tag{5.2}$$

证 由 $F_n(-\infty)\leqslant F_n(x)\leqslant F_n(\infty)$ 知, 当 $x\in C(F)$ 时, 由 $F_n\xrightarrow{\mathrm{w}}F$ 得

$$\limsup F_n(-\infty)\leqslant F(x)\leqslant\liminf F_n(\infty).$$

再令 x 在 $C(F)$ 中趋于 $\pm\infty$, 即得第一个结论. 由此得

$$\operatorname{Var}F=F(\infty)-F(-\infty)\leqslant\liminf[F_n(\infty)-F_n(-\infty)]=\liminf\operatorname{Var}F_n.$$

下面证最后一个结论.

(必要性) 设 $F_n\xrightarrow{\mathrm{c}}F$. 首先存在 $a>0$, $\pm a\in C(F)$, 使 $|F(\pm a)-F(\pm\infty)|<\epsilon$. 由 $F_n\xrightarrow{\mathrm{c}}F$, 存在 n_0, 当 $n\geqslant n_0$ 时,

$$|F_n(\pm a)-F(\pm a)|<\epsilon,\quad |F_n(\pm\infty)-F(\pm\infty)|<\epsilon.$$

故当 $\tau>a$ 时,

$$\begin{aligned}
&\sup_{n\geqslant n_0}\int_{\{|x|>\tau\}}\mathrm{d}F_n(x)\\
&\leqslant\sup_{n\geqslant n_0}\int_{\{|x|>a\}}\mathrm{d}F_n(x)\\
&=\sup_{n\geqslant n_0}[F_n(\infty)-F_n(a)+F_n(-a)-F_n(-\infty)]\\
&\leqslant\sup_{n\geqslant n_0}[|F_n(\pm\infty)-F(\pm\infty)|+|F(\pm\infty)-F(\pm a)|+|F(\pm a)-F_n(\pm a)|]\\
&<6\epsilon.
\end{aligned}$$

对任意 $n<n_0$, 存在 $b>0$, 使

$$\int_{\{|x|>b\}}\mathrm{d}F_n(x)<\epsilon.$$

取 $M=a\vee b$, 则当 $\tau>M$ 时, 有

$$\sup_{n\geqslant 1}\int_{\{|x|>\tau\}}\mathrm{d}F_n(x)<7\epsilon.$$

(充分性) 设式 (5.2) 成立, 则对任意 $\epsilon>0$, 存在 τ, 当 $a>\tau$ 时, 有

$$\sup_{n\geqslant 1}|F_n(\pm\infty)-F_n(\pm a)|<\epsilon.$$

由于 $F_n\xrightarrow{\mathrm{w}}F$, 故当 $a>\tau$, $\pm a\in C(F)$ 时, 存在 n_0, 对一切 $n>n_0$, 有

$$|F_n(\pm a)-F(\pm a)|<\epsilon,\quad |F(\pm\infty)-F(\pm a)|<\epsilon.$$

这时有

$$
\begin{aligned}
|F_n(\pm\infty)-F(\pm\infty)| &\leqslant |F_n(\pm\infty)-F_n(\pm a)|+|F_n(\pm a)-F(\pm a)|+|F(\pm a)-F(\pm\infty)| \\
&< 3\epsilon,
\end{aligned}
$$

所以 $F_n \xrightarrow{\mathrm{c}} F$. ∎

定理 5.1.1 (Helly 引理) 设 F_n 是一列分布函数, 则存在子序列 F_{n_k} 及分布函数 F, 使 $F_{n_k} \xrightarrow{\mathrm{w}} F$.

证 由于分布函数的值本质上由 $\mathbb{R}$ 中可数稠集上的值唯一确定, 故可用对角线法选出子列, 使其弱收敛于一个分布函数 F. 具体证明请读者自行补出. ∎

命题 5.1.4 若 $F_n \xrightarrow{\mathrm{c}} F$, F 为连续分布函数, 则收敛关于 x 是一致的.

证 对任意 $\epsilon>0$, 由 F 的连续性知, 存在 $-\infty=a_0<a_1<\cdots<a_k<a_{k+1}=\infty$, 使

$$
F(a_{j+1})-F(a_j)<\frac{\epsilon}{2}, \quad j=0,1,\cdots,k.
$$

由 $F_n \xrightarrow{\mathrm{c}} F$ 知, 存在 n_0, 当 $n>n_0$ 时, 有

$$
|F_n(a_j)-F(a_j)|<\frac{\epsilon}{2}, \quad j=0,1,\cdots,k+1.
$$

对任一 $x\in\mathbb{R}$, 存在 $j\in\{0,\cdots,k\}$, 使 $a_j<x\leqslant a_{j+1}$, 当 $n>n_0$ 时, 有

$$
\begin{aligned}
&F_n(x)-F(x)\leqslant [F_n(a_{j+1})-F(a_{j+1})]+[F(a_{j+1})-F(a_j)]<\epsilon, \\
&F_n(x)-F(x)\geqslant F_n(a_j)-F(a_{j+1})>-\epsilon,
\end{aligned}
$$

所以当 $n>n_0$ 时, 对一切 $x\in\mathbb{R}$, 恒有 $|F_n(x)-F(x)|<\epsilon$, 即 F_n 关于 x 一致收敛于 F. ∎

注 2 在命题 5.1.4 中, 条件 $F_n \xrightarrow{\mathrm{c}} F$ 不能替换为 $F_n \xrightarrow{\mathrm{w}} F$; 否则, 结论不成立 (见定义 5.1.4 之后的反例).

如果全变差为 1 的分布函数序列 $F_n \xrightarrow{\mathrm{c}} F$, 则我们有如下结果:

定理 5.1.2 (嵌入定理) 设 $F_n \xrightarrow{\mathrm{c}} F$ 且 $\operatorname{Var} F_n=1$, 则存在定义在同一概率空间上的随机变量序列 $\{X, X_n, n\geqslant 1\}$, 使得 $F_{X_n}=F_n$, $F_X=F$, 且对每个 $w\in\Omega$, 有 $X_n(w)\to X(w)$.

证 取 $\Omega=(0,1)$, $\mathscr{A}$ 为 $(0,1)$ 上的 Borel 域, 而 P 为其上的 Lebesgue 测度. 设 $w\in(0,1)$, 令

$$
X_n(w)=\inf\{x: w\leqslant F_n(x)\}, \quad X(w)=\inf\{x: w\leqslant F(x)\},
$$

则经过简单的讨论可知, $w\leqslant F_n(x)$ 当且仅当 $X_n(w)\leqslant x$, 故

$$
\mathsf{P}(\{w: X_n(w)\leqslant x\})=\mathsf{P}(\{w: w\leqslant F_n(x)\})=F_n(x),
$$

因此, $F_{X_n}=F_n$. 类似地, 有 $F_X=F$. 下面证明 X_n 点点收敛于 X.

设 $w\in(0,1)$, 对给定的 $\epsilon>0$, 选取 $x\in C(F)$, 使 $X(w)-\epsilon<x<X(w)$, 则 $F(x)<w$ 和 $F_n(x)\to F(x)$ 蕴涵对充分大的 n, 有 $F_n(x)<w$, 因此 $X(w)-\epsilon<x\leqslant X_n(w)$. 由此知

$$\liminf X_n(w)\geqslant X(w).$$

若 $w<w'$, 对 $\epsilon>0$, 取 $x\in C(F)$, 使 $X(w')<x<X(w')+\epsilon$, 则 $w<w'\leqslant F(X(w'))\leqslant F(x)$, 于是对充分大的 n, $w<F_n(x)$. 因此, $X_n(w)\leqslant x<X(w')+\epsilon$. 取上极限, 再令 $\epsilon\to 0$, 则当 $w<w'$ 时, 有

$$\limsup X_n(w)\leqslant X(w').$$

由以上可知, 如果 X 在 w 处连续, 则 $X_n(w)\to X(w)$.

由于 X 在 $(0,1)$ 上非减, 故它至多有可列个不连续点. 在 X 的不连续点 w 上, 重新定义 $X_n(w)=X(w)=0$. 经过这一重新定义, 对每个 w 都有 $X_n(w)\to X(w)$. 由于 X 和 X_n 仅在一个 Lebesgue 零测集上改动, 故它们的分布函数仍然是 F 和 F_n. ∎

定理 5.1.2 的证明本质上是利用了实轴的有序结构, 因此也可以推广到 $\mathbb{R}^k$, 但证明要复杂得多.

下面讨论当 g 为连续函数时, $\int g\,\mathrm{d}F_n$ 的收敛性问题. 为此, 先引入一些集合:

$$\begin{aligned}
&C_K=\{f:\ f \text{ 连续, 且存在紧集 } K, \text{ 当 } x\in K^{\mathrm{c}} \text{ 时}, f(x)=0\},\\
&C_0=\{f:\ f \text{ 连续}, \lim_{|x|\to\infty} f(x)=0\},\\
&C_B=\{f:\ f \text{ 连续, 且存在常数 } M, \text{ 使 } |f|\leqslant M\},\\
&C=\{f:\ f \text{ 连续}\}.
\end{aligned}$$

显然, $C_K\subset C_0\subset C_B\subset C$. 以下讨论函数 g 属于不同的 C 集合时, 在什么条件下, 由分布函数的弱收敛性或完全收敛性能推出 $\int g\,\mathrm{d}F_n$ 的收敛性.

定理 5.1.3 (Helly-Bray) (1) *设 $F_n\xrightarrow{\mathrm{w}}F+c$ (c 为常数), a,b ($a<b$) 为一对常数, 满足 $F_n(a)\to F(a)+c$, $F_n(b)\to F(b)+c$. 若 $g\in C$, 则*

$$\int_a^b g(x)\,\mathrm{d}F_n(x)\to\int_a^b g(x)\,\mathrm{d}F(x);$$

若 $g\in C_0$, 则

$$\int_{-\infty}^{\infty} g(x)\,\mathrm{d}F_n(x)\to\int_{-\infty}^{\infty} g(x)\,\mathrm{d}F(x).$$

(2) *若 $F_n\xrightarrow{\mathrm{c}}F+c$, $g\in C_B$, 则*

$$\int_{-\infty}^{\infty} g(x)\,\mathrm{d}F_n(x)\to\int_{-\infty}^{\infty} g(x)\,\mathrm{d}F(x).$$

证 (1) 令 $g_m(x)=\sum\limits_{i=1}^{k_m} g(x_{mi})I_{(x_{mi},x_{m,i+1}]}(x)$, 其中

$$a=x_{m1}<x_{m2}<\cdots<x_{m,k_m+1}=b,$$

且当 $m\to\infty$ 时, $\lambda=\sup\limits_{1\leqslant i\leqslant k_m}(x_{m,i+1}-x_{mi})\to 0$, 则由 Riemann-Stieltjes 积分的定义, 当 $m\to\infty$ 时, 有

$$\int_a^b g_m(x)\,\mathrm{d}F_n(x)\to\int_a^b g(x)\,\mathrm{d}F_n(x),$$
$$\int_a^b g_m(x)\,\mathrm{d}F(x)\to\int_a^b g(x)\,\mathrm{d}F(x).$$

选取所有的分点 $x_{mi}\in C(F)$, 则由 $F_n\xrightarrow{\mathrm{w}}F+c$, 对每个 m 和每个 k, 当 $n\to\infty$ 时, 有 $F_n(x_{mi},x_{m,i+1}]\to F(x_{mi},x_{m,i+1}]$. 因此,

$$\begin{aligned}\int_a^b g_m(x)\,\mathrm{d}F_n(x)&=\sum_{i=1}^{k_m} g(x_{mi})F_n(x_{mi},x_{m,i+1}]\\&\to\sum_{i=1}^{k_m} g(x_{mi})F(x_{mi},x_{m,i+1}]=\int_a^b g_m(x)\,\mathrm{d}F(x).\end{aligned}$$

注意到

$$\begin{aligned}&\int_a^b g(x)\,\mathrm{d}F_n(x)-\int_a^b g(x)\,\mathrm{d}F(x)\\&=\int_a^b[g(x)-g_m(x)]\,\mathrm{d}F_n(x)+\int_a^b[g_m(x)-g(x)]\,\mathrm{d}F(x)\\&\quad+\left[\int_a^b g_m(x)\,\mathrm{d}F_n(x)-\int_a^b g_m(x)\,\mathrm{d}F(x)\right].\end{aligned}$$

由于当 $m\to\infty$ 时, $\sup\limits_{a\leqslant x\leqslant b}|g(x)-g_m(x)|\to 0$, 所以在上式中可取充分大的 m, 使前两项的绝对值小于任意给定的值. 对于取定的 m, 再取 n 充分大, 则上式中第三项的绝对值可以任意小. 这就证明了本定理 (1) 的前半部分.

其他几个结论可以利用下面的不等式得出:

$$\begin{aligned}&\left|\int_{-\infty}^{\infty} g\,\mathrm{d}F_n-\int_{-\infty}^{\infty} g\,\mathrm{d}F\right|\\&\leqslant\left|\int_{-\infty}^{\infty} g\,\mathrm{d}F_n-\int_a^b g\,\mathrm{d}F_n\right|+\left|\int_{-\infty}^{\infty} g\,\mathrm{d}F-\int_a^b g\,\mathrm{d}F\right|+\left|\int_a^b g\,\mathrm{d}F_n-\int_a^b g\,\mathrm{d}F\right|.\end{aligned}\tag{5.3}$$

特别地, 在证明 (2) 时, 需要利用式 (5.2). ∎

注 3 定理 5.1.3 的结论可以平行推广到 $\mathbb{R}^k$.

由定理 5.1.3 可以导出关于矩的一些结果. 类似于随机变量一致可积性的定义, 我们引入:

定义 5.1.5 设 $g\in C$, 称 $|g|$ 关于分布函数序列 $\{F_n,n\geqslant 1\}$ 一致可积, 若

$$\sup_{n\geqslant 1}\int_{\{|x|>a\}}|g(x)|\,\mathrm{d}F_n(x)\to 0,\quad a\to\infty. \tag{5.4}$$

若 $g\equiv 1$, 且分布函数序列 $\{F_n,n\geqslant 1\}$ 满足式 (5.4), 则称 $\{F_n,n\geqslant 1\}$ 为胎紧的 (tight), 即

$$\sup_{n\geqslant 1}\big(\operatorname{Var}F_n-F_n[-a,a]\big)=\sup_{n\geqslant 1}\int_{\{|x|>a\}}\mathrm{d}F_n(x)\to 0.$$

定理 5.1.4 设 $g\in C$, $F_n\xrightarrow{\mathrm{w}}F+c$ (c 为常数), 则

(1) $\liminf\limits_{n\to\infty}\int_{-\infty}^{\infty}|g(x)|\,\mathrm{d}F_n(x)\geqslant\int_{-\infty}^{\infty}|g(x)|\,\mathrm{d}F(x)$.

(2) $|g|$ 关于 $\{F_n,n\geqslant 1\}$ 的一致可积性蕴涵

$$\int_{-\infty}^{\infty}g(x)\,\mathrm{d}F_n(x)\to\int_{-\infty}^{\infty}g(x)\,\mathrm{d}F(x)\in\mathbb{R}.$$

(3) $|g|$ 关于 $\{F_n,n\geqslant 1\}$ 一致可积当且仅当

$$\int_{-\infty}^{\infty}|g(x)|\,\mathrm{d}F_n(x)\to\int_{-\infty}^{\infty}|g(x)|\,\mathrm{d}F(x)<\infty.$$

证 (1) 设 $\pm a\in C(F)$, 则

$$\int_{-\infty}^{\infty}|g(x)|\,\mathrm{d}F_n(x)\geqslant\int_{-a}^{a}|g(x)|\,\mathrm{d}F_n(x)\to\int_{-a}^{a}|g(x)|\,\mathrm{d}F(x).$$

在上式两边分别对 n 取下极限运算, 再令 a 沿着 $C(F)$ 趋于 ∞, 即可证得 (1).

(2) 由一致可积性知, 对任意 $\epsilon>0$, 存在 $a_\epsilon>0$, 当 $a>a_\epsilon$ 及 $\pm a\in C(F)$ 时,

$$\sup_{n\geqslant 1}\int_{\{|x|>a\}}|g(x)|\,\mathrm{d}F_n(x)<\epsilon.$$

取 $a'>a$, 使得 $\pm a'\in C(F)$. 由于

$$\int_{\{a<|x|\leqslant a'\}}|g(x)|\,\mathrm{d}F_n(x)\to\int_{\{a<|x|\leqslant a'\}}|g(x)|\,\mathrm{d}F(x),$$

故

$$\int_{\{a<|x|\leqslant a'\}}|g(x)|\,\mathrm{d}F(x)<\epsilon.$$

令 $a'\to\infty$, 得

$$\int_{|x|>a\}}|g(x)|\,\mathrm{d}F(x)\leqslant\epsilon\quad\Rightarrow\quad\int_{-\infty}^{\infty}|g(x)|\,\mathrm{d}F(x)<\infty.$$

取 $a>a_\epsilon$, $\pm a\in C(F)$, 由式 (5.3) 可得, 当 $n\to\infty$ 时,

$$\left|\int_{-\infty}^{\infty}g\,\mathrm{d}F_n-\int_{-\infty}^{\infty}g\,\mathrm{d}F\right|\leqslant\epsilon+\left|\int_{\{|x|\leqslant a\}}g\,\mathrm{d}F_n-\int_{\{|x|\leqslant a\}}g\,\mathrm{d}F\right|+\epsilon\to 2\epsilon.$$

(3) (必要性) 在 (2) 中, 把函数 g 替换成 $|g|$ 即可.

(充分性) 对任意 $\epsilon>0$, 取 $\pm a_0\in C(F)$, 使得 $\int_{|x|>a_0\}}|g|\,\mathrm{d}F\leqslant\epsilon/3$. 注意到

$$\int_{\{|x|>a_0\}}|g|\,\mathrm{d}F_n\leqslant\left|\int_{-\infty}^{\infty}|g|\,\mathrm{d}F_n-\int_{-\infty}^{\infty}|g|\,\mathrm{d}F\right|+\int_{\{|x|>a_0\}}|g|\,\mathrm{d}F$$
$$+\left|\int_{|x|\leqslant a_0\}}|g|\,\mathrm{d}F_n-\int_{|x|\leqslant a_0}|g|\,\mathrm{d}F\right|.$$

再由条件知, 可选取 n_0, 当 $n>n_0$ 时, 上式右边的第一项和第三项都小于 $\epsilon/3$, 由此得

$$\sup_{n>n_0}\int_{\{|x|>a_0\}}|g|\,\mathrm{d}F_n<\epsilon.$$

对于固定的 n_0, 必存在 a_1, 使得 $\int_{|x|>a_1\}}|g|\,\mathrm{d}F_j\leqslant\epsilon\ (j=1,\cdots,n_0)$. 取 $a=\max\{a_0,a_1\}$, 则

$$\sup_{n\geqslant 1}\int_{\{|x|>a\}}|g|\,\mathrm{d}F_n<\epsilon,$$

即 $|g|$ 关于 $\{F_n,n\geqslant 1\}$ 一致可积. ∎

设 $\{X_n,n\geqslant 1\}$ 为一个随机变量序列, X_n 的分布函数为 F_n, 则由定义易知 $\{X_n,n\geqslant 1\}$ 一致可积等价于函数 $g(x)=|x|$ 关于 $\{F_n,n\geqslant 1\}$ 一致可积. 类似地, 对任意 $r>0$, $\{|X_n|^r,n\geqslant 1\}$ 一致可积等价于函数 $g(x)=|x|^r$ 关于 $\{F_n,n\geqslant 1\}$ 一致可积. 注意到该事实, 我们可以给出定理 5.1.4 的如下推论:

推论 5.1.2　设 $\{X,X_n,n\geqslant 1\}$ 为随机变量序列, 满足 $X_n\xrightarrow{\mathrm{d}}X$, $r>0$, 则

(1) $\mathsf{E}\,|X|\leqslant\liminf\mathsf{E}\,|X_n|$;

(2) $\{|X_n|^r,n\geqslant 1\}$ 一致可积当且仅当

$$\lim_{n\to\infty}\mathsf{E}|X_n|^r=\mathsf{E}|X|^r<\infty.$$

特别地, 对于非负随机变量序列 $\{X,X_n,n\geqslant 1\}$, 若 $X_n\xrightarrow{\mathrm{d}}X$, 则由推论 5.1.2 知, $\mathsf{E}[X_n]\longrightarrow\mathsf{E}[X]<\infty$ 的充要条件为 $\{X_n,n\geqslant 1\}$ 是一致可积的.

例 5.1.1　设

$$m_k=\int_{-\infty}^{\infty}x^k\,\mathrm{d}F(x),\quad \mu_r=\int_{-\infty}^{\infty}|x|^r\,\mathrm{d}F(x)$$

分别表示分布函数 F 的 k 阶矩和 r 阶绝对矩. 设 $\{F_n,n\geqslant 1\}$ 为分布函数序列, 由定理 5.1.1 知, 存在子列 $\{F_{n'}\}$, 使 $F_{n'}\xrightarrow{\mathrm{w}}F$. 若 $|x|^{r_0}$ 关于 F_n 一致可积, $r_0>0$, 则对每个 $r\in[0,r_0)$, 当 $c\to\infty$ 时, 对 n' 一致地有

$$\int_{\{|x|>c\}}|x|^r\,\mathrm{d}F_{n'}(X)\leqslant c^{r-r_0}\int_{\{|x|>c\}}|x|^{r_0}\,\mathrm{d}F_{n'}(x)\to 0.$$

特别地, 取 $r=0$, 由上式得

$$\sup_{n\geqslant 1}\int_{\{|x|>c\}} \mathrm{d}F_{n'}(X)\to 0,\quad c\to\infty,$$

即 $\operatorname{Var}F_{n'}\to\operatorname{Var}F$. 由命题 5.1.3 得 $F_{n'}\xrightarrow{\mathrm{c}}F$. ◁

例 5.1.2 设 $F_n\xrightarrow{\mathrm{w}}F$, 且对每个 $p>0$, 有

$$\limsup_{n\to\infty}\int_{-\infty}^{\infty}|x|^p\,\mathrm{d}F_n(x)<\infty,$$

则对任一对满足 $pr>1+q$ 的非负 q 和 r, 有

$$\lim_{n\to\infty}\int_{-\infty}^{\infty}(1+|x|^q)\,|F_n(x)-F(x)|^r\,\mathrm{d}x=0.$$

证 令 $c=\limsup\limits_{n\to\infty}\int_{-\infty}^{\infty}|x|^p\,\mathrm{d}F_n(x)<\infty$. 由定理 5.1.3 知, 若 $a>0$, 且 $\pm a\in C(F)$, 则

$$\int_{-a}^{a}|x|^p\,\mathrm{d}F(x)=\lim_{n\to\infty}\int_{-a}^{a}|x|^p\,\mathrm{d}F_n(x)\leqslant c.$$

令 $\pm a$ 沿着 $C(F)$ 趋于 $\pm\infty$, 则

$$\int_{-\infty}^{\infty}|x|^p\,\mathrm{d}F(x)\leqslant c.$$

当 $x<-1$ 时,

$$|x|^pF(x)=|x|^p\int_{-\infty}^{x}\mathrm{d}F(y)\leqslant\int_{-\infty}^{x}|y|^p\,\mathrm{d}F(y)\leqslant c;$$

当 $x>1$ 时,

$$|x|^p[1-F(x)]=|x|^p\int_{x}^{\infty}\mathrm{d}F(y)\leqslant\int_{x}^{\infty}|y|^p\,\mathrm{d}F(y)\leqslant c.$$

在上述两个估计式中, 以 F_n 替换 F, 以 $c+1$ 替换 c, 则当 n 充分大时仍成立. 由此可得, 对 $|x|>1$ 和一切充分大的 n, 有

$$|F_n(x)-F(x)|\leqslant(c+1)\,|x|^{-p}.$$

因此, 对任意 $q\geqslant 0$ 和一切充分大的 n, 有

$$(1+|x|^q)\,|F_n(x)-F(x)|^r\leqslant G(x),$$

其中

$$G(x)=\begin{cases}2, & |x|\leqslant 1,\\ (c+1)^r(1+|x|^q)\,|x|^{-pr}, & |x|>1.\end{cases}$$

若 $q\geqslant 0$ 且 $pr-q>1$, 则 $G(x)$ 在 $\mathbb{R}$ 上绝对可积, 而 $F_n\xrightarrow{\mathrm{w}}F$, 故除了可列个点外, F_n 处处收敛于 F. 因而, 由控制收敛定理得

$$\lim_{n\to\infty}\int_{-\infty}^{\infty}(1+|x|^q)\,|F_n(x)-F(x)|^r\,\mathrm{d}x=\int_{-\infty}^{\infty}(1+|x|^q)\,\lim_{n\to\infty}|F_n(x)-F(x)|^r\,\mathrm{d}x=0.$$ ◁

5.2 特征函数和分布函数

5.2.1 逆转公式

设 $(\Omega, \mathscr{A}, \mathsf{P})$ 是一个概率空间, $\{X_i, i \in I\}$ 是其上的一列随机变量, 它们的概率性质 (如分布、各种相依性、各种收敛性等) 是通过该族随机变量的概率分布来表述的. 但是概率分布是集函, 应用上不方便. 由此引入分布函数的概念, 这是一个点函数, 随机变量族的概率性质可以通过分布函数来描述, 这是我们比较熟悉的. 处理点函数的一种常用方法是 Fourier 变换. 把它引申过来, 即为我们的特征函数 (characteristic function).

定义 5.2.1 设 F 为分布函数, 则实变量复值函数

$$f(t) = \int_{-\infty}^{\infty} \mathrm{e}^{\mathrm{i}\,tx}\,\mathrm{d}F(x) = \int_{-\infty}^{\infty} \cos tx\,\mathrm{d}F(x) + \mathrm{i}\int_{-\infty}^{\infty} \sin tx\,\mathrm{d}F(x)$$

称为 F 的特征函数. 如果 F 是某个随机变量 X 的分布函数, 则称

$$\mathsf{E}\left[\mathrm{e}^{\mathrm{i}\,tX}\right] = \int_{-\infty}^{\infty} \mathrm{e}^{\mathrm{i}\,tx}\,\mathrm{d}F(x)$$

为随机变量 X 的特征函数.

特征函数有许多优良性质. 特别地, 特征函数是以 1 为界的连续实变量复值函数. 下面我们将证明特征函数和分布函数之间可以建立一一对应. 利用此性质, 我们可以用特征函数来研究独立随机变量和的分布函数、相依随机变量序列部分和的渐近性质, 以及其他许多与分布有关的性质. 下面先证明特征函数和分布函数是一一对应的.

定理 5.2.1 (逆转公式) 设 f 是分布函数 F 的特征函数, 则对任意 $a, b \in \mathbb{R}$,

$$\frac{F(b)+F(b-)}{2} - \frac{F(a)+F(a-)}{2} = \lim_{c\to\infty} \frac{1}{2\pi}\int_{-c}^{c} \frac{\mathrm{e}^{-\mathrm{i}ta} - \mathrm{e}^{-\mathrm{i}tb}}{\mathrm{i}t} f(t)\,\mathrm{d}t. \tag{5.5}$$

特别地, 当 $a, b \in C(F)$ 时,

$$F(b) - F(a) = \lim_{c\to\infty} \frac{1}{2\pi}\int_{-c}^{c} \frac{\mathrm{e}^{-\mathrm{i}ta} - \mathrm{e}^{-\mathrm{i}tb}}{\mathrm{i}t} f(t)\,\mathrm{d}t.$$

证 不妨设 $a < b$. 考察积分

$$\begin{aligned} J(c) &\triangleq \frac{1}{2\pi}\int_{-c}^{c} \frac{\mathrm{e}^{-\mathrm{i}ta} - \mathrm{e}^{-\mathrm{i}tb}}{\mathrm{i}t} f(t)\,\mathrm{d}t \\ &= \frac{1}{2\pi}\int_{-c}^{c} \left[\int_{-\infty}^{\infty} \frac{\mathrm{e}^{-\mathrm{i}ta} - \mathrm{e}^{-\mathrm{i}tb}}{\mathrm{i}t}\,\mathrm{e}^{\mathrm{i}tx}\,\mathrm{d}F(x)\right]\mathrm{d}t. \end{aligned}$$

由于

$$\left|\frac{\mathrm{e}^{-\mathrm{i}ta} - \mathrm{e}^{-\mathrm{i}tb}}{\mathrm{i}t}\,\mathrm{e}^{\mathrm{i}tx}\right| \leqslant \left|\int_a^b \mathrm{e}^{-\mathrm{i}tu}\,\mathrm{d}u\right| \leqslant b - a,$$

所以积分 $J(c)$ 有限. 利用 Fubini 定理, 交换积分顺序得

$$\begin{aligned}J(c)&=\frac{1}{2\pi}\int_{-\infty}^{\infty}\left(\int_{-c}^{c}\frac{\mathrm{e}^{-\mathrm{i}ta}-\mathrm{e}^{-\mathrm{i}tb}}{\mathrm{i}t}\mathrm{e}^{\mathrm{i}tx}\,\mathrm{d}t\right)\mathrm{d}F(x)\\&=\frac{1}{\pi}\int_{-\infty}^{\infty}\left[\int_0^c\frac{\sin t(x-a)}{t}\,\mathrm{d}t-\int_0^c\frac{\sin t(x-b)}{t}\,\mathrm{d}t\right]\mathrm{d}F(x)\\&=\frac{1}{\pi}\int_{-\infty}^{\infty}\left[I(x-a,c)-I(x-b,c)\right]\mathrm{d}F(x),\end{aligned}\tag{5.6}$$

其中

$$I(\gamma,x)=\int_0^x\frac{\sin\gamma u}{u}\,\mathrm{d}u.$$

注意到

$$\begin{aligned}I(1,x)&=\int_0^x\sin u\left(\int_0^\infty e^{-uv}\,\mathrm{d}v\right)\mathrm{d}u=\int_0^\infty\left(\int_0^x e^{-uv}\sin u\,\mathrm{d}u\right)\mathrm{d}v\\&=\int_0^\infty\left(\frac{1}{1+v^2}-\frac{v\sin x+\cos x}{1+v^2}\mathrm{e}^{-vx}\right)\mathrm{d}v\\&=\frac{\pi}{2}-\int_0^\infty\frac{s\sin x+x\cos x}{x^2+s^2}\mathrm{e}^{-s}\,\mathrm{d}s\\&\to\frac{\pi}{2},\quad x\to\infty,\end{aligned}$$

其中最后一式利用了控制收敛定理. 于是

$$\lim_{x\to\infty}I(\gamma,x)=\frac{\pi}{2}\operatorname{sgn}(\gamma),$$

这里 $\operatorname{sgn}(\cdot)$ 为符号函数. 因而

$$\lim_{c\to\infty}[I(x-a,c)-I(x-b,c)]=\begin{cases}\pi, & a<x<b,\\ \pi/2, & x=a,b,\\ 0, & x\notin[a,b].\end{cases}\tag{5.7}$$

由此知, 对一切 x, 当 c 充分大时, 函数 $I(x-a,c)-I(x-b,c)$ 关于变量 c 有界. 将式 (5.6) 中的积分分成三部分, 分别利用控制收敛定理和式 (5.7), 得

$$\begin{aligned}\lim_{c\to\infty}J(c)&=\int_{\{a\}}\frac{1}{2}\,\mathrm{d}F(x)+\int_{(a,b)}\mathrm{d}F(x)+\int_{\{b\}}\frac{1}{2}\,\mathrm{d}F(x)\\&=\frac{F(b)+F(b-)}{2}-\frac{F(a)+F(a-)}{2}.\end{aligned}$$

定理证毕. ∎

推论 5.2.1 (唯一性定理) 分布函数由特征函数唯一确定.

证 设 F_1 和 F_2 是两个分布函数, 有共同的特征函数 f. 下面证明 $F_1=F_2$. 设 $a,b\in C(F_1)\cap C(F_2)$ 且 $a<b$, 则由逆转公式知

$$F_1(b)-F_1(a)=F_2(b)-F_2(a).$$

令 a 沿 $C(F_1)\cap C(F_2)$ 趋于 $-\infty$, 则得 $F_1(b)=F_2(b)$, 即在 $C(F_1)\cap C(F_2)$ 上 $F_1=F_2$. 从而由分布函数的右连续性知, 在 $\mathbb{R}$ 上 $F_1=F_2$. ∎

推论 5.2.2 设分布函数 F 的特征函数为 f, 则 F 在 a 点可微的充要条件是

$$\lim_{h\to 0}\lim_{c\to\infty}\frac{1}{2\pi}\int_{-c}^{c}\frac{1-\mathrm{e}^{-\mathrm{i}th}}{\mathrm{i}th}\,\mathrm{e}^{-\mathrm{i}ta}f(t)\,\mathrm{d}t$$

存在且有限, 此时, $F'(a)$ 等于上式的值. 特别地, 如果特征函数 f 在 $\mathbb{R}$ 上绝对可积, 则 F' 在 $\mathbb{R}$ 上处处存在, 而且有界连续, 满足

$$F'(x)=\frac{1}{2\pi}\int_{-\infty}^{\infty}\mathrm{e}^{-\mathrm{i}tx}f(t)\,\mathrm{d}t, \tag{5.8}$$

即密度函数和特征函数是一对 Fourier 变换和反变换.

证 前一结论由导数的定义及逆转公式即得. 对于后一结论, 任取 $a\in\mathbb{R}$, 令 $b_n\in C(F)$ 且 $b_n\downarrow a$, 我们有

$$F(b_n)-\frac{F(a)+F(a-)}{2}\leqslant\frac{b_n-a}{2\pi}\int_{-\infty}^{\infty}|f(t)|\,\mathrm{d}t<\infty,$$

于是 $F(b_n)-[F(a)+F(a-)]/2\to 0$. 注意到 $F(b_n)\to F(a)$, 我们有 $F(a)=F(a-)$, 即 $F(x)$ 处处连续.

另外, 由于

$$\begin{aligned}\int_{-\infty}^{\infty}\left|\frac{1-\mathrm{e}^{-\mathrm{i}th}}{\mathrm{i}th}\,\mathrm{e}^{-\mathrm{i}ta}f(t)\right|\mathrm{d}t&=\int_{-\infty}^{\infty}\left|\int_0^1\mathrm{e}^{-\mathrm{i}uth}\,\mathrm{d}u\right|\cdot|f(t)|\,\mathrm{d}t\\&\leqslant\int_{-\infty}^{\infty}|f(t)|\,\mathrm{d}t<\infty,\end{aligned}$$

所以

$$\lim_{c\to\infty}\frac{1}{2\pi}\int_{-c}^{c}\frac{1-\mathrm{e}^{-\mathrm{i}th}}{\mathrm{i}th}\,\mathrm{e}^{-\mathrm{i}ta}f(t)\,\mathrm{d}t=\frac{1}{2\pi}\int_{-\infty}^{\infty}\frac{1-\mathrm{e}^{-\mathrm{i}th}}{\mathrm{i}th}\,\mathrm{e}^{-\mathrm{i}ta}f(t)\,\mathrm{d}t.$$

再由控制收敛定理得

$$\begin{aligned}\lim_{h\to\infty}\frac{F(x+h)-F(x)}{h}&=\lim_{h\to 0}\frac{1}{2\pi}\int_{-\infty}^{\infty}\frac{1-\mathrm{e}^{-\mathrm{i}th}}{\mathrm{i}th}\,\mathrm{e}^{-\mathrm{i}tx}f(t)\,\mathrm{d}t\\&=\frac{1}{2\pi}\int_{-\infty}^{\infty}\lim_{h\to 0}\frac{1-\mathrm{e}^{-\mathrm{i}th}}{\mathrm{i}th}\,\mathrm{e}^{-\mathrm{i}tx}f(t)\,\mathrm{d}t\\&=\frac{1}{2\pi}\int_{-\infty}^{\infty}\mathrm{e}^{-\mathrm{i}tx}f(t)\,\mathrm{d}t,\end{aligned}$$

即式 (5.8) 成立. ∎

推论 5.2.3 设分布函数 F 的特征函数为 f, 则

$$F(x)-F(x-)=\lim_{c\to\infty}\frac{1}{2c}\int_{-c}^{c}\mathrm{e}^{-\mathrm{i}tx}f(t)\,\mathrm{d}t,\quad\forall x\in\mathbb{R}.$$

证

$$\begin{aligned}\lim_{c\to\infty}\frac{1}{2c}\int_{-c}^{c}\mathrm{e}^{-\mathrm{i}tx}f(t)\,\mathrm{d}t &= \lim_{c\to\infty}\frac{1}{2c}\int_{-c}^{c}\mathrm{d}t\int_{-\infty}^{\infty}\mathrm{e}^{\mathrm{i}t(y-x)}\,\mathrm{d}F(y)\\ &= \lim_{c\to\infty}\int_{-\infty}^{\infty}\mathrm{d}F(y)\int_{-c}^{c}\frac{\mathrm{e}^{\mathrm{i}t(y-x)}}{2c}\,\mathrm{d}t\\ &= \lim_{c\to\infty}\int_{-\infty}^{\infty}\frac{\sin(y-x)c}{(y-x)c}\,\mathrm{d}F(y)\\ &= F(x)-F(x-),\end{aligned}$$

其中倒数第二个等号利用了控制收敛定理. ∎

设 F 为纯离散分布, $F(x)=\sum\limits_{n}p_nI_{[x_n,\infty)}(x)$, 且其跳跃点 x_n 有如下形式: 存在实数 a 和 $h>0$, 使 $x_n=a+k_nh$, 其中 k_n 为非负整数. 称 F 为格子点分布.

推论 5.2.4 设格子点分布 F 的特征函数为 f, 且

$$F(x)=\sum_{n}p_nI_{[a+k_nh,\infty)}(x),$$

则

$$p_n=\frac{h}{2\pi}\int_{\{|t|<\pi/h\}}\mathrm{e}^{-\mathrm{i}t(a+k_nh)}f(t)\,\mathrm{d}t.$$

证 根据特征函数的定义,

$$f(t)\mathrm{e}^{-\mathrm{i}ta}=\sum_{\ell}\mathrm{e}^{\mathrm{i}tk_\ell h}p_\ell,\quad \forall\, t\in\mathbb{R}.$$

在上式两边同乘以 $\mathrm{e}^{-\mathrm{i}tk_nh}$, 并在区间 $|t|<\pi/h$ 上求积分即可得证. ∎

5.2.2 几种收敛性之间的关系

由于特征函数是分布函数的 Fourier 变换, 所以关于分布函数的收敛性与特征函数的收敛性有着十分紧密的联系. 令

$$\widetilde{f}(t)=\int_0^t f(u)\,\mathrm{d}u=\int_{-\infty}^{\infty}\frac{\mathrm{e}^{\mathrm{i}tx}-1}{\mathrm{i}x}\,\mathrm{d}F(x).$$

我们称 $\widetilde{f}$ 为积分特征函数. 由于 $\widetilde{f}$ 和连续的特征函数 f 是一一对应的, 而 f 又与分布函数 F 一一对应, 因此 $\widetilde{f}$ 与 F 之间也是一一对应的. 下面我们将证明分布函数的弱收敛与完全收敛分别对应于积分特征函数和特征函数序列的普通收敛性. 为方便起见, 我们总假定 f_n 和 $\widetilde{f}_n$ 分别对应分布函数 F_n 的特征函数和积分特征函数, f 和 $\widetilde{f}$ 分别对应分布函数 F 的特征函数和积分特征函数.

定理 5.2.2 如果 $F_n\xrightarrow{\mathrm{w}}F$, 则 $\widetilde{f}_n\to\widetilde{f}$; 反之, 若 $\widetilde{f}_n\to\widetilde{g}$, 则存在分布函数 F, 使 $F_n\xrightarrow{\mathrm{w}}F$ 且 $\widetilde{f}=\widetilde{g}$.

证 因为当 $x \to \infty$ 时, $(\mathrm{e}^{\mathrm{i}tx}-1)/(\mathrm{i}x) \to 0$, 所以根据 Helly-Bray 定理 (1) 中的第二个结论即得本定理的第一个结论.

若 $\widetilde{f}_n \to \widetilde{g}$, 由定理 5.1.1, 存在 $\{F_n\}$ 的子列 $\{F_{n_k}\}$, 使 $F_{n_k} \xrightarrow{\mathrm{w}} F$, 再由 Helly-Bray 定理得

$$\begin{aligned}\widetilde{g}(t) &= \lim_{k\to\infty} \tilde{f}_{n_k}(t) = \lim_{k\to\infty} \int_{-\infty}^{\infty} \frac{\mathrm{e}^{\mathrm{i}tx}-1}{\mathrm{i}x}\,\mathrm{d}F_{n_k}(x) \\ &= \int_{-\infty}^{\infty} \frac{\mathrm{e}^{\mathrm{i}tx}-1}{\mathrm{i}x}\,\mathrm{d}F(x) = \widetilde{f}(t).\end{aligned}$$

由于 $\widetilde{f}$ 完全确定了 F, 所以序列 $\{F_n\}$ 的所有弱收敛子列的极限 F 是唯一的 (因而, $F_n \xrightarrow{\mathrm{w}} F$), 且 $\widetilde{f} = \widetilde{g}$. ∎

推论 5.2.5 积分特征函数的每个序列 $\widetilde{f}_n$ 在直线上普通收敛性意义下总是列紧的 (即必有收敛子列).

推论 5.2.6 如果 $f_n \xrightarrow{\mathrm{a.e.}} g$, 则 $F_n \xrightarrow{\mathrm{w}} F$ 且 $f = g$ (a.e.), 这里 a.e. 是对 $\mathbb{R}$ 上的 Lebesgue 测度而言的.

证 因为 $f_n \xrightarrow{\mathrm{a.e.}} g$, 由 f_n 是界为 1 的连续函数知 g 是 a.e. 有界的可测函数, 所以由控制收敛定理得 $\widetilde{f}_n \to \widetilde{g}$, 其中 $\widetilde{g}(t) = \int_0^t g(u)\,\mathrm{d}u$. 由定理 5.2.2 知 $F_n \xrightarrow{\mathrm{w}} F$ 且 $\widetilde{f} = \widetilde{g}$. 注意到 $\widetilde{f}$ 的导数为 f, $\widetilde{g}$ 导数为 g, 故 $f = g$ (a.e.). ∎

定理 5.2.3 (完全收敛性准则) 如果 $F_n \xrightarrow{\mathrm{c}} F$, 则 $f_n \to f$; 反之, 若 $f_n \to g$ 且 g 在 $t=0$ 处连续, 则 $F_n \xrightarrow{\mathrm{c}} F$ 且 $f = g$.

证 设 $F_n \xrightarrow{\mathrm{c}} F$. 由 Helly-Bray 定理,

$$f_n(t) = \int_{-\infty}^{\infty} \mathrm{e}^{\mathrm{i}tx}\,\mathrm{d}F_n(x) \to \int_{-\infty}^{\infty} \mathrm{e}^{\mathrm{i}tx}\,\mathrm{d}F(x) = f(t).$$

反之, 设 $f_n \to g$ 且 g 在 $t=0$ 处连续, 则由推论 5.2.6 知 $F_n \xrightarrow{\mathrm{w}} F$ 且 $\widetilde{f} = \widetilde{g}$, 故

$$\frac{1}{t}\int_0^t f(u)\,\mathrm{d}u = \frac{1}{t}\int_0^t g(u)\,\mathrm{d}u.$$

因为 0 是 f 和 g 的连续点, 所以令 $t \to 0$, 得 $f(0) = g(0)$, 即

$$\operatorname{Var} F_n = f_n(0) \to g(0) = f(0) = \operatorname{Var} F,$$

从而, $F_n \xrightarrow{\mathrm{c}} F$. ∎

由定理 5.2.3 看出完全收敛性对应了极限特征函数在 0 点的连续性. 当 F_n 和 f_n 分别是随机变量的分布函数和特征函数时, 后面一个断言即为著名的 P. Lévy 的关于特征函数的连续性定理.

定理 5.2.4 如果特征函数 f_n 逐点收敛于特征函数 f, 则在每个有限区间 $[-T,T]$ 上收敛是一致的.

证 由定理 5.2.3 知 $F_n \xrightarrow{c} F$. 设 $a,b\in C(F)$, 则

$$|f_n(t)-f(t)| \leqslant \left|\int_a^b \mathrm{e}^{\mathrm{i}tx}\,\mathrm{d}F_n(x)-\int_a^b \mathrm{e}^{\mathrm{i}tx}\,\mathrm{d}F(x)\right| + (\operatorname{Var}F_n - F_n(a,b]) + (\operatorname{Var}F - F(a,b]).$$

对任意给定的 $\epsilon>0$, 依次取绝对值充分大的 a 和 b, 使得

$$\operatorname{Var}F - F(a,b] < \frac{\epsilon}{6}.$$

对于取定的 a,b, 存在 $N_1>0$, 当 $n>N_1$ 时,

$$\operatorname{Var}F_n - F_n(a,b] < \operatorname{Var}F - F(a,b] + \frac{\epsilon}{6} < \frac{\epsilon}{3}.$$

现在只要证明当 n 充分大时, 对任意 $t\in[-T,T]$ 一致地有

$$\varDelta_n \triangleq \left|\int_a^b \mathrm{e}^{\mathrm{i}tx}\,\mathrm{d}F_n(x)-\int_a^b \mathrm{e}^{\mathrm{i}tx}\,\mathrm{d}F(x)\right| \leqslant \frac{\epsilon}{2}. \tag{5.9}$$

为此, 对区间 $[a,b]$ 做如下的分割: $a=x_{m0}<x_{m1}<\cdots<x_{mm}=b$, 使所有的 $x_{mj}\in C(F)$ 且 $\tau_m=\max\limits_{1\leqslant j\leqslant m}(x_{mj}-m_{m,j-1})\to 0\ (m\to\infty)$. 再任取 $\xi_j\in(x_{m,j-1},x_{mj}]\ (j=1,\cdots,m)$. 于是, 对任意 $t\in[-T,T]$,

$$\begin{aligned}\varDelta_n &\leqslant \left|\int_a^b \mathrm{e}^{\mathrm{i}tx}\,\mathrm{d}F_n(x)-\sum_{j=1}^m \mathrm{e}^{\mathrm{i}t\xi_j}F_n(x_{m,j-1},x_{mj}]\right| \\ &\quad+\left|\int_a^b \mathrm{e}^{\mathrm{i}tx}\,\mathrm{d}F(x)-\sum_{j=1}^m \mathrm{e}^{\mathrm{i}t\xi_j}F(x_{m,j-1},x_{mj}]\right| \\ &\quad+\left|\sum_{j=1}^m \mathrm{e}^{\mathrm{i}t\xi_j}F_n(x_{m,j-1},x_{mj}]-\sum_{j=1}^m \mathrm{e}^{\mathrm{i}t\xi_j}F(x_{m,j-1},x_{mj}]\right| \\ &\leqslant \sum_{j=1}^m |F_n(x_{m,j-1},x_{mj}]-F(x_{m,j-1},x_{mj}]| + T\tau_m(\operatorname{Var}F_n+\operatorname{Var}F),\end{aligned} \tag{5.10}$$

其中最后一个不等号利用了 $|\mathrm{e}^{\mathrm{i}tx}-\mathrm{e}^{\mathrm{i}ty}|\leqslant T|x-y|\ (\forall t\in[-T,T])$. 注意到 $\operatorname{Var}F_n$ 一致有界, 首先选取 m 使得式 (5.10) 第二项小于 $\epsilon/4$; 对取定的 m, 必存在 N_2, 当 $n>N_2$ 时, 式 (5.10) 第一项小于 $\epsilon/4$. 于是, 当 $n>N_2$ 时, 式 (5.9) 对 $t\in[-T,T]$ 一致成立. ∎

推论 5.2.7 设 f_n 和 f 为特征函数. 若 $f_n\to f$ 且 $t_n\to t\in\mathbb{R}$, 则 $f_n(t_n)\to f(t)$.

证 由于 $|f_n(t_n)-f(t)|\leqslant|f_n(t_n)-f(t_n)|+|f(t_n)-f(t)|$, 故由定理 5.2.4 知特征函数的收敛在有限区间上是一致的, 故上式当 $n\to\infty$ 时趋于零. ∎

定义 5.2.2　设 F_1 和 F_2 为分布函数. 称

$$F(x)=\int_{-\infty}^{\infty}F_1(x-y)\,\mathrm{d}F_2(y)$$

为 F_1 和 F_2 的卷积 (convolution), 记为 $F=F_1*F_2$.

由归纳法, 容易定义 n 重卷积 $F^{*(n)}=(F_1*F_2*\cdots*F_{n-1})*F_n$.

对每个固定的 y, $F_1(x-y)$ 作为 x 的函数是非降和右连续的, 而且取值于 $[0,1]$. 因此由控制收敛定理, F 也是一个分布函数, 进而有 $\operatorname{Var}F=\operatorname{Var}F_1\cdot\operatorname{Var}F_2$, 这是因为

$$\begin{aligned}F(\infty)\geqslant F(2m)&=\int_{-\infty}^{\infty}F_1(2m-y)\,\mathrm{d}F_2(y)\\&\geqslant\int_{\{y\leqslant m/2\}}F_1(2m-y)\,\mathrm{d}F_2(y)\geqslant F_1\left(\frac{m}{2}\right)F_2\left(\frac{m}{2}\right).\end{aligned}$$

令 $m\to\infty$, 得 $\operatorname{Var}F\geqslant\operatorname{Var}F_1\cdot\operatorname{Var}F_2$. 另外, 有

$$\begin{aligned}\operatorname{Var}F&=\lim_{x\to\infty}\int_{-\infty}^{\infty}F_1(x-y)\,\mathrm{d}F_2(y)\\&\leqslant\operatorname{Var}F_1\int_{-\infty}^{\infty}\mathrm{d}F_2(y)=\operatorname{Var}F_1\cdot\operatorname{Var}F_2.\end{aligned}$$

更一般地, 若 $F=F_1*F_2*\cdots*F_n$, 则

$$\operatorname{Var}F=\prod_{j=1}^{n}\operatorname{Var}F_j.$$

命题 5.2.1　若 $F=F_1*F_2$, 则 $f=f_1\cdot f_2$; 反之亦然.

证　设 $F=F_1*F_2$, $-\infty<a<b<\infty$, 取 $[a,b]$ 的分割点为 $a=x_{m0}<x_{m1}<\cdots<x_{mm}=b$ 且 $\tau_m=\max\limits_{1\leqslant j\leqslant m}(x_{mj}-x_{m,j-1})\to0\ (m\to\infty)$, 则由积分和卷积的定义有

$$\begin{aligned}\int_a^b\mathrm{e}^{\mathrm{i}tx}\,\mathrm{d}F(x)&=\lim_{m\to\infty}\sum_{j=1}^{m}\mathrm{e}^{\mathrm{i}tx_{mj}}F(x_{m,j-1},x_{mj}]\\&=\lim_{m\to\infty}\int_{-\infty}^{\infty}\sum_{j=1}^{m}\mathrm{e}^{\mathrm{i}t(x_{mj}-y)}F_1(x_{m,j-1}-y,x_{mj}-y]\mathrm{e}^{\mathrm{i}ty}\,\mathrm{d}F_2(y)\\&=\int_{-\infty}^{\infty}\left[\int_{a-y}^{b-y}\mathrm{e}^{\mathrm{i}tx}\,\mathrm{d}F_1(x)\right]\mathrm{e}^{\mathrm{i}ty}\,\mathrm{d}F_2(y),\end{aligned}$$

其中最后一个等号利用了控制收敛定理. 令 $a\to-\infty$, $b\to\infty$, 有

$$\int_{-\infty}^{\infty}\mathrm{e}^{\mathrm{i}tx}\,\mathrm{d}F(x)=\int_{-\infty}^{\infty}\left(\int_{-\infty}^{\infty}\mathrm{e}^{\mathrm{i}tx}\,\mathrm{d}F_1(x)\right)\mathrm{e}^{\mathrm{i}ty}\,\mathrm{d}F_2(y)=f_1(t)f_2(t).$$

反之, 设 $f=f_1\cdot f_2$, 且 f_1,f_2 和 f 分别是分布函数 F_1,F_2 和 F 的特征函数. 由以上知 F_1*F_2 的特征函数为 $f_1\cdot f_2=f$. 又由于特征函数与分布函数之间是一一对应的, 故 $F_1*F_2=F$. ∎

推论 5.2.8 (1) 分布函数的卷积满足交换律和结合律, 即

$$F_1 * F_2 = F_2 * F_1,$$
$$F_1 * (F_2 * F_3) = (F_1 * F_2) * F_3.$$

(2) 特征函数的乘积仍是特征函数. 特别地, 若 f 为特征函数, 则 $|f|^2$ 也是特征函数.

证 仅给出 (2) 的后半部分断言的证明. 由于 f 的共轭 $\bar{f}$ 是 $F(\infty) - F(-x-)$ 的特征函数, 直观上, 可设可测函数 X 的分布函数为 F, 对应的特征函数为 f, 则 $-X$ 的特征函数为 $\bar{f}$, 这是因为 $\mathsf{E}[\mathrm{e}^{\mathrm{i}t(-X)}] = \overline{\mathsf{E}[\mathrm{e}^{\mathrm{i}tX}]} = \bar{f}(t)$. ∎

在以后关于证明随机变量序列收敛性的命题中, 常使用“对称化”的技巧. 设 X 的分布函数和特征函数分别为 F 和 f, 再设 X' 是与 X 独立同分布的随机变量 (为讨论 X 的概率性质, 可以在另一个概率空间 (如乘积空间) 上构造 X 和 X', 所以可以假定这样的 X' 存在). 令 $X^{\mathrm{s}} = X - X'$, 称之为 X 的对称化随机变量, 则 X^{s} 的分布函数为 $F_X * F_{-X}$, 对应的特征函数为 $f(t) \cdot f(-t) = |f|^2$.

5.3 随机变量特征函数的初等性质

以下我们主要研究随机变量特征函数的性质. 因为随机变量与可测函数的区别仅在于可测函数可以以正概率取值无穷, 故可测函数对应的分布函数满足 $F(-\infty) \geqslant 0$, $F(\infty) \leqslant 1$, 而 $F(-\infty)$ 和 $1 - F(\infty)$ 分别为可测函数取值 $-\infty$ 和 ∞ 的概率, 对随机变量而言, $F(-\infty) = 0$, $F(\infty) = 1$, 即 $\operatorname{Var} F = 1$. 所以为简洁起见, 我们仅研究 $f(0) = \operatorname{Var} F = 1$ 的这种特征函数, 即随机变量的特征函数.

5.3.1 特征函数的一般性质

设 X 为随机变量. 若 $\mathsf{P}(X \leqslant x) = \mathsf{P}(X \geqslant x), \forall x \in \mathbb{R}$, 则称 X 为对称的.

性质 5.3.1 (1) $|f(t)| \leqslant 1$, $f(-t) = \bar{f}(t)$.

(2) 设 $a, b \in \mathbb{R}$. 若随机变量 X 的特征函数为 f, 则 $a + bX$ 的特征函数为 $\mathrm{e}^{\mathrm{i}ta} f(bt)$. 特别地, $-X$ 的特征函数为 $\bar{f}$.

(3) 若随机变量 X 的特征函数为 f, 则 f 是实值的充要条件是 X 为对称随机变量.

(4) 特征函数的凸组合仍是特征函数, 即若 $\sum\limits_{j=1}^{n} a_j = 1, a_j \geqslant 0\ (j = 1, \cdots, n)$, $f_1, \cdots, f_n$ 为特征函数, 则 $\sum\limits_{j=1}^{n} a_j f_j$ 为特征函数.

性质 (1) $\sim$ (3) 由定义即得, 而性质 (4) 可由命题 5.1.1 得出.

性质 5.3.2　若 F 为纯离散型分布, 即

$$F(x)=\sum_{k=1}^{\infty}p_k I_{[x_k,\infty)}(x),$$

则对应的特征函数为 $f(t)=\sum\limits_{k=1}^{\infty}p_k\mathrm{e}^{\mathrm{i}tx_k}$. 特别地, 若 F 为格子点分布, 则

$$f(t)=\mathrm{e}^{\mathrm{i}ta}\sum_{k=1}^{\infty}p_k\,\mathrm{e}^{\mathrm{i}tn_kh},$$

其中 $x_k=a+n_kh$. 如果 F 只有一个跳跃点, 则称 F 为退化分布. 当 $t=2\pi/h$ 时,

$$\left|f\left(\frac{2\pi}{h}\right)\right|=\left|\sum_{k=1}^{\infty}p_k\mathrm{e}^{\mathrm{i}2\pi n_k}\right|=1.$$

这一性质也刻画了格子点分布, 即我们有:

命题 5.3.1　f 为格子点分布的特征函数的充要条件是,存在实数 $t_0\neq 0$,使 $|f(t_0)|=1$.

证　必要性由性质 5.3.2 得到. 下面证充分性. 设 $|f(t_0)|=1$, $t_0\neq 0$, 则存在实数 θ, 使 $f(t_0)=\mathrm{e}^{\mathrm{i}t_0\theta}$, 即

$$\int_{-\infty}^{\infty}\mathrm{e}^{\mathrm{i}t_0x}\,\mathrm{d}F(x)=\mathrm{e}^{\mathrm{i}t_0\theta}\quad 或\quad \int_{-\infty}^{\infty}\mathrm{e}^{\mathrm{i}t_0(x-\theta)}\,\mathrm{d}F(x)=1.$$

两边取实部, 得

$$\int_{-\infty}^{\infty}\{1-\cos[t_0(x-\theta)]\}\,\mathrm{d}F(x)=0.\tag{5.11}$$

由于 $1-\cos[t_0(x-\theta)]$ 连续、有界、非负, 所以若式 (5.11) 成立, 则 F 为纯离散分布, 且它的不连续点包含在 $1-\cos[t_0(x-\theta)]$ 的零点中. 由此可知 F 的不连续点必然在 $\{\theta+2\pi k/t_0, k\in\mathbb{Z}\}$ 中. ∎

命题 5.3.1 蕴涵了对非退化分布的特征函数, 必有 $|f(t)|<1$ (a.e.). 若 $f(t)$ 非退化, $\alpha<0$, 则 $[f(t)]^{\alpha}$ 不可能为特征函数, 故我们还可以得到: 特征函数的倒数仍为特征函数的分布只能是退化分布.

推论 5.3.1　若存在不可约的非零实数 t_1 和 t_2,使 $|f(t_1)|=|f(t_2)|=1$, 则 $|f(t)|\equiv 1$, 即 f 是退化分布的特征函数.

由分布函数的 Lebesgue 分解, 我们可以导出如下对应的特征函数的分解.

性质 5.3.3　(特征函数的 Lebesgue 分解) 若

$$F=\alpha_1F_{\mathrm{ac}}+\alpha_2F_{\mathrm{s}}+\alpha_3F_{\mathrm{d}},\quad \alpha_j\geqslant 0,\quad \sum_{j=1}^{3}\alpha_j=1,$$

其中 $F_{\mathrm{ac}}, F_{\mathrm{s}}$ 和 F_{d} 分别为绝对连续、奇异连续和阶梯分布, 则对应的特征函数有如下分解:

$$f=\alpha_1f_{\mathrm{ac}}+\alpha_2f_{\mathrm{s}}+\alpha_3f_{\mathrm{d}}.$$

注 1 若 $\alpha_3=1$, 则 f 是纯离散分布的特征函数, 其特点是对每个 $\beta\in(0,1)$, 存在无穷多个 t, 使 $|f(t)|>1-\beta$, 因此

$$\limsup_{|t|\to\infty}|f(t)|=1.$$

若 $\alpha_1=1$, 则 $f(t)$ 是绝对连续分布的特征函数. 由 Riemann-Lebesgue 引理有

$$\lim_{|t|\to\infty}f(t)=0.$$

若 $\alpha_2=1$, 则 $f(t)$ 不必趋于 0, 故

$$\limsup_{|t|\to\infty}|f(t)|=L,\quad L\in(0,1).$$

5.3.2 与特征函数有关的不等式性质

性质 5.3.4 (加倍不等式) 设 f 为特征函数, 则

$$\mathrm{Re}[1-f(t)]\geqslant\frac{1}{4^n}\mathrm{Re}[1-f(2^nt)].\tag{5.12}$$

证 由

$$1-\cos tx=2\sin^2\frac{tx}{2}\geqslant2\sin^2\frac{tx}{2}\cos^2\frac{tx}{2}=\frac{1}{2}\sin^2tx=\frac{1}{4}(1-\cos2tx),$$

得

$$\begin{aligned}\mathrm{Re}[1-f(t)]&=\int_{-\infty}^{\infty}(1-\cos tx)\,\mathrm{d}F(x)\\&\geqslant\frac{1}{4}\int_{-\infty}^{\infty}(1-\cos2tx)\,\mathrm{d}F(x)=\frac{1}{4}\mathrm{Re}[1-f(2t)].\end{aligned}$$

再由归纳法即得结论. ∎

推论 5.3.2 设当 $|t|\geqslant B$ 时, $|f(t)|\leqslant A<1$, 则对 $\forall|t|<B$, 有

$$|f(t)|<1-\frac{(1-A^2)t^2}{8B^2}.$$

证 对 $|f(t)|^2$ 应用式 (5.12), 得

$$1-|f(t)|^2\geqslant\frac{1}{4^n}[1-|f(2^nt)|^2].\tag{5.13}$$

对任意固定的 $|t|<B$, 取 n, 使 $2^{-n}B\leqslant|t|<2^{-(n-1)}B$, 即 $B\leqslant2^n|t|<2B$. 由已知条件知 $|f(2^nt)|\leqslant A$, 而 $4^{-n}>t^2/(4B^2)$, 故由式 (5.13) 有

$$1-|f(t)|^2>\frac{(1-A^2)t^2}{4B^2}.$$

当 $|x|<1$ 时, $\sqrt{1-x}<1-x/2$, 故结合上式得

$$|f(t)|<\left[1-\frac{(1-A^2)t^2}{4B^2}\right]^{1/2}<1-\frac{(1-A^2)t^2}{8B^2}.$$ ∎

推论 5.3.3 如果特征函数 f 满足 Cramer 条件

$$\limsup_{|t|\to\infty}|f(t)|<1,$$

则对任意 $\epsilon>0$, 存在 $c\in(0,1)$, 使得当 $|t|\geqslant\epsilon$ 时, 有 $|f(t)|<c$.

证 由 Cramer 条件, 存在正常数 $A<1$ 和 B, 使得当 $|t|\geqslant B$ 时, $|f(t)|\leqslant A$. 由推论 5.3.2 知, 对任意 $\epsilon>0$, 当 $\epsilon<|t|<B$ 时, 有

$$|f(t)|\leqslant 1-\frac{(1-A^2)t^2}{8B^2}\leqslant 1-\frac{(1-A^2)\epsilon^2}{8B^2}.$$

令 $c=\max\{A,1-(1-A^2)\epsilon^2/(8B^2)\}$, 即得本推论. ∎

性质 5.3.5 若 $f(t)$ 是非退化分布的特征函数, 则存在正数 δ 和 ϵ, 使当 $|t|\leqslant\delta$ 时, 有

$$|f(t)|\leqslant 1-\epsilon t^2.$$

证 由

$$1-\cos tx\geqslant\frac{t^2x^2}{2}\left(1-\frac{t^2x^2}{12}\right),$$

知

$$\begin{aligned}1-\mathrm{Re}[f(t)]&=\int_{-\infty}^{\infty}(1-\cos tx)\,\mathrm{d}F(x)\\&\geqslant\int_{\{|x|<1/t\}}\frac{t^2x^2}{2}\left(1-\frac{t^2x^2}{12}\right)\mathrm{d}F(x)\\&\geqslant\frac{11}{24}t^2\int_{\{|x|<1/t\}}x^2\,\mathrm{d}F(x).\end{aligned}$$

由于 F 非退化, 故存在 $\delta>0$, 使

$$c=\int_{\{|x|<1/\delta\}}x^2\,\mathrm{d}F(x)>0,$$

所以当 $|t|\leqslant\delta$ 时, $1-\mathrm{Re}f(t)\geqslant 11ct^2/24$. 把 $\mathrm{Re}f(t)$ 换成 $|f(t)|^2$, 经过简单运算即得所需的不等式. ∎

性质 5.3.6 (增量不等式) 对任意 $t,h\in\mathbb{R}$,

$$|f(t)-f(t+h)|^2\leqslant 2[1-\mathrm{Re}f(h)].$$

证 设随机变量 X 对应的特征函数为 f, 则

$$\begin{aligned}|f(t)-f(t+h)|^2&=\left|\mathsf{E}\left[\mathrm{e}^{\mathrm{i}tX}\right]-\mathsf{E}\left[\mathrm{e}^{\mathrm{i}(t+h)X}\right]\right|^2\\&\leqslant\mathsf{E}\left|\mathrm{e}^{\mathrm{i}tX}(1-\mathrm{e}^{\mathrm{i}hX})\right|^2=\mathsf{E}\left|1-\mathrm{e}^{\mathrm{i}hX}\right|^2\\&=2\int_{-\infty}^{\infty}(1-\cos hx)\,\mathrm{d}F(x)=2[1-\mathrm{Re}f(h)].\end{aligned}$$

∎

性质 5.3.7 (积分增量不等式) 对任意 $t \in \mathbb{R}$ 和 $h > 0$, 我们有

$$\left|\frac{1}{2h}\int_{t-h}^{t+h} f(u)\,\mathrm{d}u\right| \leqslant \frac{1}{2}[1+\mathrm{Re}f(h)]^{1/2}.$$

证 由

$$\frac{\sin^2 u}{u^2} = \frac{4}{u^2}\sin^2\frac{u}{2}\cos^2\frac{u}{2} \leqslant \cos^2\frac{u}{2} = \frac{1}{2}(1+\cos u)$$

知

$$\begin{aligned}\left|\frac{1}{2h}\int_{t-h}^{t+h} f(u)\,\mathrm{d}u\right| &= \left|\frac{1}{2h}\int_{t-h}^{t+h}\mathrm{d}u\int_{-\infty}^{\infty}\mathrm{e}^{\mathrm{i}ux}\,\mathrm{d}F(x)\right| = \frac{1}{2h}\left|\int_{-\infty}^{\infty}\mathrm{d}F(x)\int_{t-h}^{t+h}\mathrm{e}^{\mathrm{i}ux}\,\mathrm{d}u\right| \\ &= \left|\int_{-\infty}^{\infty}\mathrm{e}^{\mathrm{i}tx}\frac{\sin hx}{hx}\,\mathrm{d}F(x)\right| \leqslant \left[\int_{-\infty}^{\infty}\frac{\sin^2 hx}{(hx)^2}\,\mathrm{d}F(x)\right]^{1/2} \\ &\leqslant \left[\frac{1}{2}\int_{-\infty}^{\infty}(1+\cos hx)\,\mathrm{d}F(x)\right]^{1/2} = \frac{1}{2}[1+\mathrm{Re}f(h)]^{1/2}.\end{aligned}$$

∎

性质 5.3.8 (积分不等式) 对任意 $t > 0$, 存在正连续函数 $m(t)$ 和 $M(t)$, $m(t) < M(t)$, 使得

$$m(t)\int_0^t [1-\mathrm{Re}f(u)]\,\mathrm{d}u \leqslant \int_{-\infty}^{\infty}\frac{x^2}{1+x^2}\,\mathrm{d}F(x) \leqslant M(t)\int_0^t [1-\mathrm{Re}f(u)]\,\mathrm{d}u. \tag{5.14}$$

若 t 充分小, 还有

$$\int_{-\infty}^{\infty}\frac{x^2}{1+x^2}\,\mathrm{d}F(x) \leqslant -M(t)\int_0^t \ln[\mathrm{Re}f(u)]\,\mathrm{d}u. \tag{5.15}$$

证 首先, 证明对任意 $t \neq 0$, 存在正连续函数 $m(t)$ 和 $M(t)$, $m(t) < M(t)$, 使

$$0 < \frac{1}{M(t)} \leqslant |t|\left(1-\frac{\sin tx}{tx}\right)\frac{1+x^2}{x^2} \leqslant \frac{1}{m(t)} < \infty, \quad x \in \mathbb{R}. \tag{5.16}$$

事实上, 当 $|x| < 1$ 时, 由 $1-\dfrac{\sin tx}{tx} \leqslant t^2x^2/6$ 得

$$|t|\left(1-\frac{\sin tx}{tx}\right)\frac{1+x^2}{x^2} \leqslant \frac{|t|^3}{6}(1+x^2) \leqslant \frac{|t|^3}{3};$$

当 $|x| \geqslant 1$ 时, 由 $(1+x^2)/x^2 \leqslant 2$ 知

$$|t|\left(1-\frac{\sin tx}{tx}\right)\frac{1+x^2}{x^2} \leqslant 2|t|.$$

令 $1/m(t) = \max\{|t|^3/3, 2|t|\}$, 即得式 (5.16) 的右半边不等式. 再讨论左半边不等式. 当 $|xt| < 2$ 时,

$$1-\frac{\sin tx}{tx} > \frac{t^2x^2}{6}\left(1-\frac{t^2x^2}{20}\right) \geqslant \frac{t^2x^2}{30},$$

所以

$$|t|\left(1-\frac{\sin tx}{tx}\right)\frac{1+x^2}{x^2} \geqslant \frac{1}{30}|t|^3.$$

当 $|xt| \geqslant 2$ 时,

$$|t|\left(1-\frac{\sin tx}{tx}\right)\frac{1+x^2}{x^2} \geqslant \frac{1}{2}|t|.$$

取 $1/M(t)=\min\{|t|^3/30, |t|/2\}$, 则式 (5.16) 的左半边不等式成立.

其次, 由不等式 (5.16) 有

$$\begin{aligned}\int_0^t [1-\operatorname{Re}f(u)]\,\mathrm{d}u &= \int_0^t \mathrm{d}u \int_{-\infty}^{\infty}(1-\cos ux)\,\mathrm{d}F(x)\\ &= \int_{-\infty}^{\infty}\mathrm{d}F(x)\int_0^t (1-\cos ux)\,\mathrm{d}u\\ &= \int_{-\infty}^{\infty} t\left(1-\frac{\sin tx}{tx}\right)\frac{1+x^2}{x^2}\cdot\frac{x^2}{1+x^2}\,\mathrm{d}F(x)\\ &\leqslant \frac{1}{m(t)}\int_{-\infty}^{\infty}\frac{x^2}{1+x^2}\,\mathrm{d}F(x).\end{aligned}$$

同理, 可证式 (5.14) 的另半边不等式. 最后, 为证式 (5.15), 只要注意到当 $a \in (0,1)$ 时有不等式 $1-a \leqslant -\log a$ 即可. ∎

性质 5.3.9 (截尾不等式) 对任意 $t>0$,

$$\int_{\{|x|<1/t\}} x^2\,\mathrm{d}F(x) \leqslant \frac{3}{t^2}[1-\operatorname{Re}f(t)], \tag{5.17}$$

$$\int_{\{|x|\geqslant 1/t\}} \mathrm{d}F(x) \leqslant \frac{7}{t}\int_0^t [1-\operatorname{Re}f(u)]\,\mathrm{d}u. \tag{5.18}$$

当 t 充分小时, 可把上式中的 $1-\operatorname{Re}f(u)$ 换成 $-\ln[\operatorname{Re}f(u)]$.

证　先证式 (5.17):

$$\begin{aligned}1-\operatorname{Re}f(t) &= \int_{-\infty}^{\infty}(1-\cos tx)\,\mathrm{d}F(x)\\ &\geqslant \int_{\{|x|<1/t\}}\frac{t^2x^2}{2}\left(1-\frac{t^2x^2}{12}\right)\mathrm{d}F(x)\\ &\geqslant \frac{11}{24}t^2\int_{\{|x|<1/t\}} x^2\,\mathrm{d}F(x),\end{aligned}$$

移项即得式 (5.17).

再证式 (5.18):

$$\begin{aligned}\frac{1}{t}\int_0^t [1-\operatorname{Re}f(u)]\,\mathrm{d}u &= \frac{1}{t}\int_0^t \mathrm{d}u\int_{-\infty}^{\infty}(1-\cos ux)\,\mathrm{d}F(x)\\ &= \int_{-\infty}^{\infty}\left(1-\frac{\sin tx}{tx}\right)\mathrm{d}F(x)\\ &\geqslant (1-\sin 1)\int_{\{|x|\geqslant 1/t\}}\mathrm{d}F(x)\\ &> \frac{1}{7}\int_{\{|x|\geqslant 1/t\}}\mathrm{d}F(x),\end{aligned}$$

移项即得式 (5.18). ∎

注 2 关于式 (5.18), Doob 得到另外一个结果: 对任意 $\delta>0$,

$$\int_{\{|x|\geqslant 1/t\}} \mathrm{d}F(x) \leqslant \frac{(1+2\pi t/\delta)^2}{\delta}\int_0^{\delta}[1-\mathrm{Re}f(u)]\,\mathrm{d}u. \tag{5.19}$$

例 5.3.1 证明: 若特征函数 $f_n\to g$, g 在 $t=0$ 处连续, 则 g 在 $\mathbb{R}$ 上连续.

证 由性质 5.3.6 及 g 在 $t=0$ 处连续, 有

$$\begin{aligned}|g(t+h)-g(t)|^2 &= \lim_{n\to\infty}|f_n(t+h)-f_n(t)|^2\\ &\leqslant \lim_{n\to\infty}2[1-\mathrm{Re}f_n(h)]=2[1-\mathrm{Re}\,g(h)]\to 0,\quad h\to 0,\end{aligned}$$

故 g 在 $\mathbb{R}$ 上连续. ◁

例 5.3.2 证明: 若对某个 $T>0$, $f_n(t)\to 1,\forall\,|t|<T$, 则在 $\mathbb{R}$ 上 $f_n\to 1$.

证 对 $|t|<T$, 由性质 5.3.6 得

$$|f_n(2t)-f_n(t)|^2\leqslant 2[1-\mathrm{Re}f_n(t)]\to 0,$$

故 $f_n(2t)\to 1$, 即 $f_n(t)\to 1,\forall\,|t|<2T$. 由归纳法即知对 $\mathbb{R}$ 上任一点 t 都成立, 故 $f_n(t)\to 1,\forall\,t\in\mathbb{R}$.

有趣的是本例利用实变函数的一个结论可以做进一步的改进. 设 A 为一个 Lebesgue 可测集, 其测度 $L(A)>0$, 令

$$B=\{x-y:\ x,y\in A\},$$

则存在 $T>0$, 使 $(-T,T)\subset B$. 由此结论, 例 5.3.2 可以改进为: 如果 f_n 在一个具有 Lebesgue 正测度的集合 A 上收敛于 1, 则在 $\mathbb{R}$ 上 f_n 收敛于 1. 因为对 $t\in A$, $f_n(-t)=\bar{f}_n(t)\to 1$, $1=f(0)\geqslant|f(t)|\to 1$, 所以可以假定集合 A 关于原点对称且包含原点. 故当 $t_1,t_2\in A$ 时, 有

$$|f_n(t_1-t_2)-f_n(t_1)|^2\leqslant 2[1-\mathrm{Re}f_n(-t_2)]\to 0,$$

于是 $f_n(t_2-t_1)\to 1$, 从而推知收敛点集为 $B=\{t_1-t_2: t_1,t_2\in A\}$. 由实变函数的结论可知改进的结论成立. ◁

例 5.3.3 设 $\{X_n,n\geqslant 1\}$ 为 $(\Omega,\mathscr{A},\mathsf{P})$ 上的一列随机变量. 若对某个 $T>0$, $X_{n+\nu}-X_n$ 的特征函数 $\varphi_{n+\nu,n}(t)$ 在 $[-T,T]$ 上对 $\nu\in\mathbb{N}$ 一致收敛于 1 $(n\to\infty)$, 则 X_n 依概率收敛于某个随机变量 X.

证 对任意 $\epsilon>0$, 在式 (5.19) 中, 取 $t=1/\epsilon$, $\delta=T$,

$$\sup_{\nu\geqslant 1}\mathsf{P}(|X_{n+\nu}-X_n|>\epsilon)\leqslant\sup_{\nu\geqslant 1}\frac{1}{T}\left(1+\frac{2\pi}{\epsilon T}\right)^2\int_0^T|1-\varphi_{n+\nu,n}(t)|\,\mathrm{d}t=o(1),$$

故 $\{X_n,n\geqslant 1\}$ 是依概率收敛的基本列, 从而结论成立. ◁

5.4 特征函数的微分性质及与其对应分布矩的关系

定义 5.4.1 设 $h(u)$ 为任一函数, $h(u)$ 关于增量 t 的 k 阶中心差分由下式定义:

$$\Delta_1^t h(u)=\Delta^t h(u)=h(u+t)-h(u-t),$$
$$\Delta_{k+1}^t h(u)=\Delta^t(\Delta_k^t h(u)),\quad k\geqslant 1.$$

由归纳法易证

$$\Delta_n^t h(u)=\sum_{k=0}^{n}(-1)^k\binom{n}{k}h(u+(n-2k)t).\tag{5.20}$$

特别地, 取 $h(u)=\mathrm{e}^{\mathrm{i}xu}$, 我们有

$$\Delta_n^t \mathrm{e}^{\mathrm{i}xu}=\mathrm{e}^{\mathrm{i}xu}(\mathrm{e}^{\mathrm{i}xt}-\mathrm{e}^{-\mathrm{i}xt})^n=\mathrm{e}^{\mathrm{i}xu}(2\mathrm{i}\sin xt)^n.\tag{5.21}$$

定理 5.4.1 设 f 是分布函数 F 的特征函数, $\Delta_{2k}^t f(0)/(2t)^{2k}$ 是 $f(t)$ 在原点的 $2k$ 阶中心差商. 如果

$$M\triangleq\liminf_{t\to 0}\left|\frac{\Delta_{2k}^t f(0)}{(2t)^{2k}}\right|<\infty,$$

则 F 的 $2k$ 阶矩存在, 此时对所有的 $t\in\mathbb{R}$ 及 $s=1,2,\cdots,2k$, $f^{(s)}(t)$ 存在, 且

$$f^{(s)}(t)=\mathrm{i}^s\int_{-\infty}^{\infty}x^s\mathrm{e}^{\mathrm{i}tx}\,\mathrm{d}F(x)\triangleq\mathrm{i}^s m_s,\quad s=1,\cdots,2k.\tag{5.22}$$

证 由式 (5.20) 得

$$\Delta_{2k}^t f(u)=\int_{-\infty}^{\infty}\mathrm{e}^{\mathrm{i}ux}(2\mathrm{i}\sin xt)^{2k}\,\mathrm{d}F(x),$$

故在原点的差商为

$$\left|\frac{\Delta_{2k}^t f(0)}{(2t)^{2k}}\right|=\int_{-\infty}^{\infty}\left(\frac{\sin xt}{t}\right)^{2k}\mathrm{d}F(x).$$

由 Fatou-Lebesgue 引理, 得

$$\begin{aligned}M&=\liminf_{t\to 0}\int_{-\infty}^{\infty}\left(\frac{\sin xt}{t}\right)^{2k}\mathrm{d}F(x)\\&\geqslant\int_{-\infty}^{\infty}\liminf_{t\to 0}\left(\frac{\sin xt}{t}\right)^{2k}\mathrm{d}F(x)\\&=\int_{-\infty}^{\infty}x^{2k}\,\mathrm{d}F(x)=m_{2k}.\end{aligned}$$

由此知 F 的 s $(1\leqslant s\leqslant 2k)$ 阶矩存在. 由控制收敛定理, 在 $f(t)=\int_{-\infty}^{\infty}\mathrm{e}^{\mathrm{i}tx}\,\mathrm{d}F(x)$ 两边分别对 t 求 s 阶导数, 再令 $t=0$ 即得式 (5.22). ∎

推论 5.4.1 设分布函数 F 的特征函数 f 在 $t=0$ 点有 k 阶导数. 若 k 为偶数, 则 F 有直到 k 阶的矩; 若 k 为奇数, 则 F 有直到 $k-1$ 阶的矩.

下面的例子由 Zygmund[33] 给出, 该例说明推论 5.4.1 中的结论不可改进.

例 5.4.1 设 X 为随机变量, 其概率质量函数为

$$\mathsf{P}(X=\pm j)=\frac{1}{2cj^2\ln j},\quad j=2,3,\cdots,$$

其中 $c=\sum\limits_{j=2}^{\infty}(j^2\ln j)^{-1}$, 则 X 的分布函数 F 为

$$F(x)=\frac{1}{c}\sum_{j=2}^{\infty}\frac{1}{2j^2\ln j}\left[I_{[j,\infty)}(x)+I_{[-j,\infty)}(x)\right],$$

其对应的特征函数为

$$f(t)=\frac{1}{c}\sum_{j=2}^{\infty}\frac{\cos jt}{j^2\ln j}.$$

可以证明 $f'(t)$ 存在且对 t 连续. 特别地, $f'(t)$ 在 0 点存在且连续, 但 $F(x)$ 的一阶矩不存在. ◁

推论 5.4.2 *若分布函数 F 的 s 阶矩 m_s 存在, 其中 s 为正整数, 则 F 的特征函数 f 可以微分 s 次, 且*

$$f^{(s)}(t)=\mathrm{i}^s\int_{-\infty}^{\infty}x^s\mathrm{e}^{\mathrm{i}tx}\,\mathrm{d}F(x)$$

是 t 的连续函数.

证 当 s 为偶数时, 结论前面已证明, 故只要证当 $s=2k+1$ 时结论成立即可. 为此, 设

$$\delta=\int_{-\infty}^{\infty}|x|^{2k+1}\,\mathrm{d}F(x)<\infty,$$

则对任意给定的 $\epsilon>0$, 存在 $a_0>0$, 当 $a\geqslant a_0$ 时, 有

$$\int_{\{|x|>a\}}|x|^{2k+1}\,\mathrm{d}F(x)<\epsilon.$$

又因为

$$\begin{aligned}\frac{\Delta_{2k+1}^t f(0)}{(2t)^{2k+1}}&=\int_{-\infty}^{\infty}\left(\frac{\mathrm{i}\sin xt}{t}\right)^{2k+1}\mathrm{d}F(x)\\&=\mathrm{i}^{2k+1}\left[\int_{\{|x|\leqslant a\}}+\int_{\{|x|>a\}}\right]\left(\frac{\sin xt}{t}\right)^{2k+1}\mathrm{d}F(x),\end{aligned}$$

故由控制收敛定理得

$$\lim_{t\to0}\int_{\{|x|\leqslant a\}}\left(\frac{\sin xt}{t}\right)^{2k+1}\mathrm{d}F(x)=\int_{\{|x|\leqslant a\}}x^{2k+1}\,\mathrm{d}F(x).$$

利用 $|u^{-1}\sin u|\leqslant1,\forall\,u\in\mathbb{R}$, 可知

$$\left|\int_{\{|x|>a\}}\left(\frac{\sin xt}{t}\right)^{2k+1}\mathrm{d}F(x)\right|\leqslant\int_{\{|x|>a\}}|x|^{2k+1}\,\mathrm{d}F(x)<\epsilon.$$

故

$$\lim_{t\to 0}\left|\frac{\Delta_{2k+1}^t f(0)}{(2t)^{2k+1}}-\mathrm{i}^{2k+1}\int_{\{|x|\leqslant a\}}\left(\frac{\sin xt}{t}\right)^{2k+1}\mathrm{d}F(x)\right|<\epsilon,$$

即

$$\left|f^{(2k+1)}(0)-\mathrm{i}^{2k+1}\int_{\{|x|\leqslant a\}}x^{2k+1}\,\mathrm{d}F(x)\right|<\epsilon.$$

令 $a\to\infty$, 再令 $\epsilon\to 0$, 即得

$$f^{(2k+1)}(0)=\mathrm{i}^{2k+1}\int_{-\infty}^{\infty}x^{2k+1}\,\mathrm{d}F(x).$$

对一般的 u, 我们有

$$\frac{\Delta_{2k+1}^t f(u)}{(2t)^{2k+1}}=\mathrm{i}^{2k+1}\int_{-\infty}^{\infty}\mathrm{e}^{\mathrm{i}ux}\left(\frac{\sin xt}{t}\right)^{2k+1}\mathrm{d}F(x).$$

重复上面的讨论, 可得

$$f^{(2k+1)}(u)=\mathrm{i}^{2k+1}\int_{-\infty}^{\infty}\mathrm{e}^{\mathrm{i}ux}x^{2k+1}\,\mathrm{d}F(x).$$

下面证明 $f^{(2k+1)}(t)$ 是 t 的连续函数. 注意到

$$\begin{aligned}|f^{(2k+1)}(t+h)-f^{(2k+1)}(t)|&=\left|\int_{-\infty}^{\infty}\mathrm{e}^{\mathrm{i}tx}(\mathrm{e}^{\mathrm{i}xh}-1)x^{2k+1}\,\mathrm{d}F(x)\right|\\&\leqslant\int_{\{|x|\leqslant a_0\}}\left|\mathrm{e}^{\mathrm{i}xh}-1\right|\cdot|x|^{2k+1}\,\mathrm{d}F(x)+\int_{\{|x|>a_0\}}2|x|^{2k+1}\,\mathrm{d}F(x)\\&<\int_{\{|x|\leqslant a_0\}}\left|\mathrm{e}^{\mathrm{i}xh}-1\right|\cdot|x|^{2k+1}\,\mathrm{d}F(x)+2\epsilon\\&\to 2\epsilon,\quad h\to 0,\end{aligned}$$

其中最后一步利用了控制收敛定理. 再令 $\epsilon\to 0$, 即得 $f^{(2k+1)}(t)$ 是 t 的连续函数. ∎

由定理 5.4.1 还可得如下推论:

推论 5.4.3　设 f 是分布函数 F 的特征函数. 若对偶数子序列 $\{2n_k, k\in\mathbb{N}\}$,

$$M_k\triangleq\liminf_{t\to 0}\left|\frac{\Delta_{2n_k}^t f(0)}{(2t)^{2n_k}}\right|<\infty,\quad k\in\mathbb{N},$$

则 F 的所有阶矩都存在且 $f(t)$ 可对实数 t 微分任意多次, 此时有

$$f^{(s)}(t)=\mathrm{i}^s\int_{-\infty}^{\infty}x^s\mathrm{e}^{\mathrm{i}tx}\,\mathrm{d}F(x).$$

由推论 5.4.3 知, 若分布函数 F 对应的特征函数 f 的所有阶导数在原点存在, 则 F 的所有阶矩都存在. 值得注意的是, 特征函数可以处处没有导数, 例如

$$f(t)=\sum_{k=0}^{\infty}\frac{1}{2^{k+1}}\exp(\mathrm{i}t5^k),$$

这是具有如下概率分布的随机变量 X 的特征函数:

$$\mathsf{P}(X=5^k)=2^{-(k+1)},\quad k=0,1,\cdots.$$

设分布 F 的前 n 阶矩存在, F 对应的特征函数为 f, 则 f 有 Maclaurin 展开:

$$f(t)=\sum_{j=0}^{n}\frac{f^{(j)}(0)}{j!}t^j+R_n(t),\tag{5.23}$$

其中余项

$$R_n(t)=\frac{1}{n!}\big[f^{(n)}(\theta t)-f^{(n)}(0)\big]t^n,\quad \theta\in(0,1).$$

由定理 5.4.1 得

$$f(t)=\sum_{j=0}^{n}\frac{m_j}{j!}(\mathrm{i}t)^j+R_n(t).$$

由此, 我们可以得到分布函数的矩和对应特征函数的 Maclaurin 展开之间有如下关系:

定理 5.4.2 设分布函数 F 的 n 阶矩存在, 则 F 的特征函数 f 有展开式

$$f(t)=1+\sum_{j=1}^{n}c_j(\mathrm{i}t)^j+o(t^n),\quad t\to 0.\tag{5.24}$$

反之, 若特征函数 f 有展开式 (5.24), 则当 n 为偶数时, F 有直至 n 阶的矩; 当 n 是奇数时, F 有直至 $n-1$ 阶的矩, 此时

$$c_j=\frac{m_j}{j!},\quad j=1,2,\cdots,2\left[\frac{n}{2}\right].$$

证 定理的前一部分已在推论 5.4.2 中证明, 故只需证明后一部分. 设 $f(t)$ 有展开式 (5.24), 我们知道 F 的 k 阶矩与 k 阶中心差商的下极限有关, 因此可由公式 (5.20) 来计算 $\Delta_n^t f(0)$, 这就给出了 t 的一个幂次的展开. 容易看出, 展开式中常数为 0, 故

$$\Delta_n^t f(0)=\sum_{j=1}^{n}\mathrm{i}^j c_j A_j t^j+o(t^n),\quad t\to 0,$$

其中

$$A_j=\sum_{k=0}^{n}(-1)^k\binom{n}{k}(n-2k)^j,\quad j=1,\cdots,n,$$

且当 $j+n$ 为奇数时 $A_j=0$. 由归纳法, 可以证明

$$\sum_{k=0}^{n}(-1)^k\binom{n}{k}k^s=\begin{cases}0, & 1\leqslant s<n,\\ (-1)^n n!, & s=n,\end{cases}$$

故

$$\Delta_n^t f(0)=\sum_{j=1}^{n}(\mathrm{i}t)^j c_j\sum_{k=0}^{n}(-1)^k\binom{n}{k}\sum_{l=0}^{j}\binom{j}{l}n^{j-l}(-2k)^l+o(t^n)$$

$$
\begin{aligned}
&= \sum_{j=1}^{n} (\mathrm{i}t)^j c_j \sum_{l=0}^{j} \binom{j}{l} (-2)^l n^{j-l} \left[\sum_{k=0}^{n} (-1)^k \binom{n}{k} k^l \right] + o(t^n) \\
&= (\mathrm{i}t)^n c_n (-2)^n \cdot (-1)^n n! + o(t^n) \\
&= \mathrm{i}^n (2t)^n n! c_n + o(t^n).
\end{aligned}
$$

所以当 n 为偶数时,

$$
\mathrm{i}^n m_n = \lim_{t\to 0} \frac{\Delta_n^t f(0)}{(2t)^n} = \mathrm{i}^n n! c_n,
$$

即 $c_n = m_n/n!$. 而此时 $f^{(n)}(0)$ 的存在等价于 $\lim\limits_{t\to 0} \Delta_n^t f(0)/(2t)^n$ 的存在, 从而由定理 5.4.1 得出 F 的 n 阶矩存在. 当 n 为奇数时, 由 $\lim\limits_{t\to 0} \Delta_n^t f(0)/(2t)^n$ 的存在并不能推出 F 的 n 阶矩存在. ∎

下面的反例说明: 在定理 5.4.2 中, 当 n 为奇数时, 由式 (5.24) 并不能推出 F 的 n 阶矩存在.

例 5.4.2 设

$$
p(x) = \frac{c}{x^2 \log|x|} I_{\{|x|>2\}},
$$

其中 c 是正则化常数以使 $p(x)$ 为概率密度函数. 设 F 为 $p(x)$ 对应的分布函数, 由于

$$
\int_2^A \frac{1}{x\log x}\,\mathrm{d}x = \log\log A - \log\log 2,
$$

故 F 没有正整数阶矩, 但对应的特征函数为

$$
f(t) = 2c\int_2^\infty \frac{\cos tx}{x^2 \log x}\,\mathrm{d}x.
$$

此时, 有

$$
\frac{1-f(t)}{2c} = \int_2^\infty \frac{1-\cos tx}{x^2\log x}\,\mathrm{d}x = \int_2^{1/t} \frac{1-\cos tx}{x^2\log x}\,\mathrm{d}x + \int_{1/t}^\infty \frac{1-\cos tx}{x^2\log x}\,\mathrm{d}x.
$$

因为 $1-f(t)$ 是一个实的、非负的偶函数, 对任意实数 t, 我们有

$$
0 \leqslant 1-\cos t \leqslant \min\{2, t^2\},
$$

故

$$
\begin{aligned}
\frac{1-f(t)}{2c} &\leqslant t^2 \int_2^{1/t} \frac{1}{\log x}\,\mathrm{d}x + 2\int_{1/t}^\infty \frac{1}{x^2\log x}\,\mathrm{d}x \\
&\leqslant t^2 \left(\int_2^{1/\sqrt{t}} \frac{1}{\log x}\,\mathrm{d}x + \int_{1/\sqrt{t}}^{1/t} \frac{1}{\log x}\,\mathrm{d}x \right) - \frac{2}{\log t}\int_{1/t}^\infty \frac{1}{x^2}\,\mathrm{d}x \\
&\leqslant t^2 \frac{1}{\log 2\cdot\sqrt{t}} + t^2\left(\frac{-2}{\log t}\right)\frac{1}{t} - \frac{2t}{\log t} \leqslant d_1 \left|\frac{t}{\log t}\right|,
\end{aligned}
$$

即 $1-f(t) = o(t)$ $(t\to 0)$. 此时 $f(t) = 1 + o(t)$ 有定理 5.4.2 的形式 $(n=1,\ c_1=0)$, 但 F 的一阶矩不存在. ◁

关于非整数阶矩和对应特征函数的关系, 我们有如下的命题:

命题 5.4.1 设 $\mu_{n+\delta} \triangleq \int_{-\infty}^{\infty} |x|^{n+\delta}\,\mathrm{d}F(x) < \infty$. 如果 $0 \leqslant \delta < 1$, 则

$$f(t) = \sum_{k=0}^{n-1} m_k \frac{(\mathrm{i}t)^k}{k!} + \rho_n(t), \quad t \in \mathbb{R}, \tag{5.25}$$

其中

$$\begin{aligned}\rho_n(t) &= t^n \int_0^1 \frac{(1-u)^{n-1}}{(n-1)!} f^{(n)}(tu)\,\mathrm{d}u \\ &= m_n \frac{(\mathrm{i}t)^n}{n!} + o(t^n) = \theta\,\mu_n \frac{|t|^n}{n!}, \quad |\theta| \leqslant 1.\end{aligned} \tag{5.26}$$

如果 $0 < \delta \leqslant 1$, 则

$$\rho_n(t) = m_n \frac{(\mathrm{i}t)^n}{n!} + 2^{1-\delta}\theta' \mu_{n+\delta} \frac{|t|^{n+\delta}}{(1+\delta)(2+\delta)\cdots(n+\delta)}, \quad |\theta'| \leqslant 1. \tag{5.27}$$

证 由定理 5.4.2, 我们知道展开式 (5.25) 中的主项是成立的, 因而只要证明 $\rho_n(t)$ 有表达式 (5.26) 和 (5.27). 在积分余项公式

$$\mathrm{e}^z = \sum_{k=0}^{n-1} \frac{z^k}{k!} + \int_0^1 \frac{z^n(1-u)^{n-1}}{(n-1)!} \mathrm{e}^{zu}\,\mathrm{d}u$$

中, 令 $z = \mathrm{i}tx$, 得

$$f(t) = \sum_{k=0}^{n-1} m_k \frac{(\mathrm{i}t)^k}{k!} + \int_{-\infty}^{\infty} \mathrm{d}F(x) \int_0^1 \frac{(\mathrm{i}t)^n x^n (1-u)^{n-1}}{(n-1)!} \mathrm{e}^{\mathrm{i}txu}\,\mathrm{d}u, \tag{5.28}$$

故

$$\begin{aligned}\rho_n(t) &= \frac{(\mathrm{i}t)^n}{(n-1)!} \int_0^1 (1-u)^{n-1}\,\mathrm{d}u \int_{-\infty}^{\infty} x^n (\mathrm{e}^{\mathrm{i}txu} - 1)\,\mathrm{d}F(x) + \frac{(\mathrm{i}t)^n}{n!} m_n \\ &\triangleq r_n(t) + \frac{(\mathrm{i}t)^n}{n!} m_n.\end{aligned} \tag{5.29}$$

由控制收敛定理 (因 F 的 n 阶矩存在) 得

$$\begin{aligned}&\lim_{t\to 0} \int_0^1 (1-u)^{n-1}\,\mathrm{d}u \int_{-\infty}^{\infty} x^n (\mathrm{e}^{\mathrm{i}txu} - 1)\,\mathrm{d}F(x) \\ &\quad= \int_0^1 (1-u)^{n-1}\,\mathrm{d}u \int_{-\infty}^{\infty} x^n \lim_{t\to 0} (\mathrm{e}^{\mathrm{i}txu} - 1)\,\mathrm{d}F(x) = 0,\end{aligned}$$

即

$$\rho_n(t) = m_n \frac{(\mathrm{i}t)^n}{n!} + o(t^n).$$

再由式 (5.28) 得

$$\rho_n(t) = t^n \int_0^1 \frac{(1-u)^{n-1}}{(n-1)!} f^{(n)}(tu)\,\mathrm{d}u,$$

且

$$\begin{aligned}|\rho_n(t)| &= \left|\frac{(\mathrm{i}t)^n}{(n-1)!}\int_0^1(1-u)^{n-1}\,\mathrm{d}u\int_{-\infty}^{\infty}x^n\mathrm{e}^{\mathrm{i}txu}\,\mathrm{d}F(x)\right| \\ &\leqslant \frac{|t|^n}{(n-1)!}\int_0^1(1-u)^{n-1}\,\mathrm{d}u\int_{-\infty}^{\infty}|x|^n\,\mathrm{d}F(x)=\mu_n\frac{|t|^n}{n!},\end{aligned}$$

因此存在 θ ($|\theta|\leqslant 1$), 使

$$\rho_n(t)=\theta\,\mu_n\frac{|t|^n}{n!}.$$

至此, 我们证明了式 (5.26). 最后证明 $\rho_n(t)$ 具有表达式 (5.27). 设 $0<\delta\leqslant 1$. 由于

$$|\mathrm{e}^{\mathrm{i}a}-1|=|\mathrm{e}^{\mathrm{i}a}-1|^{1-\delta}\cdot|\mathrm{e}^{\mathrm{i}a}-1|^{\delta}\leqslant 2^{1-\delta}|a|^{\delta},$$

故

$$\begin{aligned}\left|\int_0^1\frac{(1-u)^{n-1}}{(n-1)!}(\mathrm{e}^{\mathrm{i}txu}-1)\,\mathrm{d}u\right| &\leqslant 2^{1-\delta}|tx|^{\delta}\int_0^1\frac{(1-u)^{n-1}}{(n-1)!}|u|^{\delta}\,\mathrm{d}u \\ &= 2^{1-\delta}|tx|^{\delta}\frac{\Gamma(n)\Gamma(1+\delta)}{\Gamma(n+1+\delta)}=\frac{2^{1-\delta}|tx|^{\delta}}{(1+\delta)\cdots(n+\delta)}.\end{aligned}$$

于是, 式 (5.29) 中的余项 $r_n(t)$ 满足

$$r_n(t)=\theta'\mu_{n+\delta}2^{1-\delta}\frac{|t|^{n+\delta}}{(1+\delta)\cdots(n+\delta)},\quad |\theta'|\leqslant 1.$$

证毕. ∎

最后我们不加证明地引述以下几个更精确描述分布函数的矩和对应特征函数之间关系的结果, 它们可以在 Kawata 的书[20] 中找到.

定理 5.4.3　设 X 为随机变量, 满足 $\mathsf{E}|X|^{n+r}<\infty$, $0<r\leqslant 1$, n 为非负整数.

(1) 若 $0<r<1$, 则 $\mathsf{E}|X|^{n+r}<\infty$ 的充要条件是, 存在 $\delta>0$, 当 $|t|<\delta$ 时,

$$f(t)=Q_n(t)+O(|t|^{n+r}\Psi(t)),$$

其中 $Q_n(t)$ 是 t 的复系数 n 次多项式, $\Psi(t)\geqslant 0$, 且 $\int_{-\delta}^{\delta}\Psi(t)/|t|\,\mathrm{d}t<\infty$, 此时

$$\mathsf{E}|X|^{n+r}=\frac{2}{\pi}\left|\sin\left(\left(\frac{n}{2}-\left[\frac{n}{2}\right]+\frac{r}{2}\right)\pi\right)\right|\Gamma(n+r+1)\int_0^{\infty}t^{-(n+r+1)}\mathrm{Re}\,[f(t)-Q_n(t)]\,\mathrm{d}t.$$

(2) $\mathsf{E}|X|^{2n+1}<\infty$ 的充要条件是, 存在 $\delta>0$, 当 $|t|<\delta$ 时,

$$f(t)=Q_n(t^2)+O(|t|^{2n+1}\Psi(t)),$$

其中 $\Psi(t)\geqslant 0$, 且 $\int_{-\delta}^{\delta}\Psi(t)/|t|\,\mathrm{d}t<\infty$, 此时

$$\mathsf{E}|X|^{2n+1}=(-1)^{n+1}\frac{\Gamma(2n+2)}{\pi}\int_{-\infty}^{\infty}t^{-(2n+2)}\mathrm{Re}\,[f(t)-Q_n(t^2)]\,\mathrm{d}t.$$

由定理 5.4.2, 如果对一切 $n \geqslant 1$, $\mathsf{E}|X|^n < \infty$, 则 $f(t)$ 在 0 点附近有任意 n 阶的 Taylor 展开. 一个自然的问题是 Taylor 展开的半径 R 有多大? 我们有如下的结果:

定理 5.4.4 若对一切 $n \geqslant 1$, $\mu_n = \mathsf{E}|X|^n < \infty$,

$$\limsup_{n\to\infty} \frac{\sqrt[n]{\mu_n}}{n} = \frac{1}{R} < \infty,$$

则当 $|t| < R$ 时,

$$f(t) = \sum_{n=0}^{\infty} \frac{(\mathrm{i}t)^n}{n!} m_n. \tag{5.30}$$

证 设 $0 < t_0 < R$. 由 Stirling 公式 $n! \sim (n/\mathrm{e})^n \sqrt{2\pi n}$, 我们有

$$\limsup_{n\to\infty} \frac{\sqrt[n]{\mu_n}}{n} < \frac{1}{t_0} \quad \Rightarrow \quad \limsup_{n\to\infty} \frac{\sqrt[n]{\mu_n t_0^n}}{n} < 1 \quad \Rightarrow \quad \limsup_{n\to\infty} \left(\frac{\mu_n t_0^n}{n!}\right)^{1/n} < 1,$$

故幂级数 $\sum\limits_{n=1}^{\infty} m_n t_0^n/n!$ 收敛, 因此, 当 $|t| \leqslant t_0$ 时, $\sum\limits_{n=1}^{\infty} m_n (\mathrm{i}t)^n/n!$ 收敛. 但由命题 5.4.1,

$$f(t) = \sum_{k=0}^{n} \frac{(\mathrm{i}t)^k}{k!} m_k + R_n(t),$$

其中

$$|R_n(t)| \leqslant \frac{|t|^{n+1}}{(n+1)!} \mu_{n+1}.$$

故当 $|t| < R$ 时, 式 (5.30) 成立. ∎

由表达式 (5.28) 和 (5.29) 不难推出:

推论 5.4.4 对任意 $s \in \mathbb{R}$,

$$f(t) = \sum_{k=0}^{n} \frac{\mathrm{i}^k (t-s)^k}{k!} \int_{-\infty}^{\infty} x^k \mathrm{e}^{\mathrm{i}sx} \, \mathrm{d}F(x) + \frac{\mathrm{i}^n (t-s)^n}{n!} r_n(t-s),$$

其中 $|r_n(t-s)| \leqslant 2\mu_n$, 且当 $t - s \to 0$ 时 $r_n(t-s) \to 0$.

我们知道分布函数和特征函数是一一对应的, 而 $\{m_n, n \geqslant 1\}$ 是由 F 所唯一确定的. 现在反过来问, 如果 $\{m_n, n \geqslant 1\}$ 是某个随机变量的一列整数阶矩的序列, 它能否唯一确定 F? 更精确的提法是, 如果 F 和 G 都是随机变量的分布函数, 且

$$\int_{-\infty}^{\infty} x^n \, \mathrm{d}F(x) = \int_{-\infty}^{\infty} x^n \, \mathrm{d}G(x), \quad \forall\, n \geqslant 1,$$

问是否有 $F = G$? 如果对矩不加任何限制, 则回答是否定的 (见本章习题第 22 题). 下面我们利用特征函数的性质给出该问题的一个充分条件.

定理 5.4.5 设随机变量 X 的分布函数为 F, 对一切 $n \geqslant 1$, $\mu_n = \mathsf{E}|X|^n < \infty$. 如果

$$\limsup_{n\to\infty} \frac{\sqrt[n]{\mu_n}}{n} < \infty,$$

则 $\{m_n, n \geqslant 1\}$ 唯一确定 F.

证　由定理 5.4.4 知, 存在 $t_0>0$, 对一切 $|t|\leqslant t_0$, $f(t)$ 有 Taylor 展开式

$$f(t)=\sum_{k=0}^{\infty}\frac{(\mathrm{i}t)^k}{k!}m_k,$$

即当 $|t|\leqslant t_0$ 时, $\{m_n,n\geqslant 1\}$ 唯一确定了特征函数 $f(t)$. 取 $s\in\mathbb{R}$, $|s|\leqslant t_0/2$, 由推论 5.4.4 知, 当 $|t-s|\leqslant t_0$ 时,

$$f(t)=\sum_{k=0}^{\infty}\frac{(t-s)^k}{k!}f^{(k)}(s).$$

由 $\{m_n,n\geqslant 1\}$ 唯一确定. 因此, 当 $|t|\leqslant 3t_0/2$ 时, $f(t)$ 由 $\{m_n,n\geqslant 1\}$ 唯一确定. 继续这一过程, 知对一切 $t\in\mathbb{R}$, $\{m_n,n\geqslant 1\}$ 唯一确定了 $f(t)$. 由于 f 与 F 一一对应, 因此 $\{m_n,n\geqslant 1\}$ 也唯一确定了 F. ∎

5.5　特征函数的判别准则

由前面的讨论我们已经看出一个随机变量 X 的特征函数 f 实际上就是 X 分布函数的 Fourier 变换. 关于随机变量的收敛性质、分布函数矩的性质都可以通过对应的特征函数来加以研究. 我们知道函数 F 单调非降、右连续且 $F(-\infty)=0$, $F(\infty)=1$ 刻画了分布函数, 现在感兴趣的问题是如何来刻画特征函数. 逆转公式提供了刻画特征函数的一种方法, 但是这种方法往往是理论上的, 在实际中行不通. 因此有必要给出用以决定一个给定的函数是否为特征函数的准则.

首先, 由特征函数的初等性质 $|f(t)|\leqslant f(0)=1$, $f(-t)=\bar{f}(t)$ 及在有限区间上的一致连续知, 若一个函数为特征函数, 则它必须满足这些必要条件, 但这些条件不充分. 为说明这一点, 我们有:

定理 5.5.1　设 $f(t)$ 为特征函数, 满足 $f(t)=1+o(t^2)$ $(t\to 0)$, 则 $f(t)\equiv 1$.

证　由定理 5.4.2 知 $m_1=m_2=0$, 即

$$\int_{-\infty}^{\infty}x^2\,\mathrm{d}F(x)=0,$$

因此 F 在每个不包含原点的区间上是常数, 即当 $x<0$ 时, $F(x)=0$; 当 $x\geqslant 0$ 时, $F(x)=1$. 由此知 $f(t)\equiv 1$. ∎

例 5.5.1　e^{-t^4}, $1-t^4$, $\cos t^2$ 都不是特征函数.

推论 5.5.1　设 $w(t)=o(t)$ $(t\to 0)$, $w(-t)=-w(t)$. 若特征函数 f 满足

$$f(t)=1+w(t)+o(t^2)\quad(t\to 0),$$

则 $f(t)\equiv 1$.

证 因为 f 为特征函数, 所以 $|f(t)|^2$ 也是特征函数. 注意到此时 $|f(t)|^2=1+o(t^2)$, 由定理 5.5.1 知 $|f(t)|^2\equiv 1$, 从而 $f(t)=\mathrm{e}^{\mathrm{i}ta}$, 其中 a 为实数, 故

$$f(t)=1+\mathrm{i}at-\frac{1}{2}a^2t^2+o(t^2).$$

再由条件 $at=o(t)$ 得 $a=0$, 于是 $f(t)=1+o(t^2)$, 因此 $f(t)\equiv 1$. ∎

定理 5.5.2 (Bochner-Khinchin) 实变量 t 的复值函数 f 是特征函数的充要条件是

(1) $f(0)=1$;

(2) (非负定性) $f(t)$ 在 $\mathbb{R}$ 上连续, 且对任意 $n\in\mathbb{N}$ 及 n 个实数 $t_1,\cdots,t_n$ 及 $\mathbb{R}$ 上的实变量复值函数 $h(t)$, 有

$$\sum_{k=1}^{n}\sum_{j=1}^{n}f(t_k-t_j)\,h(t_k)\bar{h}(t_j)\geqslant 0. \tag{5.31}$$

证 (必要性) 设 f 为特征函数, 则已证明过 $f(t)$ 是 t 的连续函数及 $f(0)=1$. 对任给的 $n\in\mathbb{N}$ 及任给的 n 个实数 $t_1,\cdots,t_n$, 有

$$\begin{aligned}
&\sum_{k=1}^{n}\sum_{j=1}^{n}f(t_k-t_j)\,h(t_k)\bar{h}(t_j)\\
&=\sum_{k=1}^{n}\sum_{j=1}^{n}\int_{-\infty}^{\infty}\mathrm{e}^{\mathrm{i}(t_k-t_j)x}\,\mathrm{d}F(x)\,h(t_k)\bar{h}(t_j)\\
&=\int_{-\infty}^{\infty}\left[\sum_{k=1}^{n}\mathrm{e}^{\mathrm{i}t_kx}h(t_k)\right]\left[\sum_{j=1}^{n}\mathrm{e}^{-\mathrm{i}t_jx}\bar{h}(t_j)\right]\mathrm{d}F(x)\\
&=\int_{-\infty}^{\infty}\left|\sum_{k=1}^{n}\mathrm{e}^{\mathrm{i}t_kx}h(t_k)\right|^2\mathrm{d}F(x)\geqslant 0.
\end{aligned}$$

(充分性) 这个证明是 Pathak 于 1966 年给出的. 设 $f(t)$ 连续, 以及 $f(0)=1$, $h(t)=\exp\{-\mathrm{i}t-t^2\sigma^2\}$, 其中 $x\in\mathbb{R}$, $\sigma^2>0$. 由式 (5.31), 不难证明

$$\int_{-\infty}^{\infty}\int_{-\infty}^{\infty}f(u-v)\exp\{-\mathrm{i}(u-v)x-(u^2+v^2)\sigma^2\}\,\mathrm{d}u\,\mathrm{d}v\geqslant 0, \tag{5.32}$$

这是因为积分 (5.32) 可以用形如式 (5.31) 的和式逼近. 令 $t=u-v$, $s=u+v$, 则式 (5.32) 中的 $u^2+v^2=(t^2+s^2)/2$, 对 s 积分得

$$g(x,\sigma)\triangleq\frac{1}{2\pi}\int_{-\infty}^{\infty}f(t)\exp\left\{-\mathrm{i}tx-\frac{t^2\sigma^2}{2}\right\}\mathrm{d}t\geqslant 0.$$

注意到 $\exp\{-x^2\beta^2/2\}$ 是均值为 0、方差为 β^2 的正态分布的特征函数, 由推论 5.2.2 得

$$\frac{1}{2\pi}\int_{-\infty}^{\infty}\exp\left\{-\mathrm{i}tx-\frac{\beta^2x^2}{2}\right\}\mathrm{d}x=\frac{1}{\sqrt{2\pi}\beta}\exp\left\{-\frac{t^2}{2\beta^2}\right\},\quad\forall t\in\mathbb{R}. \tag{5.33}$$

于是由单调收敛定理, 令 $\beta \downarrow 0$, 得

$$\begin{aligned}
\int_{-\infty}^{\infty} g(x,\sigma)\,\mathrm{d}x &= \lim_{\beta\to 0}\int_{-\infty}^{\infty} g(x,\sigma)\exp\left\{-\frac{x^2\beta^2}{2}\right\}\mathrm{d}x \\
&= \lim_{\beta\to 0}\frac{1}{2\pi}\int_{-\infty}^{\infty}\int_{-\infty}^{\infty} f(t)\exp\left\{-\mathrm{i}tx-\frac{t^2\sigma^2}{2}-\frac{x^2\beta^2}{2}\right\}\mathrm{d}x\,\mathrm{d}t \\
&= \lim_{\beta\to 0}\frac{1}{\sqrt{2\pi}\beta}\int_{-\infty}^{\infty} f(t)\exp\left\{-\frac{t^2}{2\beta^2}-\frac{\sigma^2t^2}{2}\right\}\mathrm{d}t \\
&= \lim_{\beta\to 0}\frac{1}{\sqrt{2\pi}}\int_{-\infty}^{\infty} f(u\beta)\exp\left\{-\frac{u^2}{2}-\frac{\beta^2\sigma^2u^2}{2}\right\}\mathrm{d}u \\
&= \frac{1}{\sqrt{2\pi}}\int_{-\infty}^{\infty}\mathrm{e}^{-u^2/2}\,\mathrm{d}u = 1.
\end{aligned}$$

这说明对每个固定的 $\sigma>0$, 对 x 而言, $g(x,\sigma)$ 是一个概率密度函数. 同理, 由式 (5.33)、控制收敛定理及 f 的连续性, 可证

$$\begin{aligned}
\int_{-\infty}^{\infty} g(x,\sigma)\mathrm{e}^{\mathrm{i}tx}\,\mathrm{d}x &= \lim_{\beta\to 0}\int_{-\infty}^{\infty} g(x,\sigma)\exp\left\{\mathrm{i}tx-\frac{x^2\beta^2}{2}\right\}\mathrm{d}x \\
&= \lim_{\beta\to 0}\int_{-\infty}^{\infty}\left(\frac{1}{2\pi}\int_{-\infty}^{\infty}\exp\left\{-\mathrm{i}(s-t)x-\frac{x^2\beta^2}{2}\right\}\mathrm{d}x\right) \\
&\quad\times f(s)\exp\left\{-\frac{s^2\sigma^2}{2}\right\}\mathrm{d}s \\
&= \lim_{\beta\to 0}\frac{1}{\sqrt{2\pi}\beta}\int_{-\infty}^{\infty} f(s)\exp\left\{-\frac{s^2\sigma^2}{2}-\frac{(s-t)^2}{2\beta^2}\right\}\mathrm{d}s \\
&= \lim_{\beta\to 0}\frac{1}{\sqrt{2\pi}}\int_{-\infty}^{\infty} f(t+u\beta)\exp\left\{-\frac{(t+u\beta)^2\sigma^2}{2}-\frac{u^2}{2}\right\}\mathrm{d}x \\
&= f(t)\exp\left\{-\frac{t^2\sigma^2}{2}\right\},
\end{aligned}$$

因此, 对每个 $\sigma>0$, $f(t)\exp\{-\sigma^2t^2/2\}$ 是一个特征函数. 由特征函数的连续性定理, 当 $\sigma\to 0$ 时, $f(t)\exp\{-\sigma^2t^2/2\}$ 的极限 $f(t)$ 也是一个特征函数. ∎

由定理 5.5.2 看到, 式 (5.31) 的非负定性与一个二重积分的非负性等价. 根据这一想法, 我们有如下的准则.

定理 5.5.3 (Cramer 准则) 一个有界的实变量复值连续函数 f 是特征函数的充要条件是

(1) $f(0)=1$;

(2) 对一切 $x\in\mathbb{R}$ 及 $a>0$,

$$\Psi(x,a)=\int_0^a\int_0^a f(t-u)\exp\{\mathrm{i}x(t-u)\}\,\mathrm{d}t\,\mathrm{d}u \geqslant 0.$$

证明可参见 [24].

上述结果都是充要条件, 因此从理论上讲是非常漂亮和深刻的, 但缺点是不容易验证. 下面我们将给出实变量 t 的实值函数是特征函数的充分条件.

定理 5.5.4 (Pólya 条件) 设 $f(t)$ 是实变量 t 的连续实函数, 且满足下列条件:

(1) $f(0)=1$;

(2) $f(-t)=f(t)$;

(3) 对 $t>0$, $f(t)$ 为凸函数;

(4) $\lim\limits_{t\to\infty} f(t)=0$,

则 $f(t)$ 是一个绝对连续分布函数 F 的特征函数.

证 由于 $f(t)$ 当 $t\geqslant 0$ 时为连续凸函数, 故它的右导数处处存在, 记为 $f'_+(t)$, 则 $f'_+(t)$ 非降. 下面我们首先证明积分

$$\int_{-\infty}^{\infty} \mathrm{e}^{-\mathrm{i}tx} f(t)\,\mathrm{d}t \quad \text{当 } x\neq 0 \text{ 时存在.} \tag{5.34}$$

由条件 (2) $\sim$ (4) 知 $f(t)$ 分别在 $[0,\infty)$ 和 $(-\infty,0]$ 上单调, 且对任意 $t\in\mathbb{R}$, $f(t)\geqslant 0$ (若存在 t_0 使 $f(t_0)=0$, 则由凸性知, 当 $|t|\geqslant|t_0|$ 时 $f(t)=0$). 设 $b>a>0$, 由第二中值定理, 当 $x\neq 0$ 时, 有

$$\left|\int_a^b g(tx)f(t)\,\mathrm{d}t\right| = f(a)\left|\int_a^{\xi} g(tx)\,\mathrm{d}t\right| \leqslant \frac{2}{|x|}f(a)\to 0, \quad a\to\infty,$$

其中 $\xi\in[a,b]$, $g(u)=\sin u$ 或 $\cos u$, 故积分 $\displaystyle\int_0^{\infty} \mathrm{e}^{-\mathrm{i}tx} f(t)\,\mathrm{d}t$ 当 $x\neq 0$ 时存在. 由对称性得积分 $\displaystyle\int_{-\infty}^{0} \mathrm{e}^{-\mathrm{i}tx} f(t)\,\mathrm{d}t$ 当 $x\neq 0$ 时存在. 由此知 (5.34) 成立. 记

$$p(x)=\frac{1}{2\pi}\int_{-\infty}^{\infty} \mathrm{e}^{-\mathrm{i}tx} f(t)\,\mathrm{d}t. \tag{5.35}$$

由于 $f(t)\sin tx$ 关于 t 是奇函数, 在 $[0,\infty)$ 和 $(-\infty,0)$ 上积分分别存在, 故

$$p(x)=\frac{1}{\pi}\int_0^{\infty} f(t)\cos tx\,\mathrm{d}t.$$

因为 $f(t)$ 在 $[0,\infty)$ 上为凸函数, 由凸函数的性质知, 对任意 $t>a\geqslant 0$, 有

$$f(t)=f(a)+\int_a^x f'_+(u)\,\mathrm{d}u.$$

再由分部积分得

$$p(x)=-\frac{1}{\pi x}\int_0^{\infty}\sin tx\,\mathrm{d}f(t)=-\frac{1}{\pi x}\int_0^{\infty} f'_+(t)\sin tx\,\mathrm{d}t. \tag{5.36}$$

下面我们证明对所有的 $x>0$, $p(x)\geqslant 0$. 设 $x>0$, 则

$$p(x)=-\frac{1}{\pi x}\sum_{k=0}^{\infty}\int_{k\pi/x}^{(k+1)\pi/x} f'_+(t)\sin tx\,\mathrm{d}t$$

$$= \frac{1}{\pi x} \sum_{k=0}^{\infty} (-1)^{k+1} \int_0^{\pi/x} f'_+ \left(t + \frac{k\pi}{x} \right) \sin tx \, \mathrm{d}t. \tag{5.37}$$

由条件 (4) 知 $f'_+(t) \leqslant 0$, $\lim\limits_{t\to\infty} f'_+(t) = 0$, 因此级数 (5.37) 是通项绝对值递减趋于零的交错级数, 而它的第一项为正, 故 $p(x) \geqslant 0$. 由 $p(x)$ 为偶函数知, 当 $x \neq 0$ 时, 总有 $p(x) \geqslant 0$. 由式 (5.36) , 对 $t > 0$ 和 $N > 0$, 有

$$\int_0^N p(x) \cos tx \, \mathrm{d}x = -\frac{1}{\pi} \int_0^{\infty} f'_+(u) \, \mathrm{d}u \int_0^N \frac{\sin ux \cos tx}{x} \, \mathrm{d}x.$$

但是

$$\eta(u) \triangleq \frac{1}{\pi} \int_0^{\infty} \frac{\sin ux \cos tx}{x} \, \mathrm{d}x = \begin{cases} 0, & 0 \leqslant u < t, \\ 1/4, & u = t, \\ 1/2, & u > t, \end{cases}$$

因此, 由控制收敛定理 (可设 $p(0) = 0$, 这不妨碍问题的讨论),

$$\int_0^{\infty} p(x) \cos tx \, \mathrm{d}x = -\int_0^{\infty} \eta(u) \, \mathrm{d}f(u) = -\frac{1}{2} \int_t^{\infty} \mathrm{d}f(t) = \frac{1}{2} f(t),$$

即

$$f(t) = 2 \int_0^{\infty} p(x) \cos tx \, \mathrm{d}x. \tag{5.38}$$

当 $t = 0$ 时, 有

$$\int_{-\infty}^{\infty} p(x) \, \mathrm{d}x = 2 \int_0^{\infty} p(x) \, \mathrm{d}x = 1,$$

即 $p(x)$ 是概率密度函数. 由于式 (5.38) 对 $t = 0$ 成立以及 $p(x) \geqslant 0$, 故右边积分是绝对收敛的. 再注意到 $p(x)$ 为偶函数, 故式 (5.38) 可写为

$$f(t) = \int_{-\infty}^{\infty} p(x) \mathrm{e}^{\mathrm{i}tx} \, \mathrm{d}x,$$

即 $f(t)$ 是概率密度为 $p(x)$ 的分布对应的特征函数. ∎

我们把满足定理 5.5.4 的函数称为 Pólya 型特征函数, 从上述证明中可以清楚地看到, 一个 Pólya 型的 $f(t)$ 对应的概率密度函数 $p(x)$ 总可以由 Fourier 公式 (5.35) 得到, 即使逆转公式推论 5.2.2 中 $f(t)$ 绝对可积条件不满足时也成立.

下面我们列出几个 Pólya 型特征函数.

(a) $f(t) = (1 + |t|)^{-1}$;

(b) $f(t) = \mathrm{e}^{-|t|}$;

(c) $f(t) = (1 - |t|) I_{\{|t| \leqslant 1/2\}} + \dfrac{1}{4|t|} I_{\{|t| > 1/2\}}$;

(d) $f(t) = (1 - |t|) \, I_{\{|t| \leqslant 1\}}$.

注意, $f(t) = (1 + t^2)^{-1}$ 是特征函数, 但 $f(t)$ 不是 Pólya 型的, 它对应的密度函数为

$$p(x) = \frac{1}{2} \mathrm{e}^{-|x|}, \quad x \in \mathbb{R}.$$

注意到 (b) 和 (d) 中的两个特征函数是绝对可积的, 由逆转公式 (5.35) 得, (b) 中 f 是 Cauchy 分布的特征函数, 其对应的概率密度函数为

$$p(x)=\frac{1}{\pi(1+x^2)},\quad x\in\mathbb{R};$$

(d) 中特征函数对应分布的密度函数为

$$p(x)=\frac{1}{2\pi}\left[\frac{\sin(x/2)}{x/2}\right]^2,\quad x\in\mathbb{R}.$$

但 (a) 和 (c) 不是绝对可积的, 其对应的概率密度 $p(x)$ 不能由式 (5.35) 直接算出显式表达式, 而是导出了高阶超越函数.

Pólya 条件使我们能够构造一些例子, 以帮助我们对分布函数和特征函数之间的一一对应关系有更深刻的认识.

例 5.5.2 如图 5.1 所示, 设 $f(t)$ 是任一 Pólya 型特征函数, 它的右导数 f'_+ 当 $t>0$ 时严格增, 将 $f(t)$ 右边任意小的一段弧用弦来代替, 同时对称地改变 $f(t)$ 左边相应部位, 由此得到一个新的函数 $f_1(t)$, 它也是 Pólya 型特征函数, 除了两个任意小的对称区间外, $f_1(t)=f(t)$. 由特征函数和分布函数之间一一对应知 f_1 和 f 是两个不同分布的特征函数. 由此知, 即使两个特征函数在有限区间上相同, 也未必在 $\mathbb{R}$ 上恒等. 如上面 (c) 和 (d) 中的特征函数, 它们在区间 $[-1/2,1/2]$ 上相同, 但对应两个不同分布. ◁

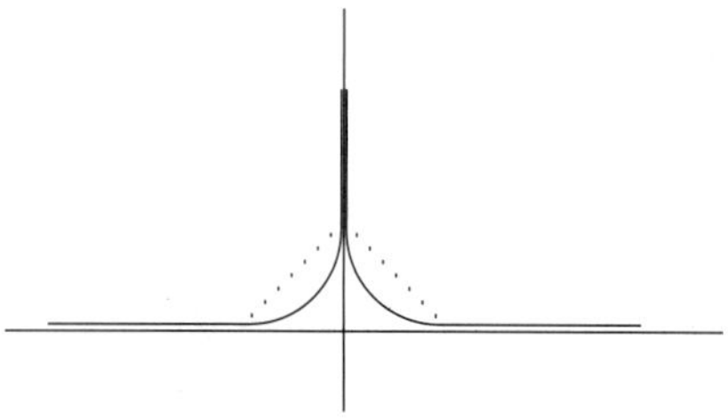

图 5.1 Pólya 型特征函数

Pólya 条件可以用来导出另一个充分条件, 它适用于一些周期函数.

定理 5.5.5 设 $f(t)$ 为满足下列条件的实值函数:

(1) $f(0)=1$;

(2) $f(-t)=f(t)$;

(3) $f(t)$ 为 $[0,r]$ 内的连续凸函数;

(4) $f(t)$ 有周期 $2r$;

(5) $f(r)=0$.

则 $f(t)$ 是格子点分布的特征函数.

证　定义 $f_1(t)=f(t)\,I_{\{|t|<r\}}$, 则 $f_1(t)$ 是 Pólya 型特征函数. 设其对应的概率密度函数为 $p(x)$. 由于 $f_1\in L_1(\mathbb{R})$, $p(x)$ 是 $f_1(t)$ 的 Fourier 反变换, 故

$$\int_{-\infty}^{\infty} f_1(t)\,\mathrm{e}^{-\mathrm{i}xt}\,\mathrm{d}t=\int_{-r}^{r} f(t)\,\mathrm{e}^{-\mathrm{i}xt}\,\mathrm{d}t\geqslant 0,$$

于是, $f(t)$ 的 Fourier 变换 $\sum\limits_{n=-\infty}^{\infty} c_n\mathrm{e}^{\mathrm{i}nt}$ 中系数

$$c_n=\frac{1}{2r}\int_{-r}^{r} f(t)\mathrm{e}^{-\mathrm{i}nt\pi/r}\,\mathrm{d}t\geqslant 0,\quad n=0,\pm1,\cdots.$$

因为 $f(t)$ 是 $[0,r]$ 上的连续凸函数, 所以是有界变差函数, 从而 $f(t)$ 的 Fourier 变换 $\sum\limits_{n} c_n\mathrm{e}^{\mathrm{i}nt}$ 收敛于 $f(t)$, 即 $f(t)$ 是一个格子点分布的特征函数, 跳跃点包含在 $\{n\pi/r, n=0,\pm1,\cdots\}$ 中. ∎

注　上述的 f_1 和 f 在区间 $[-r,r]$ 中相同, 但对应于不同的分布函数.

下面给出级数形式特征函数的判别法.

定理 5.5.6　设 $\{a_n, n\geqslant 1\}$ 为一个实数序列, 则对每个特征函数序列 $\{\phi_n(t),\ n\geqslant 1\}$, $f(t)=\sum\limits_{n=1}^{\infty} a_n\phi_n(t)$ 仍为特征函数的充要条件是

$$\sum_{n=1}^{\infty} a_n=1,\quad a_n\geqslant 0,\quad n=1,2,\cdots. \tag{5.39}$$

证　(充分性) 设 $\{\phi_n, n\geqslant 1\}$ 是特征函数序列. 由式 (5.39) 知 $\sum\limits_{n=1}^{\infty} a_j\phi_n(t)$ 一致收敛. 不失一般性, 设 $a_1>0$ (否则, 取第一个不为 0 的 a_m), 令

$$g_n(t)=\frac{\sum\limits_{j=1}^{n} a_j\phi_j(t)}{\sum\limits_{j=1}^{n} a_j}.$$

由性质 5.3.1 知 $g_n(t)$ 仍是特征函数. 因此, 若以 F_j 表示 ϕ_j 对应的分布函数, 则

$$g_n(t)=\int_{-\infty}^{\infty}\mathrm{e}^{\mathrm{i}tx}\,\mathrm{d}\left[\sum_{j=1}^{n}\beta_jF_j(x)\right],$$

其中 $\beta_j=a_j/\sum\limits_{k=1}^{n} a_k\ (j=1,\cdots,n)$. 由于 $\sum\limits_{j=1}^{n}\beta_jF_j$ 是分布函数的凸组合, 故仍为分布函数. 另外, $g_n(t)$ 一致收敛于 $f(t)$, 而 $g_n(t)$ 连续, 因此 f 在 $t=0$ 点连续. 由完全收敛性准则 (定理 5.2.3) 知 $f(t)$ 仍是特征函数.

(必要性) 取 $\phi_j(t)=\mathrm{e}^{\mathrm{i}jt}\ (1\leqslant j\leqslant n)$ 以及 $\phi_k(t)=1\ (k\geqslant n+1)$, 则

$$f(t)=\sum_{j=1}^{n} a_j\mathrm{e}^{\mathrm{i}jt}+\sum_{j=n+1}^{\infty} a_j. \tag{5.40}$$

由 $1=f(0)=\sum\limits_{j=0}^{\infty}a_j$ 知级数 $\sum\limits_{j=1}^{\infty}a_j$ 收敛. 记 F 为 f 对应的分布函数, 由推论 5.2.3 得

$$\lim_{c\to\infty}\frac{1}{2c}\int_{-c}^{c}f(t)\mathrm{e}^{-\mathrm{i}tj}\,\mathrm{d}t=F(j)-F(j-).\tag{5.41}$$

另外, 由式 (5.40) 得

$$\lim_{c\to\infty}\frac{1}{2c}\int_{-c}^{c}f(t)\mathrm{e}^{-\mathrm{i}tj}\,\mathrm{d}t=a_j,\quad j=1,\cdots,n.$$

结合式 (5.41), 得 $a_j=F(j)-F(j-)\geqslant 0\ (j=1,\cdots,n)$. 由于 n 是任意的, 所以对一切 j, $a_j\geqslant 0$. ∎

由定理 5.5.6 可以有如下的推论:

推论 5.5.2 设 $a_n\geqslant 0\ (n=0,1,\cdots)$, z 为复数, $\phi(t)$ 为特征函数. 若幂级数

$$g(z)=\sum_{n=0}^{\infty}a_nz^n$$

在 $z=1$ 点收敛, 则 $f(t)=g(\phi(t))/g(1)$ 是特征函数.

证 这可以由定理 5.5.6 直接推出. 由于 $\phi(t)$ 是特征函数, 故当 $n\geqslant 0$ 时, $\phi^n(t)$ 仍是特征函数. ∎

例 5.5.3 设

$$g(z)=\mathrm{e}^{\lambda z}=\sum_{n=0}^{\infty}\frac{\lambda^n}{n!}z^n,\quad \lambda>0,$$

则 $g(1)=\mathrm{e}^{\lambda}$. 因此, 若 $\phi(t)$ 为特征函数, 则 $f(t)=\exp\{\lambda(\phi(t)-1)\}$ 为特征函数. 特别地, 取 $\phi(t)=\mathrm{e}^{\mathrm{i}t}$, 则 $f(t)=\exp\{\lambda(\mathrm{e}^{\mathrm{i}t}-1)\}$ 为特征函数 (实际上, $f(t)$ 是参数为 λ 的 Poisson 分布的特征函数); 取 $\phi(t)=\mathrm{e}^{-\alpha t^2}$, $\lambda=1$, 其中 $\alpha>0$, 则 $f(t)=\exp\{\mathrm{e}^{-\alpha t^2}-1\}$ 为特征函数. ◁

例 5.5.4 设 $p>1$ 为实数, $\phi(t)$ 为特征函数. 令

$$g(z)=\frac{p-1}{p-z}=\frac{p-1}{p}\sum_{n=0}^{\infty}\frac{1}{p^n}z^n.$$

由推论 5.5.2 得

$$f(t)=\frac{p-1}{p-\phi(t)}$$

为特征函数. ◁

在本节最后, 我们列出一些大家熟知的概率分布及其对应的特征函数.

(1) 二项分布:

$$p_k=\binom{n}{k}p^k(1-p)^{n-k}\ (k=0,1,\cdots,n),\quad f(t)=[p\mathrm{e}^{\mathrm{i}t}+(1-p)]^n.$$

(2) Poisson 分布:

$$p_k = \frac{\lambda^k}{k!}\mathrm{e}^{-\lambda}\ (k=0,1,\cdots), \quad f(t) = \exp\left\{\lambda(\mathrm{e}^{\mathrm{i}t}-1)\right\}.$$

(3) 均匀分布:

$$F'(x) = \frac{1}{b-a}I_{(a,b)}(x), \quad f(t) = \frac{\mathrm{e}^{\mathrm{i}bt}-\mathrm{e}^{\mathrm{i}at}}{\mathrm{i}(b-a)t}.$$

(4) Cauchy 分布:

$$F'(x) = \frac{a}{\pi[a^2+(x-b)^2]}\ (a>0), \quad f(t) = \mathrm{e}^{-a|t|+\mathrm{i}bt}.$$

(5) 三角分布:

$$F'(x) = \frac{a-|x|}{a^2}I_{[-a,a]}(x), \quad f(t) = \frac{2(1-\cos at)}{a^2t^2}.$$

(6) Laplace 分布:

$$F'(x) = \frac{1}{2a}\exp\left\{-\frac{|x-b|}{a}\right\}\ (a>0), \quad f(t) = \frac{\mathrm{e}^{\mathrm{i}bt}}{1+a^2t^2}.$$

(7) 指数分布:

$$F'(x) = \lambda\mathrm{e}^{-\lambda x}I_{[0,\infty)}(x), \quad f(t) = \left(1-\frac{\mathrm{i}t}{\lambda}\right)^{-1}.$$

(8) 伽马分布:

$$F'(x) = \frac{\lambda^\alpha}{\Gamma(\alpha)}x^{\alpha-1}\mathrm{e}^{-\lambda x}I_{[0,\infty)}(x)\ (\alpha>0), \quad f(t) = \left(1-\frac{\mathrm{i}t}{\lambda}\right)^{-\alpha}.$$

(9) 正态分布:

$$F'(x) = \frac{1}{\sqrt{2\pi}\,\sigma}\exp\left\{-\frac{(x-a)^2}{2\sigma^2}\right\}\ (\sigma>0), \quad f(t) = \exp\left\{\mathrm{i}at-\frac{\sigma^2t^2}{2}\right\}.$$

5.6 多维特征函数

设 $\boldsymbol{X} = (X_1,\cdots,X_k)^\top$ 为 k 维随机向量, 用以描述 $\boldsymbol{X}$ 的概率特性的常用方法是利用 $X_1,\cdots,X_k$ 的联合分布函数 $F(x_1,\cdots,x_k)$. 与一维分布函数相仿, 我们也可以用 k 维分布 F 的 Fourier 变换来研究 $\boldsymbol{X}$ 的概率特性. 注意本节中的向量都是指列向量.

定义 5.6.1 设 $F(\boldsymbol{x}) = F(x_1,\cdots,x_k)$ 是随机向量 $\boldsymbol{X} = (X_1,\cdots,X_k)^\top$ 的联合分布函数. 称

$$f(\boldsymbol{t}) = f(t_1,\cdots,t_k) = \mathsf{E}\left[\exp\left\{\mathrm{i}\sum_{j=1}^k t_jX_j\right\}\right]$$

$$= \int_{-\infty}^{\infty} \cdots \int_{-\infty}^{\infty} \exp\left\{ \mathrm{i} \sum_{j=1}^{k} t_j x_j \right\} \mathrm{d}F(x_1, \cdots, x_k)$$

为 F 的特征函数.

设 X_j 的分布函数为 $F_j(x_j)$. 容易验证, 如果边缘分布 $F_j(x_j)$ 在 $x_j = x_{j0}$ 处连续 $(j = 1, \cdots, k)$, 则 F 在 $\boldsymbol{x}_0 = (x_{10}, \cdots, x_{k0})^\top$ 处连续. 但反过来未必成立, 因为 F 的支撑可以集中在一个超平面或超曲面上, 进而还可要求 F 在每个点上没有正测度. 为了定义 $\mathbb{R}^k$ 中分布函数序列的弱收敛, 我们需要定义如下的集合:

$$C(F) = \left\{ \boldsymbol{x} = (x_1, \cdots, x_k)^\top : \ F_j(x_j-) = F_j(x_j), \ 1 \leqslant j \leqslant k \right\}.$$

由上面的说明知道集合 $C(F)$ 包含在 F 的连续点所构成的集合内.

定义 5.6.2 $\mathbb{R}^k$ 上的一列分布函数 $\{F_n, n \geqslant 1\}$ 称为弱收敛于 $\mathbb{R}^k$ 上的广义分布函数 F, 若对每个 $\boldsymbol{x} \in C(F)$,

$$\lim_{n\to\infty} F_n(\boldsymbol{x}) = F(\boldsymbol{x}),$$

记为 $F_n \xrightarrow{\mathrm{w}} F$; 如果 F 是一个随机向量的分布函数, 则称 F_n 完全收敛于 F, 记为 $F_n \xrightarrow{\mathrm{c}} F$.

定理 5.6.1 (逆转公式) 如果随机向量 $\boldsymbol{X} = (X_1, \cdots, X_k)^\top$ 的分布函数为 F, 对应的特征函数为 f, 则对任意 $\boldsymbol{a}, \boldsymbol{b} \in C(F)$, $\boldsymbol{a} < \boldsymbol{b}$, 有

$$F(\boldsymbol{a}, \boldsymbol{b}] = \lim_{c\to\infty} \frac{1}{(2\pi)^k} \int_{-c}^{c} \cdots \int_{-c}^{c} f(t_1, \cdots, t_k) \prod_{j=1}^{k} \frac{\mathrm{e}^{-\mathrm{i}t_j a_j} - \mathrm{e}^{-\mathrm{i}t_j b_j}}{\mathrm{i}t_j} \mathrm{d}t_1 \cdots \mathrm{d}t_k.$$

定理 5.6.1 的证明除了稍稍繁琐一点外, 完全类似于一维情况下的定理 5.2.1, 因此把证明留给读者. 由定理 5.6.1 可知多维分布函数和对应的特征函数是一一对应的. 特别地, 设 $\boldsymbol{X}$ 和 $\boldsymbol{Y}$ 为 k 维实随机向量, 则

$$\boldsymbol{X} \stackrel{\mathrm{d}}{=} \boldsymbol{Y} \quad \Leftrightarrow \quad \boldsymbol{a}^\top \boldsymbol{X} \stackrel{\mathrm{d}}{=} \boldsymbol{a}^\top \boldsymbol{Y}, \ \forall \boldsymbol{a} \in \mathbb{R}^k.$$

关于多维分布函数和对应特征函数的关系, 有许多是一维分布函数和对应特征函数关系的平行推广, 例如一维情形下的完全收敛性准则 (定理 5.2.3) 可以平行推广到多维. 把 $\boldsymbol{x}$ 和 $\boldsymbol{t}$ 理解成 $\mathbb{R}^k$ 中的点后, 多维情形下的完全收敛性准则的形式和一维是一样的. 另外, 值得一提的是, 随机变量 $X_1, \cdots, X_k$ 的独立性可以用特征函数来刻画.

定理 5.6.2 定义在 $(\Omega, \mathscr{A}, \mathsf{P})$ 上的 k 个随机变量 $X_1, \cdots, X_k$ 相互独立的充要条件是, 它们的联合特征函数等于各个边缘特征函数的乘积, 即

$$f_{X_1,\cdots,X_k}(t_1, \cdots, t_k) = \prod_{j=1}^{k} f_{X_j}(t_j). \tag{5.42}$$

证 (必要性) 由 $X_1,\cdots,X_k$ 的独立性知 $\{\exp\{\mathrm{i}t_jX_j\},j=1,\cdots,k\}$ 之间相互独立, 因此

$$f_{X_1,\cdots,X_k}(t_1,\cdots,t_k)=\mathsf{E}\left[\prod_{j=1}^k \mathrm{e}^{\mathrm{i}t_jX_j}\right]=\prod_{j=1}^k\mathsf{E}\left[\mathrm{e}^{\mathrm{i}t_jX_j}\right]=\prod_{j=1}^k f_{X_j}(t_j).$$

(充分性) 设式 (5.42) 成立, 且记 X_j 的分布函数为 F_j $(j=1,\cdots,k)$, 则 $\prod\limits_{j=1}^k F_j$ 为 k 维分布函数, 其特征函数为

$$\int_{-\infty}^{\infty}\cdots\int_{-\infty}^{\infty}\exp\left\{\mathrm{i}\sum_{j=1}^k t_jx_j\right\}\mathrm{d}\prod_{j=1}^k F_j(x_j)=\prod_{j=1}^k\int_{-\infty}^{\infty}\mathrm{e}^{\mathrm{i}t_jx_j}\,\mathrm{d}F_j(x_j)=\prod_{j=1}^k f_{X_j}(t_j).$$

由式 (5.42) 得, $(X_1,\cdots,X_k)$ 的联合分布函数 $F_{X_1,\cdots,X_k}$ 和 $\prod\limits_{j=1}^k F_j$ 对应的特征函数是相同的. 由唯一性定理 (定理 5.6.1) 即知

$$F_{X_1,\cdots,X_k}(x_1,\cdots,x_k)=\prod_{j=1}^k F_j(x_j),\quad \forall\,(x_1,\cdots,x_k)^\top\in\mathbb{R}^k,$$

即 $X_1,\cdots,X_k$ 相互独立. ∎

当然, 多维特征函数的许多性质是一维特征函数的平行推广, 但由于维数的增大, 多维特征函数本身特有的性质必然会增加, 出现一些与一维特征函数不同的性质, 但这已超出了本书范围. 有兴趣的读者可以参见有关特征函数的文献.

在本节最后, 我们给出多维正态分布特征函数的一条性质, 以及判别随机向量依分布收敛于多维正态分布的等价条件.

定义 5.6.3 称随机向量 $\boldsymbol{X}=(X_1,\cdots,X_k)^\top$ 服从均值向量为 $\boldsymbol{a}\in\mathbb{R}^k$、协方差矩阵为 $\boldsymbol{\Sigma}$ 的 k 维正态分布, 记为 $\boldsymbol{X}\sim N_k(\boldsymbol{a},\boldsymbol{\Sigma})$, 如果 $\boldsymbol{X}$ 的特征函数为

$$f_{\boldsymbol{X}}(\boldsymbol{t})=\exp\left\{\mathrm{i}\boldsymbol{a}^\top\boldsymbol{t}-\frac{1}{2}\boldsymbol{t}^\top\boldsymbol{\Sigma}\boldsymbol{t}\right\},\quad \forall\,\boldsymbol{t}\in\mathbb{R}^k. \tag{5.43}$$

当 $\boldsymbol{\Sigma}$ 为正定矩阵时, $N_k(\boldsymbol{a},\boldsymbol{\Sigma})$ 是绝对连续的, 其概率密度函数为

$$p(\boldsymbol{x})=(2\pi)^{-n/2}|\boldsymbol{\Sigma}|^{-1/2}\exp\left\{-\frac{1}{2}(\boldsymbol{x}-\boldsymbol{a})^\top\boldsymbol{\Sigma}^{-1}(\boldsymbol{x}-\boldsymbol{a})\right\},\quad \forall\,\boldsymbol{x}\in\mathbb{R}^k.$$

当 $\boldsymbol{\Sigma}$ 退化时, $N_k(\mathbf{a},\boldsymbol{\Sigma})$ 是奇异连续分布.

多维正态分布有许多优良的性质, 其中之一是多维正态随机向量的任意线性变换依然服从 (多维) 正态分布.

定理 5.6.3 设 $\boldsymbol{C}=(c_{ij})_{m\times k}$ 为一个实矩阵, $\boldsymbol{X}$ 为 k 维随机向量, 满足 $\boldsymbol{X}\sim N_k(\boldsymbol{a},\boldsymbol{\Sigma})$, 则

$$\boldsymbol{Y}=\boldsymbol{C}\boldsymbol{X}\sim N_m(\boldsymbol{C}\boldsymbol{a},\boldsymbol{C}\boldsymbol{\Sigma}\boldsymbol{C}^\top).$$

证 $\boldsymbol{Y}$ 的特征函数为

$$\begin{aligned}
f_{\boldsymbol{Y}}(\boldsymbol{t}) &= \mathsf{E}[\exp\{\mathrm{i}\,\boldsymbol{t}^\top \boldsymbol{C}\boldsymbol{X}\}] = \mathsf{E}[\exp\{\mathrm{i}\,(\boldsymbol{C}^\top \boldsymbol{t})^\top \boldsymbol{X}\}] = f_{\boldsymbol{X}}(\boldsymbol{C}^\top \boldsymbol{t}) \\
&= \exp\left\{\mathrm{i}\,(\boldsymbol{C}^\top \boldsymbol{t})^\top \boldsymbol{a} - \frac{1}{2}(\boldsymbol{C}^\top \boldsymbol{t})^\top \boldsymbol{\Sigma}\boldsymbol{C}^\top \boldsymbol{t}\right\} \\
&= \exp\left\{\mathrm{i}\,\boldsymbol{t}^\top (\boldsymbol{C}\boldsymbol{a}) - \frac{1}{2}\boldsymbol{t}^\top (\boldsymbol{C}\boldsymbol{\Sigma}\boldsymbol{C}^\top)\,\boldsymbol{t}\right\}, \quad \boldsymbol{t} \in \mathbb{R}^m.
\end{aligned}$$

根据分布函数与特征函数的一一对应得证本定理. ∎

下面的定理提供了判断一个 k 维随机向量是否服从 k 维正态分布的有力工具.

定理 5.6.4 设 $\boldsymbol{X}$ 为 k 维随机向量, 则 $\boldsymbol{X} \sim N_k(\boldsymbol{a}, \boldsymbol{\Sigma})$ 当且仅当对任意 $\boldsymbol{s} \in \mathbb{R}^k$, $\boldsymbol{s}^\top \boldsymbol{X}$ 服从一维正态分布 $N(\boldsymbol{s}^\top \boldsymbol{a}, \boldsymbol{s}^\top \boldsymbol{\Sigma}\,\boldsymbol{s})$.

证 (必要性) 设 $\boldsymbol{X} \sim N_k(\boldsymbol{a}, \boldsymbol{\Sigma})$ 以及任意 $\boldsymbol{s} \in \mathbb{R}^k$, 则 $Y = \boldsymbol{s}^\top \boldsymbol{X}$ 的特征函数为

$$\begin{aligned}
f_Y(t) &= \mathsf{E}\left[\exp\{\mathrm{i}t\,(\boldsymbol{s}^\top \boldsymbol{X})\}\right] = \mathsf{E}\left[\exp\{\mathrm{i}(t\boldsymbol{s})^\top \boldsymbol{X}\}\right] \\
&= \exp\left\{\mathrm{i}(\boldsymbol{s}^\top \boldsymbol{a})t - \frac{1}{2}(\boldsymbol{s}^\top \boldsymbol{\Sigma}\,\boldsymbol{s})t^2\right\}, \quad t \in \mathbb{R},
\end{aligned} \tag{5.44}$$

即 $Y \sim N(\boldsymbol{s}^\top \boldsymbol{a}, \boldsymbol{s}^\top \boldsymbol{\Sigma}\,\boldsymbol{s})$.

(充分性) 设对任意 $\boldsymbol{s} \in \mathbb{R}^k$, 有 $\boldsymbol{s}^\top \boldsymbol{X} \sim N(\boldsymbol{s}^\top \boldsymbol{a}, \boldsymbol{s}^\top \boldsymbol{\Sigma}\,\boldsymbol{s})$, 则 $\boldsymbol{s}^\top \boldsymbol{X}$ 的特征函数为式 (5.44) . 特别地, 取 $t = 1$, 得

$$\mathsf{E}\left[\exp\{\mathrm{i}\boldsymbol{s}^\top \boldsymbol{X}\}\right] = \exp\left\{\mathrm{i}(\boldsymbol{a}^\top \boldsymbol{s}) - \frac{1}{2}\,\boldsymbol{s}^\top \boldsymbol{\Sigma}\,\boldsymbol{s}\right\}.$$

由定义 5.6.3 知 $\boldsymbol{X} \sim N_k(\boldsymbol{a}, \boldsymbol{\Sigma})$. ∎

在数理统计中经常需要考察随机向量依分布收敛于多维正态分布的问题. 利用定理 5.6.4 和多维特征函数的完全收敛性准则, 我们可以证明如下的定理:

定理 5.6.5 设 $\{\boldsymbol{X}^{(n)}, n \geqslant 1\}$ 为 k 维随机向量序列. 如果对任意满足 $\boldsymbol{s}^\top \boldsymbol{s} = 1$ 的向量 $\boldsymbol{s} \in \mathbb{R}^k$, 有

$$\boldsymbol{s}^\top \boldsymbol{X}^{(n)} \xrightarrow{\mathscr{L}} N(0, 1),$$

则 $\boldsymbol{X}^{(n)} \xrightarrow{\mathscr{L}} N_k(\boldsymbol{0}, \boldsymbol{I})$, 其中 $\boldsymbol{I}$ 为 k 阶单位矩阵.

利用该定理, 在多维场合下的中心极限定理就可以化为一维场合下的中心极限定理, 因而处理起来很方便.

习　题

1. 设随机变量 X 和 V 相互独立, 其中 $X \sim F$, $V \sim U(0,1)$, 定义 F 的广义分布变换

$$H(x, \lambda) = F(x-) + \lambda F(x) = (1-\lambda)F(x-) + \lambda F(x), \quad x \in \mathbb{R},\ \lambda \in [0,1].$$

证明: $H(X,V) \sim U(0.1)$. 特别地, 当 F 为连续函数时, $H(X,V)=F(X)\sim U(0,1)$.

注: 注意和推论 2.3.1 证明的后半部分作对比.

2. 设 F 是 $\mathbb{R}$ 上的分布函数, S 为 F 的支撑集.

(1) 证明: F 的每个跳跃点都属于 S 且支撑 S 的每个孤立点都是 F 的跳跃点.

(2) 证明: S 是闭集; 若 F 连续, 则 S 是完全集.

(3) 给出一个离散分布的例子, 使它的支撑是直线 $\mathbb{R}$.

3. 设 G 是 $\mathbb{R}$ 上的分布函数, 令 $F(x,y)=\min\{x,G(y)\}$.

(1) 证明: F 是 $\mathbb{R}^2$ 上的分布函数;

(2) 证明: F 的支撑在曲线 $C=\{(x,G(x)):\ x\in\mathbb{R}\}$ 中, 而 $\lambda^2(C)=0$, 其中 λ^2 为 $\mathbb{R}^2$ 上的 Lebesgue 测度.

注: $\mathbb{R}^k$ 上的分布函数 F 的支撑点 $\boldsymbol{x}$ 定义为: 对 $\forall\epsilon>0$, $\Delta F(\boldsymbol{x}-\boldsymbol{\epsilon},\boldsymbol{x}+\boldsymbol{\epsilon})>0$.

4. 举例说明 $X_n \xrightarrow{\mathrm{d}} X$, 但 $X_n \stackrel{\mathrm{P}}{\not\longrightarrow} X$.

5. 设 $\{X_n, n\geqslant 1\}$ 为随机变量序列.

(1) 当 n 为奇数时, $X_n=1/n$; 当 n 为偶数时, $X_n=0$. 证明: $X_n \xrightarrow{\mathrm{d}} 0$.

(2) 设 X_n 的分布函数序列 F_n 点点收敛于随机变量 X 的分布函数 F. 证明:

$$\sup_{x\in\mathbb{R}}|F_n(x)-F(x)|\to 0,$$

即收敛是一致的.

由 (1) 和 (2) 知, 若 $F_n \xrightarrow{\mathrm{d}} F$, 则 $\sup\limits_{x\in\mathbb{R}}|F_n(x)-F(x)|$ 不一定趋于零.

6. 令 $\mathscr{F}=\{F: F$ 为随机变量的分布函数$\}$, 对 $F,F'\in\mathscr{F}$, 记

$$d(F,F')=\inf\{h: F(x-h)-h\leqslant F'(x)\leqslant F(x+h)+h,\ \forall\, x\in\mathbb{R}\}.$$

(1) 作图并给出 $d(F,F')$ 的一个几何解释.

(提示: 考虑 F 与 F' 的图像在斜率为 -1 的直线上所截取的诸线段之长.)

(2) 证明: 如此定义的函数 d 构成一个距离, 并且 $(\mathscr{F},d)$ 是一个完备的度量空间, 称之为 Lévy 空间.

(3) 证明以下三个命题等价:

$$F_n \xrightarrow{\mathrm{c}} F,\quad d(F_n,F)\to 0,\quad \int_{-\infty}^{\infty} g\,\mathrm{d}F_n \to \int_{-\infty}^{\infty} g\,\mathrm{d}F,$$

其中 g 可为 $\mathbb{R}$ 上的任一有界连续函数.

7. (1) 证明: F 与 $(-h,h)$ 上的均匀分布的卷积 F_h 及其特征函数 f_h 由下式给出:

$$F_h(x)=\frac{1}{2h}\int_{x-h}^{x+h} F(y)\,\mathrm{d}y,\quad f_h(u)=\frac{\sin hu}{hu}f(u).$$

(2) 由上式证明:

$$\frac{1}{2h}\int_x^{x+2h}F(y)\,\mathrm{d}y-\frac{1}{2h}\int_{x-2h}^{x}F(y)\,\mathrm{d}y=\frac{1}{\pi}\int_{-\infty}^{\infty}\left(\frac{\sin u}{u}\right)^2\mathrm{e}^{-\mathrm{i}ux/h}f\left(\frac{u}{h}\right)\mathrm{d}u.$$

由此导出连续性定理.

8. 设分布函数 F 的 k 阶矩 m_k 存在且有限. 证明: 对应的特征函数 f 满足

$$\log f(t)=\sum_{k=1}^{n}\frac{a_k}{k!}(\mathrm{i}t)^k+o(t^k).$$

a_k 称为半不变量, 形式上有

$$\sum_{n=1}^{\infty}\frac{a_n}{n!}z^n=\log\sum_{n=1}^{\infty}\frac{m_n}{n!}z^n.$$

把前四个半不变量用矩表达出来. 反之, 导出用半不变量表达矩的公式, 并证明: $|a_k|\leqslant k^k\mu_k$, 其中 μ_k 为 F 的 k 阶绝对矩.

9. 设 f 为随机变量的特征函数. 若 $\mathrm{Re}f$ 在 $t=0$ 处可导, 证明:

(1) $\dfrac{f(h)-1}{h}=o(1)+\mathrm{i}\displaystyle\int_{-1/h}^{1/h}x\,\mathrm{d}F(x)\ (0<h\to 0).$

(2) f' 存在且有限的充要条件是

$$m'=\lim_{a\to\infty}\int_{-a}^{a}x\,\mathrm{d}F(x)$$

存在且有限, 此时有 $f'(0)=\mathrm{i}m'$. 将此结果推广到任意奇数阶导数. 至于偶数阶导数, 你有什么结论?

10. 设 f 为特征函数, G 为分布函数且 $G(0)=0$. 证明下列函数均为特征函数:

$$\int_0^1 f(ut)\,\mathrm{d}u,\quad \int_0^{\infty}f(ut)\mathrm{e}^{-u}\,\mathrm{d}u,\quad \int_0^{\infty}\mathrm{e}^{-|t|u}\,\mathrm{d}G(u),$$
$$\int_0^{\infty}\mathrm{e}^{-ut^2}\,\mathrm{d}G(u),\quad \int_0^{\infty}f(ut)\,\mathrm{d}G(u).$$

11. 设 $f(u,t)$ 是 $\mathbb{R}^2$ 上的一个函数, 满足对每个 u, $f(u,\cdot)$ 是特征函数, 且对每个 t, $f(\cdot,t)$ 是连续函数. 证明:

$$\int_{-\infty}^{\infty}f(u,t)\,\mathrm{d}G(u)$$

是特征函数, 其中 G 为任意一个分布函数.

12. 设分布函数 F 的特征函数为 $f(t)$. 证明:

$$\lim_{c\to\infty}\frac{1}{2c}\int_{-c}^{c}|f(t)|^2\,\mathrm{d}t=\sum_x[F(x)-F(x-0)]^2.$$

13. 设 $\{X_j,j\geqslant 1\}$ 为一列独立同分布的随机变量序列, 共同的分布是参数为 λ 的指数分布. 对给定的 $x>0$, 定义 $\nu=\sup\{n:S_n\leqslant x,n\geqslant 0\}$, 其中 $S_0=0$, $S_n=X_1+\cdots+X_n$. 证明: 随机变量 ν 服从参数为 λ 的 Poisson 分布.

14. 举例说明: 两个随机变量 X 和 Y 不独立, 有相同的分布 F, 而它们的和 $X+Y$ 的分布恰为 $F*F$.

提示: 取 $X=Y$, 且 X 服从 Cauchy 分布, 用特征函数来说明.

15. 设 $X_n \xrightarrow{\mathrm{d}} X$, $Y_n \xrightarrow{\mathrm{d}} Y$, X 与 Y 独立, 且对每个 n, X_n 与 Y_n 独立. 证明:

$$X_n+Y_n \xrightarrow{\mathrm{d}} X+Y.$$

16. (1) 根据特征函数, 证明著名的三角恒等式

$$\frac{\sin t}{t}=\prod_{m=1}^{\infty}\cos\frac{t}{2^n}.$$

(2) 把上式改写为

$$\frac{\sin t}{t}=\left(\prod_{n=1}^{\infty}\cos\frac{t}{2^{2k-1}}\right)\left(\prod_{k=1}^{\infty}\cos\frac{t}{2^{2k}}\right).$$

证明右边的两个因子都是奇异连续分布的特征函数. 这说明了两个奇异连续分布的卷积可以是绝对连续的.

提示: 考虑 Cantor 集

$$C=\left\{x:\ x=\sum_{n=1}^{\infty}\frac{a_n}{3^n},\ a_n=0,2\right\}.$$

17. 设 X 和 Y 为独立同分布的随机变量, 均值为 0, 方差为 1. 如果 $X+Y$ 和 $X-Y$ 相互独立, 证明: X 和 Y 的公共分布为标准正态分布.

18. 设 f 为分布函数 F 的特征函数, 且当 $t\to 0$ 时

$$f(t)=1+o(|t|^{\alpha}),\quad 0<\alpha\leqslant 2.$$

证明: 当 $c\to\infty$ 时, 有

$$\int_{\{|x|>c\}}\mathrm{d}F(x)=o(c^{-\alpha}).$$

19. 设 X 和 Y 为独立同分布的随机变量, 均值为 0, 方差为 1. 若 $(X+Y)/\sqrt{2}$ 的分布与 X 的分布 F 相同, 证明: $F=\Phi$, 其中 Φ 为标准正态分布.

20. 设 $b_n>0$, f 为特征函数. 若 $|f(b_nt)|$ 处处收敛于一个不恒为 1 的特征函数, 证明: b_n 收敛于一个严格正的有限数.

提示: 证明不可能有 b_n 的子序列, 使其收敛于 0 或 ∞, 或有两个子序列收敛于不同的极限.

21. 设 $X_1,\cdots,X_n$ iid $\sim F$, F 为非退化的整数格子点分布, 步长为 1. 证明: 存在常数 C, 使对每个 j, 有

$$\mathsf{P}(S_n=j)\leqslant Cn^{-1/2},$$

其中 $S_n = X_1 + \cdots + X_n$.

提示: 利用性质 5.3.5.

22. 设 F 和 G 为两个分布函数. 若对任意自然数 n, 有 $\int_{-\infty}^{\infty} x^n \,\mathrm{d}F = \int_{-\infty}^{\infty} x^n \,\mathrm{d}G$, 能否推出 $F = G$?

提示: 考虑密度函数

$$f_\alpha(x) = \frac{1}{24}\exp\{-x^{1/4}\}(1 - \alpha \sin x^{1/4}) I_{(0,\infty)}(x), \quad \alpha \in (0,1),$$

由分部积分证明

$$\int_0^{\infty} x^k \exp\{-x^{1/4}\} \sin x^{1/4} \,\mathrm{d}x = 0, \quad \forall\, k \in \mathbb{N} \cup \{0\}.$$ [17]

23. (1) 证明: 两个特征函数即使在一区间上相等也未必在 $\mathbb{R}$ 上恒等.

(2) 证明: 存在特征函数 f_1 和 f_2, 使 $f_1^2 = f_1 f_2$. 此式说明同一分布律的卷积可以等于该分布律与另一个不同分布律的卷积.

24. 证明: 当 $\alpha \in (0,2]$ 时, $f_\alpha(t) = \exp\{-|t|^\alpha\}$ 为特征函数.

提示: 对 $0 < \alpha \leqslant 1$, 用 Pólya 定理; 对 $1 < \alpha \leqslant 2$, 可参见 [15] 或其中译本 (定理 6.5.4).

25. 证明: 若 f_1 和 f_2 为特征函数, 则集合 $A = \{t : f_1(t) = f_2(t)\}$ 是包含 0 及关于 0 对称的一个闭集.

26. (1) 设 θ 为无理数, $\{\alpha\}$ 表示 α 的小数部分. 考虑序列 $\{\{n\theta\}, n \in \mathbb{N}\}$, 定义概率测度 P_n 为

$$\mathsf{P}_n(A) = \frac{1}{n} \cdot \#\Big\{k : \{k\theta\} \in A, 1 \leqslant k \leqslant n\Big\},$$

其中 $\#B$ 表示集合 B 中元素个数. 证明: P_n 弱收敛于 $(0,1)$ 上的 Lebesgue 测度.

提示: 先考虑 θ 为有理数, 然后用有理数逼近无理数.

(2) 设随机变量 X 以概率 1 取无理数, F_n 表示 nX 的小数部分 $\{nX\}$ 的分布函数, 用 (1) 中的结论及完全收敛性准则证明: $n^{-1}\sum\limits_{k=1}^{n} F_k$ 弱收敛于 $[0,1]$ 上的均匀分布.

27. 用连续性定理 (即完全收敛准则) 证明: 二项分布可用 Poisson 分布逼近 (即 Poisson 逼近定理).

28. 以 $\sigma^2(X)$ 和 $\sigma^2(Y)$ 分别记随机变量 X 和 Y 的方差.

(1) 证明: 若 $\sigma^2(X) < \infty, \sigma^2(Y) < \infty$, 则 $|\sigma(X) - \sigma(Y)| \leqslant \sigma(X - Y)$.

(2) 设 $\{V_n\}$ 和 $\{W_n\}$ 为两个随机变量序列, $0 < \sigma^2(V_n) < \infty$, G 为分布函数, 且当 $n \to \infty$ 时,

$$\frac{V_n}{\sigma(V_n)} \xrightarrow{\mathrm{d}} G, \qquad \frac{\mathsf{E}[(W_n - V_n)^2]}{\sigma^2(V_n)} \to 0,$$

证明: $W_n/\sigma(W_n) \xrightarrow{\mathrm{d}} G$, $W_n/\sigma(V_n) \xrightarrow{\mathrm{d}} G$.

提示: 先证明 $W_n/\sigma(V_n) \xrightarrow{\mathrm{d}} G$, 这由

$$\frac{W_n}{\sigma(V_n)} = \frac{V_n}{\sigma(V_n)} + \frac{W_n - V_n}{\sigma(V_n)}$$

得到, 然后用 (1) 中的结果.

29. 设 X 和 Y 分别有分布函数 F 和 G. 证明:

(1) 若 F 和 G 没有公共跳点, 则 $\mathsf{E}[F(Y)] + \mathsf{E}[G(X)] = 1$.

(2) 若 F 连续, 则 $\mathsf{E}[F(X)] = 1/2$.

(3) 即使 F 和 G 有公共跳, 若 X 与 Y 相互独立, 也有

$$\mathsf{E}[F(Y)] + \mathsf{E}[G(X)] = 1 + \mathsf{P}(X = Y).$$

(4) 即使 F 有跳, 我们也有

$$\mathsf{E}[F(X)] = \frac{1}{2} + \frac{1}{2}\sum_x \mathsf{P}^2(X = x).$$

30. 设随机变量 X 的特征函数为 f, 且 $\mathsf{E}|X|^r < \infty$ $(0 < r < 2)$. 证明:

$$\mathsf{E}|X|^r = \frac{\Gamma(r+1)}{\pi} \sin\frac{r\pi}{2} \int_{-\infty}^{\infty} \frac{1 - \mathrm{Re} f(t)}{|t|^{r+1}}\, \mathrm{d}t.$$

此等式可参见 [15](158~159 页).

31. 设 X 和 Y 为独立同分布的随机变量. 证明: 若 $\mathsf{E}|X|^r < \infty$, $0 < r \leqslant 2$, 则

$$\mathsf{E}|X + Y|^r \geqslant \mathsf{E}|X - Y|^r;$$

若 $\mathsf{E}|X|^r < \infty$, $1 \leqslant r \leqslant 2$, 则

$$\mathsf{E}|X + Y|^r \geqslant \mathsf{E}|X|^r\ [1].$$

32. 设 $\{X, X_n, n \geqslant 1\}$ 为一个随机变量序列, 满足 $X_n \xrightarrow{\mathrm{d}} X$. 证明:

(1) $\mathsf{E}|X| \leqslant \liminf \mathsf{E}|X_n|$;

(2) $\lim \mathsf{E}|X_n| = \mathsf{E}|X| < \infty$ 当且仅当 $\{X_n\}$ 为一致可积的.

33. 设 $\{X_n, n \geqslant 1\}$ 为独立同分布的随机变量序列, 满足 $\mathsf{E}[X_1] = 0$, $\mathsf{E}[X_1^2] = \sigma^2 < \infty$. 证明:

$$\lim_{n\to\infty} \frac{1}{\sqrt{n}}\, \mathsf{E}\left|\sum_{k=1}^{n} X_k\right| = \sqrt{\frac{2}{\pi}}\,\sigma.$$

第 6 章　极限定理

在第 2 章中, 我们讨论过一般随机变量的各种收敛性问题. 本章将重点讨论一类极有实际意义的随机变量序列 —— 部分和序列的极限问题. 以下总记 $\{X_n, n \geqslant 1\}$ 是概率空间 $(\Omega, \mathscr{A}, \mathsf{P})$ 上的独立随机变量序列,

$$S_n = \sum_{k=1}^{n} X_k, \quad n = 1, 2, \cdots.$$

概率论中主要研究部分和序列 $\{S_n, n \geqslant 1\}$ 的如下几个收敛性问题:

(1) 弱大数定律 —— 研究 $S_n/B_n - A_n \xrightarrow{\mathrm{P}} 0$ 的充要条件, 这里以及后面的 A_n 和 B_n 为两串常数序列, 满足 $B_n > 0$ 且 $B_n \uparrow \infty$.

(2) 强大数定律 —— 研究 $S_n/B_n - A_n \xrightarrow{\text{a.s.}} 0$ 的充要条件.

(3) 重对数律 —— 研究何时有 $\limsup\limits_{n\to\infty} S_n/B_n = 1$, a.s..

(4) 中心极限定理 —— 研究 $S_n/B_n - A_n \xrightarrow{\mathscr{L}} N(0,1)$ 的充要条件.

当 $\{X_n, n \geqslant 1\}$ (以下简记为 $\{X_n\}$) 为独立随机变量序列时, 上述问题已有十分完美的结论. 近年来, 关于极限定理的工作主要有两大类: 一类是去掉独立性条件, 在各种相依性条件下研究上述有关随机变量序列收敛的极限问题, 如关于在各种混合条件下极限理论的研究、关于鞅 (半鞅) 序列极限理论的研究、关于各种统计量极限理论的研究等等. 另一类是把对随机变量序列极限理论的研究发展到各种随机过程在各种空间中极限定理的研究, 而把所研究的随机变量序列嵌入到某个随机过程中去, 如在 Banach 空间中随机元的极限. 但是, 在独立条件下随机变量序列的极限定理是最基本的, 也是最有启发性的. 其他许多场合下极限定理的结果都会比照独立场合下的结论和条件. 因此, 我们的目的是通过对本章的学习使大家对独立情形下的极限定理有个初步了解, 为今后极限理论的学习打下一个基础. 想进一步了解这方面内容的读者可以参阅有关极限理论的书.

6.1 预备知识

为研究有关的极限定理, 我们引入一些必要的概念和不等式. 对任一随机变量 X, 记

$$X^c = XI_{\{|X|<c\}}, \tag{6.1}$$

称 X^c 为 X 的截尾随机变量. 由于 X^c 以 c 为界, 因此它的各阶矩都存在.

随机变量 X 称为对称的, 若对任意 $x \in \mathbb{R}$, 有

$$\mathsf{P}(X \leqslant -x) = \mathsf{P}(X \geqslant x).$$

若 X' 与 X 独立同分布, 则 $X^{\mathrm{s}} = X - X'$ 是对称随机变量, 称之为 X 的对称化. 显然, 若 $\operatorname{Var} X = \sigma^2 < \infty$, 则 $\operatorname{Var} X^{\mathrm{s}} = 2\sigma^2$.

随机变量 X 的 q 分位点 ϖ_q 定义为满足如下不等式的任一实数:

$$\mathsf{P}(X \leqslant \varpi_q) \geqslant q, \quad \mathsf{P}(X \geqslant \varpi_q) \geqslant 1-q, \quad 0 \leqslant q \leqslant 1. \tag{6.2}$$

特别地, 当 $q = 1/2$ 时, $\varpi_{0.5}$ 称为 X 的中位数, 本章中简写为 ϖ. 由定义可知中位数 (q 分位点) 必存在, 但不唯一. 可以证明: 若 ϖ 不唯一, 则 ϖ 必落在某个闭区间中. 如果随机变量 X 为对称的, 则 0 是它的一个中位数.

关于中位数, 我们有如下结果.

引理 6.1.1 若 $\mathsf{E}|X| < \infty$, 则对任意 $\beta \in \mathbb{R}$, 有

$$\mathsf{E}|X - \varpi| \leqslant \mathsf{E}|X - \beta|.$$

若 $\operatorname{Var} X = \sigma^2 < \infty$, 则

$$|\varpi - \mathsf{E}[X]| \leqslant \sigma.$$

证 记随机变量 X 的分布函数为 F. 当 $\beta > \varpi$ 时,

$$\begin{aligned}\mathsf{E}|X-\beta| - \mathsf{E}|X-\varpi| &= \int_{-\infty}^{\infty} |x-\beta| \,\mathrm{d}F(x) - \int_{-\infty}^{\infty} |x-\varpi| \,\mathrm{d}F(x) \\ &= (\beta - \varpi)[F(\varpi) - \overline{F}(\beta)] + \int_{(\varpi,\beta]} (\beta + \varpi - 2x) \,\mathrm{d}F(x) \\ &= \varpi - \beta + 2\int_{(\varpi,\beta]} F(x) \,\mathrm{d}x.\end{aligned}$$

由中位数的定义, $2F(\varpi) \geqslant 1$, 从而 $2\int_{(\varpi,\beta]} F(x)\,\mathrm{d}x \geqslant \beta - \varpi$, 代入上式即得

$$\mathsf{E}|X-\beta| - \mathsf{E}|X-\varpi| \geqslant 0.$$

当 $\beta < \varpi$ 时, 通过类似讨论可得到相同结论, 因此第一个结论成立.

当 $\operatorname{Var} X < \infty$ 时, 由已证的第一个结论和 Schwartz 不等式

$$|\mathsf{E}X - \varpi| \leqslant \mathsf{E}|X - \varpi| \leqslant \mathsf{E}|X - \mathsf{E}X| \leqslant [\mathsf{E}(X - \mathsf{E}X)^2]^{1/2} = \sigma,$$

立得第二个结论. ∎

引理 6.1.2 (弱对称化不等式) 对任意 $\epsilon > 0$ 和实数 a,

$$\frac{1}{2}\mathsf{P}(X - \varpi > \epsilon) \leqslant \mathsf{P}(X^s > \epsilon), \tag{6.3}$$

$$\frac{1}{2}\mathsf{P}(|X - \varpi| > \epsilon) \leqslant \mathsf{P}(|X^s| > \epsilon) \leqslant 2\,\mathsf{P}\left(|X - a| > \frac{\epsilon}{2}\right). \tag{6.4}$$

证 设 $X^{\mathrm{s}} = X - X'$, 其中 X 与 X' 为独立同分布的随机变量, ϖ 为 X 的中位数 (也是 X' 的),

$$\begin{aligned}
\mathsf{P}(X^{\mathrm{s}} > \epsilon) &= \mathsf{P}((X - \varpi) - (X' - \varpi) > \epsilon) \\
&\geqslant \mathsf{P}(X - \varpi > \epsilon,\ X' - \varpi \leqslant 0) \\
&= \mathsf{P}(X - \varpi > \epsilon) \cdot \mathsf{P}(X' - \varpi \leqslant 0) \\
&\geqslant \frac{1}{2}\mathsf{P}(X - \varpi > \epsilon),
\end{aligned}$$

由此即得式 (6.3).

在式 (6.3) 中, 把 X 换成 $-X$ 即可得到一个不等式, 并将该不等式与式 (6.3) 相加, 即得式 (6.4) 的左半不等式. 而式 (6.4) 的右半不等式成立, 这是由于

$$\begin{aligned}
\mathsf{P}(|X^s| > \epsilon) &= \mathsf{P}(|(X - a) - (X' - a)| > \epsilon) \\
&\leqslant \mathsf{P}\left(|X - a| > \frac{\epsilon}{2}\right) + \mathsf{P}\left(|X' - a| > \frac{\epsilon}{2}\right) \\
&= 2\,\mathsf{P}\left(|X - a| > \frac{\epsilon}{2}\right).
\end{aligned}$$

证毕. ∎

定义 6.1.1 称随机变量序列 $\{X_n\}$ 和 $\{Y_n\}$ 是尾列等价的, 若

$$\mathsf{P}(X_n \neq Y_n,\ \text{i.o.}) = 0. \tag{6.5}$$

称序列 $\{X_n\}$ 和 $\{Y_n\}$ 是收敛等价的, 若它们的收敛点集只相差一个零测集.

由上述定义知, 若 $\{X_n\}$ 和 $\{Y_n\}$ 尾列等价, 则对每个 $w \in \Omega$, $X_n(w)$ 和 $Y_n(w)$ 至多在有限项上不同, 当然这个有限项的项数依赖于 w.

引理 6.1.3 (等价性引理) 设随机变量序列 $\{X_n\}$ 和 $\{Y_n\}$ 满足

$$\sum_{n=1}^{\infty}\mathsf{P}(X_n \neq Y_n) < \infty,$$

则下列叙述成立:

(1) $\{X_n\}$ 和 $\{Y_n\}$ 是尾列等价的;

(2) $\{X_n\}$ 和 $\{Y_n\}$ 是收敛等价的;

(3) 若 $b_n \uparrow \infty$, 则 $\{b_n^{-1}\sum\limits_{k=1}^{n} X_k\}$ 和 $\{b_n^{-1}\sum\limits_{k=1}^{n} Y_k\}$ 是收敛等价的, 且在公共收敛点上, 它们的极限相同.

证　(1) 由 Borel-Cantelli 引理可得, 而 (2) 和 (3) 的成立是显然的. ∎

6.2　弱大数定律

定义 6.2.1　设 $\{X_n\}$ 为一列随机变量序列. 如果存在常数序列 $\{A_n\}$ 和正常数序列 $\{B_n\}$ $(B_n \to \infty)$, 使得

$$\frac{S_n}{B_n} - A_n \xrightarrow{\mathrm{P}} 0,$$

则称 $\{X_n\}$ 服从弱大数定律 (简称大数定律).

我们这里主要讨论独立随机变量序列以及 $B_n = n$ 这种形式. 由定义知 $\{X_n\}$ 是否服从大数定律与 S_n/n 的分布有关. 若记 X_k 的特征函数为 $f_k(t)$, 则 S_n/n 的特征函数为

$$g_n(t) = \prod_{k=1}^{n} f_k\left(\frac{t}{n}\right).$$

由分布函数和特征函数的一一对应可知, 我们只要研究是否有 $g_n(t) \to 1$ (完全收敛性准则). 由第 5 章, 我们可以得到如下结果.

定理 6.2.1　设 $\{X_n\}$ 为独立的随机变量序列, 则 $S_n/n \xrightarrow{\mathrm{P}} 0$ 的充要条件是:

(1) $\sum\limits_{k=1}^{n} \mathsf{P}(|X_k| > n) \to 0$;

(2) $\dfrac{1}{n^2}\sum\limits_{k=1}^{n} \mathrm{Var}(X_k I_{\{|X_k| \leqslant n\}}) \to 0$;

(3) $\dfrac{1}{n}\sum\limits_{k=1}^{n} \mathsf{E}\left[X_k I_{\{|X_k| \leqslant n\}}\right] \to 0$.

证　令 $Y_{nk} = X_k I_{\{|X_k| \leqslant n\}}$ $(k = 1, \cdots, n)$.

(充分性) 由 Chebyshev 不等式、独立性及条件 (2), 对任意 $\epsilon > 0$, 我们有

$$\mathsf{P}\left(\left|\frac{1}{n}\sum_{k=1}^{n}(Y_{nk} - \mathsf{E}[Y_{nk}])\right| > \epsilon\right) \leqslant \frac{1}{\epsilon^2 n^2}\sum_{k=1}^{n} \mathrm{Var}\, Y_{nk} \to 0,$$

所以

$$\frac{1}{n}\sum_{k=1}^{n}(Y_{nk} - \mathsf{E}[Y_{nk}]) \xrightarrow{\mathrm{P}} 0.$$

由条件 (3) 得

$$\frac{1}{n}\sum_{k=1}^{n} Y_{nk} \xrightarrow{\mathrm{P}} 0. \tag{6.6}$$

再由条件 (1) 得

$$\begin{aligned}\mathsf{P}\left(\left|\frac{S_n}{n}-\frac{1}{n}\sum_{k=1}^{n} Y_{nk}\right|>\epsilon\right) &= \mathsf{P}\left(\left|\frac{1}{n}\sum_{k=1}^{n} X_k I_{\{|X_k|>n\}}\right|>\epsilon\right)\\ &\leqslant \mathsf{P}\left(\bigcup_{k=1}^{n}\{|X_k|>n\}\right)\\ &\leqslant \sum_{k=1}^{n}\mathsf{P}(|X_k|>n)\to 0,\end{aligned}$$

即

$$\frac{S_n}{n}-\frac{1}{n}\sum_{k=1}^{n} Y_{nk} \xrightarrow{\mathrm{P}} 0.$$

再由式 (6.6) 得 $S_n/n \xrightarrow{\mathrm{P}} 0$.

(必要性) 设 $S_n/n \xrightarrow{\mathrm{P}} 0$, 以 ϖ_k 表示随机变量 X_k 的中位数, f_k 表示 X_k 的特征函数, $g_n(t)$ 为 S_n/n 的特征函数, 则由完全收敛性准则知 $g_n(t)=\prod\limits_{k=1}^{n} f_k(t/n)\to 1$. 设 $c>1$, 由定理 5.2.4 知, 在每个有限区间 $[-c,c]$ 上 $g_n(t)$ 一致收敛. 因此, 当 n 充分大时, $\log|g_n(t)|$ 在 $[-c,c]$ 上一致有界, 且 $\log|g_n(t)|\to 0$, 故由弱对称化不等式 (引理 6.1.2) 及特征函数性质 5.3.9 的第二个不等式, 有

$$\begin{aligned}\frac{1}{2}\sum_{k=1}^{n}\mathsf{P}\left(\left|\frac{X_k-\varpi_k}{n}\right|>\frac{1}{c}\right) &\leqslant \sum_{k=1}^{n}\mathsf{P}\left(\left|\frac{X_k^s}{n}\right|>\frac{1}{c}\right)\\ &\leqslant -\frac{7}{c}\int_0^c \log|g_n(u)|^2\,\mathrm{d}u\to 0,\quad n\to\infty,\end{aligned} \tag{6.7}$$

其中最后一步利用了控制收敛定理. 下面先证明 $\{X_k/n, k=1,\cdots,n\}$ 满足无穷小条件, 即对任意 $\epsilon>0$, 有

$$\lim_{n\to\infty}\max_{1\leqslant k\leqslant n}\mathsf{P}\left(\left|\frac{X_k}{n}\right|>\epsilon\right)=0. \tag{6.8}$$

设 $\delta>0$ 也是任意取定的. 由 $S_n/n \xrightarrow{\mathrm{P}} 0$, 存在 $N=N(\epsilon,\delta)$, 当 $n\geqslant N$ 时, 有

$$\mathsf{P}\left(\left|\frac{S_n}{n}\right|<\epsilon\right)>1-\delta.$$

于是, 对任意 $n\geqslant k>N$, 有

$$\begin{aligned}\mathsf{P}\left(\left|\frac{X_k}{n}\right|<2\epsilon\right)\geqslant \mathsf{P}\left(\left|\frac{X_k}{k}\right|<2\epsilon\right) &= \mathsf{P}\left(\left|\frac{S_k}{k}-\frac{S_{k-1}}{k-1}\cdot\frac{k-1}{k}\right|<2\epsilon\right)\\ &\geqslant \mathsf{P}\left(\left|\frac{S_k}{k}\right|<\epsilon,\left|\frac{S_{k-1}}{k-1}\right|<\epsilon\right)\geqslant 1-2\delta,\end{aligned} \tag{6.9}$$

其中最后一步利用了 $\mathsf{P}(A\cap B)\geqslant \mathsf{P}(A)+\mathsf{P}(B)-1$. 而对一切 $k\leqslant N$, 存在 $N'=N'(\epsilon,\delta)$, 使得当 $n>N'$ 时, 有

$$\mathsf{P}\left(\left|\frac{X_k}{n}\right|<\epsilon\right)>1-\delta. \tag{6.10}$$

结合式 (6.9) 和式 (6.10) 得证式 (6.8). 注意到如下事实: 对任意随机变量 X, X 的中位数必含于任一满足 $\mathsf{P}(X\in J)\geqslant 1/2$ 的区间 J 内. 由此我们知式 (6.8) 蕴涵了

$$\lim_{n\to\infty}\max_{1\leqslant k\leqslant n}\frac{\varpi_k}{n}=0. \tag{6.11}$$

再注意到 $c>1$, 由式 (6.7) 和式 (6.11) 得条件 (1) 成立.

设 F_k 为 X_k 的分布函数, 对任意 $1\leqslant k\leqslant n$, 有

$$\begin{aligned}
2\sum_{k=1}^n \mathrm{Var}\left(\frac{Y_{nk}}{n}\right) &= \sum_{k=1}^n \mathrm{Var}\left(\frac{Y_{nk}^s}{n}\right)\leqslant \sum_{k=1}^n \mathsf{E}\left(\frac{Y_{nk}^s}{n}\right)^2\\
&= \frac{1}{n^2}\sum_{k=1}^n\int_{-\infty}^{\infty}\int_{-\infty}^{\infty}\left(xI_{\{|x|\leqslant n\}}-yI_{\{|y|\leqslant n\}}\right)^2\mathrm{d}F_k(x)\,\mathrm{d}F_k(y)\\
&= \frac{1}{n^2}\sum_{k=1}^n\int_{\{|x|\leqslant n\}}\int_{\{|y|\leqslant n\}}(x-y)^2\,\mathrm{d}F_k(x)\,\mathrm{d}F_k(y)\\
&\quad +\frac{2}{n^2}\sum_{k=1}^n\mathsf{P}(|X_k|>n)\int_{-\infty}^{\infty}y^2I_{\{|y|\leqslant n\}}\,\mathrm{d}F_k(y)\\
&\leqslant \frac{1}{n^2}\sum_{k=1}^n\int_{-\infty}^{\infty}\int_{-\infty}^{\infty}(x-y)^2I_{\{|x-y|\leqslant 2n\}}\,\mathrm{d}F_k(x)\,\mathrm{d}F_k(y)\\
&\quad +2\sum_{k=1}^n\mathsf{P}(|X_k|>n)\\
&= 4\sum_{k=1}^n\mathsf{E}\left|\frac{X_k^sI_{\{|X_k^s|\leqslant 2n\}}}{2n}\right|^2+2\sum_{k=1}^n\mathsf{P}(|X_k|>n).
\end{aligned} \tag{6.12}$$

由特征函数性质 5.3.9 的第一个不等式及 $g_n(t)\to 1$, 有

$$\begin{aligned}
\sum_{k=1}^n\mathsf{E}\left|\frac{X_k^sI_{\{|X_k^s|\leqslant 2n\}}}{2n}\right|^2 &\leqslant 3\sum_{k=1}^n\left[1-\left|f_k\left(\frac{1}{2n}\right)\right|^2\right]\\
&\leqslant -3\sum_{k=1}^n\log\left|f_k\left(\frac{1}{2n}\right)\right|^2\\
&= -3\log\left|g_n\left(\frac{1}{2n}\right)\right|^2\to 0,\quad n\to\infty,
\end{aligned} \tag{6.13}$$

其中第二个不等式利用了 $1-a\leqslant -\log a$ $(0<a\leqslant 1)$. 由式 (6.12)、式 (6.13) 和已证得的条件 (1), 得条件 (2) 成立.

由 $S_n/n \xrightarrow{\mathrm{P}} 0$ 及条件 (1), 同充分性中的证明, 得

$$\frac{1}{n}\sum_{k=1}^{n} Y_{nk} \xrightarrow{\mathrm{P}} 0.$$

由 Chebyshev 不等式和条件 (2), 我们有

$$\mathsf{P}\left(\frac{1}{n}\left|\sum_{k=1}^{n}(Y_{nk}-\mathsf{E}[Y_{nk}])\right|>\epsilon\right)\leqslant\frac{1}{\epsilon^2}\sum_{k=1}^{n}\mathrm{Var}\left(\frac{Y_{nk}}{n}\right)\to 0,$$

故

$$\frac{1}{n}\left|\sum_{k=1}^{n}(Y_{nk}-\mathsf{E}[Y_{nk}])\right| \xrightarrow{\mathrm{P}} 0,$$

从而

$$\frac{1}{n}\sum_{k=1}^{n}\mathsf{E}[Y_{nk}]=\frac{1}{n}\sum_{k=1}^{n}Y_{nk}-\frac{1}{n}\sum_{k=1}^{n}(Y_{nk}-\mathsf{E}[Y_{nk}])\to 0,$$

即条件 (3) 成立. ∎

推论 6.2.1 若 $\{X_n\}$ 为独立同分布的 (iid) 随机变量序列, 则 $S_n/n \xrightarrow{\mathrm{P}} 0$ 的充要条件是

(1)′ $n\,\mathsf{P}(|X_1|>n)\to 0$;

(2)′ $\mathsf{E}\left[X_1 I_{\{|X_1|\leqslant n\}}\right]\to 0$.

证 我们只要证明定理 6.2.1 中条件 (1) 能推出条件 (2) 即可. 由于 $\{X_n\}$ 为 iid 随机变量序列, 条件 (2) 等价于

$$\frac{1}{n}\mathrm{Var}\left(X_1 I_{\{|X_1|\leqslant n\}}\right)\to 0. \tag{6.14}$$

事实上, 由条件 (1)′ 可推出

$$\frac{1}{n}\mathsf{E}\left[X_1^2 I_{\{|X_1|\leqslant n\}}\right]\to 0, \tag{6.15}$$

这是由于

$$\begin{aligned}\mathsf{E}\left[X_1^2 I_{\{|X_1|\leqslant n\}}\right]&=\sum_{j=1}^{n}\mathsf{E}\left[X_1^2 I_{\{j-1<|X_1|\leqslant j\}}\right]\leqslant\sum_{j=1}^{n}j^2\mathsf{P}(j-1<|X_1|\leqslant j)\\&\leqslant 2\sum_{j=1}^{n}\sum_{i=1}^{j}i\,\mathsf{P}(j-1<|X_1|\leqslant j)=2\sum_{i=1}^{n}i\sum_{j=i}^{n}\mathsf{P}(j-1<|X_1|\leqslant n)\\&\leqslant 2\sum_{i=1}^{n}i\,\mathsf{P}(|X_1|>i-1)\leqslant 2+2\sum_{i=1}^{n}(i+1)\,\mathsf{P}(|X_1|\geqslant i).\end{aligned} \tag{6.16}$$

注意到如下事实: 如果 $a_n\to 0$, 则 $n^{-1}\sum\limits_{k=1}^{n}a_k\to 0$. 由条件 (1)′ 和式 (6.16) 即知式 (6.15) 成立, 从而条件 (2)′ 成立. ∎

如果 $\mathsf{E}[X_1]$ 存在且有限, 则 $\mathsf{E}[X_1 I_{\{|X_1|>n\}}] \to 0$. 由 Chebyshev 不等式知

$$n\,\mathsf{P}(|X_1|>n) \leqslant \mathsf{E}\left[|X_1| I_{\{|X_1|>n\}}\right] \to 0,$$

因此我们可得到如下推论.

推论 6.2.2 (Khintchin 弱大数律) 如果 $\{X_n\}$ 为 iid 随机变量序列, 且 $\mathsf{E}|X_1|<\infty$, 则

$$\frac{S_n}{n} \xrightarrow{\mathrm{P}} \mathsf{E}[X_1].$$

例 6.2.1 设 μ_n 是 n 次 Bernoulli 试验中事件 A 出现的次数, 在每次试验中事件 A 发生的概率为 $\mathsf{P}(A)$, 则

$$\frac{\mu_n}{n} \xrightarrow{\mathrm{P}} \mathsf{P}(A).$$

证 令 X_k 表示在第 k 次试验中事件 A 发生的示性变量, $\mathsf{P}(X_k=0)=1-\mathsf{P}(A)$, $\mathsf{P}(X_k=1)=\mathsf{P}(A)$, 则 $X_1,\cdots,X_n$ 为 iid 随机变量序列, 且 $\mu_n=\sum\limits_{k=1}^{n} X_k$. 因此由推论 6.2.2 立得结论. ◁

例 6.2.2 设 $\{X_n\}$ 是独立的随机变量序列, 其中 $X_1=0$, 且当 $n\geqslant 2$ 时 X_n 服从两点分布: $\mathsf{P}(X_n=\pm\sqrt{\log n})=1/2$. 证明: $\{X_n\}$ 服从大数定律.

证 我们来逐条验证定理 6.2.1 中的条件 (1) ~ (3). 由于 $\log k<k\leqslant n$, 故条件 (1) 满足且 $I_{\{|X_k|\leqslant n\}}=1\ (k=1,\cdots,n)$,

$$\frac{1}{n^2}\sum_{k=1}^{n}\operatorname{Var}X_k=\frac{1}{n^2}\sum_{k=1}^{n}\log k\leqslant\frac{n\log n-n+1}{n^2}\to 0,$$

故条件 (2) 满足, 而条件 (3) 显然满足. 由此知 $\{X_n\}$ 服从大数定律. ◁

6.3 中心极限定理

通俗地讲, 中心极限定理就是许多个均匀小的独立和的分布函数弱收敛于正态分布. 所谓均匀小是指每个随机变量在和式中可被忽略. 首先我们讨论最简单的一种情况.

定理 6.3.1 设 $\{X_n\}$ 为 iid 随机变量序列, $\mathsf{E}[X_n]=a$, $\operatorname{Var}X_n=\sigma^2>0$, 则

$$\frac{S_n-na}{\sigma\sqrt{n}} \xrightarrow{\mathscr{L}} N(0,1),$$

其中 $N(0,1)$ 表示标准正态随机变量.

证 不失一般性, 可假定 $a=0$, 否则以 X_n-a 代替 X_n 即可. 设 X_n 的特征函数为 f. 由独立同分布的性质知 $S_n/(\sigma\sqrt{n})$ 的特征函数为 $f^n(t/(\sigma\sqrt{n}))$. 由完全收敛性准则, 只要

证明

$$f^n\left(\frac{t}{\sigma\sqrt{n}}\right)\to \mathrm{e}^{-t^2/2}.$$

由定理 5.4.2 知

$$f(t)=1-\frac{\sigma^2}{2}t^2+\beta(t),$$

其中 $\beta(t)/t^2\to 0\ (t\to 0)$. 故

$$\begin{aligned}f^n\left(\frac{t}{\sigma\sqrt{n}}\right)&=\left[1-\frac{t^2}{2n}+\beta\left(\frac{t}{\sigma\sqrt{n}}\right)\right]^n\\&=\left(1-\frac{t^2}{2n}\right)^n+\alpha_n(t)\to \mathrm{e}^{-t^2/2}.\end{aligned}\tag{6.17}$$

证毕. ∎

引理 6.3.1 设 $z_1,\cdots,z_m$ 和 $w_1,\cdots,w_m$ 是模不大于 1 的复数, 则

$$\left|\prod_{k=1}^m z_k-\prod_{k=1}^m w_k\right|\leqslant\sum_{k=1}^m|z_k-w_k|.$$

对 m 用归纳法即可得到.

基于引理 6.3.1, 我们可以给出式 (6.17) 的另外一种证明. 在引理 6.3.1 中, 取

$$m=n,\quad z_k=1-\frac{t^2}{2n},\quad w_k=f\left(\frac{t}{\sigma\sqrt{n}}\right),$$

则得

$$\begin{aligned}\left|f^n\left(\frac{t}{\sigma\sqrt{n}}\right)-\left(1-\frac{t^2}{2n}\right)^n\right|&\leqslant n\left|f\left(\frac{t}{\sigma\sqrt{n}}\right)-\left(1-\frac{t^2}{2n}\right)\right|\\&=n\cdot o\left(\frac{t^2}{\sigma^2 n}\right)=o(t^2),\end{aligned}$$

而 $(1-t^2/(2n))^n\to \mathrm{e}^{-t^2/2}$, 所以式 (6.17) 成立.

容易知道, 在定理 6.3.1 的条件下, $S_n/n\xrightarrow{\mathrm{P}}a$. 上述中心极限定理则指出了在 iid 情形下 S_n/n 趋于 a 的速度. 设 $0<\delta<1/2$, 则对任意 $\epsilon>0$, 有

$$\begin{aligned}\lim_{n\to\infty}\mathsf{P}\left(n^\delta\left|\frac{S_n}{n}-a\right|>\epsilon\right)&=\lim_{n\to\infty}\mathsf{P}\left(\left|\frac{S_n-na}{\sigma\sqrt{n}}\right|>\frac{\epsilon}{\sigma}n^{1/2-\delta}\right)\\&\leqslant\lim_{n\to\infty}\frac{2}{\sqrt{2\pi}}\int_{\epsilon n^{1/2-\delta}/\sigma}^\infty \mathrm{e}^{-t^2/2}\,\mathrm{d}t=0,\end{aligned}$$

即

$$n^\delta\left(\frac{S_n}{n}-a\right)\xrightarrow{\mathrm{P}}0.$$

例 6.3.1 设从参数为 λ 的指数分布总体中抽得容量为 n 的一组样本 $\{X_1, \cdots, X_n\}$, 由于 $\overline{X}_n = \frac{1}{n}\sum\limits_{i=1}^{n} X_i$ 依概率收敛于总体的均值 $1/\lambda$, 故可用 $1/\overline{X}_n$ 来估计 λ, 但估计精度如何? 由于指数分布方差为 $1/\lambda^2$, 由定理 6.3.1 知

$$\lambda\sqrt{n}\left(\overline{X}_n - \frac{1}{\lambda}\right) \xrightarrow{\mathscr{L}} N(0,1).$$

由 Skorohod 嵌入定理 (定理 5.1.2), 存在同一概率空间 $(\Omega', \mathscr{A}', \mathsf{P}')$ 上的随机变量 $\overline{Y}_n$ 和 Y, 它们的分布与 $\overline{X}_n$ 和 $N(0,1)$ 相同, 且对每个 $w' \in \Omega'$,

$$\lambda\sqrt{n}\left[\overline{Y}_n(w') - \frac{1}{\lambda}\right] \to Y(w').$$

现在 $\overline{Y}_n(w') \to 1/\lambda$ 以及

$$\frac{\sqrt{n}}{\lambda}\left[\frac{1}{\overline{Y}_n(w')} - \lambda\right] = \frac{\lambda\sqrt{n}[\lambda^{-1} - \overline{Y}_n(w')]}{\lambda\overline{Y}_n(w')} \to -Y(w'),$$

但 $-Y$ 服从标准正态分布, 因而

$$\frac{\sqrt{n}}{\lambda}\left(\frac{1}{\overline{X}_n} - \lambda\right) \xrightarrow{\mathscr{L}} N(0,1),$$

即 $1/\overline{X}_n$ 的分布近似于均值为 λ、方差为 λ^2/n 的正态分布. ◁

下面研究独立不同分布情形下的中心极限问题.

设有随机变量阵列

$$\begin{matrix} X_{11} & X_{12} & \cdots & X_{1k_1} \\ X_{21} & X_{22} & \cdots & X_{2k_2} \\ \vdots & \vdots & & \vdots \\ X_{n1} & X_{n2} & \cdots & X_{nk_n} \end{matrix} \tag{6.18}$$

其中每一行中的随机变量都独立 (不同行之间的随机变量不必要求独立), 这种阵列称为随机变量的三角阵列. 令

$$S_n = \sum_{j=1}^{k_n} X_{nj},$$

设当 $n \to \infty$ 时, $k_n \to \infty$. 定理 6.3.1 证明了 $k_n = n$, $X_{nj} = X_j$ 及 $\{X_j\}$ iid 情形下的中心极限定理. 下面我们将对式 (6.18) 的随机变量三角阵列研究 S_n 的极限分布问题. 这一问题的一般提法 (最初由 Lévy 指出) 是:

(1) S_n 的一切可能的极限分布是什么?

(2) S_n 的分布收敛于指定分布的条件是什么?

但是, 如果我们对独立加项 X_{ni} 不加任何限制, 则问题 (1) 的提法就毫无意义. 例如, 设 Y 为任一随机变量, 令 $X_{n1} = Y$, $X_{nj} = 0$ $(j \geqslant 2)$, 则 $S_n = Y$, 因而 S_n 的分布就

是 Y 的分布, 所以一切可能的极限分布包含了任何一个分布. 因此需要对 $\{X_{nj}\}$ 加上一定的限制.

为了寻找出一种比较符合实际背景的限制, 可以考察一些能导致这种限制条件的问题. 这些问题的共同点就是加项的个数可以无限增多, 而当去掉任意有限多项时其极限分布不变, 即每个加项在 S_n 中所起的作用是很小的, 当 n 很大时, 每个加项都是可忽略的. 这个限制称为 UAN (uniformly asymptotically negligible) 条件. 用概率的语言来表达即为: 对每个 $\epsilon > 0$,

$$\max_{1\leqslant j\leqslant k_n} \mathsf{P}(|X_{nj}| > \epsilon) \to 0.$$

因此中心极限问题的确切提法是:

中心极限问题 设 $S_n = \sum\limits_{j=1}^{k_n} X_{nj}$, 其中 $\{X_{nj}\}$ 满足 UAN 条件, 且 $k_n \to \infty$.

(1) 找出 S_n 的一切可能的极限分布;

(2) 找出 S_n 的分布向指定极限分布收敛的条件.

这一问题的圆满解决主要依靠特征函数这一有力工具. 若以 f_n 和 f_{nj} 分别表示 S_n 和 X_{nj} 的特征函数, 则根据完全收敛性准则, 上述中心极限的两个问题转化为:

(1) 找出可使 $f_n \to f$ 的一切特征函数 f;

(2) 设 f 为指定的极限分布特征函数, 找出 $f_n \to f$ 的条件.

中心极限问题的解决归功于: De Finetti 引入了"无穷可分"分布族; A. N. Kolmogorov 发现了二阶矩有限情形下的显式表达式; P. Lévy 发现了一般情形下的显式表达式. 经过诸多概率论大家的努力, 一般情形下的中心极限问题已获解决. 由于一般情况下的计算比较繁琐, 所以本书中我们仅介绍"方差有界情形"下的中心极限问题. 但这一情形下的入手和一般情形是相同的. 读者可参考 M. Loève 的 *Probability Theory*. 这里介绍的"方差有界情形"下中心极限问题的叙述也主要来自于 M. Loève.

设式 (6.18) 中的随机变量满足

$$\begin{aligned} &\mathsf{E}[X_{nj}] = 0, \quad \mathsf{E}[X_{nj}^2] = \sigma_{nj}^2, \quad 1 \leqslant j \leqslant k_n, \\ &B_n^2 = \sum_{j=1}^{k_n} \sigma_{nj}^2. \end{aligned} \tag{6.19}$$

以下以 F_{nj} 和 f_{nj} 分别记 X_{nj} 的分布函数和特征函数, S_n 的分布函数和特征函数分别记为 F_n 和 f_n. 方差有界条件 (C) 是指

$$\max_{1\leqslant j\leqslant k_n} \sigma_{nj}^2 \to 0, \quad \sum_{j=1}^{k_n} \sigma_{nj}^2 = B_n^2 \leqslant c < \infty,$$

其中 c 是不依赖于 n 的常数.

由条件 (C) 可推出 UAN 条件: 这由 Chebeshev 不等式

$$\max_{1\leqslant j\leqslant k_n} \mathsf{P}(|X_{nj}| > \epsilon) \leqslant \frac{1}{\epsilon^2} \max_{1\leqslant j\leqslant k_n} \sigma_{nj}^2 \to 0$$

即得.

我们将用特征函数来讨论中心极限问题. 证明思路大体是:

(1) $f_n \to f \Leftrightarrow \sum_{j=1}^{k_n} \log f_{nj} \to \log f$;

(2) $\sum_{j=1}^{k_n} \{\log f_{nj}(t) - [f_{nj}(t) - 1]\} \to 0 \ (|t| \leqslant T)$;

(3) 令

$$\psi_n(t) = \sum_{j=1}^{k_n} [f_{nj}(t) - 1] = \int_{-\infty}^{\infty} \left(\mathrm{e}^{\mathrm{i}tx} - 1 - \mathrm{i}tx\right) \frac{1}{x^2} \, \mathrm{d}K_n(x),$$

其中

$$K_n(x) = \int_{-\infty}^{x} y^2 \, \mathrm{d}\left[\sum_{j=1}^{k_n} F_{nj}(y)\right],$$

则 e^{ψ_n} 是特征函数, 且 $\psi_n \to \psi$ 当且仅当 $K_n \xrightarrow{\mathrm{w}} K$.

下面用引理的形式来证明上述思路中的结论, 然后来叙述中心极限问题.

引理 6.3.2 (比较引理) 在条件 (C) 下, 对每个固定的 t, 当 $n \geqslant n_0(t)$ 时, $\log f_{nj}(t)$ 存在、有限, 且

$$\sum_{j=1}^{k_n} \{\log f_{nj}(t) - [f_{nj}(t) - 1]\} \to 0.$$

证 由于 $\mathsf{E}[X_{nj}] = 0$, 故由定理 5.4.2 得

$$f_{nj}(t) = 1 - \theta_{nj} \frac{\sigma_{nj}^2}{2} t^2,$$

其中 $|\theta_{nj}| \leqslant 1$, 从而由条件 (C) 推知

$$\max_{1 \leqslant j \leqslant k_n} |f_{nj}(t) - 1| \leqslant \frac{t^2}{2} \max_{1 \leqslant j \leqslant k_n} \sigma_{nj}^2 \to 0,$$

$$\sum_{j=1}^{k_n} |f_{nj}(t) - 1| \leqslant \frac{t^2}{2} \sum_{j=1}^{k_n} \sigma_{nj}^2 \leqslant \frac{c}{2} t^2.$$

于是, 对每个固定的 t, 存在 $n_0(t)$, 使得当 $n \geqslant n_0(t)$ 时, 对一切 $j \leqslant k_n$, $|f_{nj}(t) - 1| \leqslant 1/2$, 所以 $\log f_{nj}(t)$ 存在、有限, 且有 Taylor 展开

$$\log f_{nj}(t) = f_{nj}(t) - 1 + \theta'_{nj} |f_{nj}(t) - 1|^2, \quad 1 \leqslant j \leqslant k_n,$$

其中 $|\theta'_{nj}| \leqslant 1$. 因此,

$$\begin{aligned} \left| \sum_{j=1}^{k_n} \{\log f_{nj}(t) - [f_{nj}(t) - 1]\} \right| &\leqslant \sum_{j=1}^{k_n} |f_{nj}(t) - 1|^2 \\ &\leqslant \max_{1 \leqslant j \leqslant k_n} |f_{nj}(t) - 1| \sum_{1 \leqslant j \leqslant k_n} |f_{nj}(t) - 1| \end{aligned}$$

$$\leqslant \frac{t^2}{2} \max_{1 \leqslant j \leqslant k_n} \sigma_{nj}^2 \cdot \frac{c}{2} t^2 \to 0.$$

引理得证. ∎

令

$$\psi_n(t) = \sum_{j=1}^{k_n} [f_{nj}(t) - 1] = \sum_{j=1}^{k_n} \int_{-\infty}^{\infty} (\mathrm{e}^{\mathrm{i}tx} - 1) \, \mathrm{d}F_{nj}(x),$$

由于 $\mathsf{E}[X_{nj}] = 0$, $\sum\limits_{j=1}^{k_n} \sigma_{nj}^2 \leqslant c$, 故上式可写为

$$\begin{aligned}\psi_n(t) &= \sum_{j=1}^{k_n} \int_{-\infty}^{\infty} (\mathrm{e}^{\mathrm{i}tx} - 1 - \mathrm{i}tx) \cdot \frac{1}{x^2} \cdot x^2 \, \mathrm{d}F_{nj}(x) \\ &\triangleq \int_{-\infty}^{\infty} (\mathrm{e}^{\mathrm{i}tx} - 1 - \mathrm{i}tx) \cdot \frac{1}{x^2} \, \mathrm{d}K_n(x),\end{aligned}$$

其中

$$K_n(x) = \sum_{j=1}^{k_n} \int_{-\infty}^{x} y^2 \, \mathrm{d}F_{nj}(y).$$

这是 $\mathbb{R}$ 上的一个非降右连续函数, 满足

$$K_n(-\infty) = 0, \quad \operatorname{Var} K_n \leqslant c < \infty,$$

即与通常的分布函数仅相差一个常数因子. 同时在 ψ_n 的表达式中被积函数在 $x = 0$ 处的值由连续性来确定, 即为 $-t^2/2$.

上述类型的函数在这一节中将以 ψ 和 K (或附有下标) 来表示, 因此以下 ψ 总表示由

$$\psi(t) = \int_{-\infty}^{\infty} (\mathrm{e}^{\mathrm{i}tx} - 1 - \mathrm{i}tx) \frac{1}{x^2} \, \mathrm{d}K(x) \tag{6.20}$$

所确定的 $\mathbb{R}$ 上的一个函数, 而其中 K 与一个分布函数仅相差一个常数因子, 且 $K(-\infty) = 0$, $\operatorname{Var} K \leqslant c$. 若 ψ 和 K 有下标, 则其下标总保持相同.

引理 6.3.3 e^{ψ} 是一个特征函数, 其对应分布的一阶矩为 0, 方差 $\operatorname{Var} K < \infty$, 并且它是在条件 (C) 下的一个极限分布.

证 在 ψ 的表达式中, 被积函数是二元连续函数, 当 $|t| \leqslant T$ 时它随着 $|x|$ 趋于 ∞ 而一致趋于零, 故 ψ 是 $\mathbb{R}$ 上的连续函数, 且可表示为如下形式的 Riemann-Stieltjes 积分和序列的极限:

$$\begin{aligned}\psi(t) &= \int_{-\infty}^{\infty} (\mathrm{e}^{\mathrm{i}tx} - 1 - \mathrm{i}tx) \frac{1}{x^2} \, \mathrm{d}K(x) \\ &= \lim_{n \to \infty} \int_{-n}^{n} (\mathrm{e}^{\mathrm{i}tx} - 1 - \mathrm{i}tx) \frac{1}{x^2} \, \mathrm{d}K(x)\end{aligned}$$

$$= \lim_{n\to\infty}\sum_j (\mathrm{e}^{\mathrm{i}tx_{nj}} - 1 - \mathrm{i}tx_{nj})\frac{1}{x_{nj}^2}K(x_{nj}, x_{n,j+1}]$$

$$\triangleq \lim_{n\to\infty}\sum_j \left[\mathrm{i}ta_{nj} + \lambda_{nj}(\mathrm{e}^{\mathrm{i}tb_{nj}} - 1)\right], \tag{6.21}$$

其中

$$\lambda_{nj} = \frac{1}{x_{nj}^2}K(x_{nj}, x_{n,j+1}], \quad a_{nj} = -\lambda_{nj}x_{nj}, \quad b_{nj} = x_{nj}.$$

在上面和式中可取各分点 $x_{nj} \neq 0$, 则式 (6.21) 中每个加项都是一个 Poisson 型特征函数的对数, 所以积分和也是一个特征函数的对数. 由完全收敛性准则知积分和的极限 ψ 也是一个特征函数的对数. 关于矩的断言, 可直接计算得出:

$$(\mathrm{e}^{\psi})'\Big|_{t=0} = \psi'|_{t=0} = 0, \qquad (\mathrm{e}^{\psi})''\Big|_{t=0} = \psi''|_{t=0} = -\mathrm{Var}\,K.$$

最后, 要证 e^{ψ} 是在条件 (C) 下的一个极限分布, 即能找到独立随机变量序列 $\{X_{nj}\}$ 满足条件 (C), 而 $\sum\limits_{j=1}^{k_n} X_{nj}$ 的特征函数趋于 e^{ψ}, 这里取 $k_n = n$, X_{nj} $(j = 1, \cdots, n)$ 是有公共特征函数 $\mathrm{e}^{\psi/n}$ 的 iid 随机变量序列. 由于 ψ/n 和 K/n 相对应, 故 $\sigma_{nj}^2 = \dfrac{1}{n}\mathrm{Var}\,K$, 而 $\mathsf{E}[X_{nj}] = 0$, 则 $\sum\limits_{j=1}^{n} X_{nj}$ 的特征函数为 e^{ψ}, 且条件 (C) 成立, 故 e^{ψ} 是在条件 (C) 下的极限律. ∎

引理 6.3.4 (唯一性引理) ψ 与 K 是一一对应的.

证 因为

$$-\psi''(t) = \int_{-\infty}^{\infty} \mathrm{e}^{\mathrm{i}tx}\,\mathrm{d}K(x),$$

故由逆转公式知 K 由 ψ'' 决定, 因而由 ψ 决定; 反之则是明显的. ∎

引理 6.3.5 (收敛性引理) 设条件 (C) 成立. 如果 $K_n \xrightarrow{\mathrm{w}} K$, 则 $\psi_n \to \psi$; 反之, 若 $\psi_n \to \log f$, 则 $K_n \xrightarrow{\mathrm{w}} K$, 且 $\log f$ 就是由 K 所决定的 ψ.

证 正命题由定理 5.1.3 推出, 现来证逆命题. 由于 $\sup\limits_n \mathrm{Var}\,K_n \leqslant c < \infty$, 故由定理 5.1.1 知, 存在一个分布函数 K, $\mathrm{Var}\,K \leqslant c$, 以及子序列 $\{n'\} \subset \{n\}$, 使 $K_{n'} \xrightarrow{\mathrm{w}} K$. 因此, 由已证的正命题知 $\psi_{n'} \to \psi$. 又因为已知 $\psi_n \to \log f$, 所以 $\psi = \log f$. 根据唯一性引理, ψ 决定了 K, 由此知 $K_n \xrightarrow{\mathrm{w}} K$. ∎

下面我们转到中心极限问题上来.

定理 6.3.2 (方差有界极限定理) 设独立加项 $\{X_{nj}\}$ 满足条件 (C), 且 $\mathsf{E}[X_{nj}] = 0$ $(j = 1, \cdots, k_n)$.

(1) 如果 $\prod\limits_{j=1}^{k_n} f_{nj} \to f$, 则 f 必是特征函数且 $\log f = \psi$, 其中 ψ 由式 (6.20) 定义, 而 K 是 $\mathbb{R}$ 上非降右连续函数, $\mathrm{Var}\,K \leqslant c < \infty$; 满足定理条件的随机变量和的一切可能的极限分布的特征函数必可表示成 e^{ψ}.

(2) 设 $f=\mathrm{e}^{\psi}$, 其中 ψ 由式 (6.20) 定义, 则 $S_n=\sum\limits_{j=1}^{k_n}X_{nj}$ 依分布收敛于 e^{ψ} 对应的分布函数的充要条件是 $K_n\xrightarrow{\mathrm{w}}K$, 其中 K_n 由下式确定:

$$K_n(x)=\sum_{j=1}^{k_n}\int_{-\infty}^{x}y^2\,\mathrm{d}F_{nj}(y).$$

如果 $\sum\limits_{j=1}^{k_n}\sigma_{nj}^2\leqslant c<\infty$ 换成 $\sum\limits_{j=1}^{k_n}\sigma_{nj}^2\to\sigma^2<\infty$, 则 $K_n\xrightarrow{\mathrm{w}}K$ 可改为 $K_n\xrightarrow{\mathrm{c}}K$.

证 (1) 由引理 6.3.2 知在条件 (C) 下, 有 $\log\prod\limits_j f_{nj}-\psi_n\to 0$. 再由引理 6.3.3 和引理 6.3.5 即可推出结论 (1).

(2) 由 (1) 及引理 6.3.5 即可推出. 而最后所说的特殊情形是由于新的假定可写成

$$\operatorname{Var}K_n=\sum_{j=1}^{k_n}\sigma_{nj}^2\to\sigma^2=\operatorname{Var}K.$$

证毕. ∎

以上所考虑的随机变量都是以期望为中心的. 如果去掉这一条件, 并令

$$a_{nj}=\mathsf{E}[X_{nj}],\quad \widetilde{F}_{nj}(x)=F_{nj}(x+a_{nj}),\quad \widetilde{f}_{nj}(t)=\mathrm{e}^{-\mathrm{i}ta_{nj}}f_{nj}(t),$$

即 $\widetilde{F}_{nj}$ 和 $\widetilde{f}_{nj}$ 分别是 $X-a_{nj}$ 的分布函数和特征函数, 则用 $\widetilde{F}_{nj}$ 和 $\widetilde{f}_{nj}$ 分别代替 F_{nj} 和 f_{nj}, 以上种种结论仍然成立. 具体地, 若我们把此时的 ψ 改记为 $\widetilde{\psi}$, 回到非中化随机变量, 极限分布有如下特点: 具有有限方差, 期望值为 a (不必为 0), 对应的特征函数为 $\exp\{\mathrm{i}ta+\widetilde{\psi}(t)\}$. 唯一性引理 (引理 6.3.4) 变为: ψ 决定 a 与 K; 反之亦然. 收敛性引理 (引理 6.3.5) 中 $K_n\xrightarrow{\mathrm{w}}K$ 换成 $K_n\xrightarrow{\mathrm{w}}K$ 及 $a_n\to a$. 极限定理 (定理 6.3.2) 中也做相应变动, 其中

$$a_n=\sum_{j=1}^{k_n}a_{nj},$$

且 F_{nj} 换成 $\widetilde{F}_{nj}$. 这样定理 6.3.2 中结论 (2) 变成:

定理 6.3.3 (推广的收敛性准则) 设独立加项 $\{X_{nj}\}$ 满足条件 (C), $f(t)=\exp\{\mathrm{i}ta+\widetilde{\psi}(t)\}$, 其中 $\widetilde{\psi}$ 由式 (6.20) 确定, 则 $S_n=\sum\limits_{j=1}^{k_n}X_{nj}$ 依分布收敛于 f 对应的分布函数的充要条件是

$$K_n\xrightarrow{\mathrm{w}}K,\quad \sum_{j=1}^{k_n}a_{nj}\to a,$$

其中

$$K_n(x)=\sum_{j=1}^{k_n}\int_{-\infty}^{x}y^2\,\mathrm{d}F_{nj}(y+a_{nj}),\quad a_{nj}=\mathsf{E}[X_{nj}].$$

如果 $\sum\limits_{j=1}^{k_n}\sigma_{nj}^2\leqslant c<\infty$ 换成 $\sum\limits_{j=1}^{k_n}\sigma_{nj}^2\to\sigma^2<\infty$, 则 $K_n\xrightarrow{\mathrm{w}}K$ 可改为 $K_n\xrightarrow{\mathrm{c}}K$.

如果选取不同的 K, 则可得到不同的极限分布.

推论 6.3.1 (1) 正态分布 $N(0,1)$ 对应于 $\psi(t)=-t^2/2$, 相应的 $K(x)=I_{[0,\infty)}(x)$.

(2) (正态收敛性准则) 设独立加项 $\{X_{nj}\}$ 满足 $\mathsf{E}[X_{nj}]=0$, $\sum\limits_{j=1}^{k_n}\sigma_{nj}^2=1$, 则

$$S_n=\sum_{j=1}^{k_n}X_{nj}\xrightarrow{\mathscr{L}}N(0,1)\ \text{且}\ \max_{1\leqslant j\leqslant k_n}\sigma_{nj}^2\to 0$$

的充要条件是, 对每个 $\epsilon>0$,

$$g_n(\epsilon)=\sum_{j=1}^{k_n}\int_{\{|x|>\epsilon\}}x^2\,\mathrm{d}F_{nj}(x)\to 0,\quad n\to\infty. \tag{6.22}$$

证 结论 (1) 显然, 以下仅证结论 (2). 由于

$$\begin{aligned}\max_{1\leqslant j\leqslant k_n}\sigma_{nj}^2&=\max_{1\leqslant j\leqslant k_n}\int_{-\infty}^{\infty}x^2\,\mathrm{d}F_{nj}(x)\\&\leqslant \epsilon^2+\max_{1\leqslant j\leqslant k_n}\int_{\{|x|>\epsilon\}}x^2\,\mathrm{d}F_{nj}(x)\leqslant \epsilon^2+g_n(\epsilon),\end{aligned}$$

故若对每个 $\epsilon>0$ 有 $g_n(\epsilon)\to 0$, 则 $\max\limits_{1\leqslant j\leqslant k_n}\sigma_{nj}^2\to 0$, 即定理 6.3.2 的条件全部满足. 设 $x>0$, 则

$$\begin{aligned}K_n(-x)&=\sum_{j=1}^{k_n}\int_{-\infty}^{-x}y^2\,\mathrm{d}F_{nj}(y)\leqslant\sum_{j=1}^{k_n}\int_{\{|y|\geqslant x\}}y^2\,\mathrm{d}F_{nj}(y)\to 0,\\K_n(x)&=\sum_{j=1}^{k_n}\left(\int_{-\infty}^{\infty}y^2\,\mathrm{d}F_{nj}(y)-\int_{\{y>x\}}y^2\,\mathrm{d}F_{nj}(y)\right)\\&=\sum_{j=1}^{k_n}\sigma_{nj}^2-\sum_{j=1}^{k_n}\int_{\{y>x\}}y^2\,\mathrm{d}F_{nj}(y)\\&=1-\sum_{j=1}^{k_n}\int_{\{y>x\}}y^2\,\mathrm{d}F_{nj}(y)\to 1,\end{aligned}$$

即 $K_n(x)\xrightarrow{\mathrm{w}}I_{[0,\infty)}(x)$. 由定理 6.3.2 知 $f_n(t)\to\mathrm{e}^{-t^2/2}$, 即中心极限定理成立.

反之, 设 $S_n\xrightarrow{\mathscr{L}}N(0,1)$ 且 $\max\limits_{1\leqslant j\leqslant k_n}\sigma_{nj}^2\to 0$, 则定理 6.3.2 的条件满足, 故由 $f_n(t)\to\mathrm{e}^{-t^2/2}$ 知 $K_n(x)\xrightarrow{\mathrm{c}}I_{[0,\infty)}(x)$. 由此立得 $g_n(\epsilon)\to 0$ $(\forall\,\epsilon>0)$. ∎

注 1 设 $\{X_n,n\geqslant 1\}$ 为一个独立随机变量序列, 满足

$$\mathsf{E}[X_j]=0,\quad \operatorname{Var}X_j=\sigma_j^2<\infty,\quad \forall\,j\geqslant 1. \tag{6.23}$$

记

$$X_{nj}=\frac{X_j}{b_n}\ (j=1,\cdots,n),\quad b_n^2=\sum_{j=1}^{n}\sigma_j^2,$$

其中 $b_n > 0$. 此时, 条件 (C) 等价于

$$\max_{1\leqslant j\leqslant n}\frac{\sigma_j^2}{b_n^2}\to 0; \tag{6.24}$$

条件式 (6.22) 即为

$$\frac{1}{b_n^2}\sum_{j=1}^{n}\mathsf{E}\left[|X_j|^2\cdot I_{\{|X_j|>\epsilon b_n\}}\right]\to 0,\quad \forall\,\epsilon>0. \tag{6.25}$$

在文献中, 式 (6.24) 称为 Feller 条件, 式 (6.23) 和式 (6.25) 称为 Linderberg 条件. 由推论 6.3.1 立得 Linderberg 中心极限定理, 即若独立随机变量序列 $\{X_n\}$ 满足 Linderberg 条件, 则

$$S_n=\sum_{j=1}^{n}X_{nj}=\frac{1}{b_n}\sum_{j=1}^{n}X_j\xrightarrow{\mathscr{L}}N(0,1). \tag{6.26}$$

注 2 设零均值的独立随机变量序列 $\{X_n\}$ 满足 Linderberg 条件, 则 Feller 条件及

$$\max_{1\leqslant j\leqslant n}\frac{|X_j|}{b_n}\xrightarrow{\mathrm{P}}0 \tag{6.27}$$

成立. 前者由推论 6.3.1 得到. 我们证明式 (6.27). 对任意 $\epsilon>0$, 由 Chebyshev 不等式得

$$\begin{aligned}\mathsf{P}\left(\max_{1\leqslant j\leqslant n}\frac{|X_j|}{b_n}>\epsilon\right)&=\mathsf{P}\left(\max_{1\leqslant j\leqslant n}|X_j|>\epsilon\, b_n\right)=\mathsf{P}\left(\bigcup_{j=1}^{n}\{|X_j|>\epsilon\, b_n\}\right)\\&\leqslant\sum_{j=1}^{n}\mathsf{P}(|X_j|>\epsilon\, b_n)\leqslant\sum_{j=1}^{n}\frac{1}{\epsilon^2b_n^2}\mathsf{E}\left[|X_j|^2I_{\{|X_j|>\epsilon b_n\}}\right]\to 0.\end{aligned}$$

式 (6.27) 说明, 如果独立随机变量序列 $\{X_n\}$ 满足 Linderberg 条件, 则每个随机变量在正则化部分和中所起的作用都随着 n 增大而趋于微不足道. 其次, 式 (6.27) 蕴涵了 $b_n^2\to\infty$.

推论 6.3.2 (Lyapunov) 设 $\{X_n\}$ 为独立随机变量序列, 且满足式 (6.23). 如果存在 $\delta>0$, 使得

$$\frac{1}{b_n^{2+\delta}}\sum_{j=1}^{n}\mathsf{E}[|X_j|^{2+\delta}]\to 0, \tag{6.28}$$

则式 (6.26) 成立. 式 (6.28) 称为 Lyapunov 条件.

证 由注 1 知, 我们仅需证明式 (6.28) 蕴涵式 (6.25) 即可. 对任意 $\epsilon>0$, 利用 Chebyshev 不等式得

$$\mathsf{E}\left[|X_j|^2\cdot I_{\{|X_j|>\epsilon b_n\}}\right]\leqslant\frac{1}{\epsilon^\delta b_n^\delta}\mathsf{E}\left[|X_j|^{2+\delta}\cdot I_{\{|X_j|>\epsilon b_n\}}\right],\quad j=1,\cdots,n,$$

于是, 有

$$\frac{1}{b_n^2}\sum_{j=1}^{n}\mathsf{E}\left[|X_j|^2\cdot I_{\{|X_j|>\epsilon b_n\}}\right]\leqslant\frac{1}{\epsilon^\delta b_n^{2+\delta}}\sum_{j=1}^{n}\mathsf{E}|X_j|^{2+\delta}\to 0.$$ ∎

极限分布族中另一个重要分布是 Poisson 分布, 其对应的特征函数为

$$f(t)=\exp\{\mathrm{i}t\lambda+\lambda(\mathrm{e}^{\mathrm{i}t}-1-\mathrm{i}t)\},$$

即 $\psi(t)=\mathrm{i}t\lambda+\lambda(\mathrm{e}^{\mathrm{i}t}-1-\mathrm{i}t)=\mathrm{i}t\lambda+\widetilde{\psi}(t)$, $\widetilde{\psi}$ 对应于 $K(x)=\lambda I_{[1,\infty)}(x)$, 因此由定理 6.3.3 可得:

推论 6.3.3 (Poisson 收敛性准则) 如果独立加项 $\{X_{nj}\}$ 满足

$$\max_{1\leqslant j\leqslant k_n}\sigma_{nj}^2\to 0,\qquad \sum_{j=1}^{k_n}\sigma_{nj}^2\to\lambda,$$

则 $S_n=\sum\limits_{j=1}^{k_n}X_{nj}$ 依分布收敛于参数为 λ 的 Poisson 分布的充要条件是 $\sum\limits_{j=1}^{k_n}\mathsf{E}[X_{nj}]\to\lambda$, 且对每个 $\epsilon>0$, 有

$$\sum_{j=1}^{k_n}\int_{\{|x-1|>\epsilon\}}x^2\,\mathrm{d}F_{nj}(x+\mathsf{E}[X_{nj}])\to 0.$$

由推论 6.3.1, 我们得到 Lindeberg 条件等价于 $S_n\xrightarrow{\mathscr{L}}N(0,1)$ 及式 (6.24), 而由式 (6.24) 可推出 UAN 条件. 现在很自然会问, $S_n\xrightarrow{\mathscr{L}}N(0,1)$ 与哪个条件等价?

例 6.3.2 设 $\{X_n\}$ 为独立随机变量序列, $X_1\sim N(0,1)$, $X_k\sim N(0,2^{k-2}), k\geqslant 2$, 则

$$S_n=\frac{\sum\limits_{j=1}^{n}X_j}{\sqrt{\sum\limits_{l=1}^{n}\operatorname{Var}X_l}}=2^{-(n-1)/2}\sum_{j=1}^{n}X_j.$$

易见 $\mathsf{E}[S_n]=0$, $\mathsf{E}[S_n^2]=1\ (n\geqslant 1)$, 故 $S_n\sim N(0,1)$, 但 UAN 条件和 Lindeberg 条件都不成立 (读者可以验证). 这说明 Lindeberg 条件是中心极限定理成立的一个充分条件. $\triangleleft$

事实上, 我们可以证明如下的结果.

定理 6.3.4 设 $\{X_{nj}, j=1,\cdots,n\}$ 为独立随机变量序列, 满足

$$\mathsf{E}[X_{nj}]=0,\quad \operatorname{Var}X_{nj}=\sigma_{nj}^2,\quad \sum_{j=1}^{n}\sigma_{nj}^2=1.$$

记 X_{nj} 和 $N(0,1)$ 的分布函数分别为 F_{nj} 和 Φ, 则 $S_n=\sum\limits_{j=1}^{n}X_{nj}\xrightarrow{\mathscr{L}}N(0,1)$ 的充分 (实际上也是必要的) 条件是, 对每个 $\epsilon>0$, 有

$$\sum_{j=1}^{n}\int_{\{|x|>\epsilon\}}|x|\cdot|F_{nj}(x)-\Phi_{nj}(x)|\,\mathrm{d}x\to 0,\tag{6.29}$$

其中 $\Phi_{nj}(x)=\Phi(x/\sigma_{nj})$. 其次, 由 Lindeberg 条件可推出式 (6.29).

证 以 f_{nj}, f_n, φ 和 φ_{nj} 分别表示 X_{nj}, S_n, $\varPhi$ 和 $\varPhi_{nj}$ 对应的特征函数, 则

$$\varphi(t)=\exp\left\{-\frac{t^2}{2}\right\},\quad \varphi_{nj}(t)=\exp\left\{-\frac{\sigma_{nj}^2}{2}t^2\right\}.$$

由完全收敛性准则, $S_n \xrightarrow{\mathscr{L}} N(0,1)$ 当且仅当 $f_n\to\varphi$. 由引理 6.3.1, 并注意到 $\mathsf{E}[X_{nj}]=0$ 和 $\sum\limits_{j=1}^{n}\sigma_{nj}^2=1$, 有

$$\begin{aligned}|f_n(t)-\varphi(t)| &= \left|\prod_{j=1}^{n} f_{nj}(t)-\prod_{j=1}^{n}\varphi_{nj}(t)\right| \\ &\leqslant \sum_{j=1}^{n}|f_{nj}(t)-\varphi_{nj}(t)| = \sum_{j=1}^{n}\left|\int_{-\infty}^{\infty}\mathrm{e}^{\mathrm{i}tx}\,\mathrm{d}[F_{nj}(x)-\varPhi_{nj}(x)]\right| \\ &= \sum_{j=1}^{n}\left|\int_{-\infty}^{\infty}\left(\mathrm{e}^{\mathrm{i}tx}-\mathrm{i}tx-\frac{1}{2}t^2x^2\right)\mathrm{d}[F_{nj}(x)-\varPhi_{nj}(x)]\right|. \end{aligned}\tag{6.30}$$

对任意 $a<b$, 由分部积分得

$$\begin{aligned}&\int_a^b\left(\mathrm{e}^{\mathrm{i}tx}-\mathrm{i}tx-\frac{1}{2}t^2x^2\right)\mathrm{d}[F_{nj}(x)-\varPhi_{nj}(x)] \\ &\quad=[F_{nj}(x)-\varPhi_{nj}(x)]\left(\mathrm{e}^{\mathrm{i}tx}-\mathrm{i}tx-\frac{1}{2}t^2x^2\right)\Bigg|_a^b-\mathrm{i}t\int_a^b\left(\mathrm{e}^{\mathrm{i}tx}-1-\mathrm{i}tx\right)[F_{nj}(x)-\varPhi_{nj}(x)]\,\mathrm{d}x.\end{aligned}\tag{6.31}$$

由于 $\mathsf{E}[X_{nj}^2]=\sigma_{nj}^2$ 存在, 故当 $x\to\infty$ 时, 有

$$\begin{aligned}x^2[1-F_{nj}(x)+F_{nj}(-x)]\to 0,\\ x^2[1-\varPhi_{nj}(x)+\varPhi_{nj}(-x)]\to 0,\end{aligned}$$

从而在式 (6.31) 中令 $a\to-\infty$, $b\to\infty$, 得

$$\begin{aligned}&\int_{-\infty}^{\infty}\left(\mathrm{e}^{\mathrm{i}tx}-\mathrm{i}tx-\frac{1}{2}t^2x^2\right)\mathrm{d}[F_{nj}(x)-\varPhi_{nj}(x)] \\ &\qquad= -\mathrm{i}t\int_{-\infty}^{\infty}\left(\mathrm{e}^{\mathrm{i}tx}-1-\mathrm{i}tx\right)[F_{nj}(x)-\varPhi_{nj}(x)]\,\mathrm{d}x.\end{aligned}\tag{6.32}$$

由式 (6.30) 和式 (6.32) 得

$$\begin{aligned}|f_n(t)-\varphi(t)| &\leqslant \sum_{j=1}^{n}|t|\cdot\left|\int_{-\infty}^{\infty}\left(\mathrm{e}^{\mathrm{i}tx}-1-\mathrm{i}tx\right)[F_{nj}(x)-\varPhi_{nj}(x)]\,\mathrm{d}x\right| \\ &\leqslant \frac{1}{2}|t|^3\epsilon\sum_{j=1}^{n}\int_{\{|x|\leqslant\epsilon\}}|x|\cdot|F_{nj}(x)-\varPhi_{nj}(x)|\,\mathrm{d}x \\ &\quad+2t^2\sum_{j=1}^{n}\int_{\{|x|>\epsilon\}}|x|\cdot|F_{nj}(x)-\varPhi_{nj}(x)|\,\mathrm{d}x\end{aligned}$$

$$\leqslant 2t^2\sum_{j=1}^{n}\int_{\{|x|>\epsilon\}}|x|\cdot|F_{nj}(x)-\Phi_{nj}(x)|\,\mathrm{d}x+\frac{\epsilon|t|^3}{2}\sum_{j=1}^{n}\sigma_{nj}^2. \tag{6.33}$$

在上面最后一个不等式中用到了

$$\mathsf{E}|X|^2=2\int_0^{\infty}x[1-F(x)+F(-x)]\,\mathrm{d}x$$

及 $|F_{nj}-\Phi_{nj}|\leqslant F_{nj}+\Phi_{nj}$. 由于 ϵ 是任意的, 故由式 (6.33) 和式 (6.29) 推出 $f_n(t)\to\varphi(t)$.

下面证明 Lindeberg 条件蕴涵式 (6.29) . 由于 Lindeberg 条件蕴涵

$$\max_{1\leqslant j\leqslant n}\sigma_{nj}^2\to 0,$$

又 $\sum\limits_{j=1}^{n}\sigma_{nj}^2=1$, 故由有界方差收敛定理, 对每个 $\epsilon>0$, 有

$$\begin{aligned}\sum_{j=1}^{n}\int_{\{|x|>\epsilon\}}x^2\,\mathrm{d}\Phi_{nj}(x)&\leqslant\sum_{j=1}^{n}\sigma_{nj}^2\int_{\{|x|>\epsilon/\max\limits_k\sigma_{nk}\}}x^2\,\mathrm{d}\Phi(x)\\&=\int_{\{|x|>\epsilon/\max\limits_k\sigma_{nk}\}}x^2\,\mathrm{d}\Phi(x)\to 0,\end{aligned}\tag{6.34}$$

从而得

$$\sum_{j=1}^{n}\int_{\{|x|>\epsilon\}}x^2\,\mathrm{d}[F_{nj}(x)+\Phi_{nj}(x)]\to 0.$$

固定 $\epsilon>0$, 取连续可微偶函数 $h(x)$, 使之满足如下条件: $|h(x)|\leqslant x^2$, $h'(x)\mathrm{sgn}(x)\geqslant 0$, 当 $|x|>2\epsilon$ 时 $h(x)=x^2$; 当 $|x|\leqslant\epsilon$ 时 $h(x)=0$; 当 $\epsilon<|x|\leqslant 2\epsilon$ 时 $|h'(x)|\leqslant 4x$ (例如, 取

$$h(x)=\begin{cases}0, & |x|\leqslant\epsilon,\\ (x-\epsilon)^2\,(12\epsilon-4x)\,/\epsilon, & \epsilon<|x|\leqslant 2\epsilon,\\ x^2, & |x|>2\epsilon,\end{cases}$$

则 $h(x)$ 满足上述要求). 则有式 (6.34) 及下面的关系式:

$$\sum_{j=1}^{n}\int_{\{|x|>\epsilon\}}h(x)\,\mathrm{d}[F_{nj}(x)+\Phi_{nj}(x)]\to 0.$$

对上面左边分部积分, 则当 $n\to\infty$ 时, 有

$$\begin{aligned}&\sum_{j=1}^{n}\int_{\{x>\epsilon\}}h'(x)\{1-F_{nj}(x)+[1-\Phi_{nj}(x)]\}\,\mathrm{d}x\\&\quad=\sum_{j=1}^{n}\int_{\{x>\epsilon\}}h(x)\,\mathrm{d}[F_{nj}(x)+\Phi_{nj}(x)]\to 0,\end{aligned}$$

$$\begin{aligned}&\sum_{j=1}^{n}\int_{\{x\leqslant-\epsilon\}}h'(x)[F_{nj}(x)+\Phi_{nj}(x)]\,\mathrm{d}x\\&\quad=\sum_{j=1}^{n}\int_{\{x\leqslant-\epsilon\}}h(x)\,\mathrm{d}[F_{nj}(x)+\Phi_{nj}(x)]\to 0.\end{aligned}$$

当 $|x|>2\epsilon$ 时 $h'(x)=2x$, 因此我们得到式 (6.29). ∎

6.4 正态逼近速度

6.4.1 用特征函数估计正态逼近速度

在 6.3 节中, 已经证明了在一定的矩条件下规范化独立随机变量和分布 F_n 依分布收敛于正态分布 Φ. 一个自然的问题是 $F_n(x)$ 与 $\Phi(x)$ 之间的误差有多大? 本节在三阶绝对矩存在的条件下讨论了这一问题. 这就是著名的 Esseen 不等式和 Berry-Esseen 不等式. 为此, 我们需要如下的引理.

引理 6.4.1 设 F 为随机变量的分布函数, $f(t)$ 为其对应的特征函数, 用 $\Phi(x)$ 和 $\varphi(t)$ 分别表示 $N(0,1)$ 的分布函数和特征函数, 若 T 为任一正整数, 则对任意 $b>1/(2\pi)$, 有

$$\sup_{x\in\mathbb{R}}|F(x)-\Phi(x)|\leqslant b\int_{-T}^{T}\left|\frac{f(t)-\varphi(t)}{t}\right|\left(1-\frac{|t|}{T}\right)\mathrm{d}t+\frac{4c^2(b)b}{\sqrt{2\pi}}\cdot\frac{1}{T}, \tag{6.35}$$

其中 $c(b)$ 为只依赖于 b 的正常数, 且在式 (6.35) 中 $c(b)$ 可取为如下方程的解:

$$\int_0^{c(b)/4}\frac{\sin^2 u}{u^2}\,\mathrm{d}u=\frac{\pi}{4}+\frac{1}{8b}.$$

证 设 $T>0$, $a>0$. 由第 5 章知 $g(t)=(1-|t|)I_{\{|t|\leqslant1\}}$ 为 Pólya 型特征函数, 其对应的概率密度函数为

$$\widetilde{p}(x)=\frac{1}{2\pi}\left[\frac{\sin(x/2)}{x/2}\right]^2,\quad x\in\mathbb{R}.$$

由此知 $h(t)=(1-|t|/T)\mathrm{e}^{\mathrm{i}ta/T}I_{\{|t|\leqslant T\}}$ 为特征函数, 其对应的概率密度函数为

$$p(x)=\frac{T}{\pi}\cdot\frac{1-\cos(Tx-a)}{(Tx-a)^2}=\frac{T}{2\pi}\left\{\frac{\sin[(Tx-a)/2]}{(Tx-a)/2}\right\}^2\leqslant\frac{T}{2\pi}.$$

记

$$\gamma=\gamma(a)=\int_0^{2a/T}p(x)\,\mathrm{d}x,$$

则

$$\gamma=\frac{2}{\pi}\int_0^{a/2}\frac{\sin^2 u}{u^2}\,\mathrm{d}u.$$

由于 F 非降, 故

$$\begin{aligned}F(x)&\leqslant\frac{1}{\gamma}\int_x^{2a/T+x}F(u)p(u-x)\,\mathrm{d}u\\&=\Phi(x)+\frac{1}{\gamma}\int_x^{2a/T+x}[\Phi(u)-\Phi(x)]p(u-x)\,\mathrm{d}u\\&\quad+\frac{1}{\gamma}\int_x^{2a/T+x}[F(u)-\Phi(u)]p(u-x)\,\mathrm{d}u\end{aligned}$$

$$\leqslant \Phi(x) + \frac{T}{2\pi\gamma}\int_0^{2a/T} |\Phi(x+y) - \Phi(x)|\,\mathrm{d}u$$
$$+ \frac{1}{\gamma}\int_x^{2a/T+x} [F(u) - \Phi(u)]p(u-x)\,\mathrm{d}u$$
$$\leqslant \Phi(x) + \frac{c}{2\pi\gamma T} + \frac{1}{\gamma}\int_x^{2a/T+x} [F(u) - \Phi(u)]p(u-x)\,\mathrm{d}u, \tag{6.36}$$

其中 $c = 4a^2/\sqrt{2\pi}$. 定义

$$F_1(x) = \int_{-\infty}^{\infty} F(x-z)p(z)\,\mathrm{d}z, \quad F_2(x) = \int_{-\infty}^{\infty} F(x+z)p(z)\,\mathrm{d}z.$$

把上面两式中的 F 换成 Φ, 类似地定义 Φ_1 和 Φ_2, 我们有

$$F_1(x) = \int_{-\infty}^{\infty} F(u)p(x-u)\,\mathrm{d}u, \quad F_2(x) = \int_{-\infty}^{\infty} F(u)p(u-x)\,\mathrm{d}u,$$

以及

$$\int_{-\infty}^{\infty} \mathrm{e}^{\mathrm{i}tx}\,\mathrm{d}F_k(x) = f(t)h_k(t), \quad k = 1, 2,$$

其中 $h_1(t) = h(t)$, $h_2(t) = h(-t)$. 对 Φ_1 和 Φ_2 也有类似于上述的等式. 注意到当 $|t| > T$ 时 $h(t) = 0$. 于是, 对任意 x 和 y, 有

$$F_k(x) - F_k(y) = \frac{1}{2\pi}\int_{-T}^{T} \frac{\mathrm{e}^{-\mathrm{i}tx} - \mathrm{e}^{-\mathrm{i}ty}}{-\mathrm{i}t} f(t)h_k(t)\,\mathrm{d}t, \quad k = 1, 2,$$
$$\Phi_k(x) - \Phi_k(y) = \frac{1}{2\pi}\int_{-T}^{T} \frac{\mathrm{e}^{-\mathrm{i}tx} - \mathrm{e}^{-\mathrm{i}ty}}{-\mathrm{i}t} \varphi(t)h_k(t)\,\mathrm{d}t, \quad k = 1, 2.$$

显然可以假定

$$\int_{-T}^{T} \left|\frac{f(t) - \varphi(t)}{t}\right| \mathrm{d}t < \infty,$$

否则, 式 (6.35) 自然成立. 此时由 Riemann-Lebesgue 引理有

$$\lim_{y\to\infty}\int_{-T}^{T} \frac{f(t) - \varphi(t)}{-\mathrm{i}t} h_k(t)\mathrm{e}^{-\mathrm{i}ty}\,\mathrm{d}t = 0.$$

由于 $F(-\infty) = \Phi(-\infty) = 0$, 故当 $k = 1, 2$ 时, 有 $F_k(-\infty) = \Phi_k(-\infty) = 0$. 于是, 当 $y \to -\infty$ 时, 有

$$F_k(x) - \Phi_k(x) = \frac{1}{2\pi}\int_{-T}^{T} \frac{f(t) - \varphi(t)}{-\mathrm{i}t} h_k(t)\mathrm{e}^{-\mathrm{i}tx}\,\mathrm{d}t, \quad k = 1, 2.$$

注意到 $|h(t)| \leqslant 1$, 故对一切 x, 有

$$\left|\int_{-\infty}^{\infty} [F(u) - \Phi(u)]p(x-u)\,\mathrm{d}u\right| \leqslant \frac{1}{2\pi}\int_{-T}^{T} \left|\frac{f(t) - \varphi(t)}{t}\right| \left(1 - \frac{|t|}{T}\right) \mathrm{d}t,$$
$$\left|\int_{-\infty}^{\infty} [F(u) - \Phi(u)]p(u-x)\,\mathrm{d}u\right| \leqslant \frac{1}{2\pi}\int_{-T}^{T} \left|\frac{f(t) - \varphi(t)}{t}\right| \left(1 - \frac{|t|}{T}\right) \mathrm{d}t.$$

记 $\Delta=\sup\limits_{x\in\mathbb{R}}|F(x)-\Phi(x)|$, 我们有

$$\begin{aligned}
&\left|\int_x^{x+2a/T}[F(u)-\Phi(u)]p(x-u)\,\mathrm{d}u\right|\\
&\quad\leqslant\left|\int_{-\infty}^{\infty}[F(u)-\Phi(u)]p(u-x)\,\mathrm{d}u\right|+\Delta\int_{-\infty}^{x}p(u-x)\,\mathrm{d}u+\Delta\int_{x+2a/T}^{\infty}p(u-x)\,\mathrm{d}u\\
&\quad\leqslant\frac{1}{2\pi}\int_{-T}^{T}\left|\frac{f(t)-\varphi(t)}{t}\right|\left(1-\frac{|t|}{T}\right)\mathrm{d}t+\Delta\left(1-\int_0^{2a/T}p(u)\,\mathrm{d}u\right).
\end{aligned}$$

注意到 $\gamma=\int_0^{2a/T}p(u)\,\mathrm{d}u$, 由式 (6.36) 及上式, 我们有

$$F(x)-\Phi(x)\leqslant\frac{1}{2\pi\gamma}\int_{-T}^{T}\left|\frac{f(t)-\varphi(t)}{t}\right|\left(1-\frac{|t|}{T}\right)\mathrm{d}t+\frac{c}{2\pi\gamma T}+\frac{1-\gamma}{\gamma}\Delta.\tag{6.37}$$

下面估计 $F(x)-\Phi(x)$ 的下界. 不难看出对任意 $x\in\mathbb{R}$, 有

$$\begin{aligned}
F(x)&\geqslant\frac{1}{\gamma}\int_{x-2a/T}^{x}F(u)p(x-u)\,\mathrm{d}u\\
&=\Phi(x)+\frac{1}{\gamma}\int_{x-2a/T}^{x}[\Phi(u)-\Phi(x)]p(x-u)\,\mathrm{d}u\\
&\quad+\frac{1}{\gamma}\int_{x-2a/T}^{x}[F(u)-\Phi(u)]p(x-u)\,\mathrm{d}u\\
&\geqslant\Phi(x)-\frac{c}{2\pi\gamma T}-\frac{1-\gamma}{\gamma}\Delta-\frac{1}{2\pi\gamma}\int_{-T}^{T}\left|\frac{f(t)-\varphi(t)}{t}\right|\left(1-\frac{|t|}{T}\right)\mathrm{d}t.
\end{aligned}\tag{6.38}$$

由式 (6.37) 和式 (6.38), 我们可得到不等式

$$\Delta\leqslant\frac{1}{2\pi\gamma}\int_{-T}^{T}\left|\frac{f(t)-\varphi(t)}{t}\right|\left(1-\frac{|t|}{T}\right)\mathrm{d}t+\frac{c}{2\pi\gamma T}+\frac{1-\gamma}{\gamma}\Delta.\tag{6.39}$$

由 γ 的定义知, 对任意 $a>0$, 有 $0<\gamma<1$ 且 $\lim\limits_{a\to\infty}\gamma(a)=1$, 所以我们能选择充分大的 a, 使 $1/2<\gamma<1$. 此时, 再由式 (6.39) 得

$$\Delta\leqslant\frac{1}{2\pi(2\gamma-1)}\int_{-T}^{T}\left|\frac{f(t)-\varphi(t)}{t}\right|\left(1-\frac{|t|}{T}\right)\mathrm{d}t+\frac{c}{2\pi(2\gamma-1)T}.\tag{6.40}$$

设 $b>1/(2\pi)$ 为任意固定的实数, 由 $2\pi(2\gamma-1)b=1$ 可定出 γ (此时 $1/2<\gamma<1$), 在式 (6.40) 中, 把 $c=4a^2/\sqrt{2\pi}$ 中的 a 取为方程 $2\gamma(a)-1=1/(2\pi b)$ 的解, 即

$$\int_0^{a/2}\frac{\sin^2 u}{u^2}\,\mathrm{d}u=\frac{\pi}{4}+\frac{1}{8b}$$

的解. 证毕. ∎

注 1 引理 6.4.1 中的 F 可为非降有界函数, Φ 可换为有界变差函数 G. 若 $F(-\infty)=G(-\infty)$, 则类似于引理 6.4.1 有如下的结论: 对任意 $T>0$ 和 $b>1/(2\pi)$,

$$\sup_{x\in\mathbb{R}}|F(x)-G(x)|\leqslant b\int_{-T}^{T}\left|\frac{f(t)-g(t)}{t}\right|\left(1-\frac{|t|}{T}\right)\mathrm{d}t$$

$$+\, bT \sup_{x\in\mathbb{R}} \int_{\{|y|\leqslant c(b)/T\}} |G(x+y)-G(x)|\,\mathrm{d}y,$$

其中 g 为 G 的 Fourier 变换, $c(b)$ 同引理 6.4.1.

引理6.4.2 设 $X_1,\cdots,X_n$ 为独立的随机变量, $\mathsf{E}[X_k=0]$, $\mathsf{E}|X_k|^3<\infty\ (k=1,\cdots,n)$. 令

$$\sigma_k^2=\mathsf{E}[X_k^2],\quad B_n^2=\sum_{k=1}^n \sigma_k^2,\quad L_n=\frac{1}{B_n^3}\sum_{k=1}^n \mathsf{E}|X_k|^3,$$

$f_n(t)$ 为 $B_n^{-1}\sum\limits_{k=1}^n X_k$ 的特征函数, 则对 $|t|\leqslant 1/(4L_n)$, 有

$$\left|f_n(t)-\mathrm{e}^{-t^2/2}\right|\leqslant 16L_n|t|^3\mathrm{e}^{-t^2/3}. \tag{6.41}$$

证 我们考虑 $|t|\geqslant L_n^{-1/3}/2$, 即 $8L_n|t|^3\geqslant 1$. 若能证明 $|f_n(t)|\leqslant \mathrm{e}^{-2t^2/3}$, 则

$$\left|f_n(t)-\mathrm{e}^{-t^2/2}\right|\leqslant |f_n(t)|+\mathrm{e}^{-t^2/2}\leqslant 2\mathrm{e}^{-t^2/3}\leqslant 16L_n|t|^3\mathrm{e}^{-t^2/3}.$$

设 $F_k(x)$ 和 $g_k(t)$ 分别为 X_k 的分布函数和特征函数, $\widetilde{X}_k=X_k-X_k'$ 为 X_k 的对称化随机变量, 则 $\widetilde{X}_k$ 的特征函数为 $|g_k(t)|^2$ 且 $\mathsf{E}[\widetilde{X}_k^2]=2\sigma_k^2$. 由 C_r 不等式得

$$\mathsf{E}|\widetilde{X}_k|^3\leqslant 4\big(\mathsf{E}[|X_k|^3+\mathsf{E}|X_k'|^3]\big)=8\mathsf{E}|X_k|^3,$$

而由命题 5.4.1 知

$$|g_k(t)|^2=1-\sigma_k^2t^2+\frac{4}{3}\theta_k|t|^3\,\mathsf{E}|X_k|^3,\quad |\theta_k|\leqslant 1.$$

由于对任意 $x\in\mathbb{R}$, 有 $1+x\leqslant \mathrm{e}^x$, 故

$$|g_k(t)|^2\leqslant 1-\sigma_k^2t^2+\frac{4}{3}|t|^3\mathsf{E}|X_k|^3\leqslant \exp\left\{-\sigma_k^2t^2+\frac{4}{3}|t|^3\mathsf{E}|X_k|^3\right\}.$$

因此, 当 $|t|\leqslant 1/(4L_n)$ 时, 有

$$|f_n(t)|^2=\prod_{k=1}^n\left|g_k\left(\frac{t}{B_n}\right)\right|^2\leqslant \exp\left\{-t^2+\frac{4}{3}L_n|t|^3\right\}\leqslant \exp\left\{-\frac{2}{3}t^2\right\}, \tag{6.42}$$

即当 $L_n^{-1/3}/2\leqslant |t|\leqslant 1/(4L_n)$ 时引理成立.

现假设 $|t|\leqslant L_n^{-1/3}/2$ 且 $|t|\leqslant 1/(4L_n)$. 对 $k=1,\cdots,n$, 有

$$\frac{\sigma_k}{B_n}|t|\leqslant \frac{|t|}{B_n}\left(\mathsf{E}|X_k|^3\right)^{1/3}<L_n^{1/3}|t|<\frac{1}{2}, \tag{6.43}$$

$$g_k\left(\frac{t}{B_n}\right)=1-\beta_k,$$

其中

$$\beta_k=\frac{\sigma_k^2t^2}{2B_n^2}+\theta_k\frac{|t|^3}{6B_n^3}\mathsf{E}|X_k|^3,\quad |\theta_k|\leqslant 1.$$

但由式 (6.43) 得

$$\frac{\sigma_k^2 t^2}{2B_n^2} < \frac{1}{2} \cdot \frac{1}{4} = \frac{1}{8}, \quad \frac{|t|^3}{6B_n^3}\mathsf{E}|X_k|^3 \leqslant \frac{1}{6}|t|^3 L_n < \frac{1}{6} \cdot \frac{1}{8} = \frac{1}{48},$$

故 $|\beta_k| \leqslant 1/8 + 1/48 < 1/6$. 而由 C_r 不等式有

$$|\beta_k| \leqslant 2\left(\frac{\sigma_k^2 t^2}{2B_n^2}\right)^2 + 2\left(\frac{|t|^3}{6B_n^3}\mathsf{E}|X_k|^3\right)^2 \leqslant \frac{|t|^3}{3B_n^3}\mathsf{E}|X_k|^3.$$

由函数 $\ln(1+z)$ 的幂级数展开式, 易知 $\ln(1+z) = z + \theta z^2$, 其中 $|\theta| \leqslant 1$, $|z| \leqslant 1/2$, 所以

$$\ln g_k\left(\frac{t}{B_n}\right) = -\frac{\sigma_k^2 t^2}{2B_n^2} + \theta_k \frac{|t|^3}{2B_n^3}\mathsf{E}|X_k|^3, \quad |\theta_k| \leqslant 1,$$

$$\ln f_n(t) = -\frac{t^2}{2} + \theta\frac{|t|^3}{2}L_n, \quad |\theta| \leqslant 1.$$

注意到对任意复数 z, 有不等式

$$|\mathrm{e}^z - 1| \leqslant |z|\,\mathrm{e}^{|z|}.$$

由此及不等式 $L_n|t|^3 < 1/8$ 得到 $\exp\{|t|^3 L_n/2\} < 2$. 因此, 有

$$\begin{aligned}\left|f_n(t) - \mathrm{e}^{-t^2/2}\right| &\leqslant \mathrm{e}^{-t^2/2}\left|\exp\left\{\frac{\theta}{2}L_n|t|^3\right\} - 1\right| \\ &\leqslant \frac{L_n}{2}|t|^3 \exp\left\{-\frac{t^2}{2} + \frac{L_n}{2}|t|^3\right\} \leqslant L_n|t|^3\mathrm{e}^{-t^2/2}.\end{aligned} \tag{6.44}$$

由式 (6.42) 和式 (6.44) 知本引理成立. ∎

定理 6.4.1 设 $X_1, \cdots, X_n$ 为独立的随机变量, $\mathsf{E}[X_k] = 0$, $\mathsf{E}|X_k|^3 < \infty$ $(k = 1, \cdots, n)$, 其他记号同引理 6.4.2, 则

$$\sup_{x\in\mathbb{R}} |F_n(x) - \Phi(x)| \leqslant AL_n, \tag{6.45}$$

其中 F_n 为 $B_n^{-1}\sum\limits_{k=1}^n X_k$ 的分布函数, A 是与 n 无关的常数.

证 在引理 6.4.1 中, 取 $b = 1/\pi$, $T = 1/(4L_n)$, 则

$$\sup_{x\in\mathbb{R}} |F_n(x) - \Phi(x)| \leqslant \frac{1}{\pi}\int_{\{|t|\leqslant 1/(4L_n)\}} \left|\frac{f_n(t) - \varphi(t)}{t}\right| \mathrm{d}t + A_1 L_n,$$

其中 A_1 是与 n 无关的常数, 再由引理 6.4.2 即得本定理. ∎

不等式 (6.45) 称为 Esseen 不等式. 在同分布情况下, 有:

定理 6.4.2 (Berry-Esseen 不等式) 设 $X_1, \cdots, X_n$ 为 iid 随机变量序列, $\mathsf{E}[X_1] = 0$, $\mathsf{E}[X_1^2] = \sigma^2 > 0$, $\mathsf{E}|X_1|^3 < \infty$, $\rho = (\mathsf{E}|X_1|^3)/\sigma^3$, 则

$$\sup_{x\in\mathbb{R}} \left|\mathsf{P}\left(\frac{1}{\sigma\sqrt{n}}\sum_{k=1}^n X_k \leqslant x\right) - \Phi(x)\right| \leqslant A\frac{\rho}{\sqrt{n}}, \tag{6.46}$$

其中 A 是与 n 无关的常数.

在没有关于随机变量分布的补充假定下, 式 (6.45) 和式 (6.46) 的阶已不可改进. 为此, 设 $X_1, \cdots, X_n$ 为 iid 随机变量序列, 且 $\mathsf{P}(X_1 = \pm 1) = 1/2$, 则 $\mathsf{E}[X_1] = 0$, $\mathsf{E}[X_1^2] = 1$, $\mathsf{E}|X_1|^3 = 1$. 由 Stirling 公式得

$$\mathsf{P}\left(\sum_{k=1}^{n} X_k = 0\right) = \binom{n}{n/2}\left(\frac{1}{2}\right)^n \approx \frac{2}{\sqrt{2\pi n}},$$

其中 n 为偶数. 因此, $F_n(x) = \mathsf{P}(n^{-1/2}\sum\limits_{k=1}^{n} X_k \leqslant x)$ 在点 $x = 0$ 处的跳跃度为 $2(2\pi n)^{-1/2} \cdot (1 + o(1))$. 由此可知, 在点 $x = 0$ 的邻域中, $F_n(x)$ 与任意一个连续函数的接近程度都不可能小于 $(2\pi n)^{-1/2}(1 + o(1))$. 因而, 式 (6.46) 中的常数 $A \geqslant 1/\sqrt{2\pi}$.

6.4.2 用 Stein 方法估计正态逼近的收敛速度

上面我们用特征函数这一工具对正态逼近的速度做了估计, 近年来又发展了另一种不用特征函数的估计方法, 并受到了极大的重视, 特别在随机图论中得到了很好的应用. 在本小节中, 我们对这一方法做一简要的介绍.

令

$$\mathscr{F} = \Big\{f:\ f \text{ 连续且逐段连续可微},\ \mathsf{E}|f'(N)| < \infty\Big\},$$

其中 N 为标准正态随机变量. 以下设 $\phi(x)$ 为 $N(0,1)$ 的概率密度函数, 记

$$Nf = \int_{-\infty}^{\infty} f(x) \cdot \frac{1}{\sqrt{2\pi}} \exp\left\{-\frac{x^2}{2}\right\} \mathrm{d}x = \int_{-\infty}^{\infty} f(x)\phi(x)\,\mathrm{d}x.$$

引理 6.4.3 实随机变量 X 具有标准正态分布 Φ 的充要条件为, 对每个 $f \in \mathscr{F}$,

$$\mathsf{E}[f'(X)] = \mathsf{E}[Xf(X)]. \tag{6.47}$$

证 (必要性) 设 $X \sim N(0,1)$, $N|f'| < \infty$, 则

$$\begin{aligned}
\mathsf{E}[f'(X)] &= \int_{-\infty}^{\infty} f'(x)\phi(x)\,\mathrm{d}x \\
&= \int_{-\infty}^{0} f'(x)\,\mathrm{d}x \int_{-\infty}^{x} \phi'(z)\,\mathrm{d}z - \int_{0}^{\infty} f'(x)\,\mathrm{d}x \int_{x}^{\infty} \phi'(z)\,\mathrm{d}z \\
&= \int_{-\infty}^{0} \phi'(z)\,\mathrm{d}z \int_{z}^{0} f'(x)\,\mathrm{d}x - \int_{0}^{\infty} \phi'(z)\,\mathrm{d}z \int_{0}^{z} f'(x)\,\mathrm{d}x \\
&= \int_{-\infty}^{0} \phi'(z)[f(0) - f(z)]\,\mathrm{d}z - \int_{0}^{\infty} \phi'(z)[f(z) - f(0)]\,\mathrm{d}z \\
&= \int_{-\infty}^{\infty} \phi'(z)[f(0) - f(z)]\,\mathrm{d}z \\
&= \int_{-\infty}^{\infty} z\phi(z)f(z)\,\mathrm{d}z = \mathsf{E}[Xf(X)],
\end{aligned}$$

其中倒数第二个等号成立是由于 $\phi'(z)=-z\phi(z)$ 以及 $\int_{-\infty}^{\infty} z\phi(z)\,\mathrm{d}z=0$.

(充分性) 设式 (6.47) 成立, 取 $h_{x_0}(x)=I_{(-\infty,x_0]}(x)$,

$$f_{x_0}(x)=\frac{1}{\phi(x)}\int_{-\infty}^{x}[h_{x_0}(w)-Nh_{x_0}]\phi(w)\,\mathrm{d}w, \tag{6.48}$$

两边乘以 $\phi(x)$, 再对 x 求导, 得 f_{x_0} 满足微分方程

$$f'_{x_0}(x)-xf_{x_0}(x)=h_{x_0}(x)-Nh_{x_0}. \tag{6.49}$$

在式 (6.49) 中以随机变量 X 替代 x, 然后两边取期望, 注意到式 (6.47) 以及

$$Nh_{x_0}=\int_{-\infty}^{x_0}\phi(x)\,\mathrm{d}x=\varPhi(x_0),$$

我们有

$$0=\mathsf{E}\left[f'_{x_0}(X)-Xf_{x_0}(X)\right]=\mathsf{E}[h_{x_0}(X)]-\varPhi(x_0)=\mathsf{P}(X\leqslant x_0)-\varPhi(x_0),$$

故 $X\sim N(0,1)$. ∎

对任意两个 Borel 集合 B 和 B', 如果 X 和 X' 满足

$$\mathsf{P}(X\in B,X'\in B')=\mathsf{P}(X\in B',X'\in B),$$

则称 X 和 X' 是可交换的随机变量. 显然, 由定义知 X 和 X' 同分布.

引理 6.4.4 设 X 和 X' 为一对可交换的随机变量, 满足 $\mathsf{E}[X^2]<\infty$, 以及存在 λ, $0<\lambda<1$, 使

$$\mathsf{E}^X[X']\triangleq\mathsf{E}[X'|X]=(1-\lambda)X. \tag{6.50}$$

设 f 为 $\mathbb{R}$ 上的分段连续函数, 且存在常数 $c>0$, 使

$$|f(x)|\leqslant c(1+|x|),\quad \forall x\in\mathbb{R},$$

则

$$\mathsf{E}\left[Xf(X)-\frac{1}{2\lambda}(X'-X)[f(X')-f(X)]\right]=0.$$

证 由于 X 和 X' 是一对可交换的随机变量, 故对任意一个 Borel 可测函数 $g(x,y)$, $\mathsf{E}|g(X,X')|<\infty$, 有

$$\mathsf{E}[g(X,X')]=\mathsf{E}[g(X',X)].$$

若 $g(x,y)$ 是反对称函数, 即 $g(y,x)=-g(x,y),\forall x,y\in\mathbb{R}$, 则

$$\mathsf{E}[g(X,X')]=-\mathsf{E}[g(X',X)]=-\mathsf{E}[g(X,X')],$$

从而 $\mathsf{E}[g(X,X')]=0$. 由于 $(y-x)[f(y)+f(x)]$ 为反对称函数, 故

$$\begin{aligned}0&=\mathsf{E}\left[(X'-X)[f(X)+f(X')]\right]\\&=\mathsf{E}\left[(X'-X)[2f(X)+f(X')-f(X)]\right]\\&=2\,\mathsf{E}\left[\left(\mathsf{E}^X[X']-X\right)f(X)\right]+E[(X'-X)[f(X')-f(X)]]\\&=-2\lambda\,\mathsf{E}[Xf(X)]+\mathsf{E}[(X'-X)[f(X')-f(X)]],\end{aligned}$$

移项即得. ∎

记 $h_{x_0}(x)=I_{(-\infty,x_0]}(x)$, 则

$$Nh_{x_0}=\int_{-\infty}^{\infty}h_{x_0}(w)\phi(w)\,\mathrm{d}w=\int_{-\infty}^{x_0}\phi(w)\,\mathrm{d}w=\varPhi(x_0).$$

考虑微分方程 $f'(x)-xf(x)=h_{x_0}(x)-\varPhi(x_0)$. 用随机变量 X 替代 x, 然后两边取期望值, 得

$$\mathsf{E}[f'(X)-Xf(X)]=\mathsf{P}(X\leqslant x_0)-\varPhi(x_0),\tag{6.51}$$

即随机变量 X 的分布函数和 $\varPhi$ 的误差可以通过 $f'(X)-Xf(X)$ 的期望来估计. 这是 Stein 方法的出发点. 更一般地, 我们可以把 h_{x_0} 推广为 $\mathbb{R}$ 上的分段连续函数 $h(x)$, 其中 h 满足存在常数 c, 使 $|h(x)|\leqslant c(1+x^2)$, 则

$$f'(x)-xf(x)=h(x)-Nh\tag{6.52}$$

有特解

$$\begin{aligned}f(x)&=\frac{1}{\phi(x)}\int_{-\infty}^{x}[h(w)-Nh]\phi(w)\,\mathrm{d}w\\&=-\frac{1}{\phi(x)}\int_{x}^{\infty}[h(w)-Nh]\phi(w)\,\mathrm{d}w.\end{aligned}\tag{6.53}$$

后一等式是由于

$$\begin{aligned}\int_{-\infty}^{x}[h(w)-Nh]\phi(w)\,\mathrm{d}w&=\int_{-\infty}^{\infty}[h(w)-Nh]\phi(w)\,\mathrm{d}w-\int_{x}^{\infty}[h(w)-Nh]\phi(w)\,\mathrm{d}w\\&=-\int_{x}^{\infty}[h(w)-Nh]\phi(w)\,\mathrm{d}w.\end{aligned}$$

由此不难推出 $f(x)$ 满足

$$|f(x)|\leqslant\sqrt{2\pi}\,c\,(1+|x|).\tag{6.54}$$

为了估计 $\mathsf{E}[h(X)]-Nh$, 我们必须对 $\mathsf{E}[f'(X)-Xf(X)]$ 进行估计.

引理 6.4.5 设 h 是 $\mathbb{R}$ 上的有界绝对连续函数, f 由式 (6.53) 定义, 则

$$\sup_{x\in\mathbb{R}}|f(x)|\leqslant\sqrt{\frac{\pi}{2}}\sup_{x\in\mathbb{R}}|h(x)-Nh|,\tag{6.55}$$

$$\sup_{x\in\mathbb{R}}|f'(x)| \leqslant 2\sup_{x\in\mathbb{R}}|h(x)-Nh|, \tag{6.56}$$

$$\sup_{x\in\mathbb{R}}|f''(x)| \leqslant 2\sup_{x\in\mathbb{R}}|h'(x)|. \tag{6.57}$$

证 由式 (6.53) 知, 当 $x\leqslant 0$ 时, 有

$$\begin{aligned}|f(x)| &\leqslant \sup_{x\leqslant 0}|h(x)-Nh|\cdot\frac{1}{\phi(x)}\int_{-\infty}^{x}\phi(w)\,\mathrm{d}w\\ &\leqslant \sup_{x\leqslant 0}|h(x)-Nh|\cdot\frac{\Phi(x)}{\phi(x)}.\end{aligned} \tag{6.58}$$

当 $x>0$ 时, 同样可得

$$|f(x)| \leqslant \sup_{x\geqslant 0}|h(x)-Nh|\cdot\frac{1-\Phi(x)}{\phi(x)}. \tag{6.59}$$

又当 $x>0$ 时,

$$1-\Phi(x) < \frac{1}{\sqrt{2\pi}}\frac{1}{x}\int_x^{\infty} w\mathrm{e}^{-w^2/2}\,\mathrm{d}w = \frac{\phi(x)}{x},$$

即 $x[1-\Phi(x)]/\phi(x)<1$. 同理, 当 $x<0$ 时, $|x|\Phi(x)/\phi(x)<1$. 故

$$\frac{\mathrm{d}}{\mathrm{d}x}\left[\frac{\Phi(x)}{\phi(x)}\right] = 1+\frac{x\Phi(x)}{\phi(x)} > 0, \quad \forall\, x\leqslant 0;$$

$$\frac{\mathrm{d}}{\mathrm{d}x}\left[\frac{1-\Phi(x)}{\phi(x)}\right] = -1+\frac{x[1-\Phi(x)]}{\phi(x)} \leqslant 0, \quad \forall\, x\geqslant 0.$$

由此知函数 $\Phi(x)/\phi(x)$ 和 $[1-\Phi(x)]/\phi(x)$ 都在 $x=0$ 点达到其最大值, 代入式 (6.58) 和式 (6.59) 即得式 (6.55).

再证不等式 (6.56). 由式 (6.52) 和式 (6.53), 当 $x\geqslant 0$ 时, 有

$$\begin{aligned}f'(x) &= xf(x)+h(x)-Nh\\ &= h(x)-Nh-\frac{x}{\phi(x)}\int_x^{\infty}[h(w)-Nh]\phi(w)\,\mathrm{d}w.\end{aligned}$$

故由 $x[1-\Phi(x)]/\phi(x)\leqslant 1$ 得

$$\sup_{x\geqslant 0}|f'(x)| \leqslant \sup_{x\in\mathbb{R}}|h(x)-Nh|\cdot\left[1+\sup_{x\geqslant 0}\frac{x}{\phi(x)}\int_x^{\infty}\phi(w)\,\mathrm{d}w\right] \leqslant 2\sup_{x\in\mathbb{R}}|h(x)-Nh|.$$

同法处理 $x\leqslant 0$ 时的情形.

最后证明式 (6.57). 由式 (6.52) 有

$$\begin{aligned}f''(x) &= [xf(x)+h(x)-Nh]'\\ &= f(x)+x[xf(x)+h(x)-Nh]+h'(x)\\ &= (1+x^2)f(x)+x[h(x)-Nh]+h'(x).\end{aligned} \tag{6.60}$$

注意到

$$h(z)-Nh = \int_{-\infty}^{\infty}[h(z)-h(y)]\phi(y)\,\mathrm{d}y = \int_{-\infty}^{\infty}\phi(y)\,\mathrm{d}y\int_y^z h'(w)\,\mathrm{d}w$$

$$= \int_{-\infty}^{z} \phi(y)\,\mathrm{d}y \int_{y}^{z} h'(w)\,\mathrm{d}w - \int_{z}^{\infty} \phi(y)\,\mathrm{d}y \int_{z}^{y} h'(w)\,\mathrm{d}w$$
$$= \int_{-\infty}^{z} h'(w)\,\mathrm{d}w \int_{-\infty}^{w} \phi(y)\,\mathrm{d}y - \int_{z}^{\infty} h'(w)\,\mathrm{d}w \int_{w}^{\infty} \phi(y)\,\mathrm{d}y$$
$$= \int_{-\infty}^{z} h'(w)\Phi(w)\,\mathrm{d}w - \int_{z}^{\infty} h'(w)[1-\Phi(w)]\,\mathrm{d}w,$$

故

$$\begin{aligned}
\phi(x)f(x) &= \int_{-\infty}^{x} \phi(z)[h(z) - Nh]\,\mathrm{d}z \\
&= \int_{-\infty}^{x} \left[\int_{-\infty}^{z} h'(w)\Phi(w)\,\mathrm{d}w - \int_{z}^{\infty} h'(w)[1-\Phi(w)]\,\mathrm{d}w\right] \phi(z)\,\mathrm{d}z \\
&= \int_{-\infty}^{x} \left[\left(\int_{-\infty}^{x} h'(w)\Phi(w)\,\mathrm{d}w - \int_{z}^{x} h'(w)\Phi(w)\,\mathrm{d}w\right)\right. \\
&\quad \left. - \left(\int_{x}^{\infty} h'(w)[1-\Phi(w)]\,\mathrm{d}w + \int_{z}^{x} h'(w)[1-\Phi(w)]\,\mathrm{d}w\right)\right] \phi(z)\,\mathrm{d}z \\
&= \int_{-\infty}^{x} h'(w)\Phi(w)[\Phi(x) - \Phi(w)]\,\mathrm{d}w - \int_{x}^{\infty} h'(w)[1-\Phi(w)]\Phi(x)\,\mathrm{d}w \\
&\quad - \int_{-\infty}^{x} h'(w)\Phi(w)[1-\Phi(w)]\,\mathrm{d}w \\
&= -\int_{-\infty}^{x} h'(w)\Phi(w)\,\mathrm{d}w\,[1-\Phi(x)] - \Phi(x)\int_{x}^{\infty} h'(w)[1-\Phi(w)]\,\mathrm{d}w.
\end{aligned}$$

把上式代入式 (6.60), 得

$$\begin{aligned}
f''(x) = h'(x) &+ \left\{x - \frac{(1+x^2)[1-\Phi(x)]}{\phi(x)}\right\} \int_{-\infty}^{x} h'(w)\Phi(w)\,\mathrm{d}w \\
&- \left[x + \frac{(1+x^2)\Phi(x)}{\phi(x)}\right] \int_{x}^{\infty} h'(w)[1-\Phi(w)]\,\mathrm{d}w.
\end{aligned}$$

当 $x<0$ 时, 由 $|x|\Phi(x)/\phi(x) \leqslant 1$ 可推知, 对一切 $x \in \mathbb{R}$, 有

$$g_1(x) \triangleq x + \frac{(1+x^2)\Phi(x)}{\phi(x)} > 0;$$

同理, 当 $x>0$ 时, 由 $x[1-\Phi(x)]/\phi(x) \leqslant 1$ 推知, 对一切 $x \in \mathbb{R}$, 有

$$g_2(x) \triangleq -x + \frac{(1+x^2)[1-\Phi(x)]}{\phi(x)} > 0.$$

从而得

$$\begin{aligned}
\sup_{x\in\mathbb{R}} |f''(x)| &\leqslant \sup_{x\in\mathbb{R}} |h'(x)| \left(1 + \sup_{x\in\mathbb{R}} \left(g_2(x)[x\Phi(x) + \phi(x)] - g_1(x)\{x[1-\Phi(x)] - \phi(x)\}\right)\right) \\
&= 2\sup_{x\in\mathbb{R}} |h'(x)|.
\end{aligned}$$

引理得证. ∎

引理 6.4.6 设 (X, X') 为一对可交换的随机变量, 使

$$\mathsf{E}^X[X'] = (1-\lambda)X, \quad 0<\lambda<1.$$

设 h 为 $\mathbb{R}$ 上的有界连续函数且有有限分段连续的导函数 h', 对这个 h, 由式 (6.53) 定义 f, 则

$$\begin{aligned}\mathsf{E}[h(X)] - Nh = &\ \mathsf{E}\left[f'(X)\left[1-\frac{1}{2\lambda}\mathsf{E}^X(X'-X)^2\right]\right]\\ &+\frac{1}{2\lambda}\int_{-\infty}^{\infty}\mathsf{E}\left[(X'-X)\left(y-\frac{X+X'}{2}\right)\left(I_{\{y\leqslant X'\}}-I_{\{y\leqslant X\}}\right)\right]f''(y)\,\mathrm{d}y.\end{aligned} \tag{6.61}$$

证 首先注意到

$$\begin{aligned}&\mathsf{E}\left[f'(X)-\frac{1}{2\lambda}(X'-X)[f(X')-f(X)]\right]\\ &\quad=\mathsf{E}\left[f'(X)\left[1-\frac{1}{2\lambda}\mathsf{E}^X(X'-X)^2\right]\right]\\ &\quad\quad-\frac{1}{2\lambda}\mathsf{E}\left[(X'-X)[f(X')-f(X)-(X'-X)f'(X)]\right].\end{aligned} \tag{6.62}$$

当 $X<X'$ 时, 由 Taylor 展开积分余项表示有

$$f(X')-f(X)-(X'-X)f'(X)=\int_X^{X'}f''(y)(X'-y)\,\mathrm{d}y.$$

同理, 当 $X>X'$ 时, 有

$$f(X')-f(X)-(X'-X)f'(X)=\int_{X'}^{X}f''(y)(y-X')\,\mathrm{d}y.$$

因此, 有

$$f(X')-f(X)-(X'-X)f'(X)=\int_{-\infty}^{\infty}(X'-y)\left(I_{\{y\leqslant X'\}}-I_{\{y\leqslant X\}}\right)f''(y)\,\mathrm{d}y.$$

由于 (X, X') 为一对可交换的随机变量, 所以

$$\begin{aligned}&-\frac{1}{2\lambda}\mathsf{E}\left[(X'-X)[f(X')-f(X)-(X'-X)f'(X)]\right]\\ &\quad=-\frac{1}{2\lambda}\int_{-\infty}^{\infty}\mathsf{E}\left[(X'-X)(X'-y)\left(I_{\{y\leqslant X'\}}-I_{\{y\leqslant X\}}\right)\right]f''(y)\,\mathrm{d}y\\ &\quad=-\frac{1}{2\lambda}\int_{-\infty}^{\infty}\mathsf{E}\left[(X'-X)(X-y)\left(I_{\{y\leqslant X'\}}-I_{\{y\leqslant X\}}\right)\right]f''(y)\,\mathrm{d}y.\end{aligned}$$

把上面两个等式相加再除以 2 即得式 (6.61) 的后半部分. 又根据引理 6.4.4 得

$$\mathsf{E}[Xf(X)]=\frac{1}{2\lambda}\mathsf{E}[(X'-X)[f(X')-f(X)]].$$

把此式代入式 (6.62), 即得

$$\mathsf{E}\left[f'(X)-\frac{1}{2\lambda}(X'-X)[f(X')-f(X)]\right]=\mathsf{E}[f'(X)-Xf(X)]=\mathsf{E}[h(X)-Nh].$$

引理得证. ∎

现在可以叙述我们的主要定理了.

定理 6.4.3 (Stein) 在引理 6.4.6 的假定下, 有

$$|\mathsf{E}[h(X)]-Nh|\leqslant 2\sup_{x\in\mathbb{R}}|h(x)-Nh|\cdot\left(\mathsf{E}\left[1-\frac{1}{2\lambda}\mathsf{E}^X(X'-X)^2\right]^2\right)^{1/2}+\frac{1}{4\lambda}\sup_{x\in\mathbb{R}}|h'(x)|\cdot\mathsf{E}|X'-X|^3, \tag{6.63}$$

且对所有的 $x\in\mathbb{R}$, 有

$$|\mathsf{P}(X\leqslant x)-\Phi(x)|\leqslant 2\left(\mathsf{E}\left[1-\frac{1}{2\lambda}\mathsf{E}^X(X'-X)^2\right]^2\right)^{\frac{1}{2}}+(2\pi)^{-\frac{1}{4}}\left(\frac{1}{\lambda}\mathsf{E}|X'-X|^3\right)^{\frac{1}{2}}. \tag{6.64}$$

证 记 $f(x)$ 由式 (6.53) 定义, 则由引理 6.4.5 有

$$\sup_{x\in\mathbb{R}}|f'(x)|\leqslant 2\sup_{x\in\mathbb{R}}|h(x)-Nh|,\quad \sup_{x\in\mathbb{R}}|f''(x)|\leqslant 2\sup_{x\in\mathbb{R}}|h'(x)|.$$

再由引理 6.4.6 及上面两式得

$$\begin{aligned}|\mathsf{E}[h(X)]-Nh|&\leqslant \mathsf{E}\left|f'(X)\left(1-\frac{1}{2\lambda}\mathsf{E}^X(X'-X)^2\right)\right|\\&\quad+\frac{1}{2\lambda}\left|\int_{-\infty}^{\infty}\mathsf{E}\left[(X'-X)\left(y-\frac{X+X'}{2}\right)\left(I_{\{y\leqslant X'\}}-I_{\{y\leqslant X\}}\right)\right]f''(y)\,\mathrm{d}y\right|\\&\leqslant 2\sup_{x\in\mathbb{R}}|h(x)-Nh|\cdot\mathsf{E}\left|1-\frac{1}{2\lambda}\mathsf{E}^X(X'-X)^2\right|\\&\quad+\frac{1}{\lambda}\sup_{x\in\mathbb{R}}|h'(x)|\cdot\mathsf{E}\left[\int_{X\wedge X'}^{X\vee X'}\left|(X'-X)\left(y-\frac{X+X'}{2}\right)\right|\mathrm{d}y\right]\\&\leqslant 2\sup_{x\in\mathbb{R}}|h(x)-Nh|\cdot\left(\mathsf{E}\left[1-\frac{1}{2\lambda}\mathsf{E}^X(X'-X)^2\right]^2\right)^{1/2}\\&\quad+\frac{1}{4\lambda}\sup_{x\in\mathbb{R}}|h'(x)|\cdot\mathsf{E}|X'-X|^3.\end{aligned}$$

下面证明式 (6.64). 如图 6.1 所示, 取定 $\varDelta>0$, 定义

$$h_{x_0,\varDelta}(x)=\begin{cases}1, & x\leqslant x_0,\\ 0, & x\geqslant x_0+\varDelta,\\ 1-(x-x_0)/\varDelta, & x_0<x<x_0+\varDelta,\end{cases} \tag{6.65}$$

则

$$h_{x_0-\Delta,\Delta}(x) \leqslant I_{\{x\leqslant x_0\}} \leqslant h_{x_0,\Delta}(x).$$

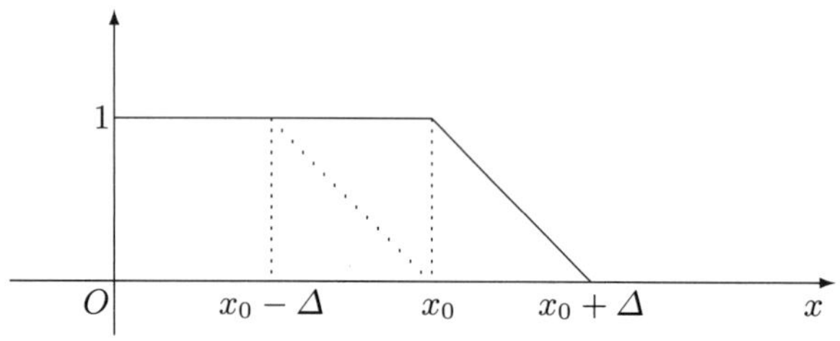

图 6.1　$h_{x_0,\Delta}$ 的构造

显然,

$$\sup_{x\in\mathbb{R}} |h_{x_0,\Delta} - Nh_{x_0,\Delta}| \leqslant 1, \quad \sup_{x\in\mathbb{R}} |h'_{x_0,\Delta}| \leqslant 1/\Delta.$$

故由式 (6.63) 有

$$\begin{aligned}\mathsf{P}(X \leqslant x_0) &\leqslant \mathsf{E}[h_{x_0,\Delta}(X)] \\ &\leqslant Nh_{x_0,\Delta} + 2\left(\mathsf{E}\left[1-\frac{1}{2\lambda}\mathsf{E}^X(X'-X)^2\right]^2\right)^{1/2} + \frac{1}{4\lambda\Delta}\mathsf{E}|X'-X|^3.\end{aligned}$$

由于 $Nh_{x_0,\Delta} \leqslant NI_{\{x\leqslant x_0+\Delta\}} = \Phi(x_0+\Delta) \leqslant \Phi(x_0) + \Delta/\sqrt{2\pi}$, 所以

$$\mathsf{P}(X \leqslant x_0) - \Phi(x_0) \leqslant \frac{\Delta}{\sqrt{2\pi}} + 2\left(\mathsf{E}\left[1-\frac{1}{2\lambda}\mathsf{E}^X(X'-X)^2\right]^2\right)^{1/2} + \frac{1}{4\lambda\Delta}\mathsf{E}|X'-X|^3.$$

取 Δ, 使

$$\frac{\Delta}{\sqrt{2\pi}} + \frac{1}{4\lambda\Delta}\mathsf{E}|X'-X|^3 = \min.$$

于是, 可得到式 (6.64) 右边的表达式. 同理, 利用

$$Nh_{x_0,\Delta} \geqslant NI_{\{x\leqslant x_0-\Delta\}} = \Phi(x_0-\Delta) \geqslant \Phi(x_0) - \frac{\Delta}{\sqrt{2\pi}}$$

及式 (6.63), 可以证明绝对值的另一半. 两者结合即得式 (6.64). ∎

推论 6.4.1　设 $X_1,\cdots,X_n$ 为独立的随机变量, 满足 $\mathsf{E}[X_k]=0$, $\mathsf{E}[X_k^2]=\sigma_k^2 \geqslant 0$ $(k=1,\cdots,n)$, 以及 $\sum\limits_{k=1}^n \sigma_k^2 = 1$. 记 $W_n = \sum\limits_{k=1}^n X_k$, 则

$$|\mathsf{P}(W_n \leqslant x) - \Phi(x)| \leqslant \left[\sum_{k=1}^n (\mathsf{E}[X_k^4] - \sigma_k^4)\right]^{1/2} + (2\pi)^{-1/4}\left[2\sum_{k=1}^n (\mathsf{E}|X_k|^3 + 3\sigma_k^3)\right]^{1/2}.$$

证　设 $(X_1',\cdots,X_n')$ 与 $(X_1,\cdots,X_n)$ 独立同分布, 则

$$\begin{aligned}&\mathsf{E}^{X_k}[(X_k'-X_k)^2]=\sigma_k^2+X_k^2,\\&\mathsf{E}|X_k'-X_k|^3=2\left(\mathsf{E}|X_k|^3+3\sigma_k^2\mathsf{E}|X_k|\right)\leqslant 2\left(\mathsf{E}|X_k|^3+3\sigma_k^3\right).\end{aligned}$$

设随机变量 J 与 $X_1,\cdots,X_n$ 独立, 且 $\mathsf{P}(J=i)=1/n\ (i=1,\cdots,n)$. 令

$$W'=\sum_{k=1}^n X_k+X_J'-X_J=W+X_J'-X_J,$$

则 W 与 W' 可交换, 且

$$\mathsf{E}^W[W']=W+\mathsf{E}[X_J'-X_J|W]=W-\frac{1}{n}W=\left(1-\frac{1}{n}\right)W.$$

在定理 6.4.3 中, 取 $\lambda=1/n$, 则

$$\mathsf{E}\left[1-\frac{n}{2}\mathsf{E}^W(W'-W)^2\right]^2=\mathsf{E}\left[1-\frac{n}{2}\mathsf{E}^W(X_J'-X_J)^2\right]^2. \tag{6.66}$$

注意到由 W 生成的 σ 代数 $\sigma(W)\subset\sigma(X_1,\cdots,X_n)\triangleq\sigma(X)$, 故

$$\mathsf{E}\left(\mathsf{E}^W[Y]\right)^2=\mathsf{E}\left(\mathsf{E}^W\left[\mathsf{E}^X[Y]\right]\right)^2\leqslant\mathsf{E}\mathsf{E}^W\left(\mathsf{E}^X[Y]\right)^2=\mathsf{E}\left(\mathsf{E}^X[Y]\right)^2.$$

把上面的不等式代入式 (6.66), 有

$$\begin{aligned}\mathsf{E}\left[1-\frac{n}{2}\mathsf{E}^W(W'-W)^2\right]^2&\leqslant\mathsf{E}\left[1-\frac{n}{2}\mathsf{E}^X(X_J'-X_J)^2\right]^2\\&=\mathsf{E}\left[1-\frac{1}{2}\sum_{k=1}^n\mathsf{E}^X(X_k'-X_k)^2\right]^2\\&=\mathsf{E}\left[1-\frac{1}{2}\sum_{k=1}^n(\sigma_k^2+X_k^2)\right]^2\\&=\frac{1}{4}\sum_{k=1}^n(\mathsf{E}[X_k^4]-\sigma_k^4),\\\mathsf{E}|W'-W|^3=\mathsf{E}|X_J'-X_J|^3&=\frac{1}{n}\sum_{k=1}^n\mathsf{E}|X_k'-X_k|^3\leqslant\frac{2}{n}\sum_{k=1}^n(\mathsf{E}|X_k|^3+3\sigma_k^2).\end{aligned}$$

把以上两式代入式 (6.64) 即得. ∎

注 2　若 $Y_1,\cdots,Y_n$ 为 iid 随机变量序列, $\mathsf{E}[Y_1]=0$, $\mathsf{E}[Y_1^2]=1$, $W_n=n^{-1/2}\sum\limits_{k=1}^n Y_k$. 在推论 6.4.1 中, 取 $X_k=Y_k/\sqrt{n}$, $\beta_3=\mathsf{E}|Y_1|^3$, $\beta_4=\mathsf{E}[Y_1^4]$, 则

$$|\mathsf{P}(W_n\leqslant x)-\varPhi(x)|\leqslant\frac{(\beta_4-1)^{1/2}}{\sqrt{n}}+\frac{(2\beta_3+6)^{1/2}}{\sqrt[4]{2\pi n}}.$$

由以上知, 在 4 阶矩存在的条件下, 正态逼近速度的估计为 $O(n^{-1/4})$, 这比 Berry-Esseen 估计要差. E. Bolthausen 改进了上述的结果, 得到 $O(n^{-1/2})$ 阶, 即与用经典特征函数方法所得到的结果相当.

以下设 $X_1,\cdots,X_n$ 为 iid 随机变量序列, 满足 $\mathsf{E}[X_1]=0$, $\mathsf{E}[X_1^2]=1$, $\mathsf{E}|X_1|^3=\gamma$, 令

$$\mathscr{L}(n,\gamma)=\Big\{\boldsymbol{X}=(X_1,\cdots,X_n):\ \mathsf{E}[X_1]=0,\ \mathsf{E}[X_1^2]=1,\ \mathsf{E}|X_1|^3=\gamma\Big\},$$
$$S_k=n^{-1/2}\sum_{j=1}^{k}X_j,\quad k=1,\cdots,n.$$

设 $h_{z,\varDelta}$ 仍由式 (6.65) 定义, 记

$$\delta(\varDelta,\gamma,n)=\sup\Big\{|\mathsf{E}[h_{z,\varDelta}(S_n)]-Nh_{z,\varDelta}|:\ z\in\mathbb{R},\ \boldsymbol{X}\in\mathscr{L}(n,\gamma)\Big\},$$
$$\delta(\gamma,n)=\delta(0,\gamma,n).$$

要证明 Berry-Esseen 定理, 只要证明

$$\sup\left\{\frac{\sqrt{n}}{\gamma}\delta(\gamma,n):\ \gamma\geqslant 1,\ n\in\mathbb{N}\right\}<\infty. \tag{6.67}$$

由于 $h_{z,0}\leqslant h_{z,\varDelta}\leqslant h_{z+\varDelta,0}$, 如同定理 6.4.3 所讨论的一样, 我们有

$$\delta(\gamma,n)\leqslant\delta(\varDelta,\gamma,n)+\frac{\varDelta}{\sqrt{2\pi}}. \tag{6.68}$$

对上述的 $h_{z,\varDelta}$, 由式 (6.52) 和式 (6.53) 定义 $f(x)$, 根据引理 6.4.5 有

$$|f(x)|\leqslant 2,\quad |xf(x)|\leqslant 1,\quad |f'(x)|\leqslant 2.$$

因此, 对上述的 f, 由式 (6.52) 有

$$\begin{aligned}|f'(x+y)-f'(x)|&=|yf(x+y)+x[f(x+y)-f(x)]+h(x+y)-h(x)|\\&\leqslant|y|\left(2+2|x|+\frac{1}{\varDelta}\int_0^1 I_{(z,z+\varDelta]}(x+ty)\,\mathrm{d}t\right).\end{aligned} \tag{6.69}$$

注意到 $\mathsf{E}[X_nf(S_{n-1})]=0$, $\mathsf{E}[X_n^2f(S_{n-1})]=\mathsf{E}[f(S_{n-1})]$ 及

$$\begin{aligned}\mathsf{E}[f'(S_n)-S_nf(S_n)]&=\mathsf{E}\left[f'(S_n)-\sqrt{n}X_nf(S_n)\right]\\&=\mathsf{E}\left[f'(S_n)-f'(S_{n-1})\right]\\&\quad-\mathsf{E}\left[X_n^2\int_0^1\left[f'\left(S_{n-1}+\frac{tX_n}{\sqrt{n}}\right)-f'(S_{n-1})\right]\mathrm{d}t\right].\end{aligned} \tag{6.70}$$

由式 (6.69) 得

$$\mathsf{E}|f'(S_n)-f'(S_{n-1})|\leqslant\mathsf{E}\left[\frac{X_n}{\sqrt{n}}\left[2+2|S_{n-1}|+\frac{1}{\varDelta}\int_0^1 I_{(z,z+\varDelta]}\left(S_{n-1}+\frac{tX_n}{\sqrt{n}}\right)\mathrm{d}t\right]\right].$$

在给定 X_n 的条件下, 我们有

$$\begin{aligned}&\mathsf{E}^{X_n}\left[\frac{|X_n|}{\sqrt{n}}\frac{1}{\varDelta}\int_0^1 I_{(z,z+\varDelta]}\left(S_{n-1}+\frac{tX_n}{\sqrt{n}}\right)\mathrm{d}t\right]\\&=\frac{|X_n|}{\varDelta\sqrt{n}}\int_0^1\mathsf{P}\left(z<S_{n-1}+\frac{tX_n}{\sqrt{n}}\leqslant z+\varDelta\,\middle|\,X_n\right)\mathrm{d}t\end{aligned}$$

$$
\begin{aligned}
&= \frac{|X_n|}{\Delta\sqrt{n}}\int_0^1 \mathsf{P}\left(z-\frac{tX_n}{\sqrt{n}} < S_{n-1} \leqslant z+\Delta-\frac{tX_n}{\sqrt{n}}\middle| X_n\right)\mathrm{d}t \\
&\leqslant \frac{|X_n|}{\Delta\sqrt{n}}\int_0^1 \left[\Phi\left(z+\Delta-\frac{tX_n}{\sqrt{n}}\right)-\Phi\left(z-\frac{tX_n}{\sqrt{n}}\right)+2\delta(\gamma,n-1)\right]\mathrm{d}t \\
&\leqslant \frac{|X_n|}{\Delta\sqrt{n}}\int_0^1 \left[\frac{c\Delta}{\sqrt{2\pi}}+c\,\delta(\gamma,n-1)\right]\mathrm{d}t \\
&= \frac{c|X_n|}{\Delta\sqrt{n}}\left[\frac{\Delta}{\sqrt{2\pi}}+\delta(\gamma,n-1)\right]\mathrm{d}t.
\end{aligned}
$$

再对 X_n 取期望, 得

$$
\mathsf{E}\left[\frac{|X_n|}{\sqrt{n}}\frac{1}{\Delta}\int_0^1 I_{(z,z+\Delta]}\left(S_{n-1}+\frac{tX_n}{\sqrt{n}}\right)\mathrm{d}t\right] \leqslant \frac{c}{\sqrt{n}}\left[1+\frac{\delta(\gamma,n-1)}{\Delta}\right],
$$

其中 c 是与 n 无关的常数, 在不同的场合可代表不同的常数. 又

$$
\mathsf{E}\left[\frac{|X_n|}{\sqrt{n}}(2+2|S_{n-1}|)\right] \leqslant \frac{2}{\sqrt{n}}\left[1+\left(\mathsf{E}|S_{n-1}|^2\right)^{1/2}\right] \leqslant \frac{4}{\sqrt{n}},
$$

因此, 有

$$
\mathsf{E}|f'(S_n)-f'(S_{n-1})| \leqslant \frac{c}{\sqrt{n}}\left[1+\frac{\delta(\gamma,n-1)}{\Delta}\right].
$$

再由式 (6.69) 得

$$
\begin{aligned}
&\mathsf{E}\left|X_n^2\int_0^1\left[f'\left(S_{n-1}+\frac{tX_n}{\sqrt{n}}\right)-f'(S_{n-1})\right]\mathrm{d}t\right| \\
&\quad\leqslant \mathsf{E}\frac{|X_n|^3}{\sqrt{n}}\left[2+2|S_{n-1}|+\frac{1}{\Delta}\int_0^1 I_{(z,z+\Delta]}\left(S_n+\frac{vtX_n}{\sqrt{n}}\right)\mathrm{d}v\right] \\
&\quad\leqslant \frac{c\gamma}{\sqrt{n}}\left[1+\frac{\delta(\gamma,n-1)}{\Delta}\right].
\end{aligned} \tag{6.71}
$$

由式 (6.68) 和式 (6.71) 得

$$
\delta(\gamma,n) \leqslant \frac{c_1\gamma}{\sqrt{n}}\left[1+\frac{\delta(\gamma,n-1)}{\Delta}\right]+\frac{\Delta}{\sqrt{2\pi}}. \tag{6.72}
$$

取 $\Delta = 2c_1\gamma/\sqrt{n}$, 得

$$
\begin{aligned}
\delta(\gamma,n) &\leqslant \frac{c\gamma}{\sqrt{n}}+\frac{1}{2}\delta(\gamma,n-1) \\
&\leqslant \frac{1}{2^{k+1}}\delta(\gamma,n-k-1)+c\gamma\sum_{j=0}^{k}\frac{1}{2^j\sqrt{n-j}}.
\end{aligned}
$$

当 $n-k-1=1$ 时, $\delta(\gamma,1)\leqslant 1$. 又由于 $\gamma \geqslant 1$, 故 $\delta(\gamma,n)\leqslant c/\sqrt{n}$.

6.5 强大数定律

在 6.2 节中, 我们讨论了 $S_n/n \xrightarrow{\mathrm{P}} 0$ 的条件, 本节将进一步讨论在什么条件下有 $S_n/n \xrightarrow{\text{a.s.}} 0$. 这是比 $S_n/n \xrightarrow{\mathrm{P}} 0$ 更强的一个结论. 为此, 我们需要一些有关的基础知识和不等式.

设 $\{X_n, n \geqslant 1\}$ 为概率空间 $(\Omega, \mathscr{A}, \mathsf{P})$ 上的一列随机变量. 记 $\sigma(X_1, \cdots, X_n)$ 为由随机变量 $X_1, \cdots, X_n$ 生成的子 σ 代数, 以 $\mathscr{T}_n = \sigma(X_n, X_{n+1}, \cdots)$ 表示由随机变量 $\{X_n, X_{n+1}, \cdots\}$ 生成的子 σ 代数, $n \geqslant 1$. 由定义, $\mathscr{T}_n$ 由代数

$$\mathscr{C}_n = \left\{\bigcup_{i=0}^{k} A_{n+i}:\ A_{n+i} \in \sigma(X_n, \cdots, X_{n+i}),\ i \leqslant k, k \in \mathbb{N}\right\}$$

生成. 显然, $\mathscr{T}_n$ 随着 n 的增加而越来越粗, 即 $\mathscr{T}_n \supseteq \mathscr{T}_{n+1} \supseteq \cdots$. 记

$$\mathscr{T} = \bigcap_{n=1}^{\infty} \mathscr{T}_n,$$

称 $\mathscr{T}$ 是随机变量序列 $\{X_n\}$ 的尾 σ 代数, $\mathscr{T}$ 中的事件称为尾事件, 而任一 Ω 上关于 $\mathscr{T}$ 可测的函数称为尾函数. 直观上, 一个尾函数不依赖于随机变量序列的任意有限多个随机变量, 即它的取值与有限个随机变量的取值无关. 类似地, 一个尾事件也不随有限个随机变量的变化而变化. 例如

$$\liminf_{n\to\infty} X_n, \quad \limsup_{n\to\infty} X_n, \quad \liminf_{n\to\infty} \frac{1}{n}\sum_{k=1}^{n} X_k, \quad \limsup_{n\to\infty} \frac{1}{n}\sum_{k=1}^{n} X_k$$

等都是尾函数. 这些序列的收敛点集以及级数 $\sum\limits_{n=1}^{\infty} X_n$ 的收敛点集都是尾事件. 当 $\{X_n\}$ 为独立随机变量序列时, 我们有著名的 Kolmogorov 0-1 律.

引理 6.5.1 若 $\{X_n\}$ 为独立随机变量序列, 则尾事件的概率非 0 即 1, 而尾函数几乎处处是个常数, 即若 Y 关于 $\mathscr{T}$ 可测, 则 $Y = c$, a.s..

证 设 $\mathscr{T}$ 为 $\{X_n\}$ 的尾 σ 代数. 由 $\{X_n\}$ 的独立性知 $\sigma(X_1, \cdots, X_n)$ 与 $\mathscr{T}_{n+1}$ 独立. 由于 $\mathscr{T} \subseteq \mathscr{T}_{n+1}$, 故对任意 $n \geqslant 1$, $\sigma(X_1, \cdots, X_n)$ 与 $\mathscr{T}$ 独立. 注意到 $\mathscr{T}_1$ 是由代数

$$\left\{\bigcup_{i=1}^{n} A_i:\ A_i \in \sigma(X_1, \cdots, X_i), i \leqslant n, n \in \mathbb{N}\right\}$$

生成, 故由独立性判别准则知 $\sigma(X_k, k \geqslant 1) = \mathscr{T}_1$ 与 $\mathscr{T}$ 独立. 注意到 $\mathscr{T} \subseteq \mathscr{T}_1$, 取 $A \in \mathscr{T}$, 有 $\mathsf{P}(A) = \mathsf{P}(A)\mathsf{P}(A)$, 故 $\mathsf{P}(A) = 0$ 或 1.

最后, 若 Y 是一个尾函数, 则对每个 $y \in \mathbb{R}$, $\{Y \leqslant y\}$ 是尾事件, 故 $\mathsf{P}(Y \leqslant y)$ 等于 0 或 1, 从而知 Y 几乎处处是一个常数. ▮

由 0-1 律我们有如下结果.

推论 6.5.1　若 $\{X_n\}$ 为独立随机变量序列, 则

(1) X_n 或几乎处处收敛于一个有限极限, 或几乎处处发散;

(2) $\sum\limits_n X_n$ 或几乎处处收敛于一个有限极限, 或几乎处处发散;

(3) 若 $b_n \uparrow \infty$, 则 $b_n^{-1}\sum\limits_{k=1}^{n} X_k$ 或几乎处处收敛于一个有限极限, 或几乎处处发散.

引理 6.5.2　(Kolmogorov 不等式) 设 $\{X_n\}$ 为独立随机变量序列, $\operatorname{Var} X_n = \sigma_n^2$, $0 < \sigma_n^2 < \infty$. 若 $|X_n| \leqslant c$ (有限或无穷), 则对每个 $\epsilon > 0$, 有

$$1-\frac{(\epsilon+2c)^2}{\sum\limits_{k=1}^{n}\sigma_k^2} \leqslant \mathsf{P}\left(\max_{1\leqslant j\leqslant n}|S_j-\mathsf{E}S_j|>\epsilon\right) \leqslant \frac{1}{\epsilon^2}\sum_{k=1}^{n}\sigma_k^2, \tag{6.73}$$

其中 $S_j=\sum\limits_{k=1}^{j}X_k$ $(j=1,\cdots,n)$.

证　我们仅证明式 (6.73) 左半不等式, 因为其右半不等式即为推论 4.5.1. 不失一般性, 可设 $\mathsf{E}[X_k]=0$ $(k=1,\cdots,n)$, 并把 $|X_n|\leqslant c$ 改为 $|X_n|\leqslant 2c$ (这是由于 $|X_n-\mathsf{E}[X_n]|\leqslant 2c$). 为证左半不等式, 设 $S_0=0$, 若 $c=\infty$, 则左半不等式显然成立, 故下面设 $c<\infty$, 记

$$\begin{aligned}
&A_n=\left\{\max_{1\leqslant j\leqslant n}|S_j|>\epsilon\right\},\\
&B_1=\{|S_1|>\epsilon\},\quad B_k=\left\{\max_{1\leqslant j<k}|S_j|\leqslant\epsilon,|S_k|>\epsilon\right\},\quad k=2,\cdots,n,
\end{aligned}$$

则 $B_1,\cdots,B_n$ 两两不交, 且 $A_n=\sum\limits_{k=1}^{n}B_k$. 在事件 B_k 上, 有 $|S_k|\leqslant|S_{k-1}|+|X_k|\leqslant\epsilon+2c$, 于是

$$\begin{aligned}
\mathsf{E}[S_n^2 I_{A_n}] &= \sum_{k=1}^{n}\mathsf{E}\left[S_n^2 I_{B_k}\right]=\sum_{k=1}^{n}\mathsf{E}\left[S_k^2 I_{B_k}\right]+\sum_{k=1}^{n}\mathsf{E}\left[(S_n-S_k)^2 I_{B_k}\right]\\
&\leqslant (\epsilon+2c)^2\sum_{k=1}^{n}\mathsf{P}(B_k)+\sum_{k=1}^{n}\mathsf{E}(S_n-S_k)^2\mathsf{P}(B_k)\\
&\leqslant \left[(\epsilon+2c)^2+\sum_{k=1}^{n}\sigma_k^2\right]\sum_{k=1}^{n}\mathsf{P}(B_k)\\
&= \left[(\epsilon+2c)^2+\sum_{k=1}^{n}\sigma_k^2\right]\mathsf{P}(A_n),
\end{aligned}\tag{6.74}$$

其中利用了 $\mathsf{E}(S_n-S_k)^2\leqslant\mathsf{E}[S_n^2]=\sum\limits_{k=1}^{n}\sigma_k^2$.

$$\begin{aligned}
\mathsf{E}[S_n^2 I_{A_n}] &= \mathsf{E}[S_n^2]-\mathsf{E}[S_n^2 I_{A_n^c}]\geqslant\mathsf{E}[S_n^2]-\epsilon^2\mathsf{P}(A_n^c)\\
&= \sum_{k=1}^{n}\sigma_k^2-\epsilon^2+\epsilon^2\mathsf{P}(A_n),
\end{aligned}\tag{6.75}$$

结合式 (6.74) 和式 (6.75), 得

$$\mathsf{P}(A_n) \geqslant \frac{\sum\limits_{k=1}^{n} \sigma_k^2 - \epsilon^2}{(\epsilon+2c)^2 + \sum\limits_{k=1}^{n} \sigma_k^2 - \epsilon^2} \geqslant 1 - \frac{(\epsilon+c)^2}{\sum\limits_{k=1}^{n} \sigma_k^2},$$

从而证得式 (6.73) 的左半不等式. ∎

定理 6.5.1 设 $\{X_n\}$ 为独立的随机变量序列, $\mathrm{Var}\, X_n = \sigma_n^2 < \infty\ (n \geqslant 1)$. 若 $\sum\limits_{n=1}^{\infty} \sigma_n^2 < \infty$, 则 $\sum\limits_{n=1}^{\infty} (X_n - \mathsf{E}[X_n])$ 几乎处处收敛; 反之, 即若存在有限常数 c, 对一切 n 有 $|X_n| \leqslant c$, a.s., 则由级数 $\sum\limits_{n=1}^{\infty} (X_n - \mathsf{E}[X_n])$ 几乎处处收敛可推知 $\sum\limits_{n=1}^{\infty} \sigma_n^2 < \infty$.

证 记 $T_n = S_n - \mathsf{E}[S_n]$. 由 Kolmogorov 不等式的右半部分, 对任给的 $\epsilon > 0$, 有

$$\mathsf{P}\left(\max_{1 \leqslant k \leqslant m} |T_{n+k} - T_n| > \epsilon\right) \leqslant \frac{1}{\epsilon^2} \sum_{k=1}^{m} \sigma_{n+k}^2 \leqslant \frac{1}{\epsilon^2} \sum_{k=n+1}^{\infty} \sigma_k^2.$$

因为

$$\begin{aligned}\mathsf{P}\left(\bigcup_{k=1}^{\infty} \{|T_{n+k} - T_n| > \epsilon\}\right) &= \lim_{m\to\infty} \mathsf{P}\left(\max_{1 \leqslant k \leqslant m} |T_{n+k} - T_n| > \epsilon\right) \\ &\leqslant \frac{1}{\epsilon^2} \sum_{k=n+1}^{\infty} \sigma_k^2 \to 0,\end{aligned}$$

所以由定理 2.7.2 即得本定理的前半部分.

由 Kolmogorov 不等式的左半部分, 对每个 n, 有

$$\begin{aligned}\mathsf{P}\left(\bigcup_{k=1}^{\infty} \{|T_{n+k} - T_n| > \epsilon\}\right) &= \lim_{m\to\infty} \mathsf{P}\left(\max_{1 \leqslant k \leqslant m} |T_{n+k} - T_n| > \epsilon\right) \\ &\geqslant \lim_{m\to\infty} \left[1 - \frac{(\epsilon+2c)^2}{\sum\limits_{k=1}^{m} \sigma_{n+k}^2}\right] = 1 - \frac{(\epsilon+2c)^2}{\sum\limits_{k=n+1}^{\infty} \sigma_k^2}.\end{aligned}$$

如果 $\sum\limits_{n=1}^{\infty} \sigma_n^2 = \infty$, 则对每个 $n \geqslant 1$, 有

$$\mathsf{P}\left(\bigcup_{k=1}^{\infty} \{|T_{n+k} - T_n| > \epsilon\}\right) = 1,$$

从而推出 T_n 几乎处处发散, 与所给条件矛盾, 本定理得证. ∎

注 1 由定理 6.5.1, 当 X_n 一致有界时, 级数 $\sum\limits_{n=1}^{\infty} (X_n - \mathsf{E}[X_n])$ 与 $\sum\limits_{n=1}^{\infty} \sigma_n^2$ 同时收敛或发散.

推论 6.5.2　设 $\{X_n\}$ 为独立的随机变量序列, 满足

$$\mathsf{E}[X_n]=0\ (n\geqslant 1),\quad \sum_{n=1}^{\infty}\mathsf{E}|X_n|^r<\infty,$$

其中 $1<r\leqslant 2$, 则 $\sum\limits_{n=1}^{\infty}X_n$ 几乎处处收敛.

证　定义 $X_n'=X_nI_{\{|X_n|\leqslant 1\}}$, $X_n''=X_nI_{\{|X_n|>1\}}$. 因为

$$\sum_{n=1}^{\infty}\mathsf{P}(|X_n|>1)\leqslant\sum_{n=1}^{\infty}\mathsf{E}|X_n|^r<\infty\quad\Rightarrow\quad\mathsf{P}(|X_n|>1,\ \text{i.o.})=0,$$

所以 $\sum\limits_{n=1}^{\infty}X_n''$ 几乎处处收敛. 以下仅证明 $\sum\limits_{n=1}^{\infty}X_n'$ 几乎处处收敛.

注意到 $|X_n'|\leqslant 1$, 我们有

$$\begin{aligned}\sum_{n=1}^{\infty}\mathsf{E}[(X_n'-\mathsf{E}[X_n'])^2]&\leqslant\sum_{n=1}^{\infty}\left[\mathsf{E}[X_n']^2+(\mathsf{E}|X_n'|)^2\right]\\&\leqslant\sum_{n=1}^{\infty}\left(\mathsf{E}|X_n'|^r+(\mathsf{E}|X_n'|)^r\right)\\&\leqslant 2\sum_{n=1}^{\infty}\mathsf{E}|X_n'|^r\leqslant 2\sum_{n=1}^{\infty}\mathsf{E}|X_n|^r<\infty.\end{aligned}$$

由定理 6.5.1 得 $\sum\limits_{n=1}^{\infty}(X_n'-\mathsf{E}[X_n'])$ 几乎处处收敛. 又 $\mathsf{E}[X_n']=-\mathsf{E}[X_n'']$,

$$\sum_{n=1}^{\infty}|\mathsf{E}[X_n']|\leqslant\sum_{n=1}^{\infty}\mathsf{E}|X_n''|=\sum_{n=1}^{\infty}\mathsf{E}[|X_n|I_{\{|X_n|>1\}}]\leqslant\sum_{n=1}^{\infty}\mathsf{E}|X_n|^r<\infty,$$

故 $\sum\limits_{n=1}^{\infty}X_n'$ 几乎处处收敛. ∎

定理 6.5.2　设 $\{X_n\}$ 为独立的随机变量序列, 且存在有限常数 c, 使对一切 $n\geqslant 1$, $|X_n|\leqslant c$, a.s., 则 $\sum\limits_{n=1}^{\infty}X_n$ 几乎处处收敛的充要条件是:

(1) $\sum\limits_{n=1}^{\infty}\mathsf{E}[X_n]$ 收敛;

(2) $\sum\limits_{n=1}^{\infty}\operatorname{Var}X_n<\infty$.

证　由定理 6.5.1 前半部分知充分性成立. 为证必要性, 我们将用对称化方法. 引入随机变量序列 $\{X_n'\}$, 使 $\{X_n'\}$ 与 $\{X_n\}$ 独立同分布 (由 Kolmogorov 相容性定理, 在 $\Omega\times\Omega$ 上, 这样的随机变量序列是存在的), 然后构造对称化随机变量序列

$$X_n^{\mathrm{s}}=X_n-X_n',\quad n\geqslant 1,$$

则 $\{X_n^{\mathrm{s}},n\geqslant 1\}$ 为独立随机变量序列, 且满足: 对每个 $n\geqslant 1$,

$$\mathsf{E}[X_n^{\mathrm{s}}]=\mathsf{E}[X_n]-\mathsf{E}[X_n']=0,$$

$$|X_n^{\mathrm{s}}| \leqslant |X_n| + |X_n'| \leqslant 2c, \quad \text{a.s.},$$
$$\operatorname{Var} X_n^{\mathrm{s}} = \operatorname{Var} X_n + \operatorname{Var} X_n' = 2\sigma_n^2.$$

由于 $\sum\limits_{n=1}^{\infty} X_n$ 几乎处处收敛, 所以 $\sum\limits_{n=1}^{\infty} X_n'$ 也几乎处处收敛, 从而 $\sum\limits_{n=1}^{\infty} X_n^{\mathrm{s}}$ 几乎处处收敛. 由定理 6.5.1 后半部分知 $\sum\limits_{n=1}^{\infty} \operatorname{Var} X_n^{\mathrm{s}} < \infty$, 因此 $\sum\limits_{n=1}^{\infty} \sigma_n^2 < \infty$. 再由定理 6.5.1 前半部分得 $\sum\limits_{n=1}^{\infty} (X_n - \mathsf{E}[X_n])$ 几乎处处收敛, 从而

$$\sum_{n=1}^{\infty} \mathsf{E}[X_n] = \sum_{n=1}^{\infty} [X_n - (X_n - \mathsf{E}[X_n])] = \sum_{n=1}^{\infty} X_n - \sum_{n=1}^{\infty} (X_n - \mathsf{E}[X_n])$$

也收敛. ∎

由上面的定理可以得出著名的关于独立随机变量序列几乎处处收敛的三级数定理.

定理 6.5.3 (三级数定理) 设 $\{X_n\}$ 为独立随机变量序列, 则 $\sum\limits_{n=1}^{\infty} X_n$ 几乎处处收敛的充要条件是, 对某个常数 $c > 0$, 下列三个级数收敛:

(1) $\sum\limits_{n=1}^{\infty} \mathsf{P}(|X_n| \geqslant c)$;

(2) $\sum\limits_{n=1}^{\infty} \mathsf{E}[X_n^c]$;

(3) $\sum\limits_{n=1}^{\infty} \operatorname{Var} X_n^c$.

其中 X_n^c 的定义见式 (6.1). 进一步还可得出 (1) ~ (3) 如果对某个 $c > 0$ 成立, 则对一切 $c > 0$ 都成立.

证 (必要性) 设 $\sum\limits_{n=1}^{\infty} X_n$ 几乎处处收敛, 则 $X_n \xrightarrow{\text{a.s.}} 0$, 故对每个 $c > 0$, $\mathsf{P}(|X_n| \geqslant c, \text{ i.o.}) = 0$, 由 Borel-Cantelli 引理得 (1) 成立. 由引理 6.1.3, $\sum\limits_{n=1}^{\infty} X_n$ 和 $\sum\limits_{n=1}^{\infty} X_n^c$ 是收敛等价的. 因此, 由定理 6.5.2 得级数 (2) 和 (3) 收敛.

(充分性) 由 (1) 知级数 $\sum\limits_{n=1}^{\infty} X_n$ 和 $\sum\limits_{n=1}^{\infty} X_n^c$ 是收敛等价的. 由 (2) 和 (3) 的收敛性以及定理 6.5.2 知 $\sum\limits_{n=1}^{\infty} X_n^c$ 几乎处处收敛. 因此, $\sum\limits_{n=1}^{\infty} X_n$ 几乎处处收敛.

如果 (1) ~ (3) 对某个 $c > 0$ 成立, 由三级数定理的充分性知 $\sum\limits_{n=1}^{\infty} X_n$ 几乎处处收敛, 因此, 再由必要性知对任意 $c > 0$, 级数 (1) ~ (3) 收敛. ∎

推论 6.5.3 如果定理 6.5.3 中三个级数有一个不收敛, 则 $\sum\limits_{n=1}^{\infty} X_n$ 几乎处处发散.

证明是显然的, 只要注意到根据 0-1 律, $\sum\limits_{n=1}^{\infty} X_n$ 不是几乎处处收敛就必然几乎处处发散.

为了得到强大数定律成立的一个较易验证的充分条件, 我们需要以下两个引理.

引理 6.5.3 (Toeplitz 引理) 设 $\{a_n\}$ 为实数序列, 且 $a_n \to a$, 则

$$\frac{1}{n}\sum_{k=1}^{n} a_k \to a.$$

引理 6.5.4 (Kronecker 引理) 设 $\{a_n\}$ 和 $\{x_n\}$ 为两个实数序列, $0 < a_n \uparrow \infty$, 且 $\sum\limits_{n=1}^{\infty} x_n/a_n$ 收敛于有限实数, 则

$$\frac{1}{a_n}\sum_{k=1}^{n} x_k \to 0.$$

证 令 $s_0 = 0$, $s_n = \sum\limits_{k=1}^{n} x_k/a_k \ (n \geqslant 1)$, 则

$$\frac{1}{a_n}\sum_{k=1}^{n} x_k = \frac{1}{a_n}\sum_{k=1}^{n} a_k(s_k - s_{k-1}) = s_n - \frac{1}{a_n}\sum_{k=1}^{n-1}(a_{k+1} - a_k)s_k.$$

注意到 $s_n \to s \in \mathbb{R}$, 故对任意 $\epsilon > 0$, 存在 n_0, 使得当 $n > n_0$ 时 $|s_n - s| < \epsilon$. 于是

$$\begin{aligned}\left|\frac{1}{a_n}\sum_{k=1}^{n-1}(a_{k+1} - a_k)s_k - s\right| &= \left|\frac{1}{a_n}\sum_{k=1}^{n-1}(a_{k+1} - a_k)(s_k - s) - \frac{a_1}{a_n}s\right| \\ &< \left|\frac{1}{a_n}\sum_{k=1}^{n_0-1}(a_{k+1} - a_k)(s_k - s)\right| + \frac{a_n - a_{n_0}}{a_n}\epsilon + \frac{a_1}{a_n}|s| \\ &\to \epsilon,\end{aligned}$$

由此知

$$\frac{1}{a_n}\sum_{k=1}^{n-1}(a_{k+1} - a_k)s_k \to s.$$

因而, $a_n^{-1}\sum\limits_{k=1}^{n} x_k \to 0$. ∎

定理 6.5.4 设 $\{X_n\}$ 为独立随机变量序列, $\operatorname{Var} X_n = \sigma_n^2 < \infty \ (n \geqslant 1)$. 若 $\sum\limits_{n=1}^{\infty} \sigma_n^2/n^2 < \infty$, 则 $n^{-1}\sum\limits_{k=1}^{n}(X_k - \mathsf{E}[X_k])$ 几乎处处收敛于 0.

证 令 $Y_n = (X_n - \mathsf{E}[X_n])/n$, 则 $\mathsf{E}[Y_n] = 0$, $\operatorname{Var} Y_n = \sigma_n^2/n^2 \ (n \geqslant 1)$. 由定理 6.5.1 及 Kronecker 引理即得. ∎

当 $\{X_n\}$ 为 iid 随机变量序列时, 我们有更强的结果.

定理 6.5.5 (Kolmogorov 强大数律) 设 $\{X_n\}$ 为 iid 随机变量序列, 则 S_n/n 几乎处处收敛于一有限极限 m 的充要条件是 $\mathsf{E}|X_1| < \infty$, 此时 $m = \mathsf{E}[X_1]$.

证 我们要用到一个众所周知的不等式: 对任一随机变量 X ($\mathsf{E}|X| < \infty$ 或等于 ∞), 有

$$\sum_{n=1}^{\infty}\mathsf{P}(|X| \geqslant n) \leqslant \mathsf{E}|X| \leqslant 1 + \sum_{n=1}^{\infty}\mathsf{P}(|X| \geqslant n). \tag{6.76}$$

(必要性) 若 $S_n/n \to m$ ($m \in \mathbb{R}$), 则

$$\frac{X_n}{n} = \frac{S_n}{n} - \frac{n-1}{n} \cdot \frac{S_{n-1}}{n-1} \xrightarrow{\text{a.s.}} 0.$$

因此, 由 Borel-Cantelli 引理及同分布性质得

$$\sum_{n=1}^{\infty} \mathsf{P}(|X_1| \geqslant n) = \sum_{n=1}^{\infty} \mathsf{P}(|X_n| \geqslant n) < \infty.$$

由式 (6.76) 知 $\mathsf{E}[X_1]$ 存在且有限.

(充分性) 设 $\mathsf{E}|X_1| < \infty$. 令 $Y_n = X_n I_{\{|X_n|<n\}}$, $\overline{S}_n = \sum\limits_{k=1}^{n} Y_k$. 由式 (6.76) 知

$$\sum_{n=1}^{\infty} \mathsf{P}(|X_n| \geqslant n) = \sum_{n=1}^{\infty} \mathsf{P}(|X_1| \geqslant n) \leqslant \mathsf{E}|X_1| < \infty,$$

故由等价性引理知 S_n/n 与 $\overline{S}_n/n$ 收敛等价. 因此只要证明 $\overline{S}_n/n \xrightarrow{\text{a.s.}} \mathsf{E}[X_1]$ 即可. 注意到由控制收敛定理, 有

$$\mathsf{E}[Y_n] = \mathsf{E}[X_n I_{\{|X_n|<n\}}] = \mathsf{E}[X_1 I_{\{|X_1|<n\}}] \to m.$$

由 Teoplitz 引理知 $\mathsf{E}[\overline{S}_n]/n \to m$, 所以只要证明

$$\frac{\overline{S}_n - \mathsf{E}[\overline{S}_n]}{n} \xrightarrow{\text{a.s.}} 0.$$

再由定理 6.5.4, 我们仅要证明 $\sum\limits_{n=1}^{\infty} (\operatorname{Var} Y_n)/n^2 < \infty$ 即可. 事实上,

$$\begin{aligned}
\sum_{n=1}^{\infty} \frac{\operatorname{Var} Y_n}{n^2} &\leqslant \sum_{n=1}^{\infty} \frac{\mathsf{E}[Y_n^2]}{n^2} = \sum_{n=1}^{\infty} \frac{1}{n^2} \sum_{k=1}^{n} \mathsf{E}[X_1^2 I_{\{k-1 \leqslant |X_1| < k\}}] \\
&\leqslant \sum_{n=1}^{\infty} \frac{1}{n^2} \sum_{k=1}^{n} k^2 \, \mathsf{P}(k-1 \leqslant |X_1| < k) \\
&= \sum_{k=1}^{\infty} k^2 \, \mathsf{P}(k-1 \leqslant |X_1| < k) \sum_{n=k}^{\infty} \frac{1}{n^2}. \qquad (6.77)
\end{aligned}$$

对 $k \geqslant 1$,

$$\sum_{n=k}^{\infty} \frac{1}{n^2} \leqslant \frac{1}{k^2} + \int_k^{\infty} \frac{\mathrm{d}x}{x^2} = \frac{1}{k^2} + \frac{1}{k} \leqslant \frac{2}{k}.$$

把此式代入式 (6.77), 得

$$\begin{aligned}
\sum_{n=1}^{\infty} \frac{\operatorname{Var} Y_n}{n^2} &\leqslant 2 \sum_{k=1}^{\infty} k \, \mathsf{P}(k-1 \leqslant |X_1| < k) = 2 \left[1 + \sum_{k=1}^{\infty} \mathsf{P}(|X_1| \geqslant k) \right] \\
&\leqslant 2(1 + \mathsf{E}|X_1|) < \infty,
\end{aligned}$$

从而充分性得证. ∎

下面的定理把 Kolmogorov 强大数律推广到随机变量 r 阶矩存在的情形, 其中 $0 < r < 2$.

定理 6.5.6 (Marcinkiewicz 强大数律) 设 $\{X_n\}$ 为 iid 随机变量序列, 则对某个有限常数 m 以及 $r \in (0,2)$,

$$\frac{S_n - nm}{n^{1/r}} \xrightarrow{\text{a.s.}} 0 \tag{6.78}$$

的充要条件为 $\mathsf{E}|X_1|^r < \infty$, 且当 $1 \leqslant r < 2$ 时, $m = \mathsf{E}[X_1]$, 当 $0 < r < 1$ 时, m 可取任意值.

证 类似于定理 6.5.1, 可以证明

$$\mathsf{E}|X_1|^r < \infty \quad \Leftrightarrow \quad \sum_{n=1}^{\infty} \mathsf{P}\left(|X_n| \geqslant n^{1/r}\right) < \infty.$$

于是本定理的必要性证明过程与定理 6.5.5 的证明类似. 以下证明充分性.

只需考虑 $r \neq 1$ 时的情形. 当 $1 < r < 2$ 时, 不失一般性, 可设 $\mathsf{E}[X_1] = 0$. 于是, 只需要证明

$$\frac{S_n}{n^{1/r}} \xrightarrow{\text{a.s.}} 0. \tag{6.79}$$

定义 $X_n' = X_n I_{\{|X_n| \leqslant n^{1/r}\}}$. 利用 $\mathsf{E}|X_1|^r < \infty$ 知, 式 (6.79) 等价于

$$\frac{1}{n^{1/r}} \sum_{k=1}^{n} X_k' \xrightarrow{\text{a.s.}} 0. \tag{6.80}$$

我们先来证明

$$\sum_{n=1}^{\infty} \frac{\mathsf{E}[X_n']}{n^{1/r}} \text{ 收敛.} \tag{6.81}$$

记 $c_j = \mathsf{P}(j-1 < |X_1|^r \leqslant j)$. 首先, 当 $0 < r < 1$ 时, 我们有

$$\begin{aligned}
\sum_{n=1}^{\infty} \frac{\mathsf{E}|X_n'|}{n^{1/r}} &\leqslant \sum_{n=1}^{\infty} \frac{1}{n^{1/r}} \sum_{j=1}^{\infty} j^{1/r} c_j = \sum_{j=1}^{\infty} j^{1/r} c_j \sum_{n=j}^{\infty} \frac{1}{n^{1/r}} \\
&\leqslant c \sum_{j=1}^{\infty} j^{1/r} c_j \frac{1}{j^{1/r-1}} = c \sum_{j=1}^{\infty} j c_j \\
&\leqslant c(1 + \mathsf{E}|X_1^r|) < \infty.
\end{aligned}$$

这里和后面的 c 都是一个正常数, 在不同的场合取值可以不同. 当 $1 \leqslant r < 2$ 时, 注意到已经假定 $\mathsf{E}[X_1] = 0$, 所以

$$\sum_{n=1}^{\infty} \frac{\mathsf{E}|X_n'|}{n^{1/r}} = \sum_{n=1}^{\infty} \frac{\mathsf{E}|X_n - X_n'|}{n^{1/r}} \leqslant \sum_{n=1}^{\infty} \frac{1}{n^{1/r}} \sum_{j=n}^{\infty} j^{1/r} c_j$$

$$= \sum_{j=1}^{\infty} j^{1/r} c_j \sum_{n=1}^{j} \frac{1}{n^{1/r}} \leqslant c \sum_{j=1}^{\infty} j c_j < \infty.$$

这就证明了式 (6.81). 由引理 6.5.4 得

$$\frac{1}{n^{1/r}} \sum_{k=1}^{n} \mathsf{E}[X'_k] \to 0,$$

所以欲证式 (6.80), 我们只需证明

$$\frac{1}{n^{1/r}} \sum_{k=1}^{n} (X'_k - \mathsf{E}[X'_k]) \xrightarrow{\text{a.s.}} 0. \tag{6.82}$$

再由定理 6.5.1 与引理 6.5.4, 仅需证明 $\sum\limits_{n=1}^{\infty} n^{-2/r} \operatorname{Var} X'_n < \infty$. 对此, 有

$$\begin{aligned} \sum_{n=1}^{\infty} \frac{1}{n^{2/r}} \operatorname{Var} X'_n &\leqslant \sum_{n=1}^{\infty} \frac{1}{n^{2/r}} \mathsf{E}[X'^2_n] \leqslant \sum_{n=1}^{\infty} \frac{1}{n^{2/r}} \sum_{j=1}^{n} j^{2/r} c_j \\ &= \sum_{j=1}^{\infty} j^{2/r} c_j \sum_{n=j}^{\infty} \frac{1}{n^{2/r}} \leqslant c \sum_{j=1}^{\infty} j c_j < \infty. \end{aligned}$$

定理证毕. ∎

注 2 Kolmogorov 强大数定律和 Marcinkiewicz 强大数律的证明是富有技巧性的, 这里不能用三级数定理加 Kronecker 引理来证明, 原因是 $\{Y_n/n\}$ 截尾均值级数不一定收敛.

6.6 重对数律

设 $\{X_n\}$ 是独立随机变量序列, S_n 为前 n 项部分和. 本节研究部分和序列的增长速度问题. 如果 $\{X_n\}$ 为 iid 随机变量序列且 $\mathsf{E}[X_1] = 0$, 则由 Kolmogorov 强大数定律知 $S_n/n = o(1)$, a.s., 即 S_n 的增长速度小于 n. 如果进一步假定 $\mathsf{E}[X_1^2] = \sigma^2 < \infty$, 则由中心极限定理可以证明

$$\frac{S_n}{n^{\delta+1/2}} = o(1), \quad \text{a.s.},$$

其中 $\delta > 0$, 所以 S_n 的增长速度在 $n^{1/2}$ 与 n 之间. 重对数律就是要找出 S_n 增长速度的精确阶. 下面我们将对 iid 随机变量序列证明

$$\limsup_{n\to\infty} \frac{S_n}{\sqrt{2n\log\log n}} = \sigma, \quad \text{a.s.}.$$

由于上式确切地指出了 S_n 的几乎处处上界, 因此证明的技巧性较高, 计算也较细致. 为得出上述结果, 我们需要如下一些结果. 为方便起见, 记 $a_n = \sqrt{2n\log\log n}$. 注意在本节中的 log 均指自然对数 ln.

引理 6.6.1　若 $\{X_n\}$ 为独立的随机变量序列, $\sum\limits_{n=1}^{\infty} \mathsf{E}|X_n| < \infty$, 则级数 $\sum\limits_{n=1}^{\infty} X_n$ 几乎处处收敛.

证　由三级数收敛定理 (定理 6.5.3), 只要对 $c=1$ 验证 $\{X_n\}$ 的三级数收敛即可. 这可由以下不等式得到:

$$\sum_{n=1}^{\infty} \mathsf{P}(|X_n| \geqslant 1) \leqslant \sum_{n=1}^{\infty} \mathsf{E}|X_n| < \infty,$$

$$\sum_{n=1}^{\infty} \mathsf{E}\left[X_n^2 I_{\{|X_n|<1\}}\right] \leqslant \sum_{n=1}^{\infty} \mathsf{E}\left[|X_n| I_{\{|X_n|<1\}}\right] \leqslant \sum_{n=1}^{\infty} \mathsf{E}|X_n| < \infty,$$

$$\sum_{n=1}^{\infty} \left|\mathsf{E}[X_n I_{\{|X_n|<1\}}]\right| \leqslant \sum_{n=1}^{\infty} \mathsf{E}|X_n| < \infty.$$

引理得证. ∎

引理 6.6.2　设 $\{X_n\}$ 为 iid 随机变量序列, $\mathsf{E}[X_1^2] < \infty$, $\{\tau_n\}$ 为正数序列. 记

$$Z_k = X_k I_{\{|X_k| \geqslant \tau_k (k/\log\log k)^{1/2}\}}, \quad U_n = \sum_{k=1}^{n} Z_k,$$

则一定存在满足下列条件的正数列 $\{\tau_n\}$:

(1) $\tau_n \downarrow 0$;

(2) $\tau_n (n/\log\log n)^{1/2} \uparrow \infty$;

(3) $U_n/a_n \xrightarrow{\text{a.s.}} 0$.

证　由 $\mathsf{E}[X_1^2] < \infty$ 知, 在 $\mathbb{R}$ 上存在非负偶函数 $f(x)$, 当 $x > 0$ 时 $f(x) \uparrow \infty$, 且 $\mathsf{E}[X_1^2 f(X_1)] < \infty$. 这样的函数是存在的, 例如, 设 $\epsilon_k \downarrow 0$, 则由 $\mathsf{E}[X_1^2] < \infty$ 知, 对每个 k, 存在 $n_k > n_{k-1}$ $(n_0 = 0)$, 使 $\mathsf{E}[X_1^2 I_{\{|X_1| > n_k\}}] < \epsilon_k/k^2$. 令

$$f(x) = \frac{1}{\epsilon_k}, \quad n_k < x \leqslant n_k, \quad k = 1, 2, \cdots,$$

则容易验证 $f(x)$ 就满足我们的要求. 进一步, 我们还可以要求 $f(x)$ 的上升速度不要太快. 具体地, 我们可以假定 $f(x)$ 满足

$$f(n^{1/3}) \left(\frac{\log\log n}{n}\right)^{1/2} \downarrow 0, \quad f(n) \leqslant n^{1/3}.$$

令

$$\tau_n = \frac{1}{f(n^{1/3})}, \quad b_n = \tau_n \left(\frac{n}{\log\log n}\right)^{1/2},$$

则由构造法知 τ_n 满足 (1) 和 (2), 下面证明其满足条件 (3). 首先,

$$\sum_{n=1}^{\infty} \frac{\mathsf{E}|Z_n|}{a_n} = \sum_{n=1}^{\infty} \frac{1}{a_n} \sum_{m=n}^{\infty} \mathsf{E}\left[|X_n| I_{\{b_m \leqslant |X_n| < b_{m+1}\}}\right]$$

$$\leqslant \sum_{n=1}^{\infty} \frac{1}{a_n} \sum_{m=n}^{\infty} b_{m+1} \mathsf{P}(b_m \leqslant |X_n| < b_{m+1})$$

$$= \sum_{m=1}^{\infty} b_{m+1} \mathsf{P}(b_m \leqslant |X_1| < b_{m+1}) \sum_{n=1}^{m} \frac{1}{a_n}.$$

因为 $\sum\limits_{n=1}^{m} a_n^{-1} \leqslant \int_{\mathrm{e}}^{m} (2x \log\log x)^{-1/2}\,\mathrm{d}x$, 所以由分部积分得

$$\sum_{n=1}^{m} \frac{1}{a_n} \leqslant \left(\frac{2m}{\log\log m}\right)^{1/2} + \frac{1}{2}\left(\frac{m}{\log\log m}\right)^{1/2} \leqslant \frac{2b_m}{\tau_m}.$$

再注意到 $f(n) \leqslant n^{1/3}$, 故对充分大的 n, 有

$$\left(\frac{n}{\log\log n}\right)^{1/2} > n^{4/9} > n^{1/3} f(n^{1/3}),$$

从而 $b_n \geqslant n^{1/3}$. 对任意 $n \geqslant 1$, 不妨设 $b_n \geqslant n^{1/3}$. 又 $b_{m+1} \leqslant 2b_m$ $(\forall\, m \geqslant 1)$, 所以

$$\sum_{n=1}^{\infty} \frac{\mathsf{E}|Z_n|}{a_n} \leqslant \sum_{m=1}^{\infty} 2b_m \mathsf{P}(b_m \leqslant |X_1| < b_{m+1}) \cdot \frac{2b_m}{\tau_m}$$

$$= 4 \sum_{m=1}^{\infty} b_m^2 f(m^{1/3}) \cdot \mathsf{P}(b_m \leqslant |X_1| < b_{m+1})$$

$$\leqslant 4\,\mathsf{E}[X_1^2 f(X_1)] < \infty.$$

由引理 6.6.1 知 $\sum\limits_{n=1}^{\infty} Z_n/a_n$ 几乎处处收敛. 再由 Kronecker 引理即知 τ_n 满足条件 (3). ∎

以下设独立随机变量序列 $\{X_n\}$ 满足 $\mathsf{E}[X_n] = 0$, $\mathsf{E}[X_n^2] = \sigma_n^2 < \infty$ 及 $|X_n| \leqslant M_n$ (a.s.), 其中 $M_n \uparrow$, 并记 $B_n = \sum\limits_{k=1}^{n} \sigma_k^2$.

引理 6.6.3 当 $0 \leqslant xM_n \leqslant B_n$ 时,

$$\mathsf{P}(S_n \geqslant x) \leqslant \exp\left\{-\frac{x^2}{2B_n}\left(1 - \frac{xM_n}{2B_n}\right)\right\}; \tag{6.83}$$

当 $xM_n \geqslant B_n$ 时,

$$\mathsf{P}(S_n \geqslant x) \leqslant \exp\left\{-\frac{x}{4M_n}\right\}. \tag{6.84}$$

证 设 $0 < t \leqslant 1/M_n$, 注意到对任意 $j \geqslant 2$ 和 $1 \leqslant k \leqslant n$, $\mathsf{E}|X_k|^j \leqslant M_n^{j-2}\sigma_k^2$, 于是, 对每个 k, $1 \leqslant k \leqslant n$, 有

$$\mathsf{E}[\mathrm{e}^{tX_k}] = 1 + \sum_{j=2}^{\infty} \frac{t^j}{j!} \mathsf{E}[X_k^j] = 1 + \sum_{j=2}^{\infty} \frac{t^j \sigma_k^2}{j!} M_n^{j-2}$$

$$\leqslant 1 + \frac{t^2}{2}\sigma_k^2 \left(1 + \frac{tM_n}{3} + \frac{t^2 M_n^2}{12} + \cdots\right)$$

$$\leqslant 1 + \frac{t^2}{2}\sigma_k^2\left(1 + \frac{t}{2}M_n\right) \leqslant \exp\left\{\frac{t^2\sigma_k^2}{2}\left(1 + \frac{tM_n}{2}\right)\right\},$$

故

$$
\begin{aligned}
\mathsf{P}(S_n \geqslant x) &\leqslant \mathrm{e}^{-tx}\,\mathsf{E}[\mathrm{e}^{tS_n}] = \mathrm{e}^{-tx}\prod_{k=1}^{n}\mathsf{E}[\mathrm{e}^{tX_k}] \\
&\leqslant \exp\left\{-tx + \frac{t^2 B_n}{2}\left(1+\frac{tM_n}{2}\right)\right\}.
\end{aligned} \tag{6.85}
$$

当 $xM_n \leqslant B_n$ 时, 在式 (6.85) 中, 取 $t = x/B_n$ 即得式 (6.83). 当 $xM_n \geqslant B_n$ 时, 在式 (6.85) 中, 取 $t = 1/M_n$ 即得式 (6.84). ∎

引理 6.6.4 设 B_n, M_n 等记号同上. 若 $x_n > 0$, $x_n M_n/B_n \to 0$, $x_n^2/B_n \to \infty$, 则对任意 $\mu > 0$ 及充分大的 n, 有

$$
\mathsf{P}(S_n \geqslant x_n) \geqslant \exp\left\{-\frac{x_n^2}{2B_n}(1+\mu)\right\}.
$$

证 设 $t = t_n = x_n/[(1-\delta)B_n]$, 其中 $\delta = (\mu \wedge 1)/3$, 则由

$$
u = tM_n = \frac{xM_n}{(1-\delta)B_n} \to 0
$$

知 $t \to 0$. 由于当 $t > 0$ 时 $(\mathrm{e}^{tx} - 1 - tx)/x^2$ 是 x 的非降函数, 以及 $|X_n| \leqslant M_n$, a.s., 故

$$
\begin{aligned}
\mathsf{E}[\mathrm{e}^{tX_k}] &= 1 + \mathsf{E}\left[(\mathrm{e}^{tX_k} - 1 - tX_k)I_{\{|X_k|\leqslant M_n\}}\right] \\
&\geqslant 1 + \frac{\mathrm{e}^{-tM_n} - 1 + tM_n}{M_n^2}\,\mathsf{E}\left[X_k^2 I_{\{|X_k|\leqslant M_n\}}\right] \\
&= 1 + \frac{\mathrm{e}^{-tM_n} - 1 + tM_n}{M_n^2}\,\sigma_k^2.
\end{aligned}
$$

当 u 充分小时,

$$
\frac{\mathrm{e}^{-u} - 1 + u}{u^2} \geqslant \frac{1}{2}\left(1 - \frac{\delta^2}{8}\right).
$$

又当 $x \geqslant 0$ 时, $1 + x \geqslant \exp\{x(1-x)\}$. 注意到当 $n \to \infty$ 时 $t \to 0$ 及 $u \to 0$, 故存在 N_1, 当 $n \geqslant N_1$ 时,

$$
\begin{aligned}
\mathsf{E}[\mathrm{e}^{tX_k}] &\geqslant 1 + \frac{t^2}{2}\left(1 - \frac{\delta^2}{8}\right)\sigma_k^2 \\
&\geqslant \exp\left\{\frac{t^2}{2}\left(1 - \frac{\delta^2}{8}\right)\sigma_k^2\left(1 - \frac{\sigma_k^2 t^2}{2}\left(1 - \frac{\delta^2}{8}\right)\right)\right\} \\
&\geqslant \exp\left\{\frac{\sigma_k^2 t^2}{2}\left(1 - \frac{\delta^2}{4}\right)\right\}, \quad k = 1, \cdots, n.
\end{aligned}
$$

因此,

$$
\mathsf{E}[\mathrm{e}^{tS_n}] \geqslant \exp\left\{\frac{t^2 B_n}{2}\left(1 - \frac{\delta^2}{4}\right)\right\}. \tag{6.86}
$$

另外, 若记 $q_n(x) = \mathsf{P}(S_n \geqslant x)$, 则由分部积分得

$$\mathsf{E}[e^{tS_n}] = -\int_{-\infty}^{\infty} e^{ty}\, dq_n(y) = t\int_{-\infty}^{\infty} e^{ty} q_n(y)\, dy = t\sum_{k=1}^{5} I_k, \tag{6.87}$$

其中 $I_1, \cdots, I_5$ 分别表示 $e^{ty}q_n(y)$ 在 $(-\infty, 0]$, $(0, (1-\delta)tB_n]$, $((1-\delta)tB_n, (1+\delta)tB_n]$, $((1+\delta)tB_n, 8tB_n]$ 和 $(8tB_n, \infty)$ 上的积分. 显然,

$$tI_1 \leqslant t\int_{-\infty}^{0} e^{ty}\, dy = 1.$$

在 $(8tB_n, \infty)$ 上, 分两种情况: 若 $y \geqslant B_n/M_n$, 由引理 6.6.3 及 $tM_n \to 0$ 得

$$q_n(y) \leqslant \exp\left\{-\frac{y}{4M_n}\right\} \leqslant \exp\{-2ty\};$$

若 $8tB_n < y < B_n/M_n$, 则由引理 6.6.3 及 $tM_n \to 0$ 有

$$q_n(y) \leqslant \exp\left\{-\frac{y^2}{2B_n}\left(1 - \frac{yM_n}{2B_n}\right)\right\} \leqslant \exp\left\{-\frac{y^2}{4B_n}\right\} \leqslant \exp\{-2ty\}.$$

因此, 在区间 $(8tB_n, \infty)$ 上恒有 $q_n(y) \leqslant e^{-2ty}$, 故

$$tI_5 \leqslant t\int_{8tB_n}^{\infty} e^{ty-2ty}\, dy < 1.$$

注意到 $t^2B_n \to \infty$, 由式 (6.86) 可知, 当 n 充分大时 $\mathsf{E}[e^{tS_n}] > 8$, 所以有

$$t(I_1 + I_5) < 2 < \frac{1}{4}\mathsf{E}[e^{tS_n}]. \tag{6.88}$$

再来估计 I_2 和 I_4, 对任意 $y \in D \equiv (0, (1-\delta)tB_n] \cup ((1+\delta)tB_n, 8tB_n]$, 有 $0 < y \leqslant 8tB_n$ 且 $yM_n/B_n \leqslant 8tM_n \to 0$. 因此利用引理 6.6.3, 对任意固定的 $\beta > 0$ 和充分大的 n, 有

$$q_n(y) \leqslant \exp\left\{-\frac{y^2}{2B_n}(1-\beta)\right\},$$

进而有

$$t(I_2 + I_4) \leqslant t\int_D \exp\{\psi(y)\}\, dy,$$

其中 $\psi(y) = ty - y^2(1-\beta)/(2B_n)$. 易知 $\psi(y)$ 在点 $y_0 = tB_n/(1-\beta)$ 处取最大值. 若 β 选取充分小, 点 y_0 将含于区间 $((1-\delta)tB_n, (1+\delta)tB_n)$. 于是,

$$\sup_{y\in D} \psi(y) = \max\{\psi((1-\delta)tB_n), \psi((1+\delta)tB_n)\}.$$

现取 $\beta < \delta^2/[2(1+\delta)^2]$, 则

$$\psi((1\pm\delta)tB_n) = \frac{t^2B_n}{2}\left[1 - \delta^2 + \beta(1\pm\delta)^2\right] \leqslant \frac{t^2B_n}{2}\left(1 - \frac{\delta^2}{2}\right),$$

所以

$$t(I_2+I_4)\leqslant 8t^2B_n\exp\left\{\frac{t^2B_n}{2}\left(1-\frac{\delta^2}{2}\right)\right\}.$$

注意到 $t^2B_n\to\infty$, 当 n 充分大时,

$$32t^2B_n\leqslant \exp\left\{\frac{t^2\delta^2B_n}{8}\right\},\tag{6.89}$$

于是, 结合式 (6.86), 有

$$t(I_2+I_4)\leqslant \frac{1}{4}\exp\left\{\frac{t^2B_n}{2}\left(1-\frac{\delta^2}{4}\right)\right\}\leqslant\frac{1}{4}\mathsf{E}[\mathrm{e}^{tS_n}].\tag{6.90}$$

因此, 由式 (6.86) $\sim$ 式 (6.88) 和 式 (6.90) 得

$$tI_3\geqslant\frac{1}{2}\mathsf{E}[\mathrm{e}^{tS_n}]\geqslant\frac{1}{2}\exp\left\{\frac{t^2}{2}B_n\left(1-\frac{\delta^2}{4}\right)\right\}.\tag{6.91}$$

由 $q_n(\cdot)$ 的非增性及 $x_n=(1-\delta)tB_n$ 得

$$tI_3=t\int_{(1-\delta)tB_n}^{(1+\delta)tB_n}\mathrm{e}^{ty}q_n(y)\,\mathrm{d}y\leqslant 2\delta t^2B_n\exp\{t^2B_n(1+\delta)\}\,q_n(x_n).\tag{6.92}$$

结合式 (6.91) 和式 (6.92), 并注意到式 (6.89), 由 $\delta=(\mu\wedge 1)/3$ 知, 对充分大的 n, 有

$$\begin{aligned}q_n(x_n)&\geqslant\frac{1}{4\delta t^2B_n}\exp\left\{\frac{t^2B_n}{2}\left[\left(1-\frac{\delta^2}{4}\right)-2(1+\delta)\right]\right\}\\&\geqslant\frac{1}{2t^2B_n}\exp\left\{-\frac{t^2B_n}{2}\left(1+2\delta+\frac{\delta^2}{4}\right)\right\}\\&\geqslant\exp\left\{-\frac{t^2B_n}{2}\left(1+2\delta+\frac{\delta^2}{2}\right)\right\}\\&\geqslant\exp\left\{-\frac{t^2B_n}{2}(1+3\delta)\right\}\geqslant\exp\left\{-\frac{t^2B_n}{2}(1+\mu)\right\}.\end{aligned}$$

引理得证. ∎

引理 6.6.5 (Lévy 不等式) 设 $X_1,\cdots,X_n$ 为独立的随机变量序列, 记 S_k 的中位数为 $\varpi(S_k)$, 则

$$\mathsf{P}\left(\max_{1\leqslant k\leqslant n}(S_k-\varpi(S_k-S_n))\geqslant\epsilon\right)\leqslant 2\,\mathsf{P}(S_n\geqslant\epsilon),\quad\forall\epsilon\in\mathbb{R},$$

$$\mathsf{P}\left(\max_{1\leqslant k\leqslant n}|S_k-\varpi(S_k-S_n)|\geqslant\epsilon\right)\leqslant 2\,\mathsf{P}(|S_n|\geqslant\epsilon),\quad\forall\epsilon>0.$$

证 对任意 ϵ, 记 $A=\{k:\,S_k-\varpi(S_k-S_n)\geqslant\epsilon,1\leqslant k\leqslant n\}$, 令

$$\tau=\begin{cases}\min\{k:k\in A\}, & A\neq\emptyset,\\ n+1, & A=\emptyset,\end{cases}$$

则 τ 为停时, 且

$$\{S_n \geqslant \epsilon\} \supset \{S_n \geqslant \epsilon, \tau \leqslant n\} \supset \sum_{k=1}^{n} \{\tau = k, S_n - S_k + \varpi(S_k - S_n) \geqslant 0\}.$$

注意到 $\{\tau = k\}$ 为 $\sigma(X_1, \cdots, X_k)$ 中的事件, 故 $\{\tau = k\}$ 与 $S_n - S_k + \varpi(S_k - S_n)$ 独立. 此外, $\varpi(S_k - S_n) = -\varpi(S_n - S_k)$, 因而

$$\begin{aligned}
\mathsf{P}(S_n \geqslant \epsilon) &\geqslant \sum_{k=1}^{n} \mathsf{P}(\tau = k)\, \mathsf{P}(S_n - S_k - \varpi(S_n - S_k) \geqslant 0) \\
&\geqslant \frac{1}{2} \sum_{k=1}^{n} \mathsf{P}(\tau = k) = \frac{1}{2} \mathsf{P}(\tau \leqslant n) \\
&= \frac{1}{2} \mathsf{P}\left(\max_{1 \leqslant k \leqslant n} (S_k - \varpi(S_k - S_n)) \geqslant \epsilon \right), \qquad (6.93)
\end{aligned}$$

即第一个不等式成立. 当 $\epsilon > 0$ 时, 把上面的不等式用于 $-X_1, \cdots, -X_n$, 可得

$$\mathsf{P}\left(\max_{1 \leqslant k \leqslant n} (-S_k + \varpi(S_k - S_n)) \geqslant \epsilon \right) \leqslant 2\, \mathsf{P}(-S_n \geqslant \epsilon).$$

此式与式 (6.93) 相加即得第二个不等式. ∎

推论 6.6.1 若 $X_1, \cdots, X_n$ 为独立且对称的随机变量, 则

$$\mathsf{P}\left(\max_{1 \leqslant k \leqslant n} S_k \geqslant \epsilon \right) \leqslant 2\, \mathsf{P}(S_n \geqslant \epsilon), \quad \forall \epsilon \in \mathbb{R},$$

$$\mathsf{P}\left(\max_{1 \leqslant k \leqslant n} |S_k| \geqslant \epsilon \right) \leqslant 2\, \mathsf{P}(|S_n| \geqslant \epsilon), \quad \forall \epsilon > 0.$$

推论 6.6.2 若 $X_1, \cdots, X_n$ 为独立的随机变量, 满足 $\mathsf{E}[X_i] = 0$, $\mathsf{E}[X_i^2] = \sigma^2$ $(1 \leqslant i \leqslant n)$, 则对任意 $\epsilon \in \mathbb{R}$, 有

$$\mathsf{P}\left(\max_{1 \leqslant k \leqslant n} S_k \geqslant \epsilon \right) \leqslant 2\, \mathsf{P}\left[S_n \geqslant \epsilon - \left(\sum_{k=1}^{n} \sigma_k^2 \right)^{1/2} \right]$$

证 记 $\sigma(Y) = (\operatorname{Var} Y)^{1/2}$. 由于 $\mathsf{E}[S_k - S_n] = 0$, 故由引理 6.1.1 得

$$|\varpi(S_k - S_n)| \leqslant \sigma(S_k - S_n) \leqslant \left(\sum_{k=1}^{n} \sigma_k^2 \right)^{1/2}, \quad 1 \leqslant k \leqslant n.$$

把此结果代入 Lévy 不等式, 得

$$\begin{aligned}
\mathsf{P}\left(\max_{1 \leqslant k \leqslant n} S_k \geqslant \epsilon_1 + \sigma(S_n) \right) &\leqslant \mathsf{P}\left(\max_{1 \leqslant k \leqslant n} (S_k - \varpi(S_k - S_n)) \geqslant \epsilon_1 \right) \\
&\leqslant 2\, \mathsf{P}(S_n \geqslant \epsilon_1), \quad \forall \epsilon_1.
\end{aligned}$$

令 $\epsilon = \epsilon_1 + \sigma(S_n)$, 即得推论. ∎

定理 6.6.1 (Kolmogorov 重对数律) 设 $\{X_n\}$ 为 iid 随机变量序列, 满足 $\mathsf{E}[X_1]=0$, $\mathsf{E}[X_1^2]=\sigma^2$, 则

$$\limsup_{n\to\infty}\frac{S_n}{\sqrt{2n\log\log n}}=\sigma,\quad \text{a.s.}.$$

证 设 $\{\tau_n\}$ 为满足引理 6.6.2 的正实数序列, $a_n=(2n\log\log n)^{1/2}$, 令

$$X_n'=X_nI_{\{|X_n|<\tau_n(n/\log\log n)^{1/2}\}},\quad Y_n=X_n'-\mathsf{E}[X_n'],$$
$$Z_n=X_n-X_n',\quad S_n'=\sum_{k=1}^n X_k',$$
$$T_n=\sum_{k=1}^n Y_k,\quad U_n=\sum_{k=1}^n Z_k.$$

由引理 6.6.2 的证明过程及 $\mathsf{E}[X_n']=-\mathsf{E}[Z_n]$ 知

$$\sum_{n=1}^{\infty}\frac{1}{a_n}|\mathsf{E}[X_n']|\leqslant\sum_{n=1}^{\infty}\frac{1}{a_n}\mathsf{E}|Z_n|<\infty. \tag{6.94}$$

再由 Kronecker 引理得

$$\frac{1}{a_n}|\mathsf{E}[S_n']|\leqslant\frac{1}{a_n}\sum_{k=1}^n|\mathsf{E}[X_k']|\to 0. \tag{6.95}$$

又 $\mathsf{E}[Y_n^2]=\mathsf{E}[X_n']^2-(\mathsf{E}[X_n'])^2\to\sigma^2$, 故由 Toeplitz 引理知

$$\frac{1}{n}\sum_{k=1}^n\mathsf{E}[Y_k^2]\triangleq\frac{1}{n}B_n\to\sigma^2. \tag{6.96}$$

由式 (6.95) 和引理 6.6.2 得

$$\limsup_{n\to\infty}\frac{|S_n-T_n|}{a_n}\leqslant\limsup_{n\to\infty}\frac{|\mathsf{E}[S_n']|}{a_n}+\limsup_{n\to\infty}\frac{|U_n|}{a_n}=0,\quad \text{a.s.},$$

故

$$\limsup_{n\to\infty}\frac{S_n}{a_n}=\limsup_{n\to\infty}\frac{T_n}{a_n},\quad \text{a.s.},$$

因此, 我们仅需证明

$$\limsup_{n\to\infty}\frac{T_n}{a_n}=\sigma,\quad \text{a.s}$$

即可. 具体证明分以下两步.

(1) $\limsup\limits_{n\to\infty}T_n/a_n\leqslant\sigma$, a.s..

设 $\epsilon\in(0,1)$, 令 $x_n=(1+\epsilon)a_n\sigma$, $M_n=\tau_n(n/\log\log n)^{1/2}$. 由式 (6.96) 知

$$\begin{aligned}\frac{x_nM_n}{B_n}&=\frac{(1+\epsilon)\sigma(2n\log\log n)^{1/2}}{B_n}\tau_n\left(\frac{n}{\log\log n}\right)^{1/2}\\&=(1+\epsilon)\sqrt{2}\,\sigma\tau_n\cdot\frac{n}{B_n}\to 0,\end{aligned}$$

故对充分大的 n, 有

$$\frac{x_n M_n}{B_n} < \frac{\epsilon}{2}, \quad B_n < \frac{\sigma^2 n}{1-\epsilon/2}.$$

对 $\{Y_n\}$ 应用引理 6.6.3, 则对充分大的 n, 有

$$\begin{aligned}\mathsf{P}(T_n \geqslant (1+\epsilon)\sigma a_n) &\leqslant \exp\left\{-\frac{(1+\epsilon)^2\sigma^2 a_n^2}{2B_n}\left[1-\frac{(1+\epsilon)\sigma a_n M_n}{2B_n}\right]\right\}\\ &\leqslant \exp\left\{-(1+\epsilon)^2\left(1-\frac{\epsilon}{2}\right)^2\log\log n\right\}\\ &\leqslant \exp\{-(1+\epsilon)\log\log n\} = (\log n)^{-(1+\epsilon)}.\end{aligned}$$

令 $n_k = \theta^k$ $(\theta > 1)$ 待定, 则

$$\sum_{k=1}^{\infty}\mathsf{P}\left(T_{n_k} \geqslant (1+\epsilon)\sigma a_{n_k}\right) \leqslant c\sum_{k=1}^{\infty} k^{-(1+\epsilon)} < \infty, \tag{6.97}$$

其中 $c>0$ 为某个有限常数, 因此, 由 Borel-Cantelli 引理, 对每个 $\epsilon > 0$,

$$\limsup_{k\to\infty}\frac{T_{n_k}}{a_{n_k}} \leqslant (1+\epsilon)\sigma, \quad \text{a.s.}.$$

令 $H(n) = \max\limits_{1\leqslant k\leqslant n} T_k$. 由式 (6.96) 知, 对任意 $\epsilon > 0$, 当 n 充分大时,

$$(1+\epsilon)\sigma a_n - \sqrt{B_n} > \left(1+\frac{\epsilon}{2}\right)\sigma a_n.$$

对 $(1+\epsilon)\sigma a_{n_k}$ 应用推论 6.6.2, 得

$$\mathsf{P}(H(n_k) \geqslant (1+\epsilon)\sigma a_{n_k}) \leqslant 2\,\mathsf{P}\left(T_{n_k} \geqslant \left(1+\frac{\epsilon}{2}\right)\sigma a_{n_k}\right).$$

由式 (6.97) 及 Borel-Cantelli 引理知

$$\limsup_{k\to\infty}\frac{H(n_k)}{a_{n_k}} \leqslant (1+\epsilon)\sigma, \quad \text{a.s.}.$$

取 $\theta = 1+\epsilon$, 则当 k 充分大时, $1 < a_{n_{k+1}}/a_{n_k} < 1+\epsilon$. 由于对任意 n, 存在 k 使 $n_k \leqslant n < n_{k+1}$, 故当 n 充分大时,

$$\frac{H(n_{k+1})}{a_{n_{k+1}}} \geqslant \frac{H(n)}{a_n}\cdot\frac{a_{n_k}}{a_{n_{k+1}}} \geqslant \frac{H(n)}{a_n}\cdot\frac{1}{1+\epsilon},$$

所以

$$\limsup_{n\to\infty}\frac{H(n)}{a_n} \leqslant \limsup_{k\to\infty}\frac{H(n_k)}{a_{n_k}}(1+\epsilon) \leqslant (1+\epsilon)^2\sigma \leqslant (1+3\epsilon)\sigma, \quad \text{a.s.}.$$

令 $\epsilon \to 0$, 得

$$\limsup_{n\to\infty}\frac{H(n)}{a_n} \leqslant \sigma, \quad \text{a.s.}.$$

从而

$$\limsup_{n\to\infty}\frac{T(n)}{a_n}\leqslant\limsup_{n\to\infty}\frac{H(n)}{a_n}\leqslant\sigma,\quad \text{a.s.}.$$

(2) $\limsup\limits_{n\to\infty} T_n/a_n\geqslant\sigma$, a.s..

对每个 $\epsilon>0$, 由引理 6.6.4, 对每个 $\mu>0$ 及充分大的 n, 有

$$\mathsf{P}(T_n\geqslant(1-\epsilon)\sigma a_n)\geqslant\exp\left\{-\frac{(1-\epsilon)^2\sigma^2a_n^2}{2B_n}(1+\mu)\right\}.$$

由式 (6.96), 对充分大的 n, 有 $B_n>\sigma^2n/(1+\epsilon)$, 故

$$\begin{aligned}\mathsf{P}(T_n\geqslant(1-\epsilon)\sigma a_n)&\geqslant\exp\left\{-\frac{(1-\epsilon)^2(1+\epsilon)}{2}\cdot 2\log\log n\right\}\\&\geqslant\exp\{-(1-\epsilon^2)\log\log n\}=(\log n)^{-(1-\epsilon^2)}.\end{aligned}$$

取 $n_k=\theta^k\ (k\geqslant1)$, 则

$$\sum_{k=1}^{\infty}\mathsf{P}\left(T_{n_k}\geqslant(1-\epsilon)\sigma a_{n_k}\right)\geqslant c\sum_{k=1}^{\infty}k^{-(1-\epsilon^2)}=\infty.$$

由 Borel-Cantelli 引理知

$$\limsup_{n\to\infty}\frac{T_n}{a_n}\geqslant\limsup_{n\to\infty}\frac{T_{n_k}}{a_{n_k}}\geqslant(1-\epsilon)\sigma,\quad \text{a.s.}.$$

令 $\epsilon\to0$, 即得

$$\limsup_{n\to\infty}\frac{T_n}{a_n}\geqslant\sigma,\quad \text{a.s.}.$$

把这两步结合起来即得本定理的结论. ∎

习 题

在以下习题中, 均假设 $S_n=\sum\limits_{k=1}^{n}X_k$.

1. 设 $\{X_n,n\geqslant1\}$ 为独立同分布的随机变量序列, 满足 $\mathsf{P}(X_1=\pm n)=c(n^2\log n)^{-1}$ $(n\geqslant3)$, 其中 $c^{-1}=2\sum\limits_{n=3}^{\infty}(n^2\log n)^{-1}$. 证明:

$$\frac{S_n}{n}\xrightarrow{\text{P}}0,\quad \limsup_{n\to\infty}\frac{|S_n|}{n}=\infty.$$

提示: 证明 $\mathsf{P}(|X_n|>n,\text{i.o.})=1$ 及 $\mathsf{P}(|S_n|>n/2,\text{i.o.})=1$.

2. 证明: 对任意 $\delta>0$ 和 $0<p<1$, 有

$$\lim_{n\to\infty}\sum_{|k-np|>n\delta}\binom{n}{k}p^k(1-p)^{n-k}=0.$$

3. 设 $\{X_n, n \geqslant 1\}$ 为 iid 随机变量序列, 满足 $\mathsf{P}(X_1 = 2^k) = 2^{-k}$ $(k \geqslant 1)$. 证明: $\{X_n\}$ 不服从大数定律.

4. 设 $\{X_n, n \geqslant 1\}$ 为 iid 随机变量序列, 满足 $\mathsf{P}(X_1 = \pm 1) = 1/2$. 证明: 级数 $\sum\limits_{n=1}^{\infty} X_n/n$ 几乎处处收敛.

5. 设 $\{X_n, n \geqslant 1\}$ 为 iid 随机变量序列, 满足 $\mathsf{P}(X_1 = 0) = \mathsf{P}(X_1 = 2) = 1/2$. 证明: $\sum\limits_{n=1}^{\infty} X_n/3^n$ 几乎处处收敛.

6. 设 $\{X_n, n \geqslant 1\}$ 为独立对称的随机变量序列. 若 $S_n/n \xrightarrow{\mathrm{P}} 0$, 证明:

$$\frac{1}{n} \max_{1 \leqslant k \leqslant n} X_k \xrightarrow{\mathrm{P}} 0.$$

提示: $\mathsf{P}\left(\max\limits_{1 \leqslant k \leqslant n} |X_k| > \epsilon n\right) \leqslant \mathsf{P}\left(\max\limits_{1 \leqslant k \leqslant n} |S_k| > \dfrac{\epsilon}{2} n\right)$.

7. 设 $\{r_n, n \geqslant 1\}$ 为 iid Rademacher 随机变量序列, 即 $\mathsf{P}(r_n = \pm 1) = 1/2$, 随机变量序列 $\{X_n, n \geqslant 1\}$ 相互独立, 且 $\{r_n, n \geqslant 1\}$ 独立于 $\{X_n, n \geqslant 1\}$. 证明: 若 $\sum\limits_{n=1}^{\infty} r_n X_n$ 几乎处处收敛, 则 $\sum\limits_{n=1}^{\infty} X_n^2$ 也几乎处处收敛.

8. 设 $\{c_j, j \geqslant 1\}$ 为有界实数列, $\{X_n, n \geqslant 1\}$ 为 iid 随机变量序列. 若 $\mathsf{E}[X_1] = 0$, 证明:

$$\frac{1}{n} \sum_{k=1}^{n} c_k X_k \xrightarrow{\text{a.s.}} 0.$$

提示: 先做截尾.

9. 设 $\{X_n, n \geqslant 1\}$ 为独立的随机变量序列. 若 $S_n/n \xrightarrow{\mathrm{P}} 0$, $S_{2^n}/2^n \xrightarrow{\text{a.s.}} 0$. 证明:

$$\frac{S_n}{n} \xrightarrow{\text{a.s.}} 0.$$

10. 设 $\{X_n, n \geqslant 1\}$ 为 iid 随机变量序列, 满足 $\mathsf{E}|X_1| < \infty$. 证明: $\{S_n/n, n \geqslant 1\}$ 为一致可积族, 且

$$\frac{S_n}{n} \xrightarrow{L_1} \mathsf{E}[X_1].$$

11. 设 U 为服从 $(0,1)$ 上均匀分布的随机变量, 定义 $X_n = I_{\{U \leqslant 1/n\}}$. 若 $\{X_n, n \geqslant 1\}$ 不是独立的随机变量序列, 证明:

$$\sum_{n=1}^{\infty} \mathsf{P}(|X_n| > \epsilon) = \infty, \quad \forall\, \epsilon > 0,$$

但是 $X_n \xrightarrow{\text{a.s.}} 0$.

[本例说明在不独立情况下, $\sum\limits_{n=1}^{\infty} \mathsf{P}(|X_n| > \epsilon) < \infty$ 不是 $X_n \xrightarrow{\text{a.s.}} 0$ 的必要条件.]

12. 设 $\{X_n, n \geqslant 1\}$ 为独立的随机变量序列, 满足 $\mathsf{E}[X_i] = 0$, $\mathsf{E}[X_i^2] = \sigma_i^2 < \infty$ $(i \geqslant 1)$, $\sigma^2(S_n) = \sum\limits_{i=1}^{n} \sigma_i^2$. 证明:

$$\mathsf{P}\left(\max_{1 \leqslant k \leqslant n} S_k \geqslant \epsilon\right) \leqslant \frac{\sigma^2(S_n)}{\epsilon^2 + \sigma^2(S_n)}.$$

13. 设 $\{X_n, n \geqslant 1\}$ 为 iid 随机变量序列, 满足 $\mathsf{E}[X_1] \neq 0$. 证明:

$$\max_{1 \leqslant k \leqslant n} \frac{|X_k|}{|S_n|} \xrightarrow{\text{a.s.}} 0.$$

提示: $X_n / n \xrightarrow{\text{a.s.}} 0$.

14. (Ottaviani 不等式) 设 $\{X_n, n \geqslant 1\}$ 为独立的随机变量序列, 记 $S_{m,n} = \sum\limits_{j=m+1}^{n} X_j$, $S_{0,n} = S_n$. 证明: 对任意 $\epsilon > 0$,

$$\mathsf{P}(|S_n| > \epsilon) \geqslant \min_{1 \leqslant j \leqslant n} \mathsf{P}(|S_{j,n}| \leqslant \epsilon) \cdot \mathsf{P}(\max_{1 \leqslant j \leqslant n} |S_j| > 2\epsilon).$$

提示: 定义停时

$$T = \begin{cases} \inf\{j : j \in A\}, & A \neq \emptyset, \\ \infty, & A = \emptyset, \end{cases}$$

其中 $A = \{j : \ |S_j| > \epsilon, 1 \leqslant j \leqslant n\}$, 证明:

$$\sum_{j=1}^{n} \{T = j, |S_{j,n}| \leqslant \epsilon\} \subset \{|S_n| > \epsilon\}.$$

15. 设 $\{X_n, n \geqslant 1\}$ 为独立的随机变量序列, 且 $\mathsf{E}[X_n] = 0$, $\mathsf{E}[X_n^2] = 1$ $(n \geqslant 1)$. 举例说明中心极限定理不必成立.

提示: 取两点分布, 不满足 Lindeberg 条件.

16. 设 $\{X_n, n \geqslant 1\}$ 为独立的随机变量序列, $\mathsf{E}[X_n] = 0$, $\mathsf{E}[X_n^2] = 1$ $(n \geqslant 1)$, 且满足中心极限定理. 证明:

$$\limsup_{n \to \infty} \frac{S_n}{\sqrt{n}} = \infty, \quad \text{a.s.}.$$

提示: 用 0-1 律.

17. 设 $\{X_n, n \geqslant 1\}$ 是一列 iid 随机变量序列. 证明:

(1) 若 $\mathsf{E}|X_1| < \infty$, 则对任意 $c \in (0, 1)$, 有 $\sum\limits_{n=1}^{\infty} c^n \mathrm{e}^{|X_n|} < \infty$, a.s.;

(2) 若 $\mathsf{E}|X_1| = \infty$, 则对任意 $c \in (0, 1)$, 有 $\sum\limits_{n=1}^{\infty} c^n \mathrm{e}^{|X_n|} = \infty$, a.s..

18. 设随机变量序列 $\{X_n, n \geqslant 1\}$ 独立同分布, 且 $\mathsf{E}[X_1^2] = \infty$. 证明:

$$\lim_{n \to \infty} \frac{1}{n} \sum_{i=1}^{n} (X_i - \overline{X}_n)^2 = \infty, \quad \text{a.s.}.$$

19. 设 $\{X_n, n\geqslant 1\}$ 为 iid 随机变量序列, 用 0-1 律证明:

(1) 若 $X_1\sim N(0,\sigma^2)$, 则

$$\mathsf{P}\left(\limsup_{n\to\infty}\frac{X_n}{\sqrt{2\log n}}=\sigma\right)=1;$$

(2) 若 X_1 服从参数 λ 的指数分布, 则

$$\mathsf{P}\left(\limsup_{n\to\infty}\frac{X_n}{\log n}=\frac{1}{\lambda}\right)=1;$$

(3) 若 X_1 服从参数 λ 的 Poisson 分布, 则

$$\mathsf{P}\left(\limsup_{n\to\infty}\frac{X_n\log\log n}{\log n}=1\right)=1,$$

即上极限与 λ 无关.

20. 设 $\{X_n, n\geqslant 1\}$ 是任意随机变量序列. 证明: 一定存在正常数序列 $\{c_n, n\geqslant 1\}$, 使得 $\sum\limits_{n=1}^{\infty} c_nX_n$ 几乎处处收敛.

21. 设随机变量序列 $\{X_n, n\geqslant 1\}$ 满足 $X_n\xrightarrow{\text{a.s.}}0$. 证明: 存在一个可测函数 $f>0$, 满足 $\sum\limits_{n=1}^{\infty} f(X_n)<\infty$, a.s.. 同时举例说明: 如果仅考虑 L_1 收敛, 则结论不成立.

22. 构造一个独立非负随机变量序列 $\{X_n, n\geqslant 1\}$, 使 $\sum\limits_{n=1}^{\infty} X_n$ a.s. 收敛, 但 $\sum\limits_{n=1}^{\infty}\mathsf{E}[X_n]$ 发散. 甚至可以构造 $\{X_n, n\geqslant 1\}$, 使 $\mathsf{P}(X_n>0, \text{i.o.})=0$, 但 $\mathsf{E}[X_n]=\infty$.

23. 设 $\{X_n, n\geqslant 1\}$ 是独立的随机变量序列, $\{g_n(x), n\geqslant 1\}$ 是偶函数序列, 每个函数在 $\mathbb{R}_+$ 上取正值, 单调递增, 且满足下列条件之一:

(a) 对每个 $n\geqslant 1$, 函数 $x/g_n(x)$ 在 $\mathbb{R}_+$ 上单调递增;

(b) 对每个 $n\geqslant 1$, 函数 $x/g_n(x)$ 和 $g_n(x)/x^2$ 在 $\mathbb{R}_+$ 上单调递减, 且 $\mathsf{E}[X_n]=0$.

此外, $\{a_n\}$ 是常数列, 满足 $0<a_n\uparrow\infty$ 和

$$\sum_{n=1}^{\infty}\frac{\mathsf{E}[g_n(X_n)]}{g_n(a_n)}<\infty,$$

证明: $S_n/a_n\xrightarrow{\text{a.s.}}0$.

24. 设 $\{X_n, n\geqslant 1\}$ 是独立的随机变量序列, 正常数序列 $\{a_n\}$ 满足 $a_n\uparrow\infty$, 且对某个 $p\in(0,1)$,

$$\sum_{n=1}^{\infty}\frac{\mathsf{E}|X_n|^p}{a_n^p}<\infty, \tag{6.98}$$

证明: $S_n/a_n\xrightarrow{\text{a.s.}}0$.

25. 设 $\{X_n, n\geqslant 1\}$ 是独立的随机变量序列, 满足 $\mathsf{E}[X_n]=0$, 正常数序列 $\{a_n\}$ 满足 $a_n\uparrow\infty$ 且对某个 $p\in[1,2]$, 式 (6.98) 成立. 证明: $S_n/a_n\xrightarrow{\text{a.s.}}0$.

26. 设 $\{X_n, n \geqslant 1\}$ 是独立的随机变量序列, 满足 $\mathsf{E}[X_n] = a_n > 0$, $\sum\limits_{n=1}^{\infty} a_n = \infty$, 且

$$\sum_{n=1}^{\infty} \frac{\operatorname{Var} X_n}{\left(\sum\limits_{k=1}^{n} a_k\right)^2} < \infty,$$

证明: $S_n / \sum\limits_{k=1}^{n} a_k \xrightarrow{\text{a.s.}} 1$.

27. 设 $\{X_n, n \geqslant 1\}$ 是独立的随机变量序列, 满足 $\mathsf{E}[X_n] = 0$ $(n \geqslant 1)$, 且对某个 $r > 1$, $\sum\limits_{n=1}^{\infty} n^{-(r+1)} \mathsf{E}|X_n|^{2r} < \infty$. 证明: $S_n / a_n \xrightarrow{\text{a.s.}} 0$.

28. 设 $\{X_n, n \geqslant 1\}$ 为 iid 随机变量序列, X_1 服从 Cauchy 分布, 其概率密度函数

$$p(x) = \frac{\beta}{\pi(\beta^2 + x^2)}, \quad x \in \mathbb{R},\ \beta > 0.$$

(1) 证明: $S_n / n \xrightarrow{\mathscr{L}} X_1$.

(2) 证明: S_n / n 不能几乎处处收敛于一常数.

(3) 证明:

$$\mathsf{P}\left(\max_{1 \leqslant k \leqslant n} X_k \leqslant nx\right) \to \exp\left\{-\frac{\beta}{\pi x}\right\}, \quad x > 0.$$

29. 设 $\{Y_n, n \geqslant 0\}$ 独立同分布, $\mathsf{P}(Y_n = 1) = \mathsf{P}(Y_n = -1) = 1/2$, $\forall n \geqslant 1$. 定义

$$X_n = Y_0 Y_1 \cdots Y_n, \quad n \geqslant 1.$$

证明: $\{X_n, n \geqslant 1\}$ 相互独立. 再定义 $\mathscr{Y} = \sigma(Y_n, n \geqslant 1)$, $\mathscr{T}_n = \sigma(X_r, r > n\}$, 证明:

$$\bigcap_{n=1}^{\infty} \sigma(\mathscr{Y}, \mathscr{T}_n) \neq \sigma\left(\mathscr{Y}, \bigcap_{n=1}^{\infty} \mathscr{T}_n\right).$$

30. 设 $\{X_n, n \geqslant 0\}$ 为 iid 随机变量序列, X_0 服从 $[0, 2\pi]$ 上的均匀分布. 证明: 级数 $\sum\limits_{n=0}^{\infty} \mathrm{e}^{\mathrm{i} X_n} z^n$ 以概率 1 在 $\{z : |z| \leqslant 1\}$ 内收敛.

31. 设随机变量阵列 $\{X_{nk}, 1 \leqslant k \leqslant n, n \geqslant 1\}$ 满足: 对每个 n, $X_{n1}, \cdots, X_{nn}$ 独立同分布, 且 $\mathsf{P}(X_{n1} = 1) = p_n = 1 - \mathsf{P}(X_{n1} = 0)$. 记

$$S_n = \sum_{k=1}^{n} X_{nk}, \quad P_k = \mathsf{P}(S_n = k), \quad \pi_k = \frac{\lambda^k}{k!} \mathrm{e}^{-\lambda}, \ k = 0, 1, \cdots, \ \lambda > 0,$$

假设 $np_n = \lambda$. 证明:

$$\sum_{k=0}^{\infty} |P_k - \pi_k| \leqslant \frac{2\lambda}{n} \min\{2, \lambda\}.$$

参考文献

[1] 安鸿志. 关于绝对矩的几个性质 [J]. 应用概率统计, 2006, 22: 233-236.

[2] 白志东, 苏淳. 关于多维无穷可分分布的 Lebesgue 分解 [J]. 中国科学技术大学学报, 1980, 10: 76-95.

[3] 程士宏. 高等概率论 [M]. 北京: 北京大学出版社, 1996.

[4] 胡迪鹤. 分析概率论 [M]. 北京: 科学出版社, 1984.

[5] 林正炎, 陆传荣, 苏中根. 概率极限理论基础 [M]. 北京: 高等教育出版社, 1999.

[6] 苏淳, 冯群强. 概率论 [M]. 3 版. 北京: 科学出版社, 2020.

[7] 汪嘉冈. 现代概率论基础 [M]. 2 版. 上海: 复旦大学出版社, 2005.

[8] 徐利治, 冯克勤, 方兆本, 等. 大学数学解题法诠释 [M]. 合肥: 安徽教育出版社, 1999.

[9] 严士健, 王隽骧, 刘秀芳. 概率论基础 [M]. 2 版. 北京: 科学出版社, 2009.

[10] 严士健, 刘秀芳. 测度与概率 [M]. 2 版. 北京: 北京师范大学出版社, 2003.

[11] 严加安. 测度论讲义 [M]. 2 版. 北京: 科学出版社, 2005.

[12] Ash R. Real Analysis and probability [M]. New York: Academic Press, 1972.

[13] Billingsley P. Probability and measure [M]. 2nd ed. New York: John Wiley & Sons, 1986.

[14] Chow Y S, Teicher H. Probability theory: independence, interchangeability, martingales [M]. New York: Springer-Verlag, 1978.

[15] Chung K L. A course in probability theory [M]. Boston: Academic Press, 1974. (中译本: 概率论教程. 刘文, 吴让泉, 译. 上海: 上海科学技术出版社, 1989.)

[16] Dhaene J, Denuit M, Goovaerts M J, et al. The concept of comonotonicity in actuarial science and finance: theory [J]. Insurance: Mathematics and Economics, 2002, 31: 3-33.

[17] Feller W. An introduction to probability theory and its applications: Vol. 1 [M]. 3rd ed. New York: Wiley, 1968.

[18] Feller W. An introduction to probability theory and its applications: Vol. 2 [M]. 2nd ed. New York: Wiley, 1971.

[19] Föllmer H, Schied A. Stochastic finance: an introduction in discrete time [M]. 3th ed. Berlin: Walter de Gruyter, 2011.

[20] Kawata K. Fourier analysis in probability theory [M]. Boston: Academic Press, 1972.

[21] Kolmogorov A N. Foundations of the theory of probability [M]. New York: Chelsea, 1956.

[22] Laha R G, Rohatgi V K. Probability theory [M]. New York: John Wiley & Sons, 1979.

[23] Loève M. Probability theory [M]. New York: Springer-Verlag, 1978.

[24] Lukacs E. Characteristic functions [M]. New York: Hafner, 1960.

[25] Nelsen R B. An introduction to copulas [M]. New York: Springer, 2006.

[26] Neveu J. Mathematical foundations of the calculus of probability [M]. San Francisco: Holder-Day, 1965.

[27] Petrov V V. Sums of independent random variables [M]. Berlin: Springer-Verlag, 1975. (中译本: 独立随机变量之和的极限定理. 苏淳, 黄可明, 译. 合肥: 中国科学技术大学出版社, 1991.)

[28] Rao C R. Linear statistical inference and its applications [M]. New York: John Wiley & Sons, 1973.

[29] Romano J P, Siegel A F. Counterexamples in probability and statistics [M]. California: Wadsworth, Inc., 1986.

[30] Shiryaev A N. Probability [M]. 2nd ed. Berlin: Springer-Verlag, 1996.

[31] Simons G. An unexpected expectation [J]. Annals of Probability, 1977, 5(1): 157-158.

[32] Stein C. Approximation computation of expectations [M]. California: Institute of Mathematical Statistics, 1986.

[33] Zygmund A. A remark on characteristic functions [J]. Annals of Mathematical Statistics, 1947, 18: 272-276.